民用航空器维修基础系列教材

空气动力学和维护技术基础（第2版）

Basics of Aerodynamic and Maintenance Technology

(ME、AV)

李幼兰　主编

清华大学出版社
北京

内 容 简 介

本书为"民用航空器维修基础系列教材"之一。全书分为上篇和下篇两部分：上篇是"空气动力学基础"，内容分为 4 章：大气物理学，空气动力学，飞行理论，飞机的稳定性和操纵性。编写中力求做到言简意赅、深入浅出，着重于清晰透彻的定性分析。下篇是"维护技术基础"，内容分为 9 章：航空材料，金属腐蚀和机体防腐措施，航空紧固件，弹簧、轴承和传动，飞机图纸规范与识图，飞机的称重与平衡，无损检测方法，非正常事件，飞机地面操作和存放。编写中力求做到所有内容尽量与目前我国民航机务维修人员的实际工作紧密结合。

本书内容图文并茂、通俗易懂，是民用航空器维修执照人员必须掌握的基本知识。通过学习，机务维修人员不但易于掌握教材中的内容，而且能起到提高机务维修人员的素质和业务水平的作用。

图书在版编目（CIP）数据

空气动力学和维护技术基础：ME、AV/李幼兰主编. —2 版. —北京：清华大学出版社，2017
（2025.7 重印）
（民用航空器维修基础系列教材）
ISBN 978-7-302-45995-8

Ⅰ. ①空…　Ⅱ. ①李…　Ⅲ. ①空气动力学—教材 ②飞机—维护—教材　Ⅳ. ①V211.1 ②V267

中国版本图书馆 CIP 数据核字（2016）第 320312 号

责任编辑：赵　斌　刘远星
封面设计：李星辰
责任校对：王淑云
责任印制：刘　菲

出版发行：清华大学出版社
　　　　网　　　址：https://www.tup.com.cn，https://www.wqxuetang.com
　　　　地　　　址：北京清华大学学研大厦 A 座　　　　邮　　编：100084
　　　　社 总 机：010-83470000　　　　　　　　　　　邮　　购：010-62786544
　　　　投稿与读者服务：010-62776969，c-service@tup.tsinghua.edu.cn
　　　　质量反馈：010-62772015，zhiliang@tup.tsinghua.edu.cn
印 装 者：小森印刷（天津）有限公司
经　　销：全国新华书店
开　　本：185mm×260mm　　印　张：22.25　　　　字　　数：537 千字
版　　次：2014 年 4 月第 1 版　2017 年 1 月第 2 版　　印　次：2025 年 7 月第 28 次印刷
定　　价：68.00 元

产品编号：072397-03

民用航空器维修基础系列教材
编写委员会

主任委员：任仁良

编　　委：刘　燕　陈　康　付尧明　郝　瑞

　　　　　蒋陵平　李幼兰　刘　峰　刘建英

　　　　　刘　珂　吕新明　任仁良　王会来

　　　　　张　鹏　邹　蓬　张铁纯

序 言

PREFACE

2005年8月，中国民航规章CCAR-66R1《民用航空器维修人员执照管理规则》考试大纲正式发布执行，该大纲规定了民用航空器维修持照人员必须掌握的基本知识。随着中国民用航空业的飞速发展，业内迫切需要大批高素质的民用航空器维修人员。为适应民航的发展，提高机务维修人员的素质和航空器的维修水平，满足广大机务维修人员学习业务的需求，中国民航总局飞行标准司组织成立了"民用航空器维修基础系列教材"编写委员会，其任务是组织编写一套满足中国民航维修要求、实用性强、高质量的培训和自学教材。

为方便机务维修人员通过培训或自学参加维修执照基础部分考试，本套教材根据民航局颁发的AC-66R1-02维修执照基础部分考试大纲编写，同时满足AC-147-02维修基础培训大纲。本套教材共14本，内容覆盖了大纲的所有模块，具体每一本教材的适用专业和对应的考试大纲模块见本书封底。

本套教材力求通俗易懂，紧密联系民航实际，强调航空器维修的基础理论和维修基本技能的培训，注重教材的实用性。本套教材可作为民航机务维修人员或有志于进入民航维修业的人员的培训或自学用书，也可作为CCAR-147维修培训机构的基础培训教材或参考教材。

"民用航空器维修基础系列教材"第1版在CCAR-66执照基础部分考试和CCAR-147维修基础培训中得到了非常广泛的应用。通过10年的使用，在第1版教材中发现了不少问题；同时10年来，大量高新技术应用到新一代飞机上（如B787、A380等），维修理念和技术也有了很大的发展，与之相对应的基础知识必须得到加强和补充。因此，维修基础培训教材急需进行修订。

"民用航空器维修基础系列教材"第2版是在民航局飞行标准司的直接领导下进行修订编写的。这套教材的编写得到了民航安全能力基金的资助，同时得到了中国民航总局飞行标准司、中国民航大学、广州民航职业技术学院、中国民用航空飞行学院、民航管理干部学院、上海民航职业技术学院、北京飞机维修工程有限公司（Ameco）、广州飞机维修工程有限公司（Gameco）、中信海洋直升机公司、深圳航空有限责任公司等单位以及航空器维修领域专家的大力支持，在此一并表示感谢！

由于编写时间仓促和我们的水平有限，书中难免存在许多错误和不足，请各位专家和读者及时指出，以便再版时加以纠正。我们相信，经过不断的修订和完善，这套教材一定能成为飞机维修基础培训的经典教材，为提高机务人员的素质和飞机维修质量作出更大的贡献。任何意见和建议请发至：skyexam2015@163.com。

"民用航空器维修基础系列教材"编委会
2016年4月

前　言

FOREWORD

　　本书是按照中国民用航空规章 CCAR-66R1《民用航空器维修人员执照管理规则》考试大纲 M8 模块和 M6 模块编写的。本书主要是作为民航机务维修人员或有志进入民航维修业的人员培训或自学教材，也可作为 CCAR-147 维修培训教材或参考书。

　　本书为第 2 版，是在 2006 年出版的第 1 版《空气动力学和维护技术基础（ME、AV）》教材的基础上进行增补修订编写的。本书分为上、下两篇：上篇"空气动力学基础"全面覆盖了 CCAR-66R1 考试大纲 M8 模块的内容；下篇"维护技术基础"全面覆盖了 CCAR-66R1 考试大纲 M6 模块的内容。

　　考虑到原教材编写的前后顺序安排得当，条理清晰，并且涵盖了教材编写大纲要求的所有知识点，所以本次修订并没有打乱原有的编写顺序，也没有增加新的知识点，只是对原有知识点所包括的内容进行深化和扩展，对一些欠缺的内容进行了增补，对教材中重复的内容进行了删减，对民用运输机快速发展中出现的一些新技术，如复合材料、耐热材料等，增加了更多的内容，例如上篇中的伯努利方程、流动气体具有的能量、应用热力学的概念，并引入气体内能。这样伯努利方程也可以用来解释高速流动气体的能量转换现象，不但使气体流动中各种参数——压力、速度、温度和声速之间的转换关系更加清晰明白，对高速飞行的空气动力加热也可以进行更好的说明。

　　本书上篇对高速飞行激波、膨胀波产生的原因和高速飞行气动升力、阻力的产生作了进一步的说明，对高速飞行气动力变化对飞行的影响作了进一步的分析，对后掠机翼带来的一些问题及解决方法作了更详细的阐述。并对减小由于空气黏性产生的飞机飞行阻力的措施作了一些修订，等等。

　　下篇"航空材料"一章中增加了金属晶体结构和金属键的结合方式，使之能更好地理解金属材料的物理性能。增加了合金的组织结构说明，为金属热处理的讲述作了一些基本知识的铺垫，使读者对金属热处理的内容能够有更好的理解。还根据现代大型民用运输机对耐热材料、复合材料的大量应用，增加了钛合金、镍基耐热钢和复合材料的内容。

　　在"金属腐蚀和机体防腐措施"一章中，对飞机表面的清洁工作和防腐维护工作的内容也作了一些补充和修改。

　　在"飞机的称重与平衡"一章中，增加飞机装载后实用重心变化曲线，以及用来确定飞机实用重心位置的力矩包线图，举例说明确定飞机实用重心的方法。讲述了用改变装载调整飞机实用重心的方法。

　　删减了第 1 版第 1 章中 1.5 节"大气状况对飞机机体腐蚀的影响"的内容等。

另外,对第1版教材中的插图也作了一些调整和增减。

通过对第1版教材知识点的深化、内容的扩展和补充,本书的内容更全面、系统和深入,也体现了教材与时俱进的精神。

本书各章编写人员如下:上篇共4章,由李幼兰编写;下篇共9章,第1、2、3、6和7章由李幼兰编写;第4、8和9章由唐鹏编写;第5章由王立国、李安编写。

在本书编写过程中,得到了中国民航大学任仁良教授,考试管理中心刘燕、胡月伟、宋芳等老师的大力支持和帮助。由中国民用航空飞行学院蒋陵平老师、中国民航大学徐文君老师进行了审阅,并提出了宝贵意见;中国民用航空飞行学院陈淑仙老师,北京飞机维修工程有限公司邓立辉老师,长沙航空职业技术学校都昌兵、江游老师也在审稿会上提出了宝贵的意见。在此一并表示衷心的感谢。

尽管得到众多老师的指导和帮助,编者也都努力将本书编写为一流教材,使广大民航机务维修人员和读者通过对本书的学习有所收益并得到提高,但由于疏忽或编者水平有限,书中出现一些缺点和错误在所难免,恳请使用本书的师生和读者提出批评和指正。

编　者

目 录

CONTENTS

上篇 空气动力学基础

下篇　维护技术基础

上篇

空气动力学基础

大气物理学

包围地球并随地球一起运转的空气层被称为大气层,简称为大气。飞机、直升机等航空器都在大气层中飞行,大气在与之有相对运动的航空器上产生空气动力,大气的状况又直接影响航空器发动机的工作性能和航空器中飞行人员的生活条件。因此,飞机、直升机等航空器的飞行是与大气层密切相关的。

1.1 大气的重要物理参数

大气是由多种气体混合而成,主要成分是氮气和氧气。按体积计算,氮气约占78%,氧气约占21%。余下1%是氩、二氧化碳、氖、氦、氪、氢等其他气体。除了气体之外,大气中还含有水蒸气和尘埃颗粒。

组成大气的各种气体分子都在不停地、无规则地(以不同的运动方向和运动速度)运动着,并产生相互碰撞。大气分子运动的动能以压力和热能的形式表现出来。

表示大气物理状态的物理参数主要是密度、温度和压力。另外,与航空器飞行有关的物理参数还有黏性、压缩性、湿度和声速等。

1.1.1 大气密度

大气密度是指单位体积内的空气质量,简单说就是空气稠密的程度。质量为 m 的空气,如果其体积为 V,则密度为

$$\rho = \frac{m}{V} \tag{1-1}$$

在国际单位制中,密度的单位是 kg/m^3。空气的密度大,说明单位体积内的空气分子多,比较稠密;空气的密度小,说明单位体积内的空气分子少,比较稀薄。

由于地球引力的作用,大气的密度随高度的增加而减小,近似按指数曲线变化。在22 000ft(6 700m)高度,大气密度仅为海平面大气密度的1/2(见图1-1)。

1.1.2 大气温度

大气温度是指大气层内空气的冷热程度。温度的高低表明了空气分子不规则热运动平均速度的大小。分子运动速度大,即分子的平均动能大,则大气的温度高;分子运动速度小,即分子的平均动能小,则大气的温度低。

度量温度的单位有:摄氏温度(℃)、华氏温度(℉)和热力学温度(K),见表1-1。摄氏

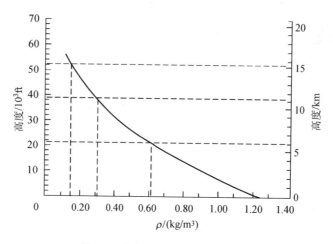

图 1-1　大气的密度随高度的变化

温度将一个标准大气压下纯水的冰点定为 0℃,并将纯水的冰点和沸点之间等分为 100 格。华氏温度将一个标准大气压下纯水的冰点定为 32℉,并将纯水的冰点和沸点之间等分为 180 格。热力学温度是将气体分子停止不规则热运动时,即分子运动速度为零时的温度作为零度,温度间隔也是将一个标准大气压下纯水的冰点和沸点之间等分为 100 格。科学研究表明,热力学温度的 0K 相当于摄氏 -273℃(见图 1-2)。这三种温度单位的换算关系可表示为

$$\begin{cases} T_C = (T_F - 32) \times 5/9 \\ T_K = T_C + 273.15 \end{cases} \tag{1-2}$$

在大约 11km 高度以下的大气层内,随着高度的增加,大气温度下降,近似按线性变化。

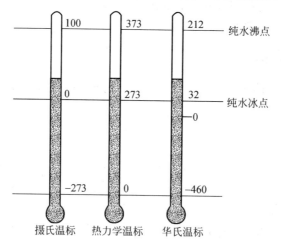

图 1-2　度量大气温度的温标

表 1-1　温度单位

	摄氏温标/℃	华氏温标/℉	热力学温标/K
在标准大气压下,纯水的沸点	100	212	373
在标准大气压下,纯水的冰点	0	32	273

1.1.3　大气压力

大气压力是指大气层内空气的压强,即物体单位面积上承受的空气的垂直作用力。空气对物体表面产生压力的原因有两个:一个是上层空气的重力对下层空气造成了压力,例如某一高度上,空气的压力就是这高度以上的空气柱重力作用的结果,所以在垂直方向上,越向上空气柱越短,空气压力就越低;另一个原因是空气分子不规则的热运动。由于空气分子不规则的热运动使空气分子彼此间互相碰撞,或对容器壁碰撞而产生压力,所以在同一个高度上,由于空气温度不同,空气的压力也是不均匀的。

度量大气压力的单位有:mmHg(毫米汞柱)、Pa(N/m²)(帕)、psi(poud/in²,磅每平方英寸)、kgf/cm²(千克力每平方厘米)等。其中,Pa(帕)为压强的国际计量单位,其他为非法定计量单位。

因为大气压力随高度和温度变化,所以规定在海平面,温度为15℃时的大气压力为一个标准大气压,表示为:29.92inHg、760mmHg、1 013.25hPa、14.695 9psi、1.033 23kgf/cm²。大气压力随高度的变化如图1-3所示。

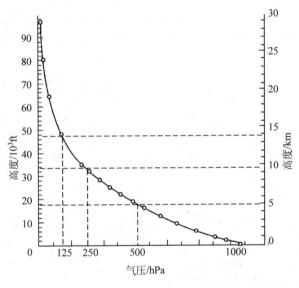

图1-3　大气压力随高度的变化

1.1.4　黏性

黏性是流体固有的属性。当流体内两相邻流层的流速不同时,或流体与物体间发生相对运动时,两个流层接触面上或流体和物体接触面上便产生相互黏滞和相互牵扯的力,这种特性就是流体的黏性。

大气的黏性比较小,不容易被觉察,但对航空器飞行的影响却不能忽略。大气的黏性主要是由于大气中各种气体分子不规则运动造成的。气体分子的不规则运动使各层的气体分子可以互相交换,当相邻两层气体之间有相对运动时,这种交换会带来动量的交换,从而产生相互牵扯的作用力,这种作用力就是大气的黏性力,或称作大气的内摩擦力。

实验表明：流体的黏性力与相邻流层的速度差 $\Delta v = v_1 - v_2$、接触面的面积 ΔS 成正比，和相邻流层的距离 Δy 成反比(见图 1-4)，即

$$F = \mu(\Delta v/\Delta y) \cdot \Delta S \qquad (1-3)$$

式中：F 是流体的黏性力；$\Delta v/\Delta y$ 是在流层的垂直方向上，每单位长度速度变化量，叫做横向速度梯度；ΔS 是接触面的面积；μ 是横向速度梯度为 1 时，在流层单位接触面上产生的黏性力，称为流体的黏性系数(动力黏性系数)，可作为度量流体黏性的指标，单位是 Pa·s(帕·秒)。

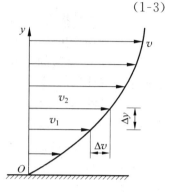

图 1-4　速度 v 的分布

不同的流体具有不同的黏性系数，同一流体的黏性系数又随温度而变化：流体黏度随温度变化的特性称为流体的黏温特性。气体产生黏性的物理原因，主要是气体分子不规则运动造成各流层分子交换而带来的动量交换。温度升高时，气体分子不规则运动加剧，各流层之间交换的分子数量增加，造成交换的动量也增加。所以，气体的黏性系数随温度升高而增大；而液体产生黏性的物理原因，主要是各流层分子之间的内聚力。温度升高时，液体分子的不规则运动加剧，分子之间的距离加大，内聚力也随之减小。所以，液体的黏性系数随温度升高而减小。正因为气体和液体产生黏性的物理原因不同，气体和液体具有完全不同的黏温特性(见图 1-5)。

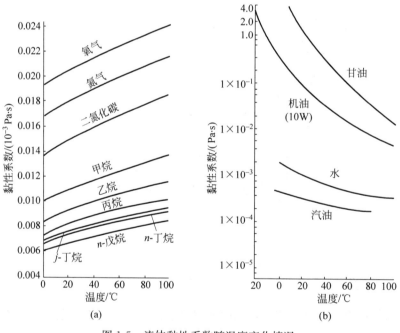

图 1-5　流体黏性系数随温度变化情况
(a) 气体；(b) 液体

当大气流过物体时，除了在具有较大横向速度梯度的区域或具有很大温度梯度的区域，如紧贴物体表面的流层内、物体后面存在大量旋涡的尾流区内、高速气流形成的激波区域内等，空气的黏性力比较大，空气的黏性表现得比较明显外，其他远离物体的外部区域，空气的黏性表现得很不明显，一般情况下可以忽略空气的黏性作用而使问题的研究大大简化。没

有黏性的流体称为理想流体,当不考虑黏性作用时,可以把空气当作理想流体来处理。

1.1.5　可压缩性

空气的可压缩性是指一定量的空气,在压力或温度变化时,其体积和密度发生变化的特性。

凡是物质都具有一定程度的可压缩性,但不同状态的物质可压缩性有着明显的差异。在相同的压力变化量(Δp)的作用下,密度的变化量($\Delta \rho$)越大的物质,可压缩性就越大。液体的密度变化量极小,可以看作是不可压缩的。而空气由于分子之间距离较大、分子之间吸引力较小,它的可压缩性表现得十分明显。

当大气流过飞行器表面时,在一些部位气流速度增加,气流的压力会减小,密度也会随之下降;在一些部位气流速度减小,气流的压力会增加,密度也会随之上升。这就是大气的可压缩性在流动中的表现。在低速($Ma \leqslant 0.3$)飞行时,大气的压力变化一般不大,密度的变化也很小,大气的可压缩性对飞行器的飞行影响很小,可以忽略大气的可压缩性,将大气看成不可压缩的流体,从而使问题的研究简单化。但在高速($Ma > 0.3$)飞行时,由于速度变化引起的压力和密度的变化比较大,大气的可压缩性对飞行器的飞行影响不可忽略,这时,就必须考虑大气的可压缩性。

1.1.6　湿度

大气的湿度是指大气的潮湿程度,通常用相对湿度来表示。相对湿度是指大气中所含水蒸气的量与同温度下大气中含有的水蒸气最大量之比。当相对湿度为100%时,说明大气中含有的水蒸气量已达到了最大值,水蒸气处于饱和状态。

不同温度下,大气所能含有的水蒸气最大量是不同的,温度越高,它能含有的水蒸气最大量越大。因此,在大气中含有水蒸气量不变的情况下,随着温度的降低,大气的相对湿度会增加。使大气的相对湿度达到100%时的温度称为露点温度。大气温度降到露点温度时,大气中的水蒸气达到了饱和状态并开始凝结。大气温度降到露点温度以下,是大气中水汽凝结的必要条件,大气中水汽的凝结会形成云、雾、降水等各种气象现象。这些现象都会对飞行器的飞行带来影响,所以露点温度对飞行器的飞行来说是十分重要的。

另外,水蒸气的密度约等于干空气的5/8,含有水蒸气的空气比干空气密度小,重量轻。在同一温度下,空气的湿度越大,空气中含有的水蒸气越多,空气的密度越小,重量越轻。这对飞机的起飞性能也会产生影响。飞机在潮湿天气起飞时,跑道长度需要比干燥天气起飞的长。

1.1.7　声速

声速(旧称音速)是小扰动在介质中的传播速度,单位是 m/s。物体的振动在介质中引起的小扰动会以介质不断被压缩(压力和密度增大)、膨胀(压力和密度减小)的形式向四周传播,形成介质疏密交替变化的小扰动波。受到扰动的介质和未受到扰动的介质之间的分界面称为波面,小扰动波的波面是以扰动源为中心的球面(见图1-6)。由于扰动造成的波面前后介质参数(p、ρ、T)的变化是非常小的,所以称为小扰动。有的小扰动波的频率在人的耳膜能感觉的范围之内,我们能听到声音,这种小扰动波也被称为声波。

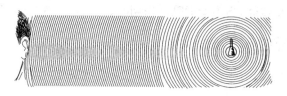

图 1-6   声波-疏密波(纵波)

飞机飞行时会将碰到的空气微团推开并加以压缩,这种扰动也是一种以空气发生疏密交替变化的形式向外传播的小扰动,它的传播速度也是声速。

声速的大小与传播介质的可压缩性有关。声速与压力、密度变化的关系可以用下列公式表示:

$$a^2 = \Delta p / \Delta \rho \tag{1-4}$$

式中:a 是声速;Δp 是传播介质的压力变化量;$\Delta \rho$ 是传播介质的密度变化量。

从式(1-4)可以看到声速的平方等于介质压力变化量与密度变化量之比。在相同的压力变化量作用下,介质可压缩性越大,密度的变化量越大,声速就越小;反之,介质可压缩性越小,密度的变化量越小,声速就越大。液体几乎是不可压缩的,声波在液体中的传播速度要比在大气中的传播速度大得多。因此,可以把声速的大小看成是表示介质可压缩性大小的一个指标。

由于小扰动在介质中传播的速度较快,因此来不及与周围介质进行热量交换。另外,小扰动传播过程中,引起介质参数的变化非常小,可以看成是连续的变化,这个过程也就近似于可逆的过程。这样小扰动在介质中传播的过程可以看成是绝热可逆过程。根据绝热可逆过程中 p 和 ρ 的变化关系,可以导出

$$a^2 = \gamma R T \tag{1-5}$$

式中:γ 是绝热指数,即定压比热容与定容比热容之比;R 是气体常数;T 是介质的热力学温度。

γ 和 R 都是由介质性质决定的,由此可以看出声速与传播介质的性质有关。同一种介质中,声速的大小只随介质的温度而变化。

如果把大气中的空气分子看成只有质量没有体积的质点,并忽略分子之间的相互作用力,大气就可以被看成是完全气体(在空气动力学中,除了高超声速流动外,都可以把大气看成是完全气体)。对于完全气体 $\gamma = 1.4$,$R = 287.05 \text{J/(kg · K)}$,则

$$a = 20.05 \sqrt{T} \tag{1-6}$$

式中:T 是大气的热力学温度。大气层中,海平面大气的温度较高,声速也较大;从海平面向上,在一定高度内(对流层内),随着高度的增加,大气的温度下降,声速也随之降低。这表明高空的大气更容易被压缩。

1.2   大气层的构造

大气层分为五层:对流层、平流层(同温层)、中间层、电离层(热层)和散逸层。目前民用运输机的飞行范围仅限于对流层和平流层。

1. 对流层

对流层是贴近地球表面的一层,在地球中纬度地区,它的顶层距地面约为 11km,在地球赤道较高,约为 17km,在两极较低,约为 7～8km。由于地心引力的作用,大气全部质量的 3/4 和全部水蒸气都集中在这一层,所以对流层是天气变化最复杂的一层,有云、雨、雪、雹等现象。在此高度内存在空气的水平流动和垂直流动,形成水平方向和垂直方向的阵风;大气的物理参数(压强、密度、温度和声速)均随高度的增加而降低。

2. 平流层(同温层)

平流层位于对流层之上,顶层离地面约 50km。在平流层的下半部(大约 20km 以下),其温度不随高度而变化,常年平均值为 −56.5℃。然后随高度的增加温度开始上升,直到顶部温度上升到 0℃左右。平流层中的空气稀薄,水蒸气极少,通常没有云、雨、雪、雹等现象。没有空气上下对流引起的垂直方向的风,只有水平方向的风,而且风向稳定。这一层大气能见度好、气流平稳、空气阻力小,对飞行有利,现代喷气式客机多在 11～12km 的平流层底层飞行。

3. 中间层

中间层位于平流层之上,顶层离地面约 80km。这一层的特点:空气十分稀薄,温度随高度的增加而下降,空气在垂直方向有强烈的运动。

4. 电离层

这一层在中间层之上,顶层离地面约 800km。电离层中的空气处于高度的电离状态,氮、氧分子电离成为离子和自由电子,带有很强的导电性,能吸收、反射和折射无线电波。所以这一层对无线电通信很重要。由于空气电离放出的热量,这一层的温度很高并随着高度的增加而上升,所以电离层也被称为暖层或热层。这一层的空气密度极小,声波已无法传播。

5. 散逸层

散逸层是大气的最外层,从电离层顶部到大气层的最外边缘。由于地心引力很小,大气分子不断向星际空间逃逸。

1.3　国际标准大气

1.3.1　国际标准大气的制定

飞行器在大气层中飞行时,其飞行性能与大气的物理性质密切相关。而大气的物理性质(密度、温度、压力等)都会随着地理位置、高度、季节、时间等不同而变化。同一架飞机在不同地点试飞会得出不同的飞行性能;在同一地点不同季节、时间试飞也会得出不同的结果。在设计、计算飞机飞行性能时也需要有一个标准的大气物理参数可以采用。为了便于飞机的设计、计算和整理,比较飞机的试飞结果并给出标准的飞机性能数据,必须有一个标准的大气状态作为基准,为此制定了国际标准大气(ISA)。

国际标准大气是由国际民航组织(ICAO)制定的,它是以北半球中纬度地区大气物理性质的平均值为依据,加以适当的修正建立的。

国际标准大气包括以下主要内容。

(1) 大气是静止的、相对湿度为零的、洁净的完全气体。大气的物理参数即密度、温度和压力的关系服从完全气体的状态方程,即

$$p = \rho R T \tag{1-7}$$

式中:p 是大气压力(Pa);ρ 是大气密度(kg/m³);R 是气体常数(287.05J/(kg·K));T 是大气的热力学温度(K)。

如前所述,除了在高压高温情况下(比如高超声速飞行)外,我们都可以把空气看成是只有质量没有体积、相互之间没有作用力的分子组成,也就是完全气体。从状态方程可以得出大气密度、温度和压力之间的关系:压力不变,密度和温度成反比;密度不变,压力和温度成正比;温度不变,密度和压力成正比。

(2) 以海平面作为计算高度的起点,即海平面处 $H=0$。在该处的大气物理参数:$p=760\text{mmHg}(1\,013.25\text{hPa})$;$T=15℃(288.15\text{K})$;$\rho=1.225\text{kg/m}^3$;$a=340.29\text{m/s}$。

(3) 根据海平面大气物理参数值,计算出各个高度上标准大气的物理参数,见表1-2。

表1-2　国际标准大气

高度/m	大气温度/K	大气压力/hPa	大气密度/(kg/m³)	声速/(m/s)
0	288.150	1 013.25	1.225 0	340.29
1 000	281.651	898.76	1.111 7	336.43
2 000	275.154	795.01	1.006 6	332.53
3 000	268.659	701.21	0.909 3	328.58
4 000	262.166	616.60	0.819 4	324.59
5 000	255.676	540.48	0.736 4	320.55
6 000	249.187	472.17	0.660 1	316.45
7 000	242.700	411.05	0.590 0	312.31
8 000	236.215	356.51	0.525 8	308.11
9 000	229.733	308.00	0.467 1	303.83
10 000	223.252	264.99	0.4135	299.53
11 000	216.774	226.99	0.364 8	295.15
12 000	216.650	193.39	0.311 9	295.07
13 000	216.650	165.79	0.266 6	295.07
14 000	216.650	141.70	0.227 9	295.07
15 000	216.650	121.11	0.194 8	295.07
16 000	216.650	103.52	0.166 5	295.07
17 000	216.650	88.497	0.142 3	295.07
18 000	216.650	75.652	0.121 7	295.07
19 000	216.650	64.674	0.104 0	295.07
20 000	216.650	55.293	0.088 9	295.07
21 000	217.581	47.289	0.0757	295.70
22 000	218.574	40.475	0.064 5	296.38
23 000	219.567	34.668	0.055 0	297.05

续表

高度/m	大气温度/K	大气压力/hPa	大气密度/(kg/m³)	声速/(m/s)
24 000	220.560	29.717	0.046 9	297.72
25 000	221.552	25.492	0.040 1	298.39
26 000	222.544	21.883	0.034 3	299.06
27 000	223.536	18.799	0.029 3	299.72
28 000	224.527	16.161	0.025 1	300.39
29 000	225.518	13.904	0.021 5	301.05
30 000	226.509	11.970	0.018 4	301.71

从表1-2中可以看出,随着高度的增加,大气的密度和压力都在减小。温度的变化却比较复杂,在11km以下的对流层内,每上升1km,温度下降6.5K(6.5℃)。在平流层的底部(11km<H<20km),大气的温度为常值−216.650K(−56.50℃),在平流层的上部,温度又开始回升。声速随温度的变化而变化,在对流层内,高度上升,温度下降,声速减小;在平流层的底部,温度不变,声速保持常数;在平流层的上部,高度增加,温度上升,声速增大。

1.3.2　国际标准大气的应用

(1) 国际标准大气为我们提供了一个不随地理位置、季节和时间变化的标准大气环境。设计飞机时应按此标准计算飞机的飞行性能,飞机试飞结果也应换算成标准大气条件下的结果,以便进行分析和比较。

(2) 飞机飞行手册中列出的飞行性能数据是在国际标准大气的条件下得出的,要得出实际大气情况下飞机的飞行性能,必须根据实际大气情况对性能数据进行修正。

(3) 无论是把实际飞行结果换算成标准大气条件下的结果,还是从标准大气条件下的性能数据得出实际大气情况下飞机的飞行性能,都要进行各种修正,进行实际大气和国际标准大气之间的互相换算。这种换算的主要工作是要确定实际大气和国际标准大气的温度偏差,即ISA偏差(ISA Deviation),以此作为确定飞机性能的基本条件。

1.4　气象对飞行活动的影响

1.4.1　阵风对飞机飞行的影响

大气层中空气短时间强烈对流产生的扰动称为阵风。阵风会瞬时改变飞机相对气流的速度和迎角,从而改变作用在飞机上的气动力,使飞机在飞行中产生颠簸并承受较大的气动载荷。

迎头或从飞机后面吹来的与飞机飞行方向平行的阵风叫做水平阵风,水平阵风只改变飞机相对气流的速度(见图1-7),在阵风速度不是很大的情况下,对飞机的飞行影响较小。由下向上或由上向下吹来的垂直飞行方向的阵风叫做垂直阵风,垂直阵风不但会增大飞机相对气流的速度,也会改变飞机的迎角(见图1-8),因此对飞机的飞行有着较大的影响。

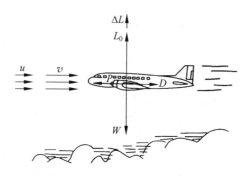

图 1-7　水平阵风引起的飞机升力变化

当垂直阵风由下向上吹来,速度增大,迎角增加,升力也随着增大,瞬间飞机要承受较大的气动载荷,并产生向上的曲线运动,机头上仰。阵风消失后,经颠簸飞机才能恢复原飞行姿态。当垂直阵风由上向下吹来,情况正好相反,飞机承受的气动载荷减小,甚至会承受向下的气动载荷,并产生向下的曲线运动,机头下俯。阵风消失后,经颠簸飞机才能恢复原飞行姿态。

由于飞机的飞行速度比较大,垂直阵风改变飞机相对气流速度而引起的升力变化量较小,可以忽略不计,但垂直阵风改变飞机相对气流的迎角导致的升力变化量却不可忽略(见图 1-8)。飞机稳态飞行时,有利的迎角是 4°左右,当垂直阵风速度达到飞机飞行速度的1/10时,引起的迎角增量可达 5°左右,这时,飞机气动升力的变化就相当可观了。所以在相同的风速下,垂直阵风对飞机飞行造成的影响要比水平阵风严重得多。

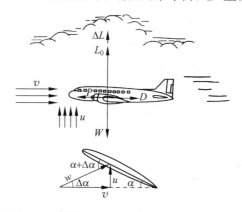

图 1-8　垂直阵风引起飞机的迎角和升力的变化

垂直阵风不但造成飞机在飞行中的颠簸,对飞机结构受力和飞行安全也会带来较大的影响。向上的垂直阵风使飞机承受较大的向上的气动载荷,而向下的垂直阵风使飞机承受较大的向下的气动载荷,这些都是在现代民用运输机设计中要重点考虑的载荷。垂直阵风对飞行安全也有较大的影响,例如,当飞机以小速度、大迎角飞行时,遇到速度较大的垂直向上的阵风,可能会使迎角增大到临界迎角,造成飞机失速的危险。所以在扰动气流中作大迎角小速度飞行时,应适当地减小迎角,提高飞机的最小飞行速度。当飞机在低空小迎角大速度飞行时,速度较大的垂直向上的阵风会产生较大的气动升力增量,对飞机结构的受力产生较大的影响。所以在扰动气流中做小迎角大速度飞行时,应适当地加大迎角,减小飞机的最大飞行速度。所以,由于阵风的影响,飞机飞行的迎角和速度范围都减小了。

从飞机侧面吹来的阵风称为侧向阵风。它会破坏飞机侧向气动力的平衡,造成飞机摇晃、摆头等,但对飞机的飞行影响不大。

1.4.2　稳定风场对飞机飞行的影响

时间较长较稳定的风场对飞机的起飞着陆有较大的影响。

1. 逆风起飞和着陆

当沿跑道方向有风时,飞机一般应逆风起飞和着陆。逆风起飞可以使飞机经较短滑跑距离达到要求的空速(相对气流的速度),获得所需要的升力,使飞机离地;着陆时,也可以使飞机在保持一定空速、获得所需要的升力的情况下,以较小的接地速度着陆,并可增加着陆时的阻力,减少着陆时的滑跑距离。

2. 有侧风时的起飞和着陆

在垂直跑道方向有风时,飞机起飞或着陆,侧风在飞机上产生的侧向载荷会带着飞机一起漂移,使飞机偏离跑道,危及到飞行安全。对于这种现象,在飞机离地后在空中飞行中,一般采用改变航向的方法进行修正,在着陆进近阶段也可以采用侧滑法进行修正。飞机带侧滑着陆时,驾驶员要同时操纵副翼和方向舵阻止飞机漂移,使飞机航迹对准跑道着陆。在飞机飞行速度一定时,侧风风速的大小决定了舵面操纵量的大小。为保证飞机能在一定的侧风风速下安全着陆,对副翼和方向舵的操纵性能有一定的要求。超过了规定的侧风风速,飞机进行侧滑着陆就不能保证飞行安全。

3. 低空风切变对飞行的影响

风向和风速在特定方向上的变化称为风切变。例如,飞机由小顺风区域进入大顺风区域;由逆风区域进入顺风区域;由某一方向的侧风区域进入另一方向的侧风区域,或在较短距离内升降气流变化,由无明显升降气流区域进入强烈的下降气流区域;等等。

强烈的低空风切变对起飞、着陆的飞机危害极大,特别是对下降着陆的飞机危害最大。例如,飞机从逆风区域进入顺风区域(见图1-9),这种顺风切变会使飞机的空速突然减小,升力下降,飞机随之下沉。如果着陆下降离地较近的飞机遇到这种风切变,驾驶员来不及修正,飞机会以较大的接地速度着陆,过大的地面载荷会损伤飞机结构,也会导致滑跑距离过长,飞机冲出跑道造成事故。如果飞机从无下降气流区域进入强烈下降气流区域,也会导致飞机急剧下沉,造成飞行事故。这种下冲气流切变更具有突然性,危害也最大。

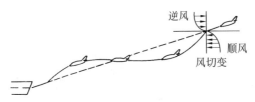

图 1-9　顺风切变对着陆下降的影响

1.4.3 云对飞行的影响

机场上空的云层过低影响到驾驶员按正常规定进行目测着陆。当飞机穿过云层时,来不及进行目测修正和精确目测,会导致飞机着陆时对不准跑道,造成事故。

温度下降会使云中所含水蒸气达到饱和状态而形成积雨云。飞机穿过积雨云时会受到闪电、冰雹的袭击,在积雨云的下部往往出现强烈的风切变,会给在这一区域飞行的飞机带来极大的危害。

当飞机穿过温度 $0 \sim -20℃$ 云层时,在飞机的表面容易发生积冰。飞机积冰会使飞机的气动性能变坏,稳定性和操纵性变差,发动机工作不正常,飞行仪表失灵等,给飞行带来困难,甚至会危及到飞行的安全。

第2章

空气动力学

2.1 流体流动的基本概念

2.1.1 相对运动原理

作用在飞机上的空气动力取决于飞机和空气之间的相对运动情况,而与观察、研究时所选用的参考坐标系无关。也就是说,飞机以速度 v 在平静的空气中飞行时,作用在飞机上的空气动力与远方空气以速度 v 流过静止不动的飞机时所产生的空气动力完全相同。这就是相对运动原理在空气动力学中的应用。

空气相对飞机的运动称为相对气流,相对气流的方向与飞机运动的方向相反,如图 2-1 所示。只要相对气流速度相同,产生的空气动力也就相等。将飞机的飞行转换为空气的流动,使空气动力问题的研究大大简化。风洞实验就是根据这个原理建立起来的。

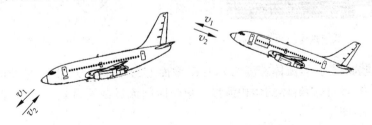

图 2-1 飞机运动的方向与相对气流的方向

v_1—飞机相对空气的运动速度;v_2—相对气流的速度

2.1.2 连续性假设

连续性假设是在进行空气动力学研究时,将大量的、单个分子组成的大气看成是连续的介质。所谓连续介质就是组成介质的物质连成一片,内部没有任何空隙。在其中任意取一个微团都可以看成是由无数分子组成,微团表现出来的特性体现了众多分子的共同特性。对大气采用连续性假设的理由是与所研究的对象——飞机的尺寸相比,空气分子的平均自由行程要小得多。空气流过飞机表面时,与飞机之间产生的相互作用不是单个分子所为,而是无数分子共同作用的结果。

2.1.3　流场、定常流和非定常流

流体流动所占据的空间称为流场。在流场中的任何一点处,如果流体微团流过时的流动参数——速度、压力、温度、密度等随时间变化,这种流动就称为非定常流,这种流场被称为非定常流场。在非定常流场中,流体微团的流动参数是点位置坐标 x、y、z 和时间 T 的函数。反之,如果流体微团流过时的流动参数——速度、压力、温度、密度等不随时间变化,这种流动就称为定常流,这种流场被称为定常流场。在定常流场中,只要点的位置确定了,流体微团的流动参数也就确定了,与时间无关。

2.1.4　流线、流线谱、流管和流量

流线是在流场中用来描绘流体微团流动状态的曲线。在流线每一点上,曲线的切线方向正是流体微团流过该点时流动速度的方向。在流场中,用流线组成的描绘流体微团流动情况的图画称为流线谱。图 2-2 就是描绘烟流低速流过翼型的流线谱。如果流线谱不随时间变化,它所描绘的就是定常流。

在流场中取一条不是流线的封闭曲线,通过曲线上各点的流线形成的管形曲面称为流管,如图 2-3 所示。因为通过曲线上各点流体微团的速度都与通过该点的流线相切,所以只有流管截面上有流体流过,而不会有流体通过管壁流进或流出。

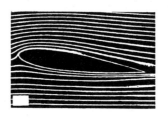

图 2-2　低速烟流绕翼型的流线谱

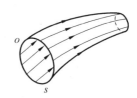

图 2-3　流管

若流管横截面积为 A,流体密度为 ρ,在横截面上的流速为 v,那么,单位时间流过截面 A 的流体体积为 Av,称为流体的体积流量。单位时间流过截面 A 的流体质量为 ρAv,称为流体的质量流量,即

$$q_m = \rho A v \tag{2-1}$$

式中: q_m 为质量流量(kg/s)。

2.2　流体流动的基本规律

2.2.1　连续方程

连续方程是质量守恒定律在流体定常流中的应用。图 2-4 表示远方气流以速度 v 绕流过机翼翼型的定常流线谱,选中一根流管和三个横截面 1、2、3。由式(2-1)可知:流体流过三个横截面的质量流量分别等于 $q_{m1} = \rho_1 A_1 v_1$, $q_{m2} = \rho_2 A_2 v_2$, $q_{m3} = \rho_3 A_3 v_3$。流管性质决定了流管内的流体不能穿越管壁流到管外,流管外的流体也不能穿越管壁流到管内,根据质量守恒定律(质量不会自生也不会自灭),可以得出 $q_{m1} = q_{m2} = q_{m3}$。

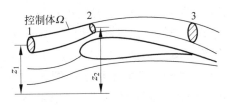

图 2-4　绕翼型的定常流线谱

连续方程可以表述为：在定常流动中,流体连续并稳定地在流管中流动,通过流管各截面的质量流量相等,即

$$\rho_1 A_1 v_1 = \rho_2 A_2 v_2 = \rho_3 A_3 v_3 = \cdots \tag{2-2}$$

式中：ρ_1、ρ_2、ρ_3…是流体流过各截面时的密度；v_1、v_2、v_3…是流体流过各截面时的速度；A_1、A_2、A_3…是流管各截面的面积。

对于不可压缩流体,例如,低速飞行时($Ma < 0.3$),可以把大气看成是不可压缩的流体,即密度 ρ 等于常数,连续方程可以简化为

$$A_1 v_1 = A_2 v_2 = A_3 v_3 = \cdots \tag{2-3}$$

这说明流体的流速与流管的横截面积成反比：流管变细,流线变密,流速变快；流管变粗,流线变疏,流速变慢。

2.2.2　伯努利方程

伯努利方程是能量守恒定律在流体流动中的应用。能量守恒定律是说在一个与外界隔绝的系统中(与外界既没有能量交换,包括热、功等能量的交换,又没有物质交换的系统),不论发生什么样的变化和过程,能量可以由一种形式转变为另一种形式,但能量的总和保持恒定。

运动流体具有的能量包括宏观机械能量和流体系统具有的内能。宏观机械能量包括流体以一定的速度流动而具备的做功能力(动能)及由于流体的位置和压力具备的做功能力(位能和压力能)。流体系统的内能就是系统内部所有微观粒子全部能量的总和,它包括流体分子不规则运动的动能和分子之间相互作用力而造成的位能。对于完全气体,忽略了分子之间的相互作用力,系统的内能就是分子微观热运动所具有的动能。前面已经讲过空气的温度表明了空气分子不规则热运动平均速度的大小,所以完全气体的内能只是气体温度的函数。流体系统的温度不变,系统具有的内能也不变。温度升高,内能增加；温度降低,内能减少。运动流体在运动过程中,具有的这些能量可以互相转换,总能量的增量来自外力对系统所做的功和外界传入的热量。如果研究的系统是一个隔绝系统,则系统的能量总和保持不变。

我们研究的流场是一个不随时间变化的定常流场,把空气看成没有黏性的流体,空气在流动中不会因摩擦生热而产生热传导。整个流场作为一个系统与外界没有能量交换时,空气在这个流场的流动就是定常理想绝热流。对于低速($Ma \leqslant 0.3$)的定常理想绝热流,不但速度变化导致的密度的变化很小,可以忽略空气的可压缩性,而且因为空气流动的速度比较低,流体具有的动能与流体具有的内能相比很小,流体速度的变化导致温度改变,从而使流体的内能发生的变化很小,所以也可以认为空气的温度和内能是不变的。这样,系统内的能量转换就是机械能之间的互相转换。

　　伯努利方程所阐述的就是：当不可压缩的、理想的流体，在一个与外界没有能量交换的系统中做定常流动时，系统中的机械能可以互相转换，但总能量保持不变。

　　所以严格来说，低速理想绝热流的伯努利方程表达的是：流体流动中机械能量守恒与转换的规律。它只适用于低速空气动力学的不可压缩的、理想的流体。流动中流体的能量只在压力能、动能和位能(重力势能)之间互相转换。流体在同一流管中流动，流管高度变化很小，可以认为流体的位能不变。这样在流动中只有压力能和动能之间的相互转换。压力能是由于流体有压力而具备的做功能力，单位体积流体所具有的压力能用压力 p 来表示。动能是由于流体有速度而具备的做功能力，单位体积流体所具有的动能用 $\frac{1}{2}\rho v^2$ 来表示。这样，伯努利方程数学表达式可写成：

$$p + \frac{1}{2}\rho v^2 = p_0 = 常数 \qquad (2\text{-}4)$$

式中：p 为静压，单位体积流体具有的压力能，在静止的空气中，静压等于大气压力；$\frac{1}{2}\rho v^2$ 为动压，单位体积流体具有的动能，其中 ρ 是空气的密度，v 是流体的运动速度；p_0 为总压，静压和动压之和。

　　式(2-4)是不可压缩的理想流体作定常绝热流动时的伯努利方程。

　　将式(2-3)的连续方程和式(2-4)伯努利方程一起考虑，可以得出以下结论：不可压缩的、理想的流体在进行定常绝热流动时，流管变细，流线变密，流体的流速将增加，流体的动压增大，静压将减小；反之，流管变粗，流线变疏，流体的流速将减小，流体的动压减小，静压将增加。

　　图2-5所示的实验可以定性地说明这个结果。当管道中的空气静止时，管道中各处的大气压力都一样，都等于此处的大气压力，所以，各测压管中指示剂液面的高度都相等(见图2-5(a))。但当空气以某一速度连续稳定地流过管道时，情况就发生了变化，因为流动管道内的空气压力都有所下降，所以各测压管中指示剂的液面都有所升高，但升高的量却不一样。管截面最细处的液面升高量最大，而管截面最粗处的液面升高量最小(见图2-5(b))。这就是在忽略了空气可压缩性的情况下，空气连续而稳定地流过管道，在管截面最细处的速度最快，空气的压力下降得最多；在管截面最粗处的速度最慢，空气的压力下降得最少的原因所致。

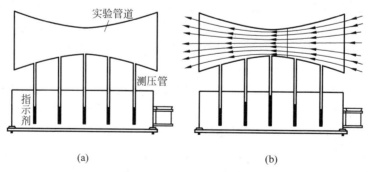

图 2-5　流速和压力的关系

(a) 大气静止的情况；(b) 大气流动的情况

通过图 2-5 实验可以说明飞机机翼气动升力的产生。当气流流过机翼表面时,由于气流的方向和机翼所采用的翼型,在机翼表面形成的流管就像图 2-5 所示的那样变细或变粗,流体中的压力能和动能之间发生转变,在机翼表面形成不同的压力分布,从而产生升力。这点在下面进行详细的讲述。

由式(2-4)所表达的伯努利方程适用于不可压缩理想流体的定常绝热流动。由它导出的结论与低速($Ma \leqslant 0.3$)空气流动的实际情况十分吻合,这说明在低速气流研究中,忽略空气的可压缩性和黏性带来的误差很小。

用式(2-4)不但可以解释气流流过机体时升力产生的原因,在飞机上用来测量空速的仪器——空速管的工作原理也是式(2-4)。

空速管结构如图 2-6 所示。它的前端有一个孔,叫总压孔。总压孔的后面连着总压管。离前端一定距离,管的四周开有垂直管壁的小孔,叫静压孔。静压孔的后面连着静压管。总压管位于中间,四周是静压管,它们分别向测量仪表输入总压和静压信号。

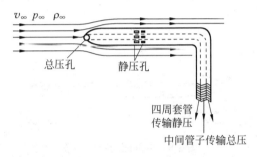

图 2-6　空速管测速原理

空速管安装在飞机机头外侧或机翼前缘受气流干扰最小的部位,总压孔应正对来流方向。飞机远前方来流的速度为 v_∞,压力为 p_∞,密度为 ρ_∞。速度 v_∞ 就是飞机相对空气的速度,称为空速。当气流流入总压孔时,速度被滞止为零,这个过程很快可以看成是绝热过程。根据式(2-4),气流被绝热滞止到速度为零,全部动能转变为压力能,所以总压孔内感受到的是气流的总压 p_0。绕过总压孔向后流去的气流经过一段距离到达静压孔时,速度已基本恢复到 v_∞。静压孔是在气流的侧面,不对气流的速度产生影响,只是感受到气流的静压。通过空速管测到的静压和总压后,就可由式(2-4)计算出飞机相对空气的速度。

2.3　机体几何外形和参数

2.3.1　机翼的几何外形和参数

机翼的几何外形包括机翼翼型、机翼平面形状和参数以及机翼相对机身的安装位置。

1. 机翼翼型

机翼横切面的形状称为机翼翼型。对平直机翼就是用平行机身对称面的平面切割机翼所得机翼的切面形状,如图 2-7 所示。

下面简单介绍表示机翼翼型的参数。

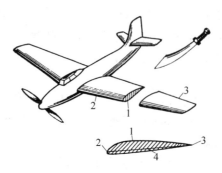

图 2-7　翼剖面
1—翼剖面；2—前缘；3—后缘；4—翼弦

(1) 弦线、弦长：翼型最前端的一点叫机翼前缘，最后端的一点叫机翼后缘。连接机翼前缘和机翼后缘的线叫弦线，也叫翼弦。弦线的长度叫几何弦长，简称弦长。用符号 b 表示，如图 2-8 所示。

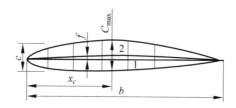

图 2-8　翼剖面的特性参数
1—弦线；2—中线；C_{max}—翼剖面最大厚度；x_c—最大厚度位置距前缘的距离；b—弦长；f—弯度

(2) 厚度、相对厚度：翼弦垂直线与翼型上下翼面的交点之间距离称为翼型的厚度。厚度的最大值称为最大厚度(C_{max})。最大厚度与弦长之比 $\overline{C}=\dfrac{C_{max}}{b}\times100\%$ 称为相对厚度。相对厚度的大小表示翼型的厚薄程度，相对厚度大，表示翼型厚；相对厚度小，表示翼型薄。

最大厚度的位置可以用最大厚度距前缘的距离 x_c 和弦长之比来表示，即 $\overline{x}_c=(x_c/b)\times100\%$。翼型厚度和最大厚度的位置是描写翼型的两个重要参数。

(3) 中弧线(中线)、弯度、相对弯度：垂直弦线的直线在上下翼面所截线段中点的连线叫中弧线。中弧线到弦线之间的最大距离叫最大弯度，用 f_{max} 表示。最大弯度与弦长之比叫相对弯度，即 $\overline{f}=(f_{max}/b)\times100\%$。相对弯度的大小表示翼型的弯曲程度，相对弯度大，表示翼型弯曲程度大；相对弯度小，表示翼型弯曲程度小。

最大弯度的位置也用最大弯度距前缘的距离 x_f 和弦长之比来表示。$\overline{x}_f=(x_f/b)\times100\%$。翼型弯度和最大弯度的位置也是描写翼型的两个重要参数。

翼型可以用弯度特征、厚度特征、前缘半径和后缘角等参数来描述，改变这些参数可以得到不同的翼型，如图 2-9 所示。低亚声速飞机机翼采用的翼型如图 2-9(e)所示，它是前缘圆、后缘尖，具有一定弯度的不对称的双凸形翼型，相对厚度约为 $12\%\sim18\%$，最大厚度的位置为 30% 左右。对称翼型(见图 2-9(g))的弯度为零，中弧线与弦线重合，一般用于尾翼。随着飞行速度的提高，翼型的相对厚度逐渐减小，最大厚度的位置逐渐向后移。目前民用运输机机翼翼型的相对厚度约为 8%～16%,最大厚度的位置约为 35%～50%。低速飞机机翼采用的翼型弯度较大,相对弯度约为 4%～6%,最大弯度位置靠前。随着飞行速度的提高,翼型的弯度也逐渐减小,高速飞机为减小阻力,大多采用弯度为零的对称翼型(见图 2-9(j))。

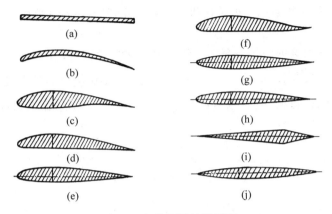

图 2-9　各种不同的翼剖面

2. 机翼平面形状和参数

从飞机顶上向下看去,机翼在平面上的投影形状叫机翼平面形状,如图 2-10 所示。表示机翼平面形状的参数有:

(1) 机翼面积:机翼在水平面内的投影面积叫机翼面积,用符号 S 表示,与机翼相连的机身的面积也计算在机翼的面积内,如图 2-10 中阴影部分所示。

(2) 梢根比(又称梯形比):翼梢弦长和翼根弦长之比,用符号 η 表示。$\eta = b_{梢}/b_{根}$。

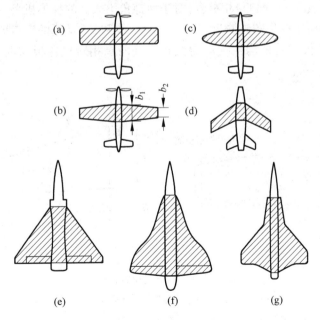

图 2-10　机翼平面形状

(3) 翼展展长：左右两翼尖之间的距离叫展长，用符号 L 表示。

(4) 展弦比：展长与弦长之比叫展弦比，用符号 λ 来表示。如果机翼形状不是矩形，弦长应取平均几何弦长 $b_{平均}$，$b_{平均}=S/L$，这样有

$$\lambda = L/b = L/b_{平均} = L^2/S$$

现代民用运输机一般采用大展弦比机翼，$\lambda=7\sim8$，随着飞行速度的提高，展弦比将逐渐减小。

(5) 后掠角：沿机翼展向等百分比弦线点的连线与垂直机身中心线的直线之间的夹角叫后掠角，用符号 χ 来表示，如图 2-11 所示。飞机说明书中给出的常有机翼前缘后掠角，用 χ_0 表示。机翼 1/4 弦线点连线后掠角，用 $\chi_{1/4}$ 表示。现代民用运输机机翼的后掠角 $\chi_{1/4}$ 在 30°左右。

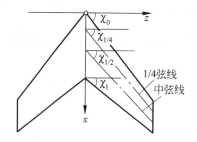

图 2-11　机翼上有代表性的后掠角

(6) 平均空气动力弦长：与实际机翼面积相等，空气动力和俯仰力矩特性相同的当量矩形机翼的弦长(见图 2-12(a))，叫做平均空气动力弦长，用符号 b_A 来表示。它是计算空气动力中心(焦点)位置、纵向力矩系数等常用的一种基准弦长。平均空气动力弦长的中点和半个机翼面积的重心(即面心)相重合，对于后掠角不太大的梯形机翼，平均空气动力弦长可以用图 2-12(b)所示的作图方法近似求出。c—c 线和 d—d 线的交点即半个机翼的面心，通过面心的翼弦弦长就是平均空气动力弦长。其前缘相对机翼根弦前缘的距离用 x_A 表示，如图 2-12(b)所示。

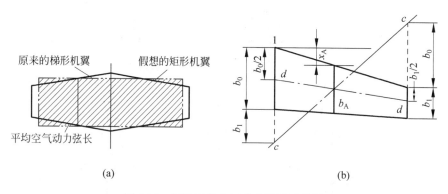

图 2-12　机翼平均空气动力弦长示意图

(a) 平均空气动力弦长；(b) 平均空气动力弦长 b_A 的确定

3. 机翼相对机身的安装位置

(1) 机翼相对机身中心线的高度位置：上单翼、下单翼和中单翼(见图 2-13)。

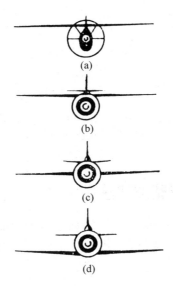

图 2-13　不同的张臂式单翼机

(a) 伞式单翼机；(b) 上单翼；(c) 中单翼；(d) 下单翼

(2) 机翼相对机身的角度。

安装角：机翼弦线与机身中心线之间的夹角叫安装角。安装角的大小应按照飞机最重视的飞行姿态来确定。以巡航姿态为主的运输机，考虑到减小阻力，安装角一般取 4°左右。

上反角、下反角：机翼底面同垂直机身对称面的平面之间的夹角，用符号 ψ 表示。从飞机侧面看，如果翼尖上翘，就叫上反角，$\psi > 0$；如果翼尖下垂，就叫下反角，$\psi < 0$，如图 2-14 所示。

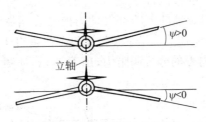

图 2-14　上反角和下反角

机翼的安装角和上反角都是影响飞机飞行性能的重要结构参数。早期低速飞机，机翼采用木布结构并带有外撑杆，这种机翼的安装角一般是可调的。在飞机首次试飞之后，为了消除飞机固有的不平衡力矩，在校装飞机外形时，将机翼上反角调定之后，可以调整外撑杆（主要是后撑杆）的长度来调整机翼的安装角。通过调整外撑杆的长度增加安装角叫"内洗"（wash in），通过调整外撑杆的长度减小安装角叫"外洗"（wash out）。

对现代民用运输机来说，这两个角度在飞机设计制造中确定，飞机投入使用后不能再进行调整。为了保证飞机的适航性，在飞机的使用维护过程中，应保证这两个角度符合要求。

纵向上反角：机翼安装角与水平尾翼安装角之差叫纵向上反角，如图 2-15 所示。

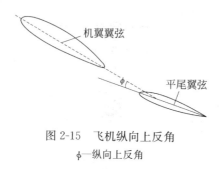

图 2-15 飞机纵向上反角

φ—纵向上反角

2.3.2 机身的几何形状和参数

为了减小阻力,一般机身前部为圆头锥体,后部为尖削锥体,中间较长的部分为等剖面柱体。表示机身几何形状特征的参数有:机身长度 L_{sh}、最大直径 D 及其所在轴向的相对位置和机身的长径比 $\lambda_{sh}=L_{sh}/D$。

2.4 飞机的空气动力

2.4.1 空气动力、升力和阻力

飞机能在空中飞行最基本的事实是有一股力量克服了重力把飞机托举在空中,我们称这股力量为升力。飞机在空中能向前飞行,还必须有动力装置产生推力克服阻力使之向前运动。无论是升力还是阻力,都是飞机飞行时,空气作用在飞机上的力。空气作用在与之有相对运动物体上的力称为空气动力。

飞机飞行时,作用在飞机各部件上的空气动力的合力叫做飞机的总空气动力,用 R 表示。总空气动力 R 的作用点叫压力中心,总空气动力在垂直于来流方向上的分量叫升力,用 L 表示,在平行于来流方向上的分量叫阻力,用 D 表示,如图 2-16 所示。

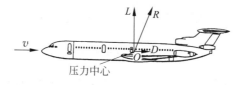

图 2-16 飞机的总空气动力、升力和阻力

2.4.2 升力的产生

飞机的升力主要由机翼来产生。气流流过机翼表面时,在机翼上下表面形成的压力差产生了升力。图 2-17 用流线描述了气流流过机翼的情况,相对气流与机翼弦线之间的夹角叫做迎角,用 α 来表示(见图 2-17)。相对气流从机翼弦线的下方吹来,迎角为正;相对气流从机翼弦线的上方吹来,迎角为负。从图 2-17 中可以看到,当气流以一定的正迎角流过具有一定翼型的机翼时,在机翼上表面流管变细,流线分布较密,在机翼下表面流管变粗,流线分布较疏。在低速流动中,忽略了空气的可压缩性和黏性,根据前面阐述的流体流动的基本

规律可以得出：机翼上表面的气流速度要加大，大于前方气流的速度，同时，静压要下降，低于前方气流的大气压力；相反，机翼下表面的气流速度要减小，小于前方气流的速度，同时，静压要上升，高于前方气流的大气压力。因此，在机翼表面形成了如图 2-18 所示的压力分布情况。机翼上表面各点的静压小于大气压力是吸力，叫做负压（$-\Delta p$），用垂直机翼表面箭头向外的矢量表示。机翼下表面各点的静压大于大气压力是压力，叫做正压（$+\Delta p$），用垂直机翼表面箭头向内的矢量表示。将各矢量的外端点用光滑曲线连接起来就得到了机翼表面的压力分布图，这是机翼表面压力分布的矢量表示法。将作用在机翼上下表面的气动力合成就得到了作用在机翼上的气动力的合力 R_j（见图 2-17）。由图 2-18 所示的压力分布得到的气动力合力 R_j 必定是一个主要向上并略向后倾的力。这个力在垂直气流方向上的分量就是机翼产生的升力，用 L_j 表示。在平行气流方向的分量就是机翼产生的阻力，用 D_j 来表示。合力 R_j 的作用点就叫做机翼的压力中心。因为作用在机翼上的气动力合力的方向基本是垂直来流向上的，所以，机翼产生的升力远远大于阻力。

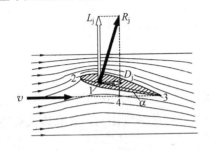

图 2-17 小迎角 α 下翼剖面上的空气动力

1—压力中心；2—前缘；3—后缘；4—弦线；α—迎角

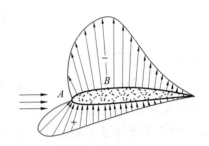

图 2-18 机翼压力分布的矢量表示方法

在机翼表面的压力分布图（图 2-18）中可以看到：在机翼的前缘有一点（A），气流速度减小到零，正压达到最大值，此点称为驻点。机翼上表面有一点（B），气流速度最大，负压达到最大值，称为最低压力点。

机翼表面的压力分布还可以用笛卡儿坐标系上的曲线图表示出来。如图 2-19 所示。横坐标 b 表示机翼表面各点在弦线上的位置，$b=0$ 表示机翼的前缘点。纵坐标 C_p 是机翼表面各点的压力系数。

压力系数 C_p 是无量纲量，定义为

$$C_p = \Delta p / ((1/2) \cdot \rho_\infty \cdot v_\infty^2) = (p - p_\infty) / ((1/2) \cdot \rho_\infty \cdot v_\infty^2)$$

式中：p_∞、ρ_∞、v_∞ 分别是前方气流的压力、密度和速度；p 是机翼表面某点的静压。

当 $p < p_\infty$ 时，C_p 为负值；当 $p > p_\infty$ 时，C_p 为正值。

将图 2-19(a) 用矢量法表示的压力分布图用笛卡儿坐标系表示出来就是图 2-19(b)。在驻点处（下翼面 9 点附近），气流的速度为零，驻点的静压等于总压，$p_9 = p_0 = p_\infty + (1/2) \cdot \rho_\infty \cdot v_\infty^2$，所以，驻点处 $C_p = 1$。在流速最大点（上翼面 1 点处附近），静压最小，C_p 为负的最大值。笛卡儿坐标系的压力分布图也可以将上下翼面压力系数合成一条曲线表示出来，如图 2-25 所示。

从图 2-19 中可以看到气流流过机翼产生的升力，是气流在上下机翼表面的压力共同作用的结果。

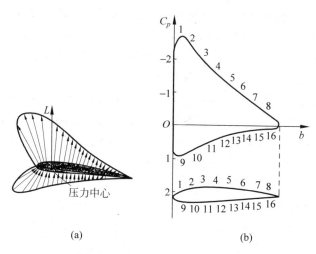

图 2-19　机翼压力分布表示方法

(a) 机翼压力分布的矢量表示法；(b) 机翼压力分布的坐标表示法

2.4.3　阻力的产生

在低速飞行中飞机的阻力主要有摩擦阻力、压差阻力、干扰阻力和诱导阻力。其中前三个阻力与飞机的升力无关，主要是由于空气的黏性引起，也统称为废阻力。在介绍飞机的阻力之前，应先了解与空气黏性有关的一些空气的流动状态。

1. 气流在机体表面的流动状态

1) 附面层

由于空气有黏性，当它流过不是绝对光滑的机体表面时，机体表面对紧贴机体表面的气体微团产生阻滞力使其流速降为零，这层气体微团又阻滞与它相邻的外层气体微团，使其流速下降。由于空气的黏性产生的阻滞力一层一层地向外影响下去，就在机体表面形成了沿机体表面法向方向、流速由零逐渐增加到外界气流流速的薄薄的一层空气层，这就叫做附面层，也称为边界层，如图 2-20 所示。由机体表面到附面层边界(流速增大到外界气流流速99%处)的距离为附面层的厚度，用 δ 表示。沿机体表面流动的距离越长，机体表面对气体微团的阻滞力作用时间越长，并不断地向外影响，逐渐将紧贴附面层的外界气流减速成为附面层内的气流，附面层的厚度就越来越厚。

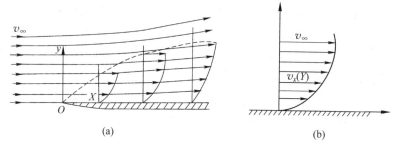

图 2-20　平板表面的附面层

(a) 在平板表面形成附面层；(b) 附面层内的横向速度梯度

2）层流附面层和紊流附面层

根据附面层内气体的流动状态，可以将附面层分为层流附面层和紊流附面层。气体流过机体表面时，在前段附面层内，流体微团层次分明地沿机体表面向后流动，上下各层之间的微团相互不混淆，这是层流附面层。而到了后段附面层，气体微团除了向前流动外，还上下乱窜、互相掺和，已分不清流动的层次了，这就形成了紊流附面层。附面层由层流状态转变为紊流状态叫转捩，流动状态的转变区域叫转捩点，如图 2-21 所示。

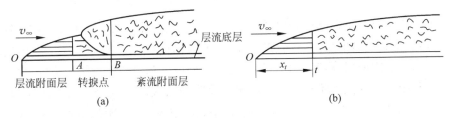

图 2-21　附面层的转捩
（a）由层流状态转变为紊流状态；（b）层流、紊流和转捩点

附面层由层流状态转变为紊流状态的原因是：气流流过机体表面的距离越长，附面层越厚，附面层内的分层流动越不稳定。机体表面过于粗糙、凹凸不平（油污、脏物、凸出的铆钉头、蒙皮接缝）等又不断地对附面层施加扰动，使已不稳定附面层的流线上下脉动、扭曲变形，最后导致了附面层的转捩。

紊流附面层除了厚度要比层流附面层的厚，而且由于气体微团上下窜动，在流层之间产生牵扯力，使得在附面层的底层，垂直流层方向上速度增加比较快，通过一薄层就由零增加到比较大的速度。这样，紊流附面层底部的速度分布曲线就比层流附面层饱满，气流的横向速度梯度就比层流附面层大得多（见图 2-22）；这说明在紊流附面层的底层，机体表面对气流的阻滞作用要比层流附面层大得多。

3）附面层的分离

在图 2-18 中可以看到，从驻点 A 到最低压力点 B，附面层外界的气流逐渐加速，静压也随之逐渐减小。前面的压力大于后面的压力叫做顺压梯度。顺压梯度会迫使气流加速向后流动，并对附面层内气流的流动起推动作用。但从 B 点向后，附面层外界的气流逐渐减速，静压也随之逐渐加大，形成了后面压力大于前面压力的逆压梯度。这对附面层内气流的流动极为不利：一方面气流要克服黏性的阻滞

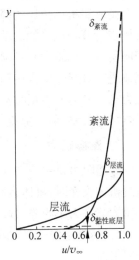

图 2-22　层流附面层和紊流附面层的速度分布

力，另一方面又要克服逆压的阻力向后流动。所以，在进入逆压梯度区后，附面层内气流速度迅速下降，并在逆压作用下底层气流产生倒流，与顺流而下的气流相撞，气流将被拱起脱离机体表面并在主流气流的冲击下形成大的旋涡。这种现象叫做附面层分离。气流开始脱离机体表面的点叫做分离点。附面层分离生成的旋涡不断地被主流气流吹走，新的旋涡又不断地从机体表面生成，这样就在分离点后形成了涡流区（见图 2-23），也称为尾流区。

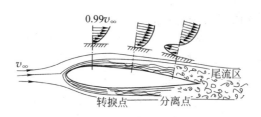

图 2-23　附面层分离

从以上分析可以看出附面层分离的主要原因是在机翼外面的流场中存在逆压梯度。附面层是否分离、分离出现的早晚,首先是和流场中逆压梯度有关,流场中逆压梯度出现得越早,逆压梯度越大,附面层分离点的位置越靠前,附面层分离出现得越早。另外,附面层分离点的位置还与附面层的流动状态有关。由于紊流附面层底部速度分布曲线比较饱满,底层气流具有较大的动能,对逆压梯度有较强的抵制能力,出现向前倒流的时间晚,这样就使分离点位置后移,推迟附面层的分离。所以从防止附面层分离的角度来看,附面层处于紊流状态是有利的。

在尾流区内,由于空气不停地迅速旋转,使气流的动能因为摩擦而损耗,变成热量向外传递,气流的压力也就下降了。这样,机翼前、后缘的压力差形成了压差阻力。

附面层是黏性较小的流体,例如,空气以较大的速度流动时,在机体表面产生的一种物理现象。在建立了附面层的概念后,实际上我们已把气流流过机体的流场分为两个区域:一个是紧靠机体边界的薄层内,也就是附面层和附面层分离形成的尾流区,在这里有黏性的流体进行着非绝热的流动,飞机飞行时承受的废阻力都在这个区域内产生。研究飞机飞行切向受力——阻力时必须考虑这个区域的情况。另一个是附面层以外的流场,在这里理想流体进行着绝热定常流动,气流流速、压力的变化产生升力和力矩。研究飞机飞行时的法向受力——升力和力矩时必须对这个区域进行研究。附面层内的流动对外部流场流动情况的影响可以忽略,而外部流场的流动情况却对附面层内的流动起着控制作用。

2. 摩擦阻力

摩擦阻力是由于空气有黏性而产生的阻力,存在于附面层内。由于空气有黏性,当气流流过机体表面时,机体表面给气流阻滞力并生成附面层。根据牛顿第三定律:作用力和反作用力总是大小相等,方向相反,同时作用在两个物体上。机体表面给气体微团向前的阻滞力,使其速度下降,气体微团必定给机体以大小相等、方向相反的向后的作用力,这个力就是摩擦阻力。

在紊流附面层的底层,机体表面对气流的阻滞作用要比层流附面层大得多,所以,紊流附面层就要产生要比层流附面层大得多的摩擦阻力。

摩擦阻力的大小除了与附面层内气流的流动状态有关外,还与机体和气流接触的面积(机体的外露面积)大小以及机体表面状态有关。机体与气流接触的面积越大,机体表面越粗糙,摩擦阻力就越大。机体表面不平滑如铆钉、接缝、污物、损伤等造成的凹凸不平,都会促使附面层发生转捩,成为紊流附面层,增加摩擦阻力。

3. 压差阻力

气流流过飞机时,在机体前后压力差形成的阻力就叫做压差阻力。气流流过机翼表面时,在机翼前缘的驻点(见图 2-18 中点 A)处速度降为零,形成最大的正压力点;在最低压力点(见图 2-18 中点 B)之后的逆压作用下附面层分离,又在机翼的后缘生成低压的涡流区。这样,机翼前缘区域的压力大于后缘区域的压力,前后压力差就形成了压差阻力。迎着气流放置一个圆盘。在圆盘前面气流被阻滞,压力升高;而在圆盘的后面气流分离形成低压的涡流区,圆盘前后压力差会产生很大的压差阻力。圆盘的面积越大,产生的压差阻力越大。如果在圆盘的前部加一个圆头锥体(见图 2-24(a)),在圆盘的后部加一个尖削锥体形成流线型物体(见图 2-24(b)),圆盘前面的高压区被圆头锥体填满,使气流平滑流过,压力不会急剧升高;后面的涡流区也被尖削锥体填满,剩下很小的尾部涡流区,这样,压差阻力将会大大减小。所以,在不改变物体迎风面积的情况下,将物体做成前面圆钝后面尖细的流线型可以大大减小物体的压差阻力。

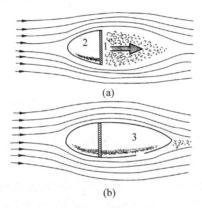

图 2-24 物体形状对压差阻力的影响
1—圆形平板剖面;2—前部圆锥体;3—后部圆锥体

压差阻力不仅与物体的迎风面积、物体的形状有关,还与物体相对气流的位置(迎角的大小)有关。流线型物体的轴线与气流平行时,可以使压差阻力减小。

4. 减小摩擦阻力和压差阻力的措施

1) 控制附面层

在附面层发生分离之前,由于空气的黏性引起的阻力中主要是附面层内黏性剪切力在飞机运动方向的合力——摩擦阻力。紊流附面层中产生的摩擦阻力比层流附面层大得多,所以减小摩擦阻力的主要方法是:推迟附面层转捩,尽可能使其保持层流状态。

附面层一旦发生分离就会产生压差阻力,并随着附面层分离形成的尾流旋涡区的扩大,由于空气黏性引起的阻力就从以摩擦阻力为主变为摩擦阻力和压差阻力同等重要,进一步转变为以压差阻力为主。所以,减小压差阻力的主要方法也是控制附面层——防止或推迟附面层分离。

控制附面层的方法如下:

(1) 机翼采用层流翼型。层流翼型是使附面层保持层流,推迟附面层转捩和分离的一种有效翼型。图 2-25 给出了古典翼型及压力系数 C_p 分布曲线和层流翼型及压力系数 C_p 分布曲线的比较。层流翼型的特点是前缘半径小,最大厚度靠后,如图 2-25(b)所示。气流流过这种翼型时,压力系数分布比较平坦,最低压力点位置后移(见图 2-25(b)),也就是这种翼型在前缘形成的流管收缩缓慢,气流在前缘的加速也就缓慢,直到翼型的中后部才达到最大速度(最低压力点处),气流在翼型前部的缓慢加速有利于在大范围内保持层流附面层,在一定的迎角范围内减小摩擦阻力。

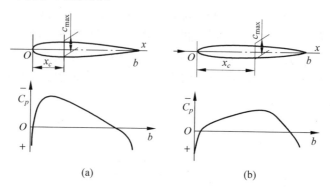

图 2-25   古典翼型与层流翼型的压力系数分布

(a) 古典翼型 $\overline{x}_c = x_c/b = 0.30$;(b) 层流翼型 $\overline{x}_c = 0.50$

而且最低压力点后移使顺压梯度范围扩大,逆压梯度出现得比较靠后、比较弱,也推迟或防止附面层的分离,减小了压差阻力。

(2) 向附面层内输入动能,推迟附面层分离。当在空气黏性引起的阻力中压差阻力占主要成分时,可以用向附面层内输入动能的方法,使附面层由层流状态转捩为紊流状态。因为紊流附面层底层气流流速快、动能大,抵制逆向流动的能力强,可以使分离点向后移。虽然紊流附面层增加了摩擦阻力,但分离点后移,压差阻力的减小却可以使总阻力大大下降。

在后面 3.8.2 节的控制附面层增升装置中,讲述的附面层吹除方法和吸取方法就是向附面层输入动能,生成紊流附面层,推迟附面层分离的方法。另外采用制造旋涡法,也可以达到这个目的。

制造旋涡法是在机翼表面安装涡流发生器,利用涡流发生器小板上端产生的旋涡将离机翼表面较远的高速气流引入附面层,加大附面层内气流的流速,抵制逆压梯度防止附面层分离。关于这个方法在 2.6.8 节的涡流发生器中有更详细的讲述。

2) 减小摩擦阻力

除了控制附面层外,减小摩擦阻力的措施如下:

(1) 保持机体表面的光滑清洁。附面层的流动状态与机体表面光洁程度有很大关系。机翼表面对气流的任何一个扰动都会使附面层内的流动状态发生改变,转捩点大大提前。所以,在维护修理飞机的工作中,一定要保持机体表面的光滑整洁,特别是在主要的气动力面,比如机翼、尾翼的前缘、上表面等,如图 2-26 所示。要保证机体表面没有污物,没有划伤、凹陷或凸起,要注意埋头铆钉的铆接质量和蒙皮搭接缝的光滑密封等。

(2) 要尽量减小机体与气流的接触面积。对飞机进行修理改装时,应注意不要过多增加机体的外露面积,否则会增大阻力,使飞机达不到飞行性能的要求。

3) 减小压差阻力

除了控制附面层外,减小压差阻力的措施还有:

(1) 尽量减小飞机机体的迎风面积。例如,在保证装载所需要容积的情况下,为了减小机身的迎风面积,机身横截面的形状应采取圆形或近似圆形。

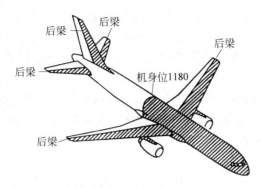

图 2-26　波音 757—200 型飞机的气动敏感区和非气动敏感区

注：图中带斜条纹的区域为气动力敏感区域。

（2）暴露在空气中的机体各部件外形应采用流线型。

（3）飞行时，除了起气动作用的部件外，其他机体部件的轴线应尽量与气流方向平行。民用运输机机翼采用一定的安装角就是为了使飞机巡航飞行时，机翼产生所需要升力的同时，机身轴线保持与来流平行，减小压差阻力。

5. 干扰阻力

（1）干扰阻力是流过机体各部件的气流在部件结合处互相干扰而产生的阻力，如图 2-27 所示。

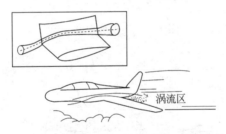

图 2-27　机翼和机身结合部气流的相互干扰

实验表明：整体飞机的阻力并不等于各个部件单独产生的阻力之和，而是多出一个量，这个量就是由于气流流过各部件时，在它们的结合处相互干扰产生的干扰阻力。

干扰阻力与各部件组合时的相对位置有关，也和部件结合部位形成的流管形状有关。

（2）减小干扰阻力的措施如下：

① 适当安排各部件之间的相对位置。对于机翼和机身之间的干扰阻力来说，中单翼干扰阻力最小，下单翼最大，上单翼居中。

② 在部件结合部位安装整流罩，使结合部位较为光滑，减小流管的收缩和扩张。

以上讲述的三种阻力都是由于空气具有黏性而产生的阻力，与升力的产生没有关系。这三种阻力被称为废阻力。

6. 诱导阻力

诱导阻力是伴随升力而产生的一种阻力。

1）翼梢旋涡和下洗流

气流流过机翼产生升力是由于上下翼面存在压力差，对有限翼展的机翼来说，这种压力差会使气流在沿机翼表面向后流动的同时,还会绕过翼梢从下翼面的高压区流向上翼面的低压区。这样,不但使机翼下表面气流的流线由翼根向翼梢偏斜,使机翼上表面气流的流线由翼梢向翼根偏斜,而且在机翼的翼梢部位形成了由下向上旋转的翼梢旋涡(见图 2-28)。由于翼梢旋涡的作用,机翼上下表面的气流在向后流动的同时出现了向下流动的趋势。这种垂直气流方向向下的流动称为下洗,向下流动的速度称为下洗速度,用 w 表示,如图 2-29 所示。此时气流的速度不再是 v,而是来流速度 v 和下洗速度 w 的矢量和 v'。速度 v' 与来流速度 v 之间的夹角 ε 叫做下洗角。

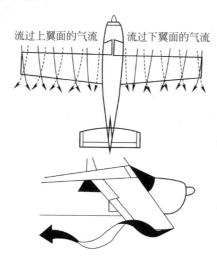

图 2-28 飞机的翼梢旋涡

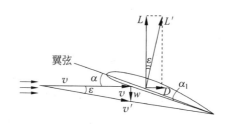

图 2-29 诱导阻力的产生原理

2) 诱导阻力的产生

当气流以速度 v' 流过机翼时,产生的升力 L' 应垂直于速度 v'。由于下洗,速度 v' 相对来流方向向下倾斜了一个角度,升力 L' 也会相对来流方向向后倾斜了一个角度,这样,升力 L' 除了在垂直来流方向上有一个起到升力作用的分量 L 外,还会沿来流方向产生一个分量 D,这个向后作用阻碍飞机飞行的力叫做诱导阻力(见图 2-29)。如果上下翼面没有压力差,就不会产生升力,也就没有诱导阻力产生。上下翼面压力差越大,升力越大,诱导阻力也就越大。

3) 减小诱导阻力的措施

(1) 采用诱导阻力较小的机翼平面形状:椭圆平面形状的机翼诱导阻力最小,其次是梯形机翼,矩形机翼的诱导阻力最大。同时,加大机翼的展弦比也可以减小诱导阻力。无论是椭圆形机翼还是大展弦比机翼都使机翼翼梢部位的面积在机翼总面积中所占比例下降,从而减小诱导阻力。

在得到相同升力的情况下,飞机飞行速度越小,所需要的迎角越大,迎角的增加会使上下翼面气流的流速相差较大,压力差加大,翼梢旋涡随之加强,诱导阻力也就增加了。所以低速飞机大多采用大展弦比的机翼来减小诱导阻力。

(2) 在机翼安装翼梢小翼:低速飞行时,由于诱导阻力占较大比例,为了减少诱导阻力,除了采用大展弦比直机翼外,有时还会在机翼翼梢安装端板,就是在机翼翼梢安装一块垂直机翼平面的短板。这和有些战斗机将副油箱悬挂在机翼翼梢,或有些飞机将垂直尾翼安装在水平尾翼翼梢的作用一样,可以阻止气流由下翼面流向上翼面,减弱翼梢旋涡,增大机翼有效翼展,减小诱导阻力。现代民航机采用如图 2-30 所示的翼梢小翼,和端板的作用原理一样,可以减小诱导阻力。与端板不同的是,翼梢小翼的气动外形和在机翼上的安装角度等都是经过设计和试验确定的,所以,翼梢小翼不但在减小诱导阻力、节省燃油、加大航程方面有着明显的作用,对机翼的其他气动性能也有利。

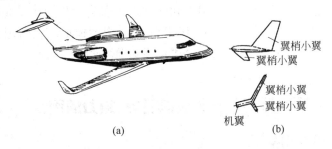

图 2-30 翼梢小翼

(a) 装有翼梢小翼的某型号旅客机;(b) 安装在机翼翼梢的翼梢小翼

7. 低速飞行时飞机的阻力

低速飞行时飞机的阻力由摩擦阻力、压差阻力、干扰阻力和诱导阻力组成,总阻力应是废阻力和诱导阻力之和,如图 2-31 所示的总阻力曲线。这四种阻力对飞行总阻力的贡献随着飞行速度和迎角的不同而变化。

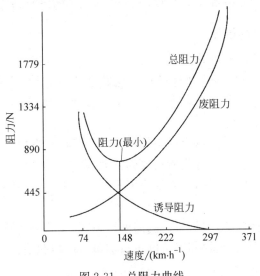

图 2-31 总阻力曲线

图 2-31 示出的是阻力随飞行速度的变化曲线,从图中可以看到:低速飞行时,为了得到足够的升力,飞机要以较大的迎角飞行。这样,机翼上下表面的压力差较大,形成了较强的翼梢旋涡,诱导阻力较大。飞行速度较高时,飞机以较小的迎角飞行,机翼上下表面的压力差减小,形成了较弱的翼梢旋涡,诱导阻力也随之减小。所以,诱导阻力是随着飞行速度的提高而逐渐减小的,如图 2-31 中诱导阻力曲线所示。废阻力是由于空气的黏性而产生的阻力,飞行速度越高,机体表面对气流产生的阻滞力越大,废阻力也就越大。所以,废阻力是随着飞行速度的增加而增大。废阻力随飞行速度的变化曲线如图 2-31 中的废阻力曲线所示。飞机飞行的总阻力等于诱导阻力和废阻力之和,随速度的变化情况如图 2-31 中的总阻力曲线所示。这样,飞行速度较低时,诱导阻力大于废阻力,在总阻力中占主导地位;随着飞行速度的提高,诱导阻力逐渐减小而废阻力逐渐增大,诱导阻力的作用逐渐减弱,废阻力逐渐占了主导地位。在诱导阻力曲线和废阻力曲线相交点总阻力最小,此时的飞行速度称为有利飞行速度。

随着迎角的变化,废阻力中的摩擦阻力和压差阻力所起的作用也不相同。小迎角飞行时,附面层的分离点靠后,机翼后缘的涡流区很小,压差阻力较小,主要的废阻力是附面层里的摩擦阻力。随着迎角的增大,附面层的分离点逐渐前移,涡流区逐渐扩大,压差阻力逐渐在废阻力中占了主导地位。

2.4.4　升力、阻力计算公式及影响升力、阻力的因素

1. 升力公式、阻力公式

飞机的升力公式可以表示为

$$L = C_L \cdot \frac{1}{2}\rho v^2 \cdot S \qquad (2\text{-}5)$$

飞机的阻力公式可以表示为

$$D = C_D \cdot \frac{1}{2}\rho v^2 \cdot S \qquad (2\text{-}6)$$

式中:C_L、C_D 分别是升力系数和阻力系数;$\frac{1}{2}\rho v^2$ 是飞机的飞行动压;S 是机翼的面积。

2. 影响升力和阻力的因素

1) 空气密度、飞行速度和机翼面积

由式(2-5)和式(2-6)可知,飞机保持在一定的迎角下飞行,即升力系数和阻力系数保持不变的情况下,飞机的升力和阻力都与空气的密度成正比,与飞机飞行速度的平方成正比,与机翼的面积成正比。

海拔高度的增加和气温升高都会使空气密度减小,所以,炎热的天气在海拔较高的机场起飞时,由于空气密度小,要达到起飞所需要的升力,就必须加大飞机起飞的离地速度,而空气密度小,又使发动机的性能降低,飞机加速困难。这就影响了一些飞机在高温高原机场的使用。

在其他条件不变的情况下,飞机飞行的高度越高,空气的密度越小,飞机的升力就越小。为得到飞行所需的升力,必须提高飞机的飞行速度。所以只有高速飞机才适合在高空进行巡航飞行。

加大机翼的面积可以增加升力,同时也会增加阻力。早期的飞机飞行速度很低,为了获得飞行所需升力,往往加大机翼的面积,甚至采用双翼机。随着飞机飞行速度的提高,获得飞行所需升力已不成问题,主要的矛盾又转化为如何减小阻力提高飞行速度,所以,随着飞机飞行速度的提高,飞机机翼的面积逐渐减小。超声速飞机的机翼面积就很小了。

2)升力系数和阻力系数

由式(2-5)和式(2-6)可知,飞机的升力与升力系数成正比,飞机的阻力与阻力系数成正比。升力系数和阻力系数都是无量纲参数,在飞行马赫数小于一定值时,它们只与机翼的形状(机翼翼型、机翼平面形状)和迎角的大小有关,所以,这两个系数综合反映了机翼形状、迎角对飞机升力和阻力的影响。

机翼翼型对机翼升力系数和阻力系数的影响:相对厚度较大,最大厚度位置靠前的翼型可以使流过上翼面的气流迅速加速,压力下降,产生较大的气动吸力,因此可以得到较大的升力系数。加大翼型的弯度,适当地将最大弯度位置前移,同样可以提高最大升力系数。低速飞机机翼多采用这样的翼型。但增加翼型厚度和弯度也会使阻力系数加大,从而增加飞机的飞行阻力。所以高速飞机都采用相对厚度较小、最大厚度位置靠后的薄翼型,或相对弯度为零的对称薄翼型。

至于迎角对升力系数、阻力系数的影响将在下面讲述。

2.4.5 气动力系数曲线

当迎角改变时,气流在机翼表面的流动情况和机翼表面的压力分布(见图2-18)都会随之发生变化,结果导致了机翼升力和阻力的变化、压力中心位置的前后移动。

1. 升力系数 C_L 随迎角的变化

图2-32给出了某一翼型的升力系数随迎角变化的曲线。从图中可以看到,在迎角小于一定值时(小于最大升力系数对应的迎角,$\alpha < \alpha_{max}$),升力系数与迎角近似呈线性关系,随着迎角的增加而增加,由负值增大到零到正值再到最大值 C_{Lmax},然后又转折开始下降。升力系数曲线的斜率 $C_L^\alpha = \Delta C_L / \Delta \alpha$,表示了升力系数 C_L 随着迎角 α 的变化率,即单位迎角引起的升力系数的变量。从图2-32中可以看到:在迎角小于一定值时($\alpha < \alpha_{max}$),C_L^α 是一个正值。升力系数为零时,机翼的升力为零,对应的迎角叫做零升力迎角(α_0)。对于大多数民用运输机机翼采用的具有一定弯度的非对称翼型,零升力迎角是一个较小的负值(见图2-33(d));对于对称翼型,零升力迎角为零(见图2-33(e))。迎角小于零升力迎角时($\alpha < \alpha_0$),升力系数为负值,飞机的升力方向指向机翼下表面(见图2-33(b));迎角大于零升力迎角时($\alpha > \alpha_0$),升力系数为正值,飞机的升力方向指向机翼上表面(见图2-33(a))。

升力系数 C_L 达到最大值时对应的迎角为 α_{max},也称为临界迎角。

2. 机翼压力中心位置随迎角的变化

如前所述,机翼气动力合力的作用点叫做机翼的压力中心。对于民航运输机机翼采用的有一定弯度的非对称翼型来说,随着迎角的改变,机翼压心的位置会沿飞机纵向前后移动。当迎角比较小时,机翼前缘上表面还没有形成很细的流管,气流在机翼前缘的上表面的加速

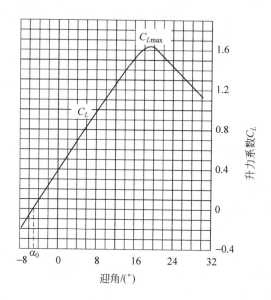

图 2-32　升力系数曲线

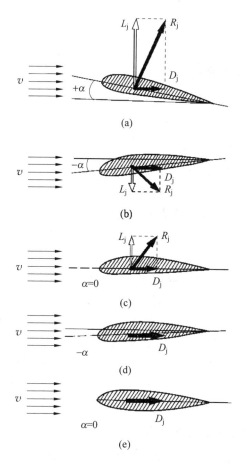

图 2-33　不同迎角下的不同升力

比较缓慢,并没有在机翼前缘形成吸力峰,机翼上表面的最低压力点靠后,这时机翼的升力系数比较小,压力中心也比较靠后(见图 2-34(a))。随着迎角的逐渐增加,机翼前缘上表面的流管逐渐变细,气流在机翼前缘上表面速度急剧加快,机翼上表面的最低压力点向前移,机翼的升力系数增大,压力中心也向前移(见图 2-34(b))。随着迎角的继续增加,机翼前缘上表面形成了很细的流管,气流在机翼前缘的上表面很快地被加速,并在机翼前缘形成吸力峰,机翼上表面的最低压力点继续前移,机翼的升力系数继续增大,压力中心也继续向前移动(见图 2-34(c))。迎角继续增加超过 $C_{L\max}$ 对应的迎角时,附面层的分离点很快前移,涡流区迅速扩大到整个上翼面,上翼面的涡流区使气流在机翼前缘的加速减缓,机翼前缘的吸力峰陡落,机翼的升力急剧下降,压力中心又移到靠后的位置(见图 2-34(d))。

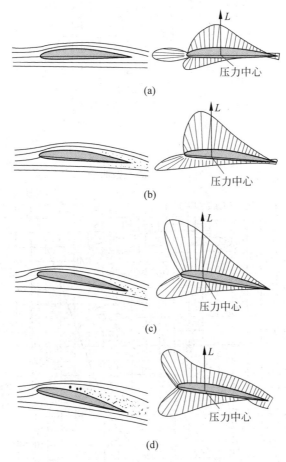

图 2-34 翼型在不同迎角下的压力分布

3. 阻力系数 C_D 随迎角的变化

从图 2-35 中阻力系数 C_D 随迎角 α 的变化曲线可以看到,阻力系数曲线不与横坐标相交,说明在任何情况下飞机的阻力都不等于零。在迎角等于 0°附近,阻力系数最小。然后,随着迎角绝对值的增加而增大,变化近似按抛物线规律。

图 2-36 是将某一翼型的升力系数和阻力系数画在同一张图中(注意:升力系数和阻力系数的纵坐标采用了不同的坐标值)。从这张图中可以对比地看出升力系数和阻力系

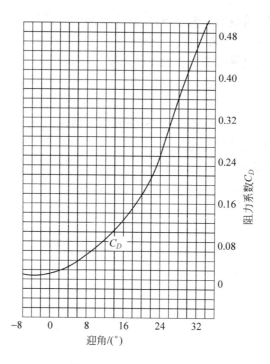

图 2-35　阻力系数曲线

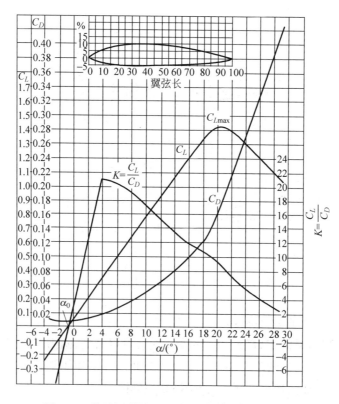

图 2-36　某种机翼剖面风洞实验室所得的三种曲线

数随着迎角变化的情况：随着迎角的增加，升力系数和阻力系数都增大，但增加的趋势并不相同——在一定的迎角范围（$\alpha < \alpha_{max}$）内，升力系数呈线性增大，而阻力系数按抛物线规律增大。所以，在迎角比较小的情况下，阻力系数比升力系数增加得慢；在迎角比较大的情况下，特别是接近 α_{max} 时，阻力系数增加的速度迅速加大，甚至超过了升力系数增加的速度。在升力系数达到最大值之后，升力系数曲线转折，由上升转为下降，升力系数开始减小，而阻力系数不但继续增大，而且是沿着斜率很大的直线迅速上升，增大的速度陡然增加。

升力为零时（$\alpha = \alpha_0$），对应的阻力系数叫做零升阻力系数，用 C_{D0} 表示。

4. 升阻比曲线、极曲线

对飞机飞行性能的判断不能只看能产生多大的升力，还应综合考虑阻力的大小。以较小的阻力获得所需要的升力，才能提高飞机的飞行效率。为此引入了升阻比的概念，用 K 表示，即

$$K = L/D = C_L/C_D \tag{2-7}$$

升阻比是升力和阻力之比，也就是升力系数和阻力系数之比。升阻比也是无量纲参数，在飞行马赫数小于一定值时，只与机翼的形状（机翼翼型、机翼平面形状）和迎角的大小有关。从图 2-36 中可以看到升阻比随着迎角的变化情况。当升力系数等于零时，升阻比也等于零。升阻比随着迎角的增加而增大，由负值增大到零再增大到最大值，然后，随着迎角的增加而逐渐减小。由于升力系数和阻力系数随迎角的变化规律决定，升阻比的最大值（K_{max}）并不是在升力系数等于最大值时达到，而是在迎角等于 4° 左右范围内达到。在升阻比达到最大值的状态下飞行是最有利的，因为这时产生相同的升力，阻力最小，飞行效率最高。所以升阻比也叫做气动效率。

极曲线是升力系数对阻力系数的曲线。对每一个迎角都可以得到一个升力系数和一个阻力系数，以升力系数为纵坐标，以阻力系数为横坐标，并将迎角值标在曲线的各点上就得出如图 2-37 所示的极曲线图。

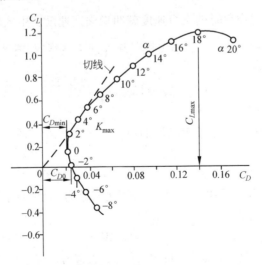

图 2-37　机翼的极曲线

从原点作极曲线的切线与曲线的交点就是达到最大升阻比的迎角值,切线的斜率就是最大升阻比。曲线的最高点的纵坐标值就是最大升力系数。用平行纵坐标的直线与曲线相切,可以得到最小阻力系数和迎角值。曲线与横坐标的相交一点的阻力系数就是零升阻力系数。

　　对于非对称翼型,零升阻力系数 C_0 比最小阻力系数 C_{min} 略大,对于对称翼型此两值相等。

5. 飞机大迎角失速

1) 临界迎角和飞机失速

　　对应最大升力系数(C_{Lmax})的迎角叫做临界迎角(α_{max}),也叫做失速迎角。从图 2-36 中的升力系数曲线和阻力系数曲线可以看到当迎角大于临界迎角时,升力系数急剧下降,阻力系数急剧增加,这种现象就叫做失速。

　　飞机失速主要是由于迎角过大,造成机翼上翼面的附面层大部分分离,形成了大面积的涡流区(见图 2-34(d)),上、下翼面的压力差合成的气动力对升力贡献大大减小,却产生了很大的压差阻力。大面积涡流区的出现不但使升力和阻力发生急剧的变化,导致飞机的速度减小,高度降低,机头下沉;又因为气流的分离不稳定,周期性地形成分离旋涡,使升力忽大忽小,从而引起机翼、尾翼的振动,飞机的稳定性和操纵性下降,使飞机难以保持正常的飞行。这对飞机的飞行是很危险的。这种迎角过大造成的飞机失速也叫做大迎角失速,在任何空速和飞行姿态下,只要迎角超过飞机的临界迎角都可能发生。飞机的临界迎角一般为 $16°$ 左右。

　　通常在飞行中不会达到最大升力系数和临界迎角的飞行状态,因为在到达这个状态之前,由于附面层分离区域的扩大,已经出现了振动、稳定性变坏等失速现象。为了保证飞行安全,防止飞机失速,规定了一个小于最大升力系数的升力系数值和一个小于临界迎角的迎角值,这两个值是在飞行中可以达到但不能超过的安全值。

2) 飞机的失速速度

　　飞机迎角刚达到临界迎角时的飞行速度就叫做失速速度。由式(2-5)$L = C_L \cdot \frac{1}{2}\rho v^2 \cdot S$ 可以得出 $v = (2L/(C_L \cdot \rho \cdot S))^{1/2}$。当飞机以临界迎角飞行时,升力系数 C_L 应该等于最大升力系数 C_{Lmax},由此得出

$$v_s = (2L/(C_{Lmax} \cdot \rho \cdot S))^{1/2}$$

式中:v_s 是飞机失速速度。

　　当飞机平飞时,飞机的升力等于飞机的重力。即 $L = W$。所以,飞机平飞时的失速速度为

$$v_{s平} = (2W/(C_{Lmax} \cdot \rho \cdot S))^{1/2}$$

　　在其他的飞行状态下,飞机的升力并不等于飞机重力,而是等于飞机重力乘以一个系数 n_y。这个系数叫做载荷因数:

$$n_y = L/W$$

式中:n_y 是载荷因数;L 是飞机的升力;W 是飞机的重力。

　　这样,在其他的飞行状态,飞机的失速速度就等于:

$$v_s = n_y^{1/2} \cdot v_{s平}$$

从失速速度的计算公式,可以得出:

(1) 飞机重力增加,飞机的失速速度也会增加。在同样的飞行状态下,飞机重力增加,所需要的升力也必须增加,而飞机的最大升力系数基本不变,只有提高飞行速度,这样,飞机的失速速度也就增加了。

(2) 飞机起飞和着陆过程中,使用增升装置可以提高最大升力系数,从而降低飞机的失速速度,使飞机可以以更低的速度起飞和着陆。

(3) 在各种不同的飞行状态下,飞机的失速速度等于飞机平飞失速速度乘以 $n_y^{1/2}$,载荷因数越大,对应的失速速度也就越大。

3) 失速警告

由于飞机失速时出现的一些现象威胁到飞机的飞行安全,所以,必须防止飞机进入失速,一旦进入要及时改出。为了做到这一点,就必须在飞机接近失速时,给驾驶员一个准确的失速警告。

当飞机接近临界迎角时,由于机翼上表面的气流分离会使飞机发生抖振,也会使驾驶杆和脚蹬产生抖动,有一种操纵失灵的感觉。这就给了驾驶员一个警告:飞机已接近失速。在大迎角状态下飞行时,驾驶员若感觉到这些现象,就应及时向前推杆减小迎角,防止飞机失速。

另外,现代飞机都安装了人工失速警告设备:失速警告喇叭、失速警告灯和抖杆器。这些人工失速警告设备都是用迎角探测器探测飞机的迎角,当迎角增大到接近临界迎角的某个值时(飞行速度比失速速度大7%),接通电路,使警告喇叭或警告灯发出警告音或警告灯光,或接通电路,启动电动机,使驾驶杆产生满足一定频率和振幅要求的抖振,向驾驶员发出失速警告。

2.4.6 机翼的压力中心和焦点(空气动力中心)

1. 机翼的压力中心、焦点的定义和表示方法

如前所述,机翼压力中心是作用在机翼上的气动力合力的作用点。当气流流过机翼时,气动力是作用在机翼表面上的分布载荷。求出这些分布载荷的合力就是机翼的气动力,而合力的作用点就是机翼的压力中心。

机翼压力中心在飞机纵向的位置用它在平均气动力弦上的投影到该前缘的距离 x_{Pj} 与平均气动力弦长 b_A 之比的百分数来表示(见图 2-38),即

$$\text{机翼压力中心的位置} \bar{x}_{Pj} = (x_{Pj}/b_A) \times 100\%$$

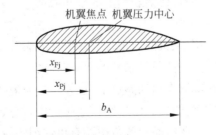

图 2-38　机翼压力中心和焦点位置表示方法示意图

机翼焦点也是对机翼气动力特性有着重要意义的点。它的定义是:当迎角改变时,机翼上的气动力对该点的力矩保持不变。当迎角改变时,机翼的气动升力的大小和压力中心的位置都在改变,但对焦点的力矩却保持不变。比如,由于阵风扰动使飞机抬头迎角增大,造成机翼的气动升力增加,压力中心前移。有了机翼焦点这个概念,这种变化效果就可以用原有的气动升力作用在原有的压力中心上不变,将迎角改变带来的气动升力增量作用在机翼焦点上的效果来代替。从这个意义上讲,机翼焦点也就是迎角改变时机翼气动升力增量的作用点。

焦点在飞机纵向的位置也是用它在平均气动力弦上的投影到该前缘的距离 x_{Fj} 与平均气动力弦长 b_A 之比的百分数来表示(见图 2-38),即

$$\bar{x}_{Fj} = (x_{Fj}/b_A) \times 100\%$$

实验结果表明:在低速、亚声速范围内,机翼焦点的位置为 25%。当飞行马赫数变化时,焦点的位置保持不变。

对于有一定弯度的非对称翼型来说,沿弦向压力中心在焦点的后面,如图 2-38 所示。随着迎角的增大,气动力增加,压力中心必定会向前移,逐渐接近焦点。

对于对称翼型,压力中心与焦点重合,并且在 1/4 弦线处,不随迎角的改变而前后移动。在工作中进行转动的叶片翼型大都采用对称翼型,其中一个原因就是为了避免在转动中由于压力中心的移动而造成振动。

2. 机翼压力中心和焦点的区别

(1) 物理意义不一样。这两点虽然都是对机翼气动力特性有着重要意义的点,但两点却有着完全不同的物理意义。压力中心是机翼气动力合力的作用点,而焦点则是迎角变化时,机翼气动力对该点的力矩不变。也就是迎角变化时,机翼气动升力增量的作用点。因此,它们在研究机翼气动力特性时,有着完全不同的作用。

(2) 机翼压力中心和焦点在机翼弦向位置随迎角变化的情况不同。如前所述,对于具有一定弯度的非对称翼型的机翼,压力中心的位置随着机翼迎角的变化而前后移动。在一定的迎角范围内,迎角增大,气动升力增加,机翼压力中心前移;迎角减小,气动升力减小,机翼压力中心后移。而机翼的焦点位置却不随迎角改变。在低速飞行中,机翼焦点的位置保持在 25% 不变。

(3) 在研究机翼气动力特性时的作用不同。在研究飞机运动和平衡时,我们用作用在机翼压力中心的气动力代替作用在机翼表面上的分布载荷,不但效果相同,而且可以使研究大大简化。

机翼焦点及焦点位置对研究飞机的稳定性和操纵性有着重要的意义。在研究由于迎角改变,机翼气动力变化对飞机稳定性及操纵性的影响时,就可以在原有气动力大小和位置不变的情况下,只将气动升力的增量作用到焦点上,也就是只研究作用在焦点上的气动升力增量对飞机稳定性和操纵性的影响即可。而且在低速飞行中,焦点位置不会改变,这也给分析和研究带来方便。关于这一点,在后面的章节中还有更详细的叙述。

2.5 机翼表面积冰(雪、霜)对飞机飞行性能的影响

机翼是飞机的主要气动力部件,它产生了飞机飞行时所需要的升力。如果机翼的形状、表面状态或机翼和其他部件的相对位置不符合要求,都会使飞机的飞行性能变坏,甚至造成飞行事故。

机翼表面的积冰或雪、霜会改变机翼的翼型,加大机翼的迎风面积,使机翼表面变粗糙、凹凸不平,影响机翼表面附面层的流动状态,大大增加摩擦阻力和压差阻力。飞行阻力增大,平飞时所需要的发动机的推力也要增加,从而使飞机的最大平飞速度减小,燃料消耗量增加,飞机的航程减小,巡航性能变坏。

机翼表面积冰破坏了机翼的翼型,在相同的速度和迎角的情况下,机翼的升力要比不结冰时的升力小,这也给飞机的起飞和爬升带来困难。在达到离地的速度和迎角时,升力小不能使飞机离地。为了离地必须再加大速度,而阻力的增大又使起飞加速困难,从而使起飞的滑跑距离大大加长。爬升时,阻力的增加又使飞机的上升角度和上升速度减小,增加了爬升越障的困难。如果两侧机翼结冰不对称,还会造成飞机两侧的重力和气动力不平衡,使飞机向一侧倾斜,给飞机的操纵带来困难。

机翼表面积冰使附面层过早分离,减小了最大升力系数和临界迎角。使飞机过早地出现失速的现象,如果操纵不当会导致飞行事故的发生。最大升力系数的减小提高了飞机的最小平飞速度,也对飞机的着陆不利。

2.6 高速飞行的一些特点

2.6.1 空气的可压缩性和飞行马赫数

1. 空气的可压缩性

空气是可压缩的流体。所谓的可压缩性是指一定量的空气,在压力或温度变化时,其体积和密度发生变化的特性。

在第1章1.1节中已经介绍过不同的介质具有不同的可压缩性,并且可以把小扰动在介质中的传播速度——声速的大小看成是表示介质可压缩性大小的一个指标。声速越大,表明介质的可压缩性越小。对于同一个介质来说,声速只和介质的温度有关。大气层中,空气的温度随时间、地点而变化,声速也随之改变,这就表示在大气层中各处空气的可压缩性是不一样的。

在前面讲述低速飞行的空气动力时,把空气看成是不可压缩的,从而将连续方程简化,并结合伯努利方程解释了空气动力的产生过程。这是因为低速飞行时,由于速度变化带来的压力变化很小,空气的可压缩性表现得不明显,为了简化起见,可以认为空气是不可压缩的,即 ρ 为常数。随着飞行速度的不断提高,空气的压缩性逐渐明显地表现出来,特别是高速飞行时,空气的可压缩性引起了空气流动规律的一些本质性的变化,这时就不得不考虑空气的可压缩性了。由此可见,空气的可压缩性是造成高速飞行不同于低速飞行的主要原因之一。

2. 飞机飞行的马赫数

因为大气层中各处空气的可压缩性并不相同,而可压缩性的大小又通过当地空气声速的变化表现出来。所以,在飞机飞行中,空气所表现出来的可压缩程度就不单单取决于飞机的飞行速度(空速),与飞机飞行当地的声速大小也有关系。飞行速度大小表明飞机飞行时,造成空气局部压力变化的大小,而声速的大小则表示了飞行当地空气被压缩的难易程度。为此这里引入了飞行马赫数这个概念。

飞机飞行的马赫数 Ma 等于飞机空速(飞机重心相对静止大气的速度)与当地声速 a 之比。即 $Ma = v/a$,是一个无量纲的量。飞机飞行的马赫数 Ma 既反映了飞机飞行对空气施加的压力变化量的大小(v),也反映了空气可压缩性的大小(a)。Ma 数越大说明飞行的速度越大或声速越小,空气局部的压力变化越大或空气越容易被压缩。这样,空气的可压缩性表现得越明显,对飞行的影响就越大。所以,计算飞机空气动力时是否考虑空气可压缩性的影响,就要以飞机飞行马赫数的大小来确定。当 $Ma \leqslant 0.3$ 时,由于压力变化带来的密度变化 $|\Delta \rho/\rho| < 5\%$,从工程的角度来看,对结果影响小于 5% 的因素可以被忽略。所以 $Ma \leqslant 0.3$ 时,空气的可压缩性对飞机空气动力的影响可以忽略不计,但当 $0.3 < Ma < 1.0$ 时,空气的可压缩性对飞机空气动力的影响就不可忽略了,必须对利用低速空气动力学计算的空气动力进行可压缩性修正。当 $Ma \geqslant 1.0$ 时,就必须用考虑空气可压缩性的高速空气动力学来进行研究了。

2.6.2 高速飞行中,空气状态参数的变化

在前面讲述伯努利方程时,曾经讲到:运动流体具有的能量包括宏观的机械能和流体系统具有的内能。对于完全气体,系统的内能就是分子微观热运动所具有的动能。气体的温度表明了气体分子不规律热运动平均速度的大小,所以完全气体的内能只是气体温度的函数。

马赫数 Ma 的大小不但标志着空气可压缩性的大小,而且还表示着单位质量气体的动能和内能之比,即

$$(v^2/2)/C_V T = (\gamma(\gamma-1)/2) \times Ma^2$$

式中:$v^2/2$ 是单位质量的流体具有的动能;C_V 是定容比热容,T 是流体的热力学温度,$C_V T$ 表示单位质量流体具有的内能;γ 是绝热指数,对于完全气体 $\gamma = 1.4$。

从上式中可以看到:流体具有的动能与内能之比和飞行马赫数 Ma 的平方成正比。例如,$Ma = 0.3$ 时,流体具有的动能只有内能的 2.5%,而动能的变化带来内能的变化就更小了。所以,在低速定常理想绝热流中,不但忽略了空气的可压缩性——空气的密度保持不变;也忽略速度变化带来的流体温度和内能的变化——空气的温度也保持不变。也就是在低速定常理想绝热流中,空气的密度 ρ 和温度都不随着气流速度的变化而变化。这样得出了表示流体动能与压力能互相转换并守恒的伯努利方程。

在高速飞行中,不但空气的可压缩性明显地表现出来,而且流体动能和内能的比值也大大增加,速度的变化导致流体温度和内能的变化也不能忽略。这样流体内能的转换也应该包括机械能和内能之间的转换。

对高速定常理想绝热流,也可以导出能量守恒的伯努利方程。由伯努利方程可以得出

速度和流体其他各个参数之间的关系式。由这些关系式得出：速度增加时，压力、密度、温度、声速都减小，马赫数增加；在这个过程中，部分压力能和内能转变为动能，但系统具有的总能量保持不变。速度减小时，压力、密度、温度、声速都增大，马赫数减小；在这个过程中，部分动能转变为压力能和内能，但系统具有的总能量也保持不变。

2.6.3　气流流动的加速、减速特性

气流低速流动时，不考虑空气的可压缩性（ρ 为常数），连续性定理的公式可简化为：$v_1A_1 = v_2A_2 = v_3A_3 = \cdots$（式(2-3)），由此得出气流流速与流管截面面积成反比的简单关系。如果考虑空气的可压缩性，问题就不这么简单了。气流的流速减慢，静压就要升高，流体的密度就要变大，这时在质量守恒定律的约束下（$\rho_1v_1A_1 = \rho_2v_2A_2 = \rho_3v_3A_3 = \cdots$）（式(2-2)），流管截面面积如何变化就变得比较复杂了。

表2-1给出了空气密度和流管截面面积随气流流速变化而变化的情况。在不同的流动 Ma 数下，流速都增加1%，空气密度和流管截面面积变化的百分数分别列在表中的第三行和第四行。从表2-1中可以看到：当 $Ma < 0.4$ 时，流速增加1%，流速变化带来的空气密度的变化很小，可以忽略不计，认为 ρ 为常数，这样，流管的截面面积就必须减小才能使 ρvA 保持常数，使气流加速。所以，低速流动的气流是通过流管收缩来实现加速的。当 $0.4 < Ma < 1.0$ 时，流速每增加1%，空气密度的减小仍小于1%，流管的截面面积仍然要减小。但密度的变化量有了明显的增加，不能完全不考虑空气可压缩性对气流流动特性的影响了。当 $Ma = 1$ 时，流速增加1%，空气的密度减小1%，流管截面面积保持不变。当 $Ma > 1.0$ 时，流速每增加1%，空气密度的减小开始大于1%，而且随着 Ma 数的增大，空气密度减小的百分数越来越大。这时，为了保持质量流量不变，流管的截面面积必须加大。因此超声速气流是通过流管扩张来加速的。

表 2-1　流速、空气密度、流管截面积的关系

气流 Ma 数	0.2	0.4	0.6	0.8	1.0	1.2	1.4	1.6
流速增加的百分比（$\Delta v/v$）	皆为1%							
空气密度变化的百分比（$\Delta\rho/\rho$）	-0.04%	-0.16%	-0.36%	-0.64%	-1%	-1.44%	-1.96%	-2.56%
流管截面面积变化的百分比（$\Delta A/A$）	-0.96%	-0.84%	-0.64%	-0.36%	0	0.44%	0.96%	1.56%

收缩的流管可以使亚声速气流加速，但却得不到超声速气流。为了使亚声速气流加速到超声速，必须使用先收缩后扩张的流管。亚声速气流先在流管的收缩部分加速，并在流管的最细部位（流管的喉部）达到声速，然后在流管的扩张部分继续加速成为超声速气流。这种形状的流管叫做拉瓦尔喷管，也叫做超声速喷管，如图2-39所示。另外，亚声速气流通过拉瓦尔喷管能否被加速到超声速气流，还和拉瓦尔喷管进出口的压力比有关。

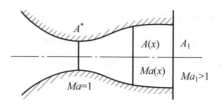

图 2-39　拉瓦尔喷管示意图

2.6.4　激波、波阻和膨胀波

1. 激波和波阻

飞机在空中飞行时,对空气产生的小扰动以声速向外传播,使周围空气受到扰动。由于飞机的飞行速度不同,周围空气受到的扰动情况也不相同。由图 2-40(a)可以看到,当飞机停留在机场时,飞机发出的小扰动会以扰动源(飞机所在位置)为中心,以同心圆形的波面向四周传播;图 2-40(b)中表示当飞机以小于声速的速度向前飞行时,它发出的扰动不再是同心圆的波面,而是在飞机前进的方向分布较密,反方向分布较疏。但对于这两种情况,只要时间足够长,周围的空气都会受到扰动(不考虑扰动波在传播中的衰减)。通过一个个波面,空气的参数会连续不断地发生微小的变化。这就使飞机前方的空气对飞机的到来有"预知",并对自己的状态进行了调整。而在图 2-40(c)、(d)中情况就不同了。当飞机的速度等于声速时,如图 2-40(c)所示,飞机和它发出的扰动波同时到达前方;而当飞机的速度大于声速时,如图 2-40(d)所示,飞机更是领先它所发出的扰动波跑到了前面。在图 2-40(c)、(d)中,通过飞机机头作各扰动波波面的切线,切线形成的圆锥体叫做马赫锥。从图 2-40(c)、(d)中可以看到,当飞机以声速或超声速飞行时,马赫锥以内的空气将会受到扰动,而马赫锥以外的空气无论经过多长的时间都不会受到扰动。

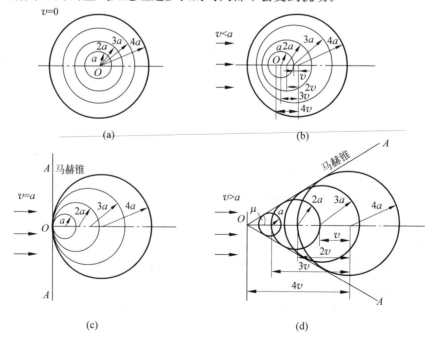

图 2-40　小扰动波传播图形

马赫锥顶角的一半——μ角(见图 2-40(d))称为马赫角,即

$$\sin\mu = 1/Ma$$

只有 $Ma \geqslant 1$ 时才会出现马赫锥。马赫锥角的大小仅与飞行马赫数有关:飞行马赫数越大,马赫角越小,马赫锥越尖、越细长,空间受到扰动区域的范围越小。马赫锥面就是超声速飞行时受扰动空间与未受扰动空间的分界面。这是一种弱扰动波,也称为马赫波。通过波面使超声速气流受到压缩的马赫波称为压缩马赫波,通过波面使超声速气流发生膨胀的马赫波称为膨胀马赫波。

下面分析一下超声速气流流过一内凹曲面的流动情况,如图 2-41 所示。图中超声速气流 $Ma_1 > 1$ 流过内凹曲面 $ABCD$,AB 和 CD 是直线段,BC 是内凹曲线段。这里可以把内凹曲面看成是由无数个无限短的直线段组成,每个直线段相对前一个直线段都向内转折了一个无限小的角度 dδ。当气流沿内凹曲面流动时,每一个角度的转折都使气流受到微微的压缩,形成一道压缩马赫波。正是经过无数条压缩马赫波,气流速度由 Ma_1 下降为 Ma_2,由方向平行 AB 平面转变为平行 CD 平面流走。每经过一个压缩马赫波,气流速度下降,马赫数减小,生成的马赫波的马赫角加大,马赫波就越来越陡。这样,无数条压缩马赫波就会在某一距离后汇集成一条强压缩波——激波。

如果让 B 点和 C 点无限接近,$ABCD$ 内凹曲面就变为一个有内折角 δ 的物体表面,无数条压缩马赫波将重叠成一条由 B 点发出的激波,如图 2-42 所示。

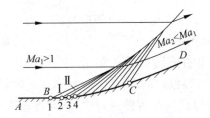

图 2-41　超声速气流绕内凹面的流动

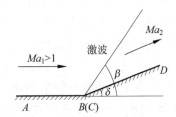

图 2-42　超声速气流流过内折角表面时,形成激波

激波是气流以超声速流过带有内折角物体表面时,受到强烈压缩而形成的强扰动波。

激波是一层薄薄的空气层,气流通过激波后,空气的参数要发生剧烈的变化(见图 2-43):速度下降,温度、压力、密度上升。参数的剧烈变化说明激波是一种强扰动波,它在空气中的传播速度大于声速。激波的强度越大,传播的速度越快。由于激波很薄,在理想流动的情况下,可以把激波抽象地看成厚度为零、气体状态不连续的断面。

通过激波后,速度下降,说明系统的动能减小,这部分动能又完全被系统吸收变成系统的压力能和内能,导致系统的压力和温度急剧上升。由于这个过程非常快,来不及与外界进行能量交换,因此系统的总能量保持不变。但气体状态参数的剧烈变化形成不连续的断面,说明这个过程是不可逆的,动能的损失不会再得到恢复,气流必会将这部分能量带走。能量的损失说明气流通过激波时受到了阻力,这个阻力就叫做波阻。

激波与来流方向之间的夹角称为激波角,用 β 表示,如图 2-42 所示。$\beta = 90°$ 时,激波波面与气流方向垂直,称为正激波。$\beta < 90°$ 时,激波波面与气流方向不垂直,就称为斜激波。因为正激波波面正对着气流,所以对气流产生的波阻最大。超声速气流通过正激波后,压力、温度和密度都骤然升高,速度下降,由超声速气流转变为亚声速气流,但气流的方向不

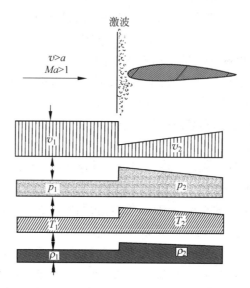

图 2-43   激波前后气流参数的变化

变。斜激波的波面相对气流倾斜了一个角度,所以它的波阻比正激波小。超声速气流通过斜激波后,压力、温度和密度也都升高,速度也下降,超声速气流可能减速为亚声速气流,也可能仍为超声速气流,经过斜激波气流的方向发生改变。

飞机高速飞行时,形成的激波形状与飞机飞行的马赫数及飞机的外形有关。当飞行马赫数超过1较多时,在飞机尖削的头部形成斜激波,如图2-44(c)所示。当气流的速度略大于声速,或超声速气流遇到飞机圆钝头部,在圆钝头的前面形成正激波(见图2-44(a)、(b)),并在机头上下逐渐倾斜为斜激波,最后减弱为边界波,如图2-44(b)所示。在圆钝头部开始形成的正激波强度比较大,以较快的速度向前传播。在传播过程中,能量逐渐损耗,传播的速度也逐渐慢了下来,最后,在圆钝头部的前面,与圆钝头部保持一定的距离向前运动,这种正激波也叫做脱体激波。气流经过正激波后要减速为亚声速气流,所以,在正激波波面的后面会形成一个亚声速区。

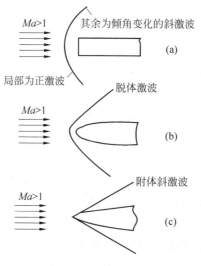

图 2-44   脱体激波与附体激波

2. 膨胀波

当超声速气流流过带有外折角的物体表面时(见图 2-45),由于流管变粗,气流的速度要加快,压力要下降。这些变化是通过外折角对气流的扰动,形成的以折角为中心逐渐散开的扇形波来完成的。组成扇形波的是一个个的膨胀马赫波。气流通过一个膨胀马赫波后速度上升,马赫数加大,马赫角减小。这样,后一个马赫波的马赫角小于前一个的马赫角,膨胀马赫波就不会在一定距离后重叠,而是散开形成扇面一样的分布,如图 2-45(a)所示。气流通过一个个波面逐渐加速降压,并转变方向,最后生成更高速的气流,沿外折后的物体表面流走。由于物体外折角对超声速气流的扰动,引起气流膨胀加速的扇形波叫做膨胀波。膨胀波引起气流参数的变化是逐渐的、连续的,所以是弱扰动波。

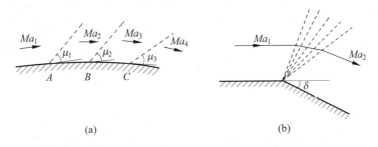

图 2-45 膨胀波

(a) 扇形膨胀区;(b) 膨胀区的气流方向

通过上述分析可以得出这样的结论:超声速气流是通过激波压缩减速,通过膨胀波膨胀加速的。

2.6.5 临界马赫数和临界速度

飞机飞行时,流过机翼表面各处的气流速度并不等于飞机的飞行速度,在正迎角的情况下,流过机翼上翼面的气流被加速,在翼型最大厚度点的附近,压力最低点处(见图 2-18 中的 B 点),流速达到最大。考虑空气的可压缩性和流体具有的机械能与内能的相互转换,气流的流速增加,不但静压要下降,密度和温度也要下降。这样,在最大速度点处温度也最低,声速也最小。所以,该点处的局部马赫数是流场中最大的。随着飞机飞行速度的不断提高,该点处的局部气流速度越来越高,局部声速越来越低,局部马赫数也越来越大。当飞机飞行速度还没有达到飞行高度的声速时,也就是飞行马赫数小于 1 时,该点处的局部气流速度就可能达到了该处的局部声速,局部马赫数达到了 1,形成了等声速点。此时,飞机飞行的马赫数就叫做临界马赫数,飞机飞行的速度就叫做临界速度。

比如,飞机在 2 000m 高空以 $v=900$km/h 的速度飞行。在此高度声速为 $a=1 200$km/h。气流在机翼上翼面最大速度点被加速到 $v_局=1 150$km/h,由于气流被加速,最大速度点处的声速下降为 $a_局=1 150$km/h。这样,机翼翼面上的最大速度已达到了当地的声速 $v_局/a_局=1.0$。此时,飞机飞行的马赫数 $Ma_临=900/1 200=0.75$ 就是飞机在该高度上的临界马赫数,飞机的飞行速度 900km/h 就是飞机在该高度上的临界速度。

2.6.6　局部激波和激波分离

1. 局部激波

当飞机飞行速度达到临界速度之后，在机翼上翼面最大厚度点附近形成了等声速点，随着飞行速度继续提高，上翼面上等声速点逐渐增加，在上翼面出现了小小的超声速区域。随着飞行速度的进一步提高，超声速气流加速向后流动，而前面的等声速点又继续增加，这样超声速区域进一步向前后扩大，超声速区域内 Ma 数更大，压力更小。在图 2-46 中，用点画线表示超声速区域和亚声速区域的分界线，点画线上各点是等声速点。在机翼的上翼面形成局部的超声速区，而在超声速区后面的气流仍为亚声速气流。亚声速气流静压较大，对超声速气流形成反压，当流动条件使超声速气流必须由低压区进入高压区时，在超声速和亚声速流动之间形成正激波，使超声速气流通过正激波减速增压，以突变的形式转变为亚声速气流。这个正激波就是局部激波(见图 2-46)。正如前面所述，气流通过局部激波、压力、密度和温度上升并减速为亚声速气流，这说明气流的流动受到了激波的阻力。

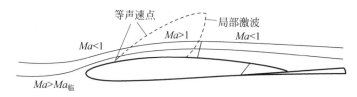

图 2-46　局部激波的形成

2. 激波分离

由于局部激波后面气流的压力高于激波前面气流的压力，形成了很大的逆压梯度，对附面层内流体的流动产生附加的阻力，使附面层内流体的流速降低。当局部激波达到一定的强度时，会在附面层内产生倒流，并在向后流动的气流冲击下形成旋涡。这种在局部激波作用下形成的附面层分离，就叫做激波诱导附面层分离。附面层分离会在机翼后部生成涡流区，使机翼后缘的压力减小，机翼前缘和机翼后缘的压力差增大，形成了附加的压差阻力。所以，一旦飞机的飞行速度超过临界速度，就会在机翼上表面出现局部超声速区和局部激波，局部激波不但对气流的流动产生很大的阻力，而且和附面层相互干扰造成附面层分离，形成了较大的附加压差阻力，这些都使飞机飞行的阻力大大增加。

2.6.7　高速飞行的空气动力

1. 亚声速、跨声速和超声速飞行

图 2-47 给出了随着飞行马赫数的提高，机翼翼型表面上激波变化的情况。从图中可以看到，当 $Ma=0.72$ 时，翼型表面首次出现了等声速点，这个翼型的临界马赫数 $Ma_{临}=0.72$。当 $Ma=0.77$ 时，在翼型表面首次出现了局部超声速区和局部激波，激波分离也可能在这时出现。随着 Ma 数继续提高，等声速点向前移，局部激波向后移，超声速区逐渐扩大。当 $Ma=0.82$ 时，下翼面开始出现局部超声速区和局部激波。随着 Ma 数的继续提高，翼型表面的超声速区继续扩大。下翼面超声速区域虽然出现比较晚，但扩展的速度却比较快。这是因为气流在下翼面加速比较缓慢，在局部激波后面的逆压梯度比较小。所以从

图 2-47(e)中可以看到,下翼面超声速区域以比上翼面更快的速度向前后扩展。当 $Ma=$ 0.95时,上、下翼面的局部激波都移到了机翼的后缘,在上下翼面都形成了比较稳定的超声速区域。当 $Ma=1.05$ 时,在翼型的前缘形成了脱体正激波,这时,只有在正激波的后面有一块亚声速区,其他流场已全部变成超声速了。如果继续提高 Ma 数,脱体波逐步向机翼前缘靠近,亚声速区会进一步缩小,大约在 $Ma=1.3$ 时,如果机翼前缘是箭头形,迎角不太大,脱体波就会附在机翼的前缘,这时就可以认为气流在翼型表面全部都是超声速流动了。

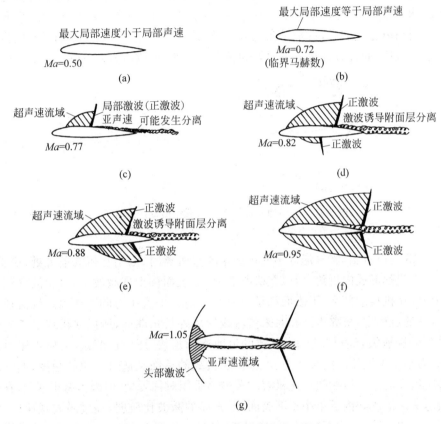

图 2-47 随着马赫数的增加,激波逐渐产生

(a) 全部流场是亚声速流场;(b) 首次出现等声速流动;(c) 上翼面开始形成正激波;(d) 下翼面开始形成正激波并发生激波诱导附面层分离;(e) 下翼面超声速流域比上翼面更快地扩展;(f) 几乎整个流场都是超声速流场;(g) 开始形成头部激波

(1) 亚声速飞行:在飞行马赫数 $Ma \leqslant Ma_{临}$(一般为 0.7 左右)时,气流流过机翼表面的流场全部都是亚声速流场,在这个范围内,飞机的飞行是亚声速飞行。

(2) 跨声速飞行:从飞行马赫数 $Ma > Ma_{临}$,在机翼表面出现了局部超声速区和局部激波后,直到机翼流场全部成为超声速流场之前($Ma_{临} < Ma \leqslant 1.3$),这个范围内飞机的飞行是跨声速飞行。飞机进行跨声速飞行时,机翼表面的流场既有亚声速流场又有超声速流场。

(3) 超声速飞行:当飞行马赫数 $5 \geqslant Ma > 1.3$ 时,机翼表面的流场全部成为超声速流场,飞机的飞行就是超声速飞行了。

(4) 高超声速飞行:当飞行马赫数 $Ma > 5$ 以后,就是高超声速飞行了。飞机进入高超声速飞行后不能将空气看成是完全气体了,完全气体的状态方程不再适用。

2. 高速飞行时气动升力、阻力

1) 气动升力

高速飞行时,气流流过机翼产生升力的原因和低速飞行一样:都是因为气流在上、下翼面的压力差,使作用在机翼表面上的气动力合成一个主要向上略向后倾的合力,这个力在垂直来流方向上的分量就是升力。

在机翼表面还没有出现超声速流动时,流场全是亚声速流动,这时依靠翼型和迎角使气流在上翼面加速,压力下降;在下翼面减速,压力上升。上、下翼面的压力差产生升力。但当流场中出现超声速流动后,特别是在机翼前缘和后缘形成激波后,气流通过有内折角表面处形成的激波减速,通过有外折角表面处的膨胀波加速,形成压力差,如图 2-48 所示。

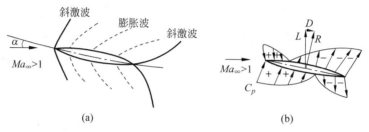

图 2-48 超声速气流绕双弧形翼型流动产生升力

(a) 超声速气流在翼型表面产生激波和膨胀波;(b) 翼型表面压力分布图

从图 2-48 可以看出,当气流以小的正迎角流过机翼时,因为在机翼前缘处,机翼的上、下表面相对来流都形成内折角,所以在机翼的上、下表面都出现激波,通过激波气流速度下降,压力上升,在机翼前部上、下表面都是压力大于前方来流压力的正压力。气流通过激波后,向后流动的过程中,机翼表面相对来流流线形成外折角曲面,所以在机翼上下表面又形成了一系列的膨胀波,经过膨胀波,气流的流速逐渐加快,压力逐渐减小,由正压力逐渐减小,直到成为小于来流压力的负压力。最后,在机翼的后缘又通过一道斜激波,上下翼面的气流汇合向后方流去。虽然超声速机翼的翼型多采用对称翼型,但因为有正迎角,在前缘机翼上表面与来流形成的内折角小于下表面,上表面的激波比较弱,经过激波减速后,气流的速度比下表面快,正压力比下表面小;通过激波以后,机翼上表面与来流形成的外折角大于下表面,上表面的膨胀波比较强,经过膨胀波加速,上表面气流的流速比下表面快,负压力比下表面大。这样就在机翼的上、下表面形成压力差,从而产生升力。

2) 气动阻力

高速飞行时的阻力,除了有低速飞行时的阻力——摩擦阻力、压差阻力、干扰阻力和诱导阻力外,还有波阻。

前面在讲述激波时,已从能量转换的角度解释了波阻的产生。也可以从超声速气流以零迎角流过对称菱形机翼时,在翼面产生的压力分布来解释波阻的产生。从图 2-49 可以看到,由于在机翼前缘有激波,通过激波后,在机翼的上下表面 a、c 面上产生正压力 p_2,在机翼最大厚度点有膨胀波,通过膨胀波后,在机翼上下表面 b、d 面上产生正压力 p_3。气流经过膨胀波后,应加速降压,所以,$p_2 > p_3$。结果,机翼表面上气动压力在平行来流方向上产生了向后作用的力,这就是阻力。这是不考虑空气的黏性,只是由于气流流过激波而产生的阻力,这个阻力就是波阻。此时,机翼表面上气动压力的合力在垂直来流方向上的分量,即升力等于零,所以这个波阻是和升力产生无关的零升力波阻。

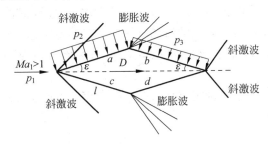

图 2-49　超声速气流以零升力迎角流过菱形翼型产生波阻

另外,局部激波还会干扰附面层,造成激波诱导附面层分离,使压差阻力大大增加,这些都统称为波阻。

在高速飞行中,波阻远大于其他阻力,在气动阻力中占主导地位。特别是在跨声速飞行时,波阻会导致飞行阻力徒增,发动机动力的 3/4 都必须用来克服波阻,造成所谓的声障现象。

3. 高速飞行时气动力系数的变化

高速飞行时,对于确定翼型和平面形状的机翼来说,气动力系数不仅随着迎角变化,与飞行马赫数也密切相关。飞机从亚声速通过跨声速进入超声速飞行这一阶段,随着飞行马赫数的不断提高,机翼表面流场发生着剧烈的变化,导致机翼的气动力系数也发生上下起伏的大波动。

1) 升力系数

图 2-50 给出对某一确定翼型,在迎角不变的情况下,升力系数 C_L 随飞行马赫数 Ma 增加而变化的情况。

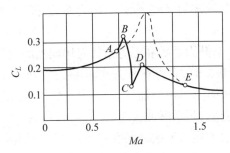

图 2-50　升力系数随来流马赫数的变化(迎角不变)

从图 2-50 中可以看出,在 $Ma < 0.3$ 的范围内,升力系数不随飞行马赫数变化,当 $Ma > 0.3$ 以后,随马赫数的增加升力系数开始发生变化。从曲线的 A 点到 E 点表示的是在跨声速飞行阶段,升力系数 C_L 随飞行 Ma 增加变化的情况。当 Ma 略大于 $Ma_临$ 时,机翼上表面首先出现超声速流场和局部激波,随着 Ma 的增大,局部激波后移,超声速流场扩大。这使上翼面的压力下降,机翼的升力增加,造成升力系数从 A 点上升到 B 点。随着 Ma 继续增大,下翼面也开始出现超声速流场,并且以比上翼面超声速流场更快的速度扩展,使下翼面的压力迅速减小,机翼升力下降,升力系数也由 B 点迅速下降到 C 点。随着 Ma 继续增大,上翼面的局部激波移到机翼的后缘,上翼面超声速流场的进一步扩大又使上翼面的压力下降,机翼升力又有所增加,升力系数又由 C 点上升到 D 点。这时上下翼面都已形成超声速流场,并在机翼前缘形成脱体激波。随着 Ma 继续增大,脱体激波逐渐向前缘靠近,最后成为附体激波。这一阶段,机翼表面的流场已形成稳定的超声速流场不再变化,机翼的升力保持一定的值。但随着 Ma 继续增大,动压增大,升力系数从 D 点到 E 点有所下降。

2) 阻力系数

图 2-51 所示曲线是对某一确定翼型,在迎角不变情况下,阻力系数随飞行 Ma 变化的情况。

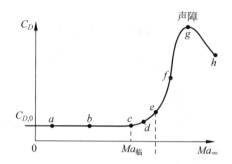

图 2-51　阻力系数随来流马赫数变化的情况(迎角不变)

当飞行马赫数 $Ma < Ma_{临}$ 时,翼型的阻力系数不随飞行马赫数 Ma 的增加而发生变化。

当飞行马赫数 $Ma > Ma_{临}$ 时,机翼上下表面先后出现超声速流场,超声速气流是经过局部激波减速增压进入机翼尾部的亚声速区域,激波产生了波阻。阻力系数由曲线 c 点上升到 e 点。可以看出由于波阻的出现使阻力系数迅速增加。e 点以后,随着 Ma 的继续增大,出现了激波诱导附面层分离,在翼尾形成低压尾流区,产生了较大的压差阻力,阻力系数也从 c 点更加迅速地上升到 g 点。此后,随着 Ma 的继续增大,机翼表面已形成稳定的超声速流场,附面层分离弱化,机翼尾部的尾流区减小,阻力系数开始有所下降。

3) 激波失速

在跨声速飞行阶段,由于升力系数和阻力系数起伏剧烈的变化,飞机的升力和阻力也随之发生变化。Ma 略大于 $Ma_{临}$ 时,升力有所上升,但随之又迅速下降,此时由于激波阻力和激波诱导附面层分离又造成阻力迅速增加,这种升力突然下降、阻力迅速增加的飞机失速现象是由于激波的出现而引起的,叫做激波失速。

激波失速和前面讲过的大迎角失速的区别在于:产生的原因和出现的时机都不同。飞机大迎角失速是由于迎角过大(达到临界迎角)造成的,出现在大迎角飞行时;飞机的激波失速是由于飞行速度过大(超过临界速度)造成的,出现在大速度飞行时。

4. 焦点位置 $\bar{x}_F$ 随飞行马赫数的变化

机翼焦点位置随飞行 Ma 的变化如图 2-52 所示。当 $Ma < Ma_{临}$ 时,焦点的位置 $\bar{x}_F$ 约为 25%,并基本保持不变。当 $Ma = Ma_{临}$ 时,机翼上表面速度最大点首先出现等声速点,随着马赫数的提高,机翼上表面超声速区域逐渐扩大,机翼上表面中部对升力贡献增大,使焦点的位置向后移。随着飞行马赫数继续提高,下表面也出现超声速流动区域,并以更快的速度向后缘扩展,这就使机翼中后部对升力贡献减小,也就使机翼焦点向前移。最后,机翼上下表面超声速区域都移动到后缘,机翼后部对升力的贡献又增加,这样又使焦点再次向后

移,移到 $\bar{x}_F=50\%$ 附近就基本保持不动了。

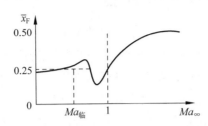

图 2-52　焦点位置随来流马赫数的变化情况

机翼焦点位置的前后变化就会导致全机焦点位置的前后变化,对飞机的稳定性和操纵性影响很大。关于这方面的知识我们将在第 4 章中讲述。

5. 声障

正是因为在 $Ma>Ma_{临}$ 后,翼型的空气动力特性出现了如此复杂的变化,使得亚声速飞机一旦飞行马赫数接近临界马赫数,除了阻力突然增大使飞机难以加速外,升力也会骤然下降,造成飞机失速。还会出现飞机自动低头俯冲,飞机抖振、操纵效率下降和自动横滚等现象,使飞机失去控制,甚至会造成严重的飞行事故。即使加大亚声速飞机发动机的功率或推力,也不可能克服这些现象进行跨声速飞行。这些现象也就是所谓的"声障"。

（1）飞机自动下俯。进入跨声速飞行后,由于机翼上表面首先出现超声速区域,并向后扩展,使升力增加,压力中心后移。造成使飞机俯仰的低头力矩增加,飞机自动低头俯冲,驾驶员来不及反应,会给飞机飞行带来危险。

（2）飞机操纵机构的操纵效率降低。进入跨声速飞行后,由于机翼上表面局部激波诱导附面层分离,在上表面后部形成有大量旋涡的尾流区,使安装在机翼后缘部位的操纵面的操纵效率降低。另外,局部激波是强扰动波,向后传播的速度大于声速,偏转操纵面对气流产生的弱扰动,无法向前传播影响前面机翼表面上的气动力分布,这就使操纵面的操纵效率进一步下降。机翼的尾流区传递到尾翼,也会影响尾翼的操纵效率。

（3）机体发生振动。进入跨声速飞行后,在机翼表面上形成的局部超声速流场是不稳定的,局部激波会前后移动,特别是激波诱导附面层分离生成有大量旋涡的尾流区很不稳定,时而生成大量旋涡,时而气流又将旋涡吹跑,这就造成机翼发生抖振。大量旋涡吹到尾翼也会引起尾翼抖振。激波诱导附面层分离作用在机翼后缘操纵面上会引起高频振动,使操纵面嗡鸣。

（4）飞机自动横滚。进入跨声速飞行后,左右机翼出现超声速流场的时间有前后差异,超声速流场的扩展也不完全同步,这就造成左右机翼气动力不平衡,引起飞机向一侧横滚。

为了飞行安全,亚声速飞机的飞行仪表上都有临界马赫数的指示。驾驶员要随时注意飞行速度,防止飞行马赫数接近临界马赫数,以保证飞行的安全。

声障现象的出现使人们认识到:由于空气的可压缩性,按照低速空气动力学原理设计的低速飞机是不可能突破临界马赫数进行更高速度飞行的,从而促进了高速空气动力学的研究和更大推力的动力装置的设计和制造。最终使人们实现了突破声障,穿越跨声速区域,进行超声速飞行的梦想。

2.6.8　高速飞机气动外形的特点

亚声速飞机的飞行马赫数一定要小于飞机的临界马赫数。所以,为了提高亚声速飞机的飞行速度,就必须提高飞机的临界马赫数,使飞机的飞行速度尽量向声速靠近,这种飞机被称为高亚声速飞机。对于要进行超声速飞行的飞机,在气动外形设计上要改善飞机的跨声速空气动力特性,减小波阻,使之能很快通过跨声速区域进入超声速飞行。所以,高速飞机气动外形变化的主要目的就是提高临界马赫数、改善飞机的跨声速空气动力特性和减小波阻。

1. 采用薄翼型

高速飞机的机翼应采用相对厚度比较小(即比较扁平的)、最大厚度点位置向后移、$\bar{x}_c$ 大约为 50% 的薄翼型。

从式(2-5)可以知道,飞机的升力与升力系数 C_L 和飞行速度的平方成正比。低亚声速飞机的飞行速度比较小,为了得到足够的升力,一般采用相对厚度、相对弯度比较大,最大厚度点靠前($\bar{x}_c$ 大约为 30%)的翼型,这种翼型可以使气流很快加速到最大速度,在低速飞行时得到比较大的升力系数 C_L。

对于高速飞机来说,飞行速度大,为了得到足够的升力并不需要大的升力系数 C_L,而是要提高临界马赫数和减小波阻。翼型的相对厚度越小,上翼面的气流加速就越缓慢,速度增量就越小,可以有效地提高飞机的临界马赫数和飞机的最大平飞速度。另外,进入跨声速飞行后,产生的激波波阻会随着翼型相对厚度的增加而增大。有实验证明,波阻大约同翼型相对厚度的平方成正比,比如,相对厚度增加两倍,波阻就增加近 4 倍。所以,采用薄翼型对减小跨声速飞行的波阻也是非常有利的。

目前,低速飞机机翼的相对厚度大约为 12%～18%,亚声速飞机机翼的相对厚度大约为 10%～15%,超声速飞机机翼的相对厚度大约为 4%～8%。而且还有继续减小的趋势。

如前所述,为了保持层流附面层而采用的层流翼型(见图 2-25),前缘半径比较小,最大厚度的位置靠后($\bar{x}_c$＝40%～50%),上翼面气流加速比较缓慢,压力分布比较平坦,对提高临界马赫数也有作用。所以层流翼型比较适合高亚声速飞行,是高亚声速飞机采用较多的翼型。

对提高临界马赫数有效并在跨声速区域中有较好空气动力特性的翼型是超临界翼型。这种翼型有较大的前缘半径,上翼面比较平坦,后部略向下弯,如图 2-53(b)所示。因为上翼面比较平坦,气流加速比较缓慢,所以它的临界马赫数比较大。一旦出现局部超声速区,超声速气流的膨胀加速也比较平缓,这就使得局部激波强度大大降低,并且局部激波的位置靠后,后部向下弯曲,这些都可以缓和激波诱导的附面层分离,从而大大减小跨声速激波的阻力。下表面后部有一个向里凹进的反曲面,使后部升力增加,以弥补上表面平坦引起升力的不足。与层流翼型相比,它的跨声速气动特性也比较好。

超声速飞机的机翼翼型应该采用前缘尖削、相对厚度更小即更薄的翼型,如图 2-54所示。

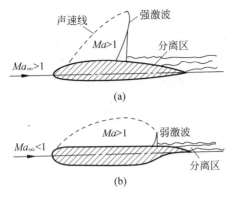

图 2-53 超临界翼型和古典翼型的比较

（a）古典翼型；（b）超临界翼型

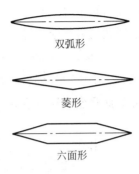

图 2-54 超声速翼型

超声速飞行时在尖削的前缘会形成斜激波,有利于减小波阻。翼型相对厚度的减小也会使波阻大大减小。图 2-54 中的菱形翼型减小波阻的效果最好。但菱形和六边形翼型的低速性能太差,没有实用价值,双弧形翼型气动效果比较好,已在飞机上得到采用。

2. 后掠机翼

1）后掠机翼的作用

采用后掠机翼可以提高飞机的临界马赫数,并可以减小波阻。

我们可以把后掠机翼想象成是将一个平直机翼向后掠一个角度(χ)安装在机身上,如图 2-55 所示。气流以速度 v 流过平直机翼时,速度 v 垂直机翼前缘,整个速度 v 都沿着翼弦方向流过,速度的大小发生变化,以用来产生升力。所以整个速度 v 对产生升力都是有效的。但对后掠机翼情况就不同了。由于气流速度 v 的方向不与机翼前缘垂直,可以将速度 v 分解为垂直机翼前缘的速度 v_1 和平行机翼前缘的速度 v_2。$v_1 = v\cos\chi$；$v_2 = v\text{six}\chi$（见图 2-55）。v_2 沿机翼前缘平行的方向流动,速度大小不发生变化,对产生升力不起作用。只有速度 v_1 在流过机翼的过程中,速度的大小不断地发生变化,引起机翼表面压力分布的变化,是产生升力的有效速度。这样,经翼型加速的速度只是气流速度的一部分 $v\cos\chi$,使这部分速度加速到当地的声速,气流的速度 v 就可以比平直机翼更提高一些。所以,后掠机翼可以提高飞机的临界马赫数。后掠角越大,提高临界马赫数的效果越明显。$\chi = 30°$时,临界马赫数大约可提高 8%。

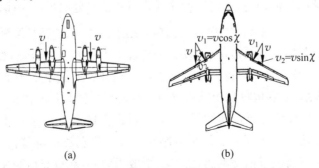

图 2-55 流过平直机翼和后掠机翼的气流速度

（a）平直机翼；（b）后掠机翼；χ—机翼后掠角

采用后掠机翼还可以改善机翼的跨声速空气动力特性,减小波阻。由于机翼向后掠一个角度,在机翼前缘和后缘形成的激波相对气流也向后倾斜一个角度,整个激波波面像一个箭头,以锐角对着气流(见图 2-56),这种形状的激波产生的波阻要比平直机翼激波产生的波阻小一些。能起到减小波阻作用的后掠机翼后掠角都比较大,一般在 35°~60°。

从图 2-57 可以看到后掠角对阻力系数的影响:当 χ>30°时,在跨声速阶段阻力系数才明显下降,而且变化比较缓和。

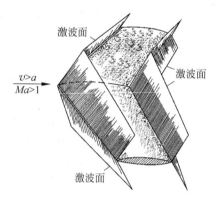

图 2-56 大后掠角机翼上形成的箭头形斜激波面

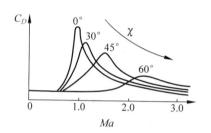

图 2-57 后掠角和阻力系数 C_D 的关系

2) 采用后掠机翼带来的一些问题

(1) 后掠机翼的低速特性不好。与平直机翼相比,后掠机翼用来产生升力的有效速度减小了,升力系数和阻力系数也都减小了。这样在低速飞行时,就不能产生足够的升力,低速特性不如平直机翼好。起飞和着陆的速度大,滑跑距离长。

(2) 后掠机翼的失速特性不好。随着迎角的增加,后掠机翼在机翼上表面的翼梢区域首先出现附面层分离,迎角继续增加,附面层分离区域逐渐从翼梢部位向机翼中部和根部扩展,如图 2-58(b)、(c)所示。

造成气流附面层首先在机翼翼梢部位发生分离的原因主要是:气流流过后掠机翼时,由于平行机翼前缘的分速度 $v\sin\chi$ 沿着展向的流动,使翼梢部位的附面层比翼根部位的厚;另一个原因是,垂直机翼前缘的分速度 $v\cos\chi$ 向后流动时,先是在前缘处减速,流过前缘后又不断加速,流过最大速度点后,又减速向后缘流去。而平行机翼前缘的分速度 $v\sin\chi$ 保持不变,这样就使气流向后流动时,合速度的流线在机翼前缘处向翼尖扭曲,流过前缘后,随着 $v\cos\chi$ 的加速,合速度的流线又向翼根方向扭曲,流过最大速度点后,又随着 $v\cos\chi$ 的减速,合速度的流线又向翼梢方向偏转,最后,以和来流近似平行的方向流走,如图 2-58(a)所示。而机翼翼梢外部的气流流线一直保持来流的方向。这样就形成了如图 2-58(a)所示的机翼上表面流线分布的情况:在机翼翼根部位,机翼前缘流管变粗,使气流流过前缘后的加速减缓,压力有所增大;机翼后缘流管变细,使气流流过最大速度点之后的速度减慢变缓,压力有所减小,在最大速度点后出现的逆压梯度减小。而在机翼翼梢部位情况正好相反:在机翼前缘流管变细,使气流流过前缘后迅速加速,形成吸力峰,在机翼后缘流管变粗,气流流过最大速度点之后的减速加快,压力迅速增加,在最大速度点后的逆压梯度加大。这就造成了后掠机翼翼梢部位的有效迎角大于翼根,随着迎角的增加,附面层分离首先在翼梢部位发生。

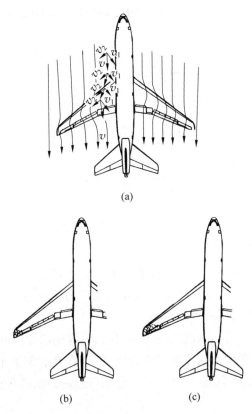

图 2-58　后掠机翼失速特性示意图

(a) 后掠翼的流线;(b) 附面层分离首先发生在翼梢部位;(c) 附面层分离向机翼中部扩展

v_∞—气流速度;v_1—垂直机翼前缘速度;v_2—平行机翼前缘速度

附面层翼分离首先发生在翼梢部位,会带来两个主要的问题:一个问题是,由于机翼具有一定的后掠角,翼梢部位的附面层分离后,翼梢部位对气动升力的贡献减小,就会使机翼压力中心前移,造成机头自动上仰,迎角增大,附面层进一步分离,最后导致飞机大迎角失速。翼梢部位的附面层先分离带来的另一个问题是大大降低了副翼的操纵效率,造成飞机的侧向操纵性能不足。

(3) 后掠机翼结构的受力形式不好。特别是机翼根部三角区的结构受力复杂,承受扭矩比较大,机翼后梁与机身的接头受力比较大。所以,高亚声速民用运输机采用的后掠机翼的后掠角不会太大,一般都在 30°左右,主要是用来提高临界马赫数。

为了改善后掠机翼的失速特性,民用运输机更多地采用使机翼扭转的气动措施。

所谓机翼扭转就是沿机翼展向,使翼型弦平面或零升力线不在同一平面上。气流以相同方向吹来,在展向不同翼剖面上,有效迎角并不相同。如果从翼根到翼梢有效迎角逐渐减小,称为负扭转;有效迎角逐渐增大,称为正扭转。

实现机翼扭转的方法有两种:一种是机翼沿展向采用同一种翼型,只是沿展向让机翼相邻剖面相互扭转一个角度,也可以说,沿展向不同位置的翼剖面采用了不同的安装角。从图 2-59 可以看出靠近翼梢部位剖面 2 的安装角 $\varphi(z_2)$ 小于靠近翼根剖面 1 的安装角 $\varphi(z_1)$。从翼根到翼梢机翼低头扭转,也就实现了负扭转。这种扭转的方式叫做几何扭转。机翼实施几何扭转时,机翼的弦线不在同一平面上,使机翼生产工艺比较困难。

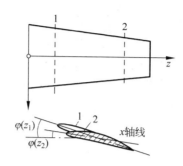

图 2-59 几何扭转机翼的两个剖面

φ—安装角

实现机翼扭转的另一种方法是:机翼沿翼展采取不同的翼型。翼弦线在同一平面上,零升力线却不在同一平面上。如果从翼根到翼梢零升力线逐渐低头,这就实现了机翼的负扭转。这种实现扭转的方式叫做气动扭转。

由于对机翼实施了负扭转,气流从一个方向吹来,翼梢部位翼剖面的迎角小于翼根部位翼剖面的迎角,流过翼梢部位的气流加速比较缓慢,不会在翼剖面前部形成很大的吸力峰,翼剖面后部的逆压梯度比较小,这样就推迟了翼梢部位附面层的分离,使后掠机翼的失速特性有所改善。

3. 小展弦比机翼

为了减小诱导阻力,亚声速飞机通常采用大展弦比机翼,λ 可达 8~9。但进行跨声速和超声速飞行的飞机,展弦比大大减小,成为小展弦比机翼。当机翼展弦比 $\lambda<4$ 时,飞机的临界马赫数可以得到较大的提高,跨声速飞行急剧增加的阻力也可以得到减缓。从图 2-60 可以看到,在 $Ma=1.0$ 附近,展弦比 $\lambda=2$ 的机翼比 $\lambda=6$ 的机翼阻力系数有了明显的下降,而且变化平缓。

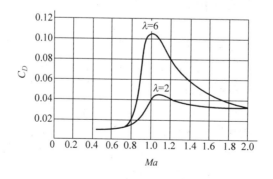

图 2-60 平直机翼展弦比的阻力系数随马赫数的变化曲线

小展弦比机翼在保证产生升力所需的机翼面积的情况下,可以使翼型的弦长加长,而使机翼的展长缩短。弦长加长就可以在翼型最大厚度不变的情况下,减小翼型的相对厚度,使气流在翼型表面加速缓慢,从而提高了临界马赫数。弦长加长也可以在翼型相对厚度不变的情况下,加大机翼的厚度,这对提高机翼的强度和装载能力都是有利的。另外,机翼展长缩短使沿机翼前、后缘产生的激波也缩短了,气流流过机翼时要穿透的激波长度减小了,波阻自然也就小了(见图2-60)。

小展弦比机翼也有不足之处,在低速飞行时,它的诱导阻力大,起飞着陆性能也不太好。除了小展弦比机翼外,超声速飞机还可以采用大后掠机翼和三角形机翼。

4. 涡流发生器和翼刀

1) 涡流发生器

涡流发生器是利用旋涡从外部气流中将能量带进附面层,加快附面层内气流流动,防止气流分离的装置。

它的构造是一种低展弦比小翼段,垂直地安装在它们起作用的气动力面上。可以成对交错排列,也可以单个地都按一个方向排列。但小翼段都应与来流形成一定的迎角。当气流以一定的迎角流过小翼段时,在一侧加速,另一侧减速,在小翼段两侧造成压力差,因而在小翼段的端部生成了很强的翼尖旋涡,如图2-61所示。这些旋涡将外部气流中的高能量气流带入附面层,加快了附面层内气流流动,有效地抑制附面层分离。

涡流发生器可以安装在低速飞机的气动力面上,起到防止附面层分离和增升的效果。也可以用在高亚声速和跨声速飞机上,防止或减弱激波诱导的附面层分离,推迟波阻的急剧增加和减缓波阻增加的趋势,改善飞机的跨声速空气动力特性。

2) 翼刀

翼刀是一种较窄的刀条,平行于飞机的对称面,垂直地安装在机翼的表面上,如图2-62所示。在小迎角飞行时,翼刀不影响升力沿展向的分布,在迎角比较大,特别是接近临界迎角时,翼刀起到了阻止后掠翼附面层气流沿展向流动、防止翼梢部位附面层分离、改善后掠翼失速特性的作用。

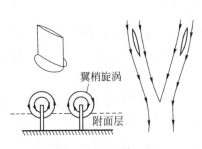

图 2-61　涡流发生器

图 2-62　后掠机翼上的翼刀

2.6.9　空气动力加热

克服了"声障"的飞机进入超声速飞行后,在继续提高飞行速度的前进中,遇到的另一个问题是空气动力加热问题,也就是所谓的"热障"问题。

气流流过机体时,由于空气的黏性在机体表面形成了附面层。附面层内的空气受到摩擦阻滞,速度下降,温度升高,气流的动能转变为热能,对机体表面进行加热,这就是空气动力加热。亚声速飞行时,气流具有的动能小,摩擦阻滞产生的热量少,很快在空气中散掉了,机体表面温度增加不多,也就不存在"热障"问题。但当飞机在空中进行超声速飞行时,空气动力加热的问题就逐渐严重了。

当飞机在某一高度以速度 v 巡航飞行时,在此高度上,没有受到扰动大气的压力 p、温度 T 和密度 ρ 称为静压、静温和静密度。当气流流过机体时,在机体的某一点速度被绝热地滞止为零,此时达到的压力 p_o、温度 T_o 和密度 ρ_o,就被称为此点的总压力、总温和总密度。

在图 2-18 中,气流在驻点 A 被绝热地滞止为零,驻点处的压力、温度和密度就是驻点处的总压、总温和总密度。

气流速度被绝热滞止为零时,达到的总温可表示为

$$T_o = T\{1 + [(\gamma-1)/2]Ma^2\}$$

式中:T 为飞行高度大气的静温;Ma 为飞行马赫数;γ 为空气绝热指数,对于完全气体 $\gamma=1.4$。

从上式可以看出总温取决于飞行高度大气的静温及飞行的马赫数 Ma。

在低速飞行时,设 $Ma=0.3$,从上式可以得出 $T_o=1.018T$。这时就可以认为,气流被绝热滞止为零时,得到的总温就等于静温(误差小于 2%)。也就是空气的温度没有变化。

但当飞机进入超声速飞行时,情况就完全不同了。比如,飞机在同温层进行超声速飞行,大气的温度 $T=216.65K$,在不同的飞行马赫数下,利用上式可以得出机头、机翼和尾翼前缘驻点处的温度分别是:

$$Ma = 2.0, \quad T_o = 117℃$$

$$Ma = 2.5, \quad T_o = 214℃$$

$$Ma = 3.0, \quad T_o = 334℃$$

随着飞行马赫数的提高,驻点的温度还会急剧升高。

在机体其他部位的表面,由于空气的黏性生成附面层。附面层底部的气流微团被滞止为零时,与机体表面因摩擦生热并向外传播,不是绝热的过程,达到的温度比驻点的温度低一些,但机体表面的温度也是很高的。

飞机进行短时间的超声速飞行,空气动力加热只使机体表面的温度升高,在机体结构中造成温度梯度,使机体结构承受热应力。超声速运输机是要以超声速进行长时间的巡航飞行的,长时间的空气动力加热不但使机体表面温度升高,而且会使机体结构热透,并使座舱温度升高,这就会给飞机的飞行带来很多问题。

首先,座舱的温度太高使机务人员和乘客无法忍受,机上的设备比如无线电、航空仪表等也无法正常工作。其次,机体的温度也会超过机上一些非金属材料的极限工作温度,比如,风挡和观察窗的有机玻璃、密封用的橡胶等都会因为温度过高而不能正常工作甚至完全

损坏。

更严重的问题是：飞机机体被热透，温度达到 200℃ 以上，使飞机主要受力结构件的材料——铝合金的力学性能大大下降，飞机结构的强度和刚度降低，达不到飞机设计要求，无法进行正常飞行。当马赫数 Ma 提高到 2.0 时，铝合金材料 2A12 的抗拉强度 σ_b 下降了 9%，而当马赫数 Ma 提高到 2.5 以上时，机体的温度超过 250℃，铝合金材料 2A12 的抗拉强度下降就达到了 40%，这已经到了以铝合金为主要结构材料的飞机结构的工作极限了。使用耐高温材料如钛合金、耐热合金钢等可以提高飞机机体工作温度，但飞机飞行速度的进一步提高还要依靠新型结构材料（如先进复合材料等）的研制和新工艺方法的开发。

第3章

飞行理论

3.1 飞机在空中运动的自由度

飞机机体以及飞机上装载的所有设备、燃油、货物、乘员等的重力之和叫做飞机的重力,用符号 W 表示。飞机重力的作用点叫做飞机的重心。因为飞机机体结构和机上装载基本左右对称,所以,飞机重心在机体对称面内。飞机重心的位置用重心在平均气动力弦上投影到该弦前缘距离 x_W 和平均空气动力弦长 b_A 之比的百分数来表示,$\bar{x}_W = (x_W/b_A) \times 100\%$。

确定飞机在空中运动特性的基本方法是把飞机看作一个刚体(不考虑机体的弹性变形),全部质量都集中在飞机重心上,用飞机重心的运动轨迹代替整架飞机的运动轨迹。这样,飞机的任何一种运动都可以分解成全机随着重心的移动和绕重心的转动。

研究飞机运动时选取机体坐标 $O(X_t、Y_t、Z_t)$ 是与机体固连,随机体一起运动的坐标系。它的原点位于飞机的重心 O,OX_t 称为纵轴,平行于机身轴线,指向机头;OY_t 称为立轴(竖轴),在飞机对称面内,垂直于 OX_t 轴,指向座舱上方;OZ_t 称为横轴,垂直飞机对称面,指向右翼,如图 3-1 所示。

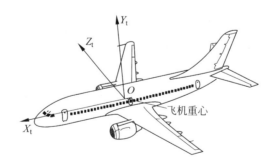

图 3-1 飞机机体坐标系

飞机重心移动的自由度有三个:分别是沿 X_t 轴、Y_t 轴和 Z_t 轴的平移;机体绕重心转动的自由度也有三个:分别是绕 X_t 轴的滚转、绕 Y_t 轴的偏航和绕 Z_t 轴的俯仰,如图 3-2 所示。这样,飞机在空中运动的自由度共有六个。

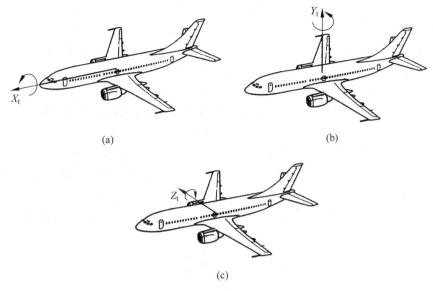

图 3-2　飞机绕全机重心转动的三个自由度
(a) 滚转；(b) 偏航；(c) 俯仰

3.2　空气动力和空气动力参数

空气动力是飞机相对空气有运动速度时,空气作用在飞机机体上的力。在2.4节中,讲述了空气动力中的升力和阻力。机翼是机体中产生升力的主要部件,机翼的阻力也具有代表性,所以,2.4节中以机翼的升力和阻力为例,讲述了升力和阻力的产生、影响升力和阻力的各种因素,以及升力和阻力随着这些因素变化的情况。

在本章中,要讲述的是飞机飞行运动的规律,而作用在飞机表面上的气动载荷的大小、分布及其变化规律对飞机的飞行运动起着决定性的作用。和研究飞机运动规律的方法相对应,我们将分布作用在飞机机体上的气动载荷向全机的重心简化,得到一个作用在全机重心的合力和一个合力矩。这一合力和合力矩对飞机随全机重心移动和绕重心转动的刚体运动效果,与作用在机体上的分布气动载荷的效果完全相同,却可以使问题的研究大大简化。

作用在飞机重心的气动力合力是一个矢量,可以将它分解为升力、阻力和侧向力。分别用 L、D、Z 来表示。

气动力三个分量的表达式分别为

$$\begin{cases} L = C_L(1/2)\rho v^2 S \\ D = C_D(1/2)\rho v^2 S \\ Z = C_Z(1/2)\rho v^2 S \end{cases} \tag{3-1}$$

式中: C_L、C_D、C_Z 是全机气动力系数。分别为升力系数、阻力系数和侧向力系数。都是无量纲量；$(1/2)\rho v^2$ 是飞机飞行的动压；S 是机翼的面积。

按照前面的讲述，气动升力 L 应该在垂直来流方向上，阻力 D 应该在平行来流的方向上，而侧向力 Z 应该在垂直升力和阻力的方向上。所以，将作用在飞机重心的气动力合力分解为升力、阻力和侧向力时，应选取以全机重心为原点的气流坐标系。

气流坐标系的纵轴 X_q 沿来流方向指向前，立轴 Y_q 在飞机对称面内，垂直于纵轴 X_q，指向飞机的上方，横轴 Z_q 垂直于纵轴和立轴组成的平面，指向飞机的右侧。但在绝大多数的飞行情况中，飞机不会相对空气产生侧向运动，也就是说，相对来流都在机体的对称面内，基本是沿机体纵坐标 OX_t 方向，即使与纵坐标轴 OX_t 之间有夹角，角度也比较小。

气动力向飞机重心简化得到的合力矩 M_q 是一个矢量，沿机体坐标系分为三个矢量，分别是：沿 X_t 轴的分量，使飞机绕 X_t 轴产生滚转运动的滚转力矩 M_x；沿 Y_t 轴的分量，使飞机绕 Y_t 轴产生偏航运动的偏航力矩 M_y 和沿 Z_t 轴的分量，使飞机绕 Z_t 轴俯仰运动的俯仰力矩 M_z。

$$
\begin{cases}
M_x = m_x (1/2)\rho v^2 SL \\
M_y = m_y (1/2)\rho v^2 SL \\
M_z = m_z (1/2)\rho v^2 Sb_A
\end{cases}
\tag{3-2}
$$

式中：M_x、M_y、M_z 分别是滚转力矩、偏航力矩和俯仰力矩；m_x、m_y、m_z 为全机气动力矩系数，分别是滚转力矩系数、偏航力矩系数和俯仰力矩系数，都是无量纲量；$(1/2)\rho v^2$ 为飞机飞行的动压；S 为机翼面积；b_A 为机翼平均气动力弦长；L 为机翼展长。

这三个力矩是全机外载荷对飞机机体坐标轴产生的滚转力矩、偏航力矩和俯仰力矩的重要组成部分。对改变飞机飞行姿态的操纵性和保持飞机飞行姿态的稳定性都起着重要的作用，我们将在第 4 章中介绍。

3.3   飞行时的外载荷及其平衡方程

飞行中，作用在飞机上的外载荷有飞机重力 W、空气动力(气动升力 L、气动阻力 D、侧向气动力 Z)和发动机推力 P。

外载荷组成平衡力系的条件是：外载荷的合力等于零，也就是外载荷在三个坐标轴投影之和分别等于零，即 $\sum X = 0$，$\sum Y = 0$，$\sum Z = 0$；外载荷的合力矩等于零，也就是外载荷对三个坐标轴力矩之和分别等于零，即 $\sum M_X = 0$，$\sum M_Y = 0$，$\sum M_Z = 0$。飞机在空中运动的自由度有六个，所以，作用在飞机上的外载荷达到平衡状态就应满足六个平衡方程，如图 3-3 所示。

$$
\begin{cases}
\sum X = 0, \quad \sum Y = 0, \quad \sum Z = 0 \\
\sum M_X = 0, \quad \sum M_Y = 0, \quad \sum M_Z = 0
\end{cases}
\tag{3-3}
$$

当作用在飞机上的外载荷满足式(3-3)时，飞机处于平衡的飞行状态，速度的大小和方向都不会发生变化。这种飞行状态也叫做定常飞行。飞机在某一高度做匀速巡航飞行，等速爬升、等速下滑等都是定常飞行。它是飞机最经常、最重要的飞行状态。

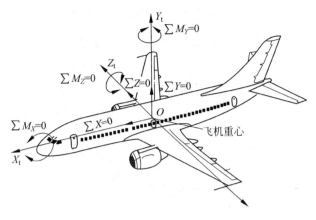

图 3-3　平衡方程

图 3-4 示出飞机在某一高度做水平匀速的巡航飞行,作用在飞机上的外载荷:飞机重力 W、气动升力 L、气动阻力 D 和发动机推力 P 是一个平衡力系,满足六个平衡方程。由于作用在飞机上的载荷左右对称,六个平衡方程中的 $\sum Z = 0$ 和 $\sum M_X = 0$、$\sum M_Y = 0$ 方程自然满足,所以,要保持飞机水平匀速飞行,作用在飞机上的外载荷就必须满足以下各式:

$$\begin{cases} \sum Y = 0 & L = W \\ \sum X = 0 & P = D \\ \sum M_Z = 0 & M_A = M_B \end{cases} \tag{3-4}$$

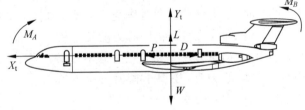

图 3-4　飞机水平直线匀速飞行时,作用在飞机上外载荷的平衡关系

如果作用在飞机上的外载荷不能满足式(3-4)平衡方程,飞机就会做变速运动,速度的大小或方向会发生变化,改变原来的飞行状态。比如 $P>D$,飞机会加速飞行;$L>W$,飞机会产生向上的曲线飞行;$M_A \neq M_B$,飞机会抬头或低头,产生绕机体横轴 OZ_t 的转动角加速度等等。飞机水平转弯、进入俯冲、俯冲拉起等机动飞行都是在不平衡外载荷作用下进行的变速运动。

图 3-5 所示为飞机进行俯冲拉起时的受力情况。在拉起过程中,飞机以速度 v 沿半径为 R 的圆形轨迹做圆周运动,飞机飞行速度的大小虽然不变,但速度的方向却在不断地变化,所以,飞机俯冲拉起的运动是一个变速运动。运动速度方向的改变,说明在它的运动过程中存在向心加速度。它的向心加速度为 $a_n = v^2/R$。迫使飞机产生向心加速度的向心力 F_n 等于飞机的质量和向心加速度的乘积,方向沿 Y_t 指向圆形轨迹的中心,即

$$F_{n} = m \times a_{n} = (W/g) \times (v^2/R)$$

式中：m 为飞机的质量；W 为飞机的重力；g 为重力加速度。

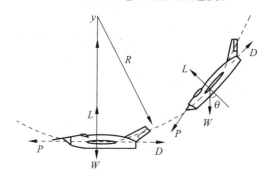

图 3-5　俯冲拉起时的受载情况

由于飞机进行变速运动，在 Y 轴方向上存在加速度，升力 L 不再和重力 W 在 Y 方向上的分量 $W\cos\theta$ 平衡。除了克服重力在 Y 方向的分量外，还要为飞机的变速运动提供向心力。

这样可以得出：

$$L = W\cos\theta + (W/g) \times (v^2/R) = W(\cos\theta + v^2/gR)$$

式中：θ 为飞行速度矢量与水平线之间的夹角。

当飞机运动到俯冲拉起的最低点时，$\theta = 0°$，$\cos\theta = 1$，飞机的升力达到最大值。等于飞机重力和向心力之和。所以，飞机做俯冲拉起机动飞行时，升力可能比飞机的重力大很多。飞机俯冲拉起时的速度越大，轨迹的半径越小，所需要的升力就越大。

当飞机由平飞进入俯冲时，是沿外凸的曲线作变速运动。如图 3-6 所示。

在这种运动状态下，为飞机曲线飞行提供向心力的是飞机重力在 Y 轴方向上的分量 $W\cos\theta$，重力在 Y 轴上的分量 $W\cos\theta$ 除了为飞机的曲线飞行提供向心力外，还要平衡升力 L。这样，由图 3-6 得出升力和飞机重力之间的关系是：

$$L = W\cos\theta - (W/g) \times (v^2/R) = W(\cos\theta - v^2/gR)$$

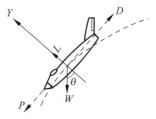

图 3-6　进入俯冲情况

如果飞机飞行速度较快，或猛推杆以较小的半径进入俯冲，$v^2/gR > 1$，升力 L 为负值，指向 Y 轴的负方向。此时升力 L 和 $W\cos\theta$ 共同提供向心力，迫使飞机以较大的速度或以较小的半径进入俯冲。

3.4　载荷因数

在前面我们已经介绍了载荷因数这个概念，它是为了说明各种飞行状态下飞机的受力情况，而引入的一个无量纲的系数，也称为飞机的过载，用字母 n 来表示。

除了飞机的重力外，作用在机体上的其他外载荷沿飞机机体坐标轴方向的分量与飞机重力之比称为飞机在该方向的载荷因数，分别用 n_y、n_x、n_z 来表示。字母 n 的下标表示过载

的方向。根据载荷因数的定义，n_y 应等于升力与飞机重力之比，即

$$n_y = L/W$$

式中：L 为飞机的升力；W 为飞机的重力。

飞机的载荷因数 n_y、n_x、n_z 是代数值，不但有大小而且有正负。它的大小表示该方向外载荷（飞机重力除外）是飞机重力的几倍，它的正负表示外载荷的方向。比如，$n_y = +3$，表示飞机升力是飞机重力的 3 倍，正号表示飞机的升力指向机体立轴（Y_t）的正方向。$n_y = -0.5$，表示飞机升力是飞机重力的 0.5 倍，负号表示飞机的升力指向机体立轴（Y_t）的负方向。

在飞机的三个载荷因数中，飞行中变化较大，对机体结构受力影响最大的是沿立轴 Y_t 方向的载荷因数 n_y。它是飞机结构设计的主要依据。所以，一般说"飞机过载"就是指载荷因数 n_y。

从以上分析可以得到以下结论：

飞机平飞时，$L_0 = W$，所以，$n_y = 1$；而当飞机作俯冲拉起时，飞机的升力除了克服飞机的重力外，还要提供飞机做曲线运动的向心力，飞机的升力可以达到飞机重力的几倍。这时过载 n_y 是一个比 1 大得多的正值。当飞机进入俯冲时，升力 L 要比飞机重力 W 小，或者指向机体立轴的负方向。载荷因数 n_y 小于 1 或为负值。

飞机在机动飞行中，比如进入俯冲、俯冲拉起、水平转弯等，驾驶员操纵飞机使飞机的升力发生变化产生的过载称为机动过载。飞机在飞行中遇到阵风，特别是垂直阵风，使飞机的飞行速度和迎角改变也会造成飞机升力的变化，这时产生的过载叫阵风过载。如果遇到较大的垂直向上的阵风，会产生比较大的正过载；如果遇到比较大的垂直向下的阵风，会产生较大的负过载。

3.5　巡航飞行、起飞和着陆

3.5.1　巡航飞行

1. 平飞所需速度、平飞需用推力和所需功率

(1) 平飞所需速度：飞机在某一高度进行的巡航飞行，是在外载荷满足式（3-4）条件下的水平匀速飞行。其中 $L_0 = W$ 表示，飞机飞行产生的升力应等于飞机的重力。为了得到保持飞机平飞所需的升力，飞机的飞行速度叫做平飞所需速度。由 $L_0 = W$ 和升力计算公式 $L = C_L \cdot \frac{1}{2} \rho v^2 \cdot S$ 可以得出：

$$v_{平飞} = (2W/C_L \rho S)^{1/2} \qquad (3-5)$$

由式（3-5）可以看出：影响平飞所需速度的因素有飞机重力、机翼面积、空气密度和升力系数。飞机载重量越大，平飞所需速度越大。飞机在巡航高度巡航飞行时，飞机重力、机翼面积和空气密度都不变，飞机平飞所需速度只与升力系数有关，而升力系数又随着迎角变化。所以，飞机在巡航高度的巡航飞行速度主要是随迎角变化。减小迎角可以加大平飞所需速度；加大迎角可以减小平飞所需速度。

　　(2)平飞需用推力:飞机在某一高度以一定的速度平飞时,为了满足式(3-4)中所表达的力的平衡关系,使升力等于飞机的重力,必须使飞机以一定的迎角飞行。飞机在这一高度、速度和迎角下平飞产生的阻力必须用发动机的推力来克服,这个推力 $P_{平飞}$ 就叫做平飞需用推力。所以,飞机在一定的高度做等速平飞时,一定的速度必须有一定的迎角和推力相对应。以平飞速度为横坐标,以发动机推力为纵坐标,画出平飞需用推力曲线,并在曲线各点标上相应的迎角值,就得出平飞需用推力图。图3-7示出的就是某型飞机在某一高度定常平飞的需用推力曲线 $P_{平飞}$。曲线每一点的横坐标和纵坐标值分别表示在此迎角下做定常平飞需要的平飞速度和推力。

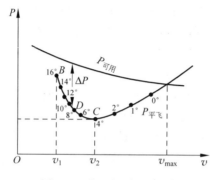

图 3-7　平飞需用推力曲线

　　因为定常平飞需用推力就是根据推力等于阻力这个条件求得的,所以,图3-7所示曲线和图2-31中总阻力曲线是一致的。需用推力曲线最低点对应的速度 v_2 是在这个高度上定常平飞最有利的速度,因为在此点升阻比 K 最大,飞行效率最高,对应的迎角也是有利迎角。速度 v_1 对应的迎角 16° 是失速迎角,v_1 是失速速度。

　　飞机的飞行高度不同,可以画出不同高度的需用推力曲线,如图3-8所示。从图中可以看出,随着高度的增加,需用推力曲线向右移动,这说明随着飞行高度的增加,有利飞行速度也在不断增加。这是因为随着高度的增加,空气密度减小,摩擦引起的废阻力减小,诱导阻力增加,废阻力和诱导阻力曲线交叉点——最小阻力点向右移动的结果。

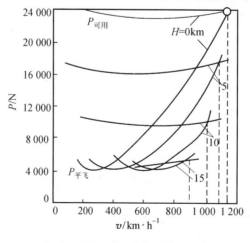

图 3-8　飞机推力曲线图

（2）平飞所需功率：由式（3-4）中 $P=D$ 可知，维持平飞速度是通过发动机产生推力克服飞行时的阻力来达到的。推力克服阻力使飞机向前飞行时就对飞机做功。推力在单位时间内所做的功就是平飞所需功率，用 $N_{平飞}$ 表示。

$$N_{平飞} = P_{平飞} \cdot v_{平飞}$$

式中：$P_{平飞}$ 是平飞需用推力。平飞所需功率取决于平飞速度和需用推力的大小。

2. 最大平飞速度和最小平飞速度

（1）最大平飞速度 $v_{平飞最大}$：最大平飞速度一般是指在发动机满油门状态下，飞机做水平直线飞行时所能达到的最高稳定平飞速度。也有的规定在其他油门状态下，比如，额定状态下，所能达到的最高稳定平飞速度为最大平飞速度。

飞机在某一高度的最大平飞速度由在这一高度飞机平飞所需推力（或所需功率）与额定状态下发动机的可用推力（或可用功率）相等来确定。

图 3-7 不但给出飞机在某一高度平飞所需推力，也给出发动机可用推力曲线。图中的曲线 $P_{平飞}$ 是飞机在这一高度平飞所需推力，是用来克服平飞阻力的。曲线 $P_{可用}$ 是在这一高度发动机的可用推力，由发动机的性能决定。在某一速度下，飞机的可用推力和平飞所需推力之差叫做剩余推力，用 ΔP 表示。从图 3-7 可以看到从最有利的平飞速度开始加速，随着速度的增加，剩余推力逐渐减小，直到两条曲线相交。两条曲线交点对应的速度就是飞机在这一高度的最大平飞速度。在交点的右边，由于 $P_{平飞}>P_{可用}$，飞机不能在 $v>v_{平飞最大}$ 速度上保持稳定平飞；在交点的左边，由于 $P_{平飞}<P_{可用}$，可以通过关小油门，在 $v<v_{平飞最大}$ 速度上保持稳定平飞。并且，由于有剩余推力飞机可以进行平飞加速。剩余推力的存在是飞机能够进行平飞加速的必要条件之一。

图 3-8 中示出了在不同高度上，飞机平飞所需推力和发动机可用推力的变化曲线。从图中可以看出：在不同的飞行高度上，飞机平飞所需推力不同，额定状态下发动机的可用推力也不同，所以，飞机的最大平飞速度也就不同，随着高度的增加，最大平飞速度逐渐减小。

飞机的最大平飞速度不仅受到发动机可用推力的限制，也和飞机结构承受气动载荷的能力有关。对于民用运输机来说，在巡航高度上的最大平飞速度才有意义。用这个最大平飞速度确定的动压 $q_{max}=(1/2)\rho v_{max}^2$ 是对飞机结构进行强度计算的基本条件之一。低于巡航高度飞行时，受到飞机结构强度的限制，飞机的平飞速度不能达到发动机可用推力允许达到的最大平飞速度，也就是飞机能达到的平飞速度要比最大平飞速度小。

（2）最小平飞速度 $v_{平飞最小}$：最小平飞速度是飞机维持水平飞行的最低稳定速度。为了得到平飞所需要的升力，在升力系数最大时，飞机的平飞速度可以达到最小。所以，最小平飞速度受到最大升力系数的限制。升力系数最大时，飞机迎角达到临界迎角，飞机的飞行速度是失速速度。为了飞行安全，飞机不可能在临界迎角下飞行，所以，最小平飞速度要比失速速度大一些。

随着高度的增加，空气密度逐渐减小，为了在一定的升力系数下产生足以平衡飞机重力的升力，飞机的飞行速度应逐渐增加。所以，飞机的最小平飞速度随着高度的增加而增加。

最小平飞速度不但受到最大升力系数的限制，也和发动机的可用推力有关。当飞行高度逐渐增加时，以接近临界迎角飞行，增大的阻力可能超过发动机的可用推力，而使最小平飞速度增加。这时，飞机的最小平飞速度就受到发动机可用推力的限制。图 3-8 中，高度

15km 上,飞机平飞所需推力和发动机可用推力两条曲线的左边的交点所对应的速度,就是在这个高度上受发动机可用推力限制确定的最小平飞速度。所以,随着高度的增加,由于发动机可用推力的限制,飞机的最小平飞速度也将增大。

3. 飞机平飞速度范围

飞机在某一高度飞行,从最小平飞速度到最大平飞速度叫做飞机在这一高度的平飞速度范围。飞机的平飞速度范围越大,说明飞机的平飞性能越好。

飞机的最小平飞速度和最大平飞速度随飞行的高度变化,所以,平飞速度范围也随飞行的高度而变化。这个变化情况可以用飞行包线表现出来(见图 3-9)。

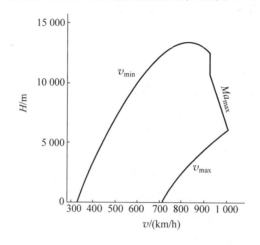

图 3-9　亚声速客机平飞包线

图 3-9 是以飞行速度和高度为坐标轴,以最小平飞速度和最大平飞速度为边界线画出的飞行包线。图中左边的边界线是最小平飞速度线,边界上各点所表示的速度大于相应高度的失速速度。由于最大升力系数和发动机可用推力的限制,此边界线左边各点所表示的高度和速度的组合情况不可能在飞行中出现。图中右边的边界线最大平飞速度线(高空用最大马赫数表示),在巡航高度以上,最大平飞速度受到发动机可用推力的限制,在巡航高度以下,最大平飞速度受到飞机结构强度的限制,最大平飞速度有所减小。所以,由于发动机可用推力和飞机结构强度的限制,此边界线右边各点所表示的高度和速度的结合情况不可能在飞行中出现。过任意高度做平行横坐标直线,在最大平飞速度和最小平飞速度之间所截线段就表示在此高度飞机平飞的速度范围。从图中可以看到,在巡航高度上,民用客机的最大平飞速度最大,平飞速度范围也最大。

4. 飞行包线

飞机的飞行包线是以飞行高度、飞行速度、载荷因数、发动机推力等飞行参数为坐标,以飞行的各种限制条件,例如,最大飞行速度、最小飞行速度、最大过载、最小过载、发动机可用推力等为界限,将飞机飞行时,可能出现的飞行参数的各种组合情况用一条封闭的曲线包围起来。这个封闭曲线组成的图形就叫做飞机的飞行包线。飞行包线对飞机飞行的限制在于:飞机在飞行中出现的各种飞行参数的组合只能出现在飞行包线所围范围以内,或飞行包线的边界线上。包线所围范围之外的各点所代表的各种参数的组合不能在飞行中出现。

飞行包线对研究飞机飞行的意义在于：飞行包线边界线上或所围范围内的某些点所表示的飞行参数的组合，对研究飞机结构受力或飞机的飞行性能有代表性。

飞机的飞行包线有很多类型。对于同一类型的飞机来说，在完成飞行任务的各个不同阶段，有不同的飞行包线；研究的目标不同，选取的飞行参数不同，也会得到不同的飞行包线。

图3-9画出的就是表示飞机平飞速度范围随高度变化的平飞包线。从平飞包线可以看出，在飞机巡航高度上，最大平飞速度和平飞速度范围都达到最大，在巡航高度以上，随着飞行高度的增加，最小平飞速度有所增加，而最大平飞速度有所减小，所以，飞机的平飞速度范围也在逐渐减小，当达到一定高度（理论升限）时，飞机只能以一个速度飞行。另外，受到飞机结构强度、稳定性和操纵性的影响，实用的飞行包线要比理论飞行包线的范围小一些。

为了研究飞机结构的强度，以飞行速度、载荷系数为坐标，用飞行速度和载荷因数的最大值、最小值为限制边界，画出的就是"速度-过载包线"。在图3-10所表示的飞机速度-过载包线中，最大正过载曲线上的各点代表在不同飞行速度，达到最大正过载的飞行情况。这时，飞机的过载等于正的最大值，飞机承受的气动升力指向机体立轴的正方向并达到最大值，所以，这条曲线上的点代表了飞机结构正向受载的严重情况。最大负过载曲线上的各点代表在不同飞行速度，达到最大负过载的飞行情况。这时，飞机的过载等于负的最大值，飞机承受的气动升力指向机体立轴的负方向并达到最大值，所以，这条曲线上的点代表了飞机结构负向受载的严重情况。而最大速度曲线上的各点代表飞机飞行速度达到最大

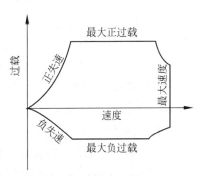

图3-10　速度-过载包线

的飞行情况，这时，飞机的过载不是最大，也就是飞机的升力不是最大，但机翼表面的局部气动载荷很大，压力中心靠后，是考验机翼结构局部强度的严重受载情况。

5. 巡航性能

飞机的巡航性能主要是巡航速度、航程和航时（续航时间）。

巡航速度是每千米耗油量最小的飞行速度，即达到最大航程对应的飞行速度。

航程是飞机在无风和不加油的条件下，连续飞行耗尽可用燃油时飞行的水平距离。

航时是指飞机耗尽可用燃油时，能持续飞行的时间。

3.5.2　起飞

飞机起飞过程是指飞机从起飞线开始滑跑、加速到抬起前轮，继续加速到飞机离地，最后爬升越过安全高度点为止所经历的整个过程。一般可分为地面滑跑加速、拉起（离地）和空中加速爬升三个阶段，如图3-11所示。飞机起飞的主要性能是起飞滑跑距离、离地速度和起飞距离等。飞机起飞是一个加速运动的过程，近代喷气式飞机的推重比 P/W 比较大，加速过程比较快，飞机经过滑跑离地后就转入加速上升，因而，飞机的起飞过程也可以分为地面滑跑和空中加速爬升两个过程。

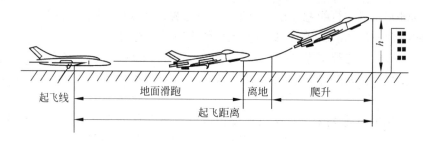

图 3-11　飞机起飞

1. 离地速度

飞机起飞滑跑时,当升力正好等于飞机重力时的瞬时速度,叫做离地速度。因为达到离地速度时飞机的升力等于重力,所以飞机的离地速度可以表示为:

$$L = C_{L离}(1/2)\rho v_{离}^2 S = W$$
$$V_{离} = ((2W)/(C_{L离}\rho S))^{1/2}$$

从上式可以看到离地速度与飞机的起飞重力、空气密度、离地时的升力系数有关。飞机起飞重力越大,空气密度越小,离地时的升力系数越小,离地速度就越大,从开始滑跑到飞机离地的这段距离,即起飞滑跑的距离就越长。而离地时升力系数的大小又和飞机离地时的姿态及增升装置的使用有关。飞机的离地姿态使离地迎角加大和使用增升装置都可以减小离地速度,缩短起飞滑跑距离。

2. 起飞距离

起飞距离是指从开始滑跑到飞机越过安全高度时所经过的水平距离。它需要考虑起飞滑跑加速、拉起离地和上升到安全高度三个阶段。起飞距离和飞机起飞重力、发动机的推力、大气条件、增升装置的使用以及爬升阶段爬升角的选择等有关。

3.5.3　着陆

飞机从通过安全高度下滑、平飞减速、接地滑跑直至完全停止下来所经历的整个过程叫着陆。一般包括下滑、拉平、平飞减速、接地和着陆滑跑五个阶段,如图 3-12 所示。

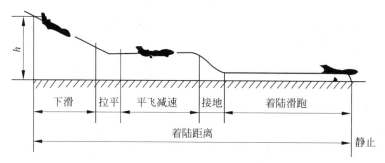

图 3-12　飞机的着陆

1. 接地速度

接地速度是飞机在着陆过程中,接地瞬间的速度。接地速度越小越好,因为接地速度越小飞机着陆越安全,着陆滑跑的距离也越短。根据 CCAR-25 部运输机适航标准规定:在着陆的整个过程中,飞机升力不超过飞机重力。在接地瞬间可取 $L_{着陆} = W$。由此条件可以得出接地速度的计算公式。

$$v_{接} = k((2W)/(C_{L接}\rho S))^{1/2}$$

式中:k 是考虑到飞机要向前飘落一段才接地,接地速度有所减小而选取的一个略小于 1 的修正系数。飞机的接地速度要比升力平衡重力所需速度略小一些。

从上式可以看到,与起飞离地速度一样,飞机着陆接地速度和飞机着陆重力、空气密度以及接地时的升力系数有关。如果着陆重力过大或机场温度较高或在海拔较高的机场着陆,都会造成接地速度过大,使飞机接地时受到较大的地面撞击力,损坏起落架和机体受力结构;也会使着陆滑跑距离过长,导致飞机冲出跑道的事故发生。为了飞机着陆的安全,着陆时的重力不能超过规定的着陆重力。而且在不超过临界迎角和护尾迎角的条件下,接地迎角应取最大值,增升增阻的后缘襟翼在着陆时要放下最大的角度,以最大限度地增加升力系数减小接地速度。

2. 着陆滑跑距离

飞机从接地点开始,经滑跑减速直至完全停止下来所经过的距离叫着陆滑跑距离。着陆滑跑距离的长短和接地速度的大小、滑跑减速的快慢有关。接地速度越小,滑跑减速越快,着陆滑跑距离就越短。为了使飞机在滑跑中很快将速度降下来,着陆后要打开减升增阻的扰流板,使用刹车和发动机反推装置。

3.6　水平转弯和侧滑

水平转弯是飞机在水平面内连续改变飞行方向的曲线运动。航向改变角度大于 360°,称作水平盘旋;改变角度小于 360°,称作水平转弯。正常水平转弯是一种无侧滑的、匀速的圆周运动,飞机飞行高度也不发生变化。

3.6.1　飞机水平转弯时,作用在飞机上的外载荷

飞机在进行水平转弯时,运动的轨迹由直线变为曲线。飞行速度大小虽然没有改变,但运动速度的方向却在不停地变化。速度方向的改变,说明飞机运动有向心加速度 a_n,向心加速度大小可表示为

$$a_n = \frac{v^2}{R}$$

式中:v 为飞机飞行速度;R 为转弯航迹的半径。

加速度方向垂直于航迹的切线,指向航迹的中心(见图 3-13)。

迫使飞机产生向心加速度的向心力 F_n 等于飞机的质量和向心加速度的乘积:

$$F_n = m \times a_n = (W/g) \times \frac{v^2}{R}$$

式中:m 为飞机的质量;W 为飞机的重力;g 为重力加速度。

飞机正常水平转弯时,作用在飞机上的外载荷如图 3-13 所示,可用公式表示为

$$P = D \tag{3-6}$$

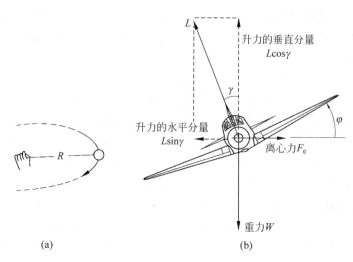

图 3-13　飞机正常盘旋飞行中的受力图

(a) 向心力与圆周运动；(b) 飞机正常盘旋飞行受力图

$$Lcos\gamma = W \tag{3-7}$$

$$Lsin\gamma = m\frac{v^2}{R} = (W/g)\frac{v^2}{R} \tag{3-8}$$

式中：P 为发动机推力；D 为飞机的阻力；L 为飞机的升力；γ 为操纵副翼使飞机产生的倾斜角度，也叫做盘旋坡度。

式(3-6)表示：飞机水平转弯时，发动机的推力克服飞行阻力，使飞机转弯时保持飞行速度不变；式(3-7)表示：升力在垂直方向分量与飞机的重力平衡，使飞机转弯时保持高度不变；式(3-8)表示：升力在水平方向的分量提供了使飞机作曲线运动的向心力，改变飞行速度的方向，完成飞行转弯的动作。

由上述公式还可以得出，飞机水平转弯时，载荷因数 n_y 的数值：

$$Lcos\gamma = W; \quad n_y = L/W = 1/cos\gamma$$

由此可知，飞机正常水平转弯或盘旋时，载荷因数只取决于转弯时的坡度。因为 $cos\gamma$ 总是小于1，所以，飞机水平转弯时，载荷因数 n_y 总是大于1，也就是升力总是大于飞机的重力。转弯时，飞机的倾斜角 γ 越大，所需要升力越大。比如，飞机水平转弯的倾斜角 γ 为 30° 时，$n_y=1.15$，升力为飞机重力的 1.15 倍；倾斜角 γ 为 60° 时，$n_y=2$，升力为飞机重量的2倍。

3.6.2　飞机水平转弯性能和限制

飞机水平转弯时的转弯半径 R 和盘旋一周所需时间 T 是表征飞机水平转弯机动性能的两个指标。转弯半径越小，盘旋一周所需时间越短，飞机的水平机动性能越好。

当飞行速度一定时，要减小转弯半径和盘旋一周时间，必须加大滚转角 γ。但增加转弯坡度会受到几方面的限制：首先，加大滚转角会使飞机过载系数 n_y 加大，使飞机结构承受较大的气动载荷，所以加大滚转角受到飞机结构强度的限制；另外，在一定飞行速度下，加大滚转角必然要增大迎角，增加升力以便达到 $Lcos\gamma=W$ 的要求，而迎角的增加受到临界迎角的安全条件的限制;最后,加大滚转角,增加迎角提高升力的同时,飞行阻力也会增加,需要加大推力,保持转弯速度不变,这又受到在转弯高度上发动机可用推力的限制。

3.6.3 飞机水平转弯时产生的侧滑

飞机沿坐标轴 Z_t 方向的位移叫做侧滑。产生侧滑时,气流从飞机的侧面吹来,也就是相对气流不与飞机对称面平行。飞机对称面与相对来流之间的夹角叫做侧滑角,用 β 表示(见图 3-14(a))。

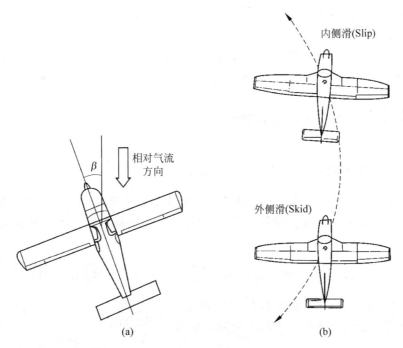

图 3-14 侧滑
(a) 侧滑与侧滑角;(b) 内侧滑与外侧滑

飞机水平转弯时,重心的运动轨迹是一个等半径的圆弧,重心的运动速度沿圆弧的切线方向。此时,飞机机体应绕重心向转弯一侧转动,使机头转向圆弧的切线方向,也就是对准来流。如果机体转动不当,就会造成飞机对称面偏离飞行轨迹而产生侧滑。气流从转弯飞机的内侧吹来叫内侧滑,从外侧吹来叫外侧滑,如图 3-14(b)所示。当飞机转弯或盘旋时,若出现侧滑,侧滑产生的侧向力将引起飞机上的外载荷和外载荷力矩发生变化,使飞机偏离预定的飞行状态。所以,为了保持飞机进行正常水平转弯和盘旋必须要防止飞机发生侧滑。

为了防止飞机在水平转弯时发生侧滑,在水平转弯时还应蹬舵偏转方向舵,或打开上偏副翼一侧的扰流板,利用方向舵偏转产生的侧力或扰流板打开后产生的阻力使飞机机头偏转对准来流。若方向舵或扰流板操纵不当,就会在水平转弯时发生侧滑。比如,蹬舵过大使机头偏转过大,就会产生外侧滑,从而产生向内的侧向力,使飞机预定的飞行状态遭到破坏。蹬舵过小使机头偏转过小,就会产生内侧滑,从而产生向外的侧向力,也达不到飞机预定的飞行状态。

3.6.4　飞机水平转弯的操纵

操纵飞机进行水平转弯时,为了获得飞机水平转弯所需的向心力,要操纵副翼使飞机向转弯一侧倾斜产生滚转角,并在飞机转弯过程中保持转弯坡度不变;升力才能在水平方向产生分量,为飞机转弯提供向心力。在保持飞行速度不变的情况下,同时,还应向后扳驾驶杆,使飞机抬头,增大迎角,增加升力,使升力在垂直方向分量与飞机的重力平衡,防止飞机在水平转弯时掉高度。另外,迎角的增大,不但使升力增加,也会使阻力加大,为了保持飞行速度大小不变,还应加大发动机推力,平衡增大的阻力,达到推力等于阻力的要求。与此同时还应蹬舵或上偏扰流板防止飞机产生侧滑。

所以,为使飞机进行不带侧滑的正常水平转弯,需要对副翼、升降舵和方向舵进行协调操纵。另外还要配合发动机的油门操纵,以保持合适的推力。

3.7　等速爬升和等速下滑

3.7.1　等速爬升

为获得飞行高度,飞机沿倾斜向上的直线等速上升叫做等速爬升。这是一种平衡的飞行状态,图 3-15 示出的上升时作用在飞机上的外载荷是平衡力系。在 Y 轴和 X 轴方向的平衡方程可表示为

$$\sum Y = L - W\cos\theta = 0, \quad \sum X = P - D - W\sin\theta = 0$$

由此得出:升力 $L=W\cos\theta$,推力 $P=D+W\sin\theta$。式中:θ 角是飞机上升轨迹与水平面之间的夹角,叫做爬升角。

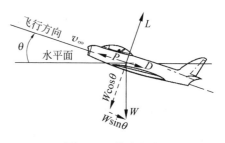

图 3-15　等速爬升

从上式中可以看到,等速爬升时,所需的升力小于飞机重力,而所需的推力却大于飞行的阻力。可见,发动机的可用推力大于飞行的需用推力时,也就是有剩余推力时,飞机才能进行等速爬升。飞机的重力越小,剩余推力越大,飞机的爬升角就可以选择得越大。

爬升率是在单位时间内,飞机等速上升的高度。等速爬升时,飞机的速度越快,爬升角越大,爬升率就越大,飞机爬到同一高度所需要的时间越短,飞机的上升性能也就越好。

飞机等速爬升时,随着飞行高度的增加,空气的密度逐渐减小,飞行迎角必须增加,以得到较大的升力系数,这样,飞行的阻力就不断增大。而随着飞行高度的增加,发动机的可用推力却不断减小,从而使飞机的剩余推力迅速下降,爬升率逐渐减小。当爬升率等于零时,飞机上升的高度叫做理论升限。但实际规定,当爬升率小于某一规定值时,飞机所达到的高度就叫做升限(实用升限)。

3.7.2　等速下滑

等速下滑是飞机在零推力状态下,沿直线等速下降的运动。此时,作用在飞机上的外载荷也是平衡力系。由图 3-16 可以得出:

$$\sum Y = L - W\cos\theta = 0; \qquad \sum X = -D + W\sin\theta = 0$$

式中:θ 角是下降轨迹与水平面之间的夹角,叫下滑角。

由上式可以推导出 $\tan\theta = 1/K$。其中 K 是升阻比。升阻比越大,下降时的下滑角就越小,在下降高度一定时,下降的距离就越长。在零推力状态下,下滑角和下滑距离与飞机的重力无关。

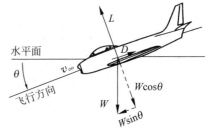

图 3-16　等速下滑

3.8　增升原理和增升装置

3.8.1　增升装置的功用和增升原理

在机翼上安装增升装置的目的是在较低速度下,得到较大的升力,降低飞机起飞着陆速度,改善飞机起飞着陆性能,提高飞机起飞着陆的安全性。

随着现代民用运输机逐渐大型化、高速化,这些大型飞机的起飞离地和着陆接地速度会越来越高。其原因有两个:大型飞机起飞着陆重力大,使飞机安全离地和平稳着陆要求的升力大,这也就要求飞机在起飞离地或着陆触地时保持更高的飞行速度,以达到升力的要求。另一个原因,如前所述,高速飞机的机翼主要从有利于作高速飞行的要求来设计的,而适用于高速飞行的机翼在低速下飞行性能并不好(比如薄翼型、后掠机翼等)。要使用低速性能不好的机翼在低速下达到一定的升力,必然会要求更高的飞行速度。所以增升装置对于提高现代民用运输机起飞着陆的安全性来说就更为重要。

根据升力计算公式(2-5):$L = C_L \cdot \dfrac{1}{2}\rho v^2 \cdot S$,增加升力可以从提高升力系数和增大机翼面积着手。目前在大型高速民用运输机上增升装置的增升原理主要有以下三条:

(1) 改变机翼剖面形状,加大翼型的弯度:加大机翼弯度可以使上翼面气流的流速加快,增大上翼面的负压值,从而提高升力系数。但加大机翼弯度也会增加压差阻力,并减小临界迎角值。

(2) 增大机翼面积:增大机翼面积可以增加升力,但同时也会增加阻力(见式(2-6))。

(3) 控制机翼上的附面层,推迟气流分离:控制附面层就是利用气动力表面的一些气动装置不断将动能输入附面层内;或吸取、吹除附面层。这些方法都可以加速附面层内气流的流动,减小附面层的厚度,推迟附面层分离。这种增升原理的主要作用是提高临界迎角值,防止飞机在大迎角的情况下失速,其次还可以提高升力系数。

3.8.2　增升装置

1. 后缘襟翼

1）简单襟翼

简单襟翼是装置在机翼后缘可绕转轴转动的小翼面。不使用时,闭合成为机翼后缘的一部分;使用时绕轴向下偏转。它的增升原理是改变机翼剖面形状,增大机翼弯度,使上翼面气流加速,下翼面气流减速,增大上下翼面压力差,从而增大升力(见图 3-17(a))。

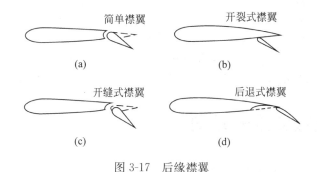

图 3-17　后缘襟翼

2）开裂式襟翼

开裂式襟翼是装置在机翼后缘下表面一块可绕轴转动的板件。不使用时收回,紧贴合在机翼下表面,成为机翼后缘下表面的一部分;使用时绕轴向下打开。增升原理是增加机翼弯度。另外,打开时,在襟翼板和机翼后缘上表面之间形成一个低压区,吸引上表面气流更加快速流动,因而增加上下翼面压力差,增大了升力(见图 3-17(b))。

3）开缝式襟翼

开缝式襟翼是在简单襟翼基础上做了改进。它将转轴由襟翼前缘正中移到襟翼前缘下表面。使用时,襟翼绕转轴向下打开,不仅增大机翼弯度,而且在襟翼前缘与机翼后部之间形成收敛式的缝隙,使下翼面高压气流通过收敛式的缝隙加速吹向上翼面,往上翼面附面层中输送动能,防止气流分离,大大提高了襟翼的增升效果。因为它使用了增大机翼弯度和控制附面层两种增升原理,增升效果更好(见图 3-17(c))。

4）后退式襟翼

后退式襟翼也采用了两种增升原理。工作时,襟翼一边后退,一边向下偏转。即增大了机翼弯度又增大了机翼面积,因此增升效果较好(见图 3-17(d))。

5）后退开缝式襟翼

后退开缝式襟翼与后退式襟翼相似:工作时,襟翼一边向后退,一边向下偏转;同时又与开缝式襟翼相似:后退偏转的同时,又在襟翼前缘与机翼后部之间形成收敛式缝隙,使下翼面高压气流加速吹向上翼面,加快上翼面附面层流动防止气流分离。这种襟翼也称为富勒襟翼(Fowler)。因为这种襟翼采用了增大机翼弯度、增加机翼面积和控制附面层三种增升原理,增升效果特别好。一些高性能飞机,翼剖面相对厚度较小,多采用这种增升装置(见图 3-18)。

6）双缝或三缝式襟翼

后退开缝式襟翼采用了三种增升原理，增升效果很好。但是只开一条缝隙，流向上翼面的气流有限，当襟翼偏转到一定程度，气流仍会分离，而且襟翼还会发生振动。为了解决这个问题，在襟翼前缘安装一片小翼面，或两片小翼面（俗称小翼）。使用襟翼时，襟翼边后退，边向下偏转，小翼面和主襟翼分开形成两条或三条收敛式缝隙，有更多的高压气流从下翼面通过两条或三条缝隙加速吹向上翼面。这样在襟翼偏转更大的角度时，也不会发生气流分离，可以得到更好的增升效果。这种双缝、三缝襟翼的主襟翼都采用富勒襟翼的形式。

双缝式襟翼和三缝式襟翼增升效果很好，但构造较复杂，而且重力较大。目前大型高速民用运输机为了得到较高的增升效果，大多采用这种形式的后缘襟翼。

有些民用运输机例如波音737，采用三缝式襟翼并不是在主襟翼前安装两个小翼面，而是在主襟翼前后各安装一个小翼面，如图3-19所示。襟翼工作时，也形成三条收敛式缝隙。

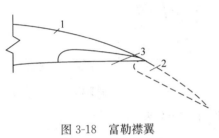

图3-18 富勒襟翼
1—机翼；2—襟翼；3—缝隙

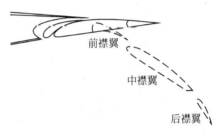

图3-19 三缝式襟翼

从图3-20可以看到各种形式的后缘襟翼都可以显著地提高机翼的升力系数，其中，后退开缝式襟翼（富勒襟翼）的增升效果最好。但后缘襟翼在提高机翼升力系数的同时，使机翼的阻力系数也增加了。当襟翼放下角度较小时，阻力增加的百分比比升力增加得要低，这种情况适用于要求升力增大而阻力尽量小的起飞状态。当襟翼放下角度较大时，与升力增加的百分比相比，阻力增加的百分比还要高，这种情况适用于升力和阻力都要求较大的着陆状态。因此，虽然在起飞和着陆时都使用后缘襟翼，但使用的方法却不同：起飞时，使用后缘襟翼放下的角度较小，约为20°；而着陆时，使用后缘襟翼放下的角度较大，约为40°。

另外，从图3-20还可以看到，使用后缘襟翼提高升力系数的同时，临界迎角却减少了。这样，在迎角较大的起飞着陆时，使用后缘襟翼容易造成飞机失速，所以现代大型运输机的后缘襟翼都是与前缘襟翼、前缘缝翼等增升装置一起配合使用。

2. 前缘襟翼

前缘襟翼是安装在机翼前缘上的增升装置。有下垂式前缘襟翼和"克鲁格"（Krueger）前缘襟翼两种形式。

克鲁格襟翼位于机翼的前缘，它是机翼前缘下表面的一块面板，如图3-21(a)所示。不使用时紧贴在机翼前缘下表面，形成机翼外表面。使用时作动筒向外伸出推开克鲁格襟翼，使其绕前面的转轴转动，向前下方打开，如图3-21(b)所示。克鲁格襟翼打开后，与机翼前缘之间可根据需要安排成无缝隙或有缝隙的两种。

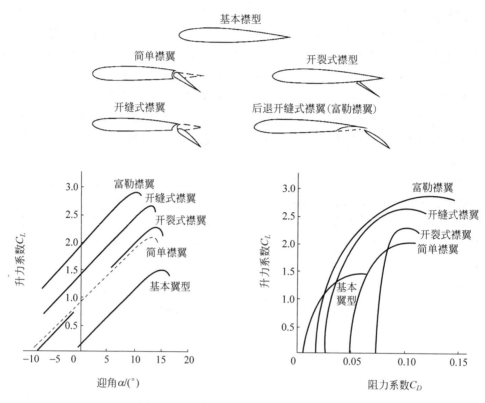

图 3-20　形式不同的后缘襟翼的增升效果

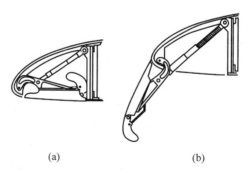

(a)　　　　　　　　　(b)

图 3-21　克鲁格襟翼

(a) 克鲁格襟翼闭合；(b) 克鲁格襟翼打开

　　下垂式前缘襟翼就是一个可操纵的机翼前缘,不使用时,保持机翼前缘原形(见图 3-22(a)),使用时,在作动筒驱动下,整个前缘向下滑动,形成低垂的机翼前缘(见图 3-22(b))。

　　这两种襟翼一般都用在高速飞机上。高速飞机机翼采用前缘尖锐、相对厚度较小的翼型。当它以一定迎角飞行时,由于前缘上表面没有形成光滑的流道,气流在前缘受挫即会产生气流分离(见图 3-23(b)),而使机翼升力系数大大降低。在此时,如果使前缘襟翼下垂或打开克鲁格襟翼就可减少前缘与相对来流之间的夹角,使气流能沿平滑流道流过上翼面,不再产生气流分离(见图 3-23(c))。特别是飞机使用后缘襟翼时,后缘襟翼向下偏转,哪怕角度不大,在机翼前缘也会产生气流分离,这会大大降低后缘襟翼的增升效果,这时若同时使

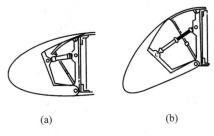

图 3-22 下垂式前缘襟翼

(a) 襟翼闭合；(b) 襟翼放下

用前缘襟翼可以消除机翼前缘的气流分离,提高后缘襟翼的增升效果。

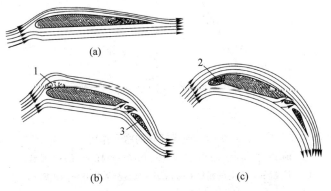

图 3-23 机翼前缘上部的局部气流分离及其消除

(a) 小迎角下的平滑气流；(b) 迎角增大后,放下双缝襟翼在机翼前缘上部发生局部气流分离；

(c) 放下前缘襟翼,消除局部气流分离

1—机翼前缘上部的局部气流分离；2—前缘襟翼；3—双缝襟翼

3. 前缘缝翼

前缘缝翼是安装在机翼前缘的一个小翼面。工作时小翼面与机翼前缘之间形成收敛式的缝隙。下翼面高压气流通过缝隙加速吹向上翼面,使上翼面气流加速,降低上翼面压强,增加了升力；并往上翼面附面层中输送动能,加快附面层内气流的流速,消除了旋涡,延缓了气流的分离,避免了大迎角下的失速,如图 3-24 所示。

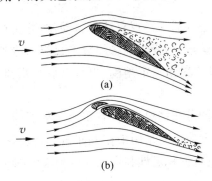

图 3-24 前缘缝翼打开时,气流分离被推迟

(a) 缝翼闭合时,在大迎角下发生气流分离,旋涡很多；(b) 缝翼打开时,旋涡很少,恢复了空气的平滑流动

前缘缝翼的作用有两个：第一个是提高临界迎角,降低飞机失速速度。从图 3-25 中的曲线 B 可以看出,使用前缘缝翼可以使临界迎角提高 $10°\sim15°$。第二个是提高最大升力系数。

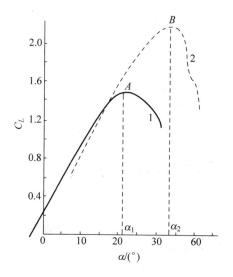

图 3-25　前缘缝翼的增升作用

1—前缘缝翼闭合时的 C_L 曲线；2—前缘缝翼打开时的 C_L 曲线；

A—前缘缝翼闭合时的机翼 C_{Lmax}；B—前缘缝翼打开时的机翼 C_{Lmax}

从构造上来看,前缘缝翼有固定式和可动式两种。

固定式前缘缝翼是用一些肋板将小翼面固定在机翼前缘上,无论是否使用前缘缝翼,小翼面都与机翼前缘之间形成固定的缝隙。这种前缘缝翼,速度增大时,会使阻力增大,目前应用不多。

可动式前缘缝翼有自动式和可操纵式的。小翼面通过滑动机构与前缘相连。自动式的是依靠作用在前缘上的气动载荷使小翼面伸出或收回：小迎角时前缘气动压力将小翼面压在机翼上处于闭合状态；大迎角时前缘的气动吸力吸引小翼面,使它沿滑动机构伸出,形成缝隙。这种缝翼用在低空低速飞机上。可操纵式的前缘缝翼是由驾驶员或自动驾驶系统操纵,使小翼面伸出或收回。

可操纵的前缘缝翼通常是与后缘襟翼自动配合动作,防止在大迎角下使用后缘襟翼造成飞机失速。有些大型民用运输机,操纵前缘缝翼与操纵后缘襟翼使用同一个手柄。动作顺序是：放出时,先打开前缘缝翼到一定角度,再打开后缘襟翼；收回时,先收回后缘襟翼再收回前缘缝翼。

从前缘缝翼沿机翼前缘的分布情况来看,有布满全翼展的,也有的只布置在翼尖、副翼的前面。这种布置在翼尖的缝翼主要是用来在大迎角下延缓翼尖部分的气流分离、提高副翼的操纵效率,从而使飞机的横向稳定性和操纵性得到改善,如图 3-26 所示。

4. 控制附面层的增升装置

前述安装在机翼前缘或后缘的增升装置都会使飞机的结构复杂化,而且也会增加机体

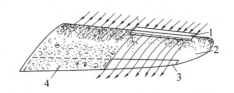

图 3-26　装在翼尖，位于副翼之前的前缘缝翼

1—前缘缝翼；2—翼尖；3—副翼；4—襟翼

结构重力。这些增升装置安装在现代高速飞机的大后掠角、小展弦比机翼上，增升效果也会被削弱。为此飞机上还采用控制附面层的增升装置。

控制附面层的目的就是防止或推迟附面层分离。在附面层以外流场出现的逆压作用下，机体表面的气流会脱离表面生成大量的旋涡，造成附面层分离。附面层一旦发生分离产生压差阻力远远大于摩擦阻力，使飞行阻力增加。附面层分离也会使机翼升力面减小，飞机的升力下降，附面层分离区域的继续扩大最终会导致飞机的失速。因此，控制附面层防止或推迟其分离在提高增升装置的增升效果，增大最大升力系数和临界迎角以及减小阻力方面都能取得良好的效果。

控制附面层的主要方法是：用气流吹除或用泵吸取机翼上的附面层，防止附面层分离。图 3-27(a)中表示用吸取方法使附面层厚度由 d_1 减小为 d_2，附面层底部低能量流体被吸除，附面层内流体的流速加快；图 3-27(b)表示用吹除方法使附面层厚度由 d_1 减小为 d_2，并向附面层内输入动能，附面层内流体的流速大大加快。不论用哪种方法都可以使附面层变薄，附面层内流体流速加快，达到防止或推迟附面层分离的目的。

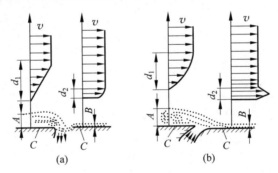

图 3-27　附面层控制

(a) 吸取附面层中气流；(b) 对附面层进行吹除

(1) 附面层吹除装置：如图 3-28 所示。

吹除装置可以安装在靠近机翼前缘，高压空气从前缘附近吹出，使机翼上表面的附面层气流加速。也可以安装在机翼的后缘、襟翼的前面。高压空气从机翼后缘吹出，沿襟翼的上表面流过，推迟襟翼附面层分离，起到增升的作用。这就形成了吹气襟翼。

(2) 附面层吸取增升装置：如图 3-29 所示。

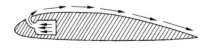

图 3-28　附面层吹除增升装置

图 3-29　附面层吸取增升装置

这种增升装置是利用吸气泵,通过机翼上表面的缝隙吸取附面层,减小附面层的厚度。

(3) 涡流发生器和翼刀:前面介绍的涡流发生器(见图 2-61)可以将外界气流的能量不断输入附面层,加速附面层内气流的流动速度,推迟气流分离。在低速飞机上使用可以提高临界迎角值,增大升力系数。在高速飞机上使用可以推迟激波分离。翼刀主要是用在后掠机翼上(见图 2-62),在大迎角飞行时,阻止气流沿展向流动,减小机翼翼梢部位附面层的厚度,改善后掠机翼的失速特性。

第4章

飞机的稳定性和操纵性

4.1 飞机运动参数

4.1.1 飞机在空间的姿态

飞机在空间的姿态可用机体坐标系与地面坐标系之间的方向关系来确定,并用姿态角表示出来,如图 4-1 所示。

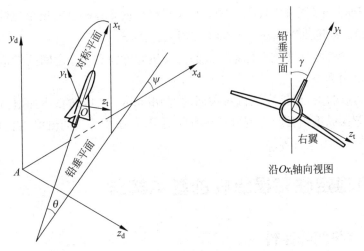

图 4-1 地面坐标系 $Ax_\mathrm{d}y_\mathrm{d}z_\mathrm{d}$、机体坐标系 $Ox_\mathrm{t}y_\mathrm{t}z_\mathrm{t}$

θ—飞机俯仰角;ψ—偏航角;γ—滚转角

图 4-1 中的 $Ax_\mathrm{d}y_\mathrm{d}z_\mathrm{d}$ 是地面坐标系。地面坐标系是固定在地球表面的一种坐标系。它的原点 A 位于地面任意选定的某一固定点,Ay_d 轴铅垂向上,Ax_d、Az_d 轴在水平面内并互相垂直,Ax_d 轴指向地面内某一选定的方向(见图 4-1)。

描述飞机在空中姿态的姿态角有以下几种:

俯仰角 θ:机体坐标系纵轴 Ox_t 与水平面 $Ax_\mathrm{d}z_\mathrm{d}$ 之间的夹角。规定当机头上仰时 θ 角为正。

偏航角 ψ:机体坐标系纵轴 Ox_t 在水平面 $Ax_\mathrm{d}z_\mathrm{d}$ 上的投影与地面坐标系 Ax_d 轴之间的夹角。规定当飞机向左偏航时 ψ 角为正。

滚转角 γ：飞机对称面 Ox_ty_t 与包含 Ox_t 轴的铅垂面之间的夹角。规定当飞机向右滚转时 γ 角为正。

4.1.2　空速向量相对机体的方位

空速向量相对机体的方位，表达的是气流坐标系和机体坐标系之间的关系，可以用两个方位角表示出来，如图 4-2 所示。

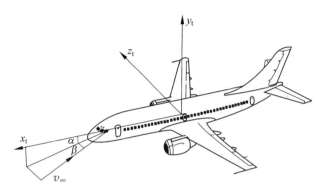

图 4-2　侧滑角 β 和迎角 α

迎角 α：空速向量(气流坐标系 x_q 轴)在飞机对称面 Ox_ty_t 上的投影与机体坐标系纵轴 Ox_t 之间的夹角。规定投影线在 Ox_t 轴下方时 α 角为正。

侧滑角 β：空速向量(气流坐标系 x_q 轴)与飞机对称面 Ox_ty_t 之间的夹角。规定空速向量偏向右侧时 β 角为正。

飞行中，空速向量一般都在飞机对称面内，侧滑角 $\beta=0$，以防止增加阻力。但由于外界扰动或水平转弯操纵不当会产生侧滑。在有些情况下，采用适当的侧滑角有利于飞行，比如侧风着陆、不对称动力飞行等。

4.2　飞机稳定性和操纵性的基本概念

4.2.1　飞机的稳定性

处于平衡状态的物体，受到外界扰动，偏离了平衡位置，当扰动消失后，物体能否自动恢复到原始的平衡位置，取决于物体的平衡状态是否具有稳定性。

图 4-3 中示出放在三种不同形状光滑表面上的小球的平衡状态。很明显，如果小球受到扰动偏离了平衡位置，当扰动消失后，图 4-3(a)中的小球经过振荡会自动回到原始平衡位置，它的平衡状态具有稳定性；而图 4-3(b)中的小球，会越来越偏离原始平衡位置，它的平衡状态具有不稳定性；最后，图 4-3(c)中的小球会停留在任意一个外界扰动使它达到的位置，它的平衡状态具有中立稳定性。

平衡状态的稳定性又分为静稳定性和动稳定性。所谓静稳定性是研究当外界扰动消失后，物体是否具有回到原始平衡位置的趋势，也就是扰动消失后，物体的瞬间运动。动稳定性是研究外界扰动消失后，物体回到原平衡位置的运动过程：扰动运动是收敛的，物体最终

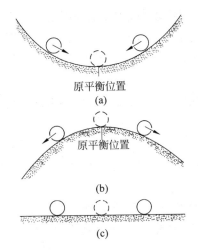

图 4-3 不同形状光滑表面上的小球的平衡状态
(a) 稳定；(b) 不稳定；(c) 中立稳定

回到原始平衡位置,物体平衡状态就具有动稳定性,否则就是动不稳定的(见图 4-4)。

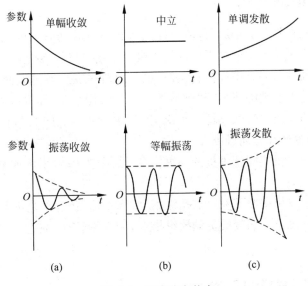

图 4-4 平衡稳定状态
(a) 动稳定；(b) 中立动稳定；(c) 动不稳定

综上所述,具有静稳定性是平衡状态具有稳定性的必要条件,但并不充分,只有具有动稳定的平衡状态才是真正稳定的。

飞机在飞行中的平衡状态是定常直线(匀速直线)飞行,比如,飞机定常水平直线飞行(巡航飞行)或定常直线爬升和定常直线下滑等。这时,作用在飞机上的所有外力和外力矩都是平衡的。飞机在飞行中会受到各种扰动,比如突风引起飞机的迎角和速度的改变、气流使舵面发生了小偏转等,这时作用在飞机上的气动力和力矩也会发生变化,破坏了飞机原始的平衡状态。当扰动消失后,飞机能否自动地回到原平衡状态,就是飞机是否具有稳定性的问题。在驾驶员不施加操纵的情况下,飞机能自动回到原平衡状态,这架飞机就具有稳定性,否则就是不稳定或中立的。不稳定或中立的飞机是不适合飞行的,它需要驾驶员不断地注意,不断地操纵飞机,以使它维持原有的飞行姿态,这会使驾驶员十分紧张,飞行也极其危险。所以,执行飞行任务的飞机必须具有一定的稳定性,这点对飞行安全来说是至关重要的。

为了讲述方便起见,按照前面我们所建立的机体坐标系,将飞机的稳定性分为三个方面的稳定性:

纵向稳定性——飞机受到扰动,产生绕横轴 Oz_t 的偏转,飞机迎角变大或变小,扰动消失后,不经驾驶员操纵,飞机能自动恢复到原飞行状态的能力叫纵向稳定性,也称为俯仰稳定性,即绕横轴的稳定性。

侧向稳定性——飞机受到扰动,产生绕纵轴 Ox_t 的滚转,扰动消失后,不经驾驶员操纵,飞机能自动恢复原飞行姿态的能力叫侧向稳定性,也称为滚转稳定性,即绕纵轴的稳定性。

方向稳定性——飞机受到扰动,产生绕立轴 Oy_t 的转动,扰动消失后,不经驾驶员操纵,飞机能自动恢复原飞行姿态的能力叫方向稳定性,也称航向稳定性,即绕立轴的稳定性。

4.2.2 飞机的操纵性

操纵性是指飞机在驾驶员操纵下,从一种飞行状态过渡到另一种飞行状态的特性。对于驾驶员的操纵反应过于灵敏或过于迟钝的飞机都会给飞机的飞行操纵带来困难。对操纵反应过于灵敏会使驾驶员很难精确控制飞机,也会因对操纵反应过大而造成失速或结构的损坏;对操纵反应过于迟钝的飞机,驾驶员不得不加大操纵量,操纵起来十分吃力,所以只有具备一定操纵性的飞机才适合飞行。和稳定性一样,为了便于讲述,我们也把操纵性分为纵向操纵性、侧向操纵性和方向操纵性。

纵向操纵性——飞机按照驾驶员的操纵指令,绕横轴转动,增大或减少迎角,改变原飞行姿态的能力。

侧向操纵性——飞机按照驾驶员的操纵指令,绕纵轴滚转,改变原飞行姿态的能力。

方向操纵性——飞机按照驾驶员的操纵指令,绕立轴转动,向左或向右偏转,改变原飞行姿态的能力。

4.3 飞机的纵向稳定性

4.3.1 飞机的纵向静稳定性

1. 飞机的纵向力矩和纵向平衡

(1) 飞机的纵向力矩:纵向力矩就是使飞机绕横轴 Oz_t 转动的俯仰力矩,用 M_z 表示。规定使飞机抬头的 M_z 为正值,否则为负值。

飞机是由机翼、机身、尾翼以及动力装置等部件组成的,其中,每个部件上的气动力及发动机推力等都将对飞机产生纵向力矩。飞机的纵向力矩就等于飞机各部件上气动力产生的纵向力矩之和,并考虑动力装置的影响。

　　全机气动力对全机重心产生的纵向力矩在 3.2 节中已经讲过,在式(3-2)中,全机气动力产生的纵向力矩用公式表示为

$$M_z = m_z(1/2)\rho v^2 S b_A$$

式中:m_z 为俯仰力矩系数,$m_z = M_z/(1/2)\rho v^2 S b_A$;$(1/2)\rho v^2$ 为飞机飞行的动压;S 为机翼面积;b_A 为平均气动力弦长。

　　(2) 飞机的纵向平衡:这里讨论的纵向平衡主要是针对与飞机纵向稳定性有关的俯仰运动的。它是指飞机的纵向力矩 $M_z = 0$,即俯仰力矩系数 $m_z = 0$,没有外界扰动的话飞机不会绕横轴 Oz_t 产生俯仰运动,飞行迎角不会变化。

　　对飞机纵向力矩起主要作用的是机翼、水平尾翼的气动升力和发动机的推力。如果不考虑发动机的影响,机翼和水平尾翼的气动升力对飞机纵向平衡的影响如图 4-5 所示。在一般情况下,机翼的压力中心在飞机重心之后,机翼上的气动升力对飞机产生使机头向下的俯仰力矩(M_z 为负值)。水平尾翼上的气动升力向下作用,对飞机产生使机头向上的俯仰力矩(M_z 位正值)。当两个力矩互相抵消时,飞机的纵向力矩 $M_z = 0$,也就是 $m_z = 0$,飞机保持纵向平衡。为了使水平尾翼的气动升力能产生抬头力矩,水平尾翼的安装角一般采取负值,机翼安装角与水平尾翼安装角之差,称为纵向上反角(见图 2-15)。

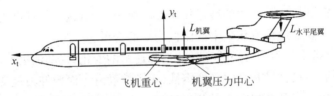

图 4-5　主要的俯仰力矩

　　飞机定常直线飞行时,不同的飞行速度要求不同的迎角。迎角不同,机翼升力的大小及压力中心的位置也不同,对飞机重心会产生大小不同的低头力矩,这就必须通过改变升降舵的偏转角(有的飞机还可以通过改变水平安定面的配平角),使水平尾翼产生与之相平衡的抬头力矩,来维持飞机的纵向平衡,这个过程就叫做飞机的纵向配平。所以,对于每一个迎角下的定常直线飞行,都有一个升降舵的偏转角与之对应。这个迎角就叫做该升降舵偏转角对应的平衡迎角。飞机水平尾翼的一个重要作用就是保证飞机在不同速度下进行定常直线飞行的纵向平衡。

2. 全机焦点

　　当飞机受到扰动使迎角发生改变时,机翼、机身和水平尾翼的迎角都会随着发生变化,也都会产生附加的气动升力。这些附加气动升力之和就是迎角改变时,全机气动升力的增量,用符号 ΔL 表示。由于迎角的改变引起的飞机气动升力增量的作用点,就叫做全机焦点(全机气动中心)。也就是说,全机气动升力对全机焦点的力矩不随迎角而改变。全机焦点在飞机纵向的位置也是用焦点在平均气动力弦上的投影到该弦前缘的距离 x_F 与平均气动力弦 b_A 之比的百分数表示,即

$$\bar{x}_F = (x_F/b_A) \times 100\%$$

　　正因为迎角变化时,机翼、机身和尾翼上都会产生气动升力增量,这些部件气动升力增量的大小和作用位置,都会影响全机焦点的位置。因为在全机的气动升力中,机翼的升力占

主要部分,所以,全机焦点的位置主要取决于机翼的焦点位置。由于机身的影响,使翼身组合体的焦点前移,如图4-6所示。水平尾翼上的升力虽然比机翼的升力小很多,但它作用在全机重心之后,力臂较长,所以加上水平尾翼之后,形成的全机焦点明显地后移,如图4-6所示。

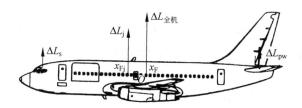

图 4-6　各部件升力增量对飞机焦点位置的影响

ΔL_s— 机身升力增量;ΔL_{pw}—水平尾翼升力增量;ΔL_j—机翼升力增量;O—飞机重心;x_{Fj}—机翼焦点;x_F—全机焦点

在 $Ma < Ma_{临界}$ 时,机翼的焦点位置基本保持不变,大约为 25%。和机翼焦点的性质一样,低速飞行时,全机焦点的位置 $\bar{x}_F$ 也基本保持不变。

3. 飞机纵向静稳定性的条件

当迎角发生变化时,气动升力的增量作用在全机焦点上,这个气动升力的增量对全机重心产生的俯仰力矩,就是迎角变化带来的俯仰力矩的变量。

如果迎角变化带来的俯仰力矩的变量能消除迎角的变化,扰动消失后,飞机向恢复原飞行姿态的方向运动,飞机就具有纵向静稳定性,否则就没有。而俯仰力矩变量是否具有这样的作用,取决于全机焦点和全机重心的相对位置。所以,在小迎角下($\alpha < \alpha_{临界}$),飞机的纵向静稳定性只和全机焦点及全机重心的相对位置有关。

① 全机焦点位于重心之后($\bar{x}_F > \bar{x}_w$),飞机是纵向静稳定的。

② 全机焦点位于重心之前($\bar{x}_F < \bar{x}_w$),飞机是纵向静不稳定的。

③ 全机焦点和重心重合($\bar{x}_F = \bar{x}_w$),飞机就具有纵向中立静稳定性。

从物理概念上不难理解以上的结论。定常直线飞行的飞机全机纵向力矩是平衡的,如果全机焦点在重心之后,当受到扰动使飞机抬头时,迎角增加($\Delta\alpha > 0$),产生的气动升力增量是向上的,作用在全机焦点上,升力增量对重心必然形成低头力矩($\Delta M_z < 0$),使飞机有低头运动趋势,;当受到扰动使飞机低头时,迎角减小($\Delta\alpha < 0$),产生的气动升力增量是向下的,作用在全机焦点上,升力增量对重心必然形成抬头力矩($\Delta M_z > 0$),使飞机有抬头运动趋势。所以只要满足全机焦点位于全机重心之后这个条件,迎角变化带来的俯仰力矩的变量就是使飞机回到原飞行姿态的恢复力矩,飞机具有纵向静稳定性(见图4-7(a))。如果全机焦点在重心之前,情况正好相反:当受到扰动使飞机抬头时,迎角增加($\Delta\alpha > 0$),产生的气动升力增量是向上的,作用在全机焦点上,升力增量对重心必然形成抬头力矩($\Delta M_z > 0$),使飞机更加偏离原飞行姿态;当受到扰动使飞机低头时,迎角减小($\Delta\alpha < 0$),产生的气动升力增量是向下的,作用在全机焦点上,升力增量对重心必然形成低头力矩($\Delta M_z < 0$),使飞机更加偏离原飞行姿态。所以,如果全机焦点在全机重心之前,迎角变化带来的俯仰力矩变量会使飞机更加偏离飞机的原飞行姿态,飞机就具有纵向静不稳定性(见图4-7(b))。如果全机焦点和重心重合,升力增量不会对重心形成力矩,飞机就具有纵向中立静稳定性。

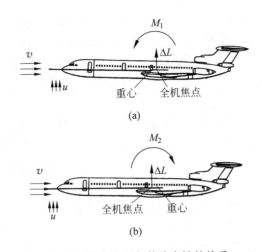

图 4-7　重心位置与静稳定性的关系

（a）飞机焦点在飞机重心之后形成稳定力矩；（b）飞机焦点在飞机重心之前形成不稳定力矩

v—相对速度；u—扰动气流；ΔL—升力增量；M_1—稳定力矩；M_2—不稳定力矩

全机焦点和重心之间的距离 $K_F = \bar{x}_F - \bar{x}_W$ 称为纵向静稳定裕量。显然为了保证飞机具有一定的纵向静稳定性，不但要求 $K_F > 0$，而且要求 K_F 达到一定的数值，也就是要求全机焦点在重心之后一定的距离。不同用途的飞机对重心到焦点的距离有着不同的要求。对于民用运输机，这个距离大约为平均空气动力弦长的 $10\% \sim 15\%$。

从以上分析也可以得出水平尾翼的又一个重要的作用——为飞机提供必要的纵向静稳定性。亚声速飞行时，机翼的焦点一般在飞机重心之前（见图 4-6），所以单有机翼的飞机是纵向静不稳定的。机身对纵向力矩的影响，使焦点向前移（见图 4-6），所以，翼身组合体的纵向静不稳定性更大。将水平尾翼的作用考虑进去以后，焦点大大向后移，形成了在飞机重心之后的全机焦点，如图 4-6 所示，所以水平尾翼为飞机提供了纵向静稳定性。

4. 影响飞机纵向静稳定性的因素

1）握杆和松杆对飞机纵向静稳定性的影响

在上面纵向静稳定性概念讨论中，假设受扰动后，飞机的速度不变，只有迎角变化，并且在受扰动过程中，升降舵面不能自由偏转，所以上述讨论的稳定性也称为握杆定速静稳定性。

对于没有安装助力器的飞机进行松杆飞行（松浮状态），受到扰动使迎角发生改变时，升降舵就会随风偏转，使平尾产生附加的纵向力矩，而且大小与迎角成正比，从而使得松杆飞行时，飞机的纵向静定性与握杆（固定状态）的情况有所不同。

升降舵可以自由随风偏转对飞机纵向静稳定性的影响可以这样来理解：当扰动使飞机抬头增加迎角时，升降舵会顺气流方向向上偏转，在平尾上产生的附加纵向力矩是正值，有使飞机抬头进一步偏离原飞行姿态的趋势，所以飞机的纵向静稳定性减少了，也可以说，与握杆飞行相比，松杆飞行时，全机焦点的位置前移了。

在实际飞行中，由于飞机操纵系统存在着摩擦，即使松杆飞行，升降舵也不会完全自由地随风摆动，理想的松杆飞行状态是不存在的；另一方面，驾驶杆到升降舵要经过较长的传动机构，由于传动机构的弹性间隙和装配间隙，驾驶杆也不能完全约束住升降舵的摆动，所以理想的握杆飞行状态也是不存在的。但无论如何尽量减少升降舵随气流的自由摆动是必要的,目的是减少在松杆和握杆两种飞行状态下,飞机纵向静稳定性的差异。对于装有无回力助力器的飞机,如果助力器安装在距升降舵较近的地方,升降舵就不能自由摆动。因此,可以认为这种飞机的松杆飞行与握杆飞行的纵向静稳定性是相同的。

2) 飞机实用重心和飞机焦点位置的变化

(1) 影响飞机实用重心的位置的因素有:货物的装载情况、乘客的位置、燃油的数量及消耗情况以及飞机的构型等都会影响飞机实用重心的位置。当焦点位置不变时,飞机实用重心前移,飞机的纵向静稳定性增大;飞机实用重心后移,飞机的纵向静稳定性减小。

(2) 影响飞机焦点位置的因素如下:

① 飞行马赫数 Ma 的影响:飞机焦点的位置主要由机翼的焦点位置和水平尾翼引起的焦点后移量来决定。在亚声速范围内,机翼焦点的位置基本保持不变,大约为25%,由于水平尾翼的作用,全机焦点相对机翼焦点的后移量,也基本保持不变。这样,在亚声速范围内,全机焦点的位置也基本保持不变。进入超声速飞行阶段,机翼焦点后移到50%并保持不变,由于水平尾翼引起的焦点后移量也有所增加。所以,与亚声速情况相比,全机的焦点向后移。这样,飞机的纵向静稳定性增加,而纵向操纵性变差。

② 水平尾翼:升降舵的偏转角和水平安定面的配平角。

③ 飞机构型:襟翼、缝翼、起落架等的位置。

④ 纵向操纵系统的安装间隙和弹性间隙。

4.3.2 飞机的纵向动稳定性

飞机的纵向动稳定性研究的是飞机受到扰动后,恢复原飞行姿态的运动过程。

对于平衡状态具有纵向静稳定性的飞机来说,当飞机受到扰动使迎角发生变化时,由于 $\Delta\alpha$ 引起的俯仰力矩 $\Delta M_z(\alpha)$,是使飞机回到原飞行姿态的力矩,称为纵向静稳定力矩;在回到原飞行姿态的俯仰运动过程中,在机体气动表面上产生的气动力形成阻止飞机俯仰运动的力矩,称为俯仰阻尼力矩;而在飞机回到原飞行姿态的俯仰运动中,由于出现机体绕重心俯仰转动的角加速度,由此产生的转动惯性力矩力图使飞机维持原运动状态,称为惯性力矩。

飞机受到扰动后,恢复原飞行姿态的运动过程就是由飞机的纵向静稳定力矩、俯仰阻尼力矩和惯性力矩相互作用的结果来确定的。

具有纵向静稳定性是飞机具有纵向稳定性的必要条件,但不是充分条件。在扰动消失后,具有纵向静稳定性的飞机在纵向静稳定力矩作用下,恢复原飞行姿态的运动中,受到静稳定力矩、俯仰阻尼力矩、惯性力矩等的共同作用,这些力矩的共同作用如果能使飞机围绕平衡位置的来回振荡运动逐渐收敛,最后恢复到原飞行姿态,飞机就具有纵向动稳定性。具有纵向动稳定性的飞机,才真正具有了纵向稳定性。所以,具有纵向动稳定性是飞机具有纵向稳定性的充分条件。

1. 俯仰阻尼力矩

具有足够的纵向静稳定力矩只能使飞机具有自动返回原飞行姿态的运动趋势,并不能保证飞机最终能恢复到原有的飞行姿态。要做到这一点,还必须使飞机在恢复原有飞行姿态的俯仰摆动中受到足够的俯仰阻尼力矩,使飞机的俯仰摆动逐渐减弱直至停止。

　　图 4-8 表示俯仰摆动中，飞机上的气动升力增量产生的附加俯仰力矩。当飞机在俯仰摆动中抬头时，重心前各处的迎角减小，产生的升力增量向下作用；重心后各处的迎角增大，产生的升力增量向上作用，这样分布的升力增量对飞机重心形成的力矩是低头力矩，阻止飞机抬头转动，所以是俯仰阻尼力矩。水平尾翼距离飞机重心最远，气动力面积最大，所以，俯仰阻尼力矩主要由水平尾翼产生，如图 4-8 所示。

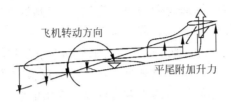

图 4-8　俯仰阻尼力矩的产生

2. 纵向扰动运动的模态及其特征

　　定常直线飞行的飞机，受到扰动使迎角发生变化，在扰动消失后，回到原平衡姿态过程中产生的扰动运动可以简化看成是由两种典型周期性运动模态叠加而成：一种是周期很短、衰减很快的短周期模态，如图 4-9 所示；另一种是周期长、衰减很慢的长周期模态，如图 4-10 所示。

图 4-9　短周期模态的运动

图 4-10　长周期模态的运动

　　1) 短周期运动模态

　　这种运动模态主要发生在干扰消失后的最初阶段。飞机的扰动运动主要是飞机绕重心的摆动过程，表现为迎角和俯仰运动角速度周期性迅速变化，而飞行速度则基本上保持不变。

　　扰动消失的最初阶段，飞机上产生的静稳定力矩迫使飞机返回原飞行姿态，从而使飞机产生较大的绕横轴转动的角加速度，使飞机的迎角和俯仰运动角速度迅速变化。到达原平衡姿态时，由于运动惯性，飞机会继续转动并超过原平衡位置，又会产生方向相反的静稳定力矩，迫使飞机再回到原飞行姿态，从而使飞机产生相反方向的转动角加速度，使飞机的迎角和俯仰运动角速度又向相反的方向迅速变化。于是，就形成了迎角和俯仰运动角速度周期性迅速变化的短周期运动模态。在俯仰摆动过程中，飞机上的气动力分布产生与飞机转动角速度方向相反的较大的俯仰阻尼力矩(见图 4-8)，使飞机的俯仰摆动很快衰减下来。一般情况下，飞机的这种短期振荡运动在开始的头几秒内就基本结束了。飞机上的纵向力矩也基本恢复到原来的平衡状态，扰动运动过程如图 4-9 所示。

　　2) 长周期运动模态

　　这种运动模态主要发生在扰动运动的后一阶段。飞机的扰动运动主要是飞机重心运动的振荡过程，表现为飞行速度和航迹倾斜角周期性的缓慢变化，飞机的迎角基本恢复到原来的迎角并保持不变。

在短周期振荡运动基本结束时,纵向力矩基本恢复平衡,飞机基本不再绕横轴转动,但由于飞行速度增量的作用,作用在飞机上的外力仍处于不平衡状态,飞机的航迹是弯曲的。重力、升力、阻力和发动机推力的相互作用,使飞机的高度增加,速度和升力随之减小,航迹逐渐转为向下弯曲;随后,飞机的高度减小,速度和升力随之增加,航迹又逐渐转为向上弯曲。如此反复进行,就形成了飞机重心上、下缓慢振荡。振荡过程如图 4-10 所示。由于在这个运动模态中,飞机绕重心俯仰运动的角速度很小,与角速度成正比的俯仰阻尼力矩很小,所以这一振荡过程衰减很慢,形成长周期运动模态。

在飞行过程中,驾驶员对这两种运动模态的感觉和要求是不同的。对于短周期模态,运动参数迎角、俯仰运动角速度变化快,驾驶员往往来不及反应并予以制止,因而影响到飞行安全、乘员的舒适和操纵反应特性等,所以对这种模态提出的要求较高。为了保证飞行的安全,CCAR-25 部规定:在主操纵处于松浮状态或固定状态时,在相应于飞机形态的失速速度与最大允许速度之间产生的任何短周期振荡,必须受到重阻尼。对于长周期模态,因为它振荡周期长,运动参数速度、航迹角变化缓慢,驾驶员有足够的时间进行纠正,所以对这种模态特性的要求就比前者要低。

4.4　飞机的纵向操纵性

4.4.1　水平尾翼

飞机的水平尾翼是由前面固定不动(或安装角可调)的水平安定面和后面可绕转轴偏转的升降舵组成,如图 4-11 所示。

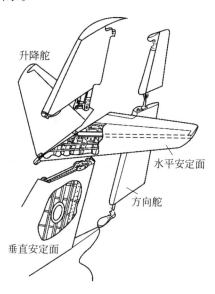

图 4-11　水平尾翼的组成

当升降舵偏转或调整水平安定面的配平角时,产生的附加升力对飞机重心形成了附加的纵向力矩,以使飞机在不同状态下保持纵向平衡和对飞机进行纵向操纵。升降舵偏角用 δ_z 表示,规定当舵面后缘向下偏转时,$\delta_z>0$,后缘向上偏转时,$\delta_z<0$。

4.4.2　飞机的纵向操纵

飞机的纵向操纵是由驾驶员通过驾驶杆、传动系统等改变升降舵的偏转角来实现的。

根据驾驶员的生理习惯，正常的操作动作是：驾驶员向后拉杆，舵面应向上偏转（$\delta_z <$ 0），水平尾翼上产生的附加升力向下，对重心产生的附加纵向力矩 $\Delta M_z > 0$，迫使飞机抬头，增大迎角，减少飞行速度，如图 4-12(b) 所示；驾驶员向前推杆，舵面应向下偏转（$\delta_z > 0$），水平尾翼上产生的附加升力向上，对重心产生的附加纵向力矩 $\Delta M_z < 0$，迫使飞机低头，减小迎角，增大飞行速度，如图 4-12(c) 所示。由此可知，升降舵偏角 δ_z 与所产生的附加力矩 ΔM_z 的符号相反。

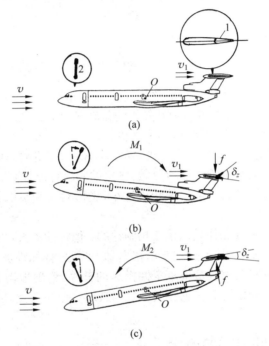

图 4-12　飞机的纵向操作

1—升降舵；2—驾驶杆；O—飞机重心

M_1—抬头力矩；M_2—低头力矩；f—附加力；v、v_1—相对速度；δ_z—升降舵偏转角

驾驶员通过操纵机构改变升降舵的偏转角度，对飞机重心产生的俯仰力矩称为纵向操纵力矩，用符号 $M_z(\delta_z)$ 表示。水平尾翼又一个重要作用是对飞机进行纵向操纵。

4.4.3　纵向操纵性和纵向稳定性的关系

为了了解这个问题，我们再看一下纵向操纵进行的过程。以使飞机抬头为例，当飞机做定常直线飞行时，纵向力矩等于零，飞机处于纵向平衡状态。这时驾驶员向后拉一点杆，升降舵向上偏转一个角度，对重心产生的附加力矩使飞机抬头，这是迫使飞机改变原飞行姿态的操纵力矩 $M_{操纵}$（见图 4-13）。飞机一抬头使迎角增大，产生了向上的附加气动升力作用在全机焦点上。因为飞机具有纵向稳定性，焦点在重心之后，向上的附加气动升力必然对重心产生使飞机低头的力矩，这就是力图使飞机保持原飞行姿态的稳定力矩 $M_{稳定}$（见图 4-13）。随着迎角的逐渐加大，$M_{稳定}$ 也慢慢增加，直到等于 $M_{操纵}$，飞机的俯仰力矩又重新取得平衡,飞机停止了转动,以一个新的姿态(较大迎角和较小速度)进行定常直线飞行。飞机达到新的平衡姿态时,$M_{操纵}$和$M_{稳定}$的关系是:$M_{操纵}＝M_{稳定}$。

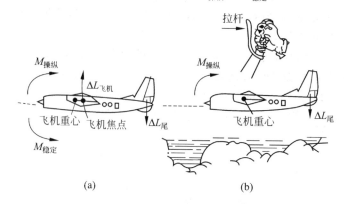

图 4-13　飞行员操纵升降舵后,飞机俯仰力矩的变化

飞机的纵向稳定性越大(焦点在重心之后越远),迎角改变引起的$M_{稳定}$越大,所需要的$M_{操纵}$越大,操纵飞机时,驾驶杆的位移和升降舵的偏转角就要越大,飞机对驾驶员的操纵反应不灵敏,飞机的操纵性能下降。相反,如果飞机的纵向稳定性小(焦点在重心之后距离重心较近),迎角改变引起的$M_{稳定}$小,所需要的$M_{操纵}$小,操纵飞机时,驾驶杆的位移和升降舵的偏转角就小,飞机对驾驶员的操纵反应灵敏,飞机的操纵性能提高。但稳定性过小也会使操纵飞机时,驾驶杆的位移和升降舵的偏转角过小,飞机对驾驶员的操纵反应过于灵敏,驾驶员很难精确地操纵飞机。

由此可知,飞机的稳定性和操纵性是互相制约的:稳定性太大,飞机保持原飞行姿态的能力太强,要改变它就很不容易,操纵起来就很费劲,飞机的操纵性就很迟钝;稳定性太小,飞机的飞行姿态很容易改变,驾驶员很难掌握操纵的分寸,精确地操纵飞机,飞机的操纵性又过于灵敏。所以,应在稳定性和操纵性两者之间选取一个平衡点,以使飞机具有足够的稳定性和良好的操纵性。

4.4.4　飞机重心范围的确定

从以上分析可知,飞机的重心位置对飞机的纵向静稳定性和操纵性影响很大。在使用过程中,由于装载不同、燃料消耗、飞机构型变化等原因,飞机的重心位置经常发生变化,所以为了保证飞机具有足够的稳定性和良好的操纵性,必须对飞机重心的变化范围加以限制。

飞机重心的变化范围是用重心前限和重心后限来确定。在实际使用过程中,飞机重心的变化不应超出由重心前限和重心后限之间所限定的范围。

1. 飞机的重心前限

重心前限是允许飞机重心最靠前的位置。为了保证飞机具有一定的纵向静稳定性,飞机重心必须在全机焦点之前一定的距离,也就是静稳定裕量K_F达到一定值。飞机重心前移,K_F值提高,飞机的纵向静稳定性提高。但却使改变飞机原飞行状态所需的纵向操纵力矩加大,从而使操纵飞机所需要的舵面偏转角和驾驶杆力增大,飞机对操纵反应过于迟钝,飞机的操纵性能变坏。另外,对应每一个迎角的定常直线飞行,升降舵都有一个舵偏角与之对应,以达到纵向力矩的平衡。如果飞机重心过于靠前,机翼产生的低头力矩过大,为纵向力矩平衡,所要求的舵面偏转角可能大到超出设计的允许值。因此,主要是从飞机纵向平衡和纵向操纵性能要求对飞机重心最靠前的位置进行了限制,设定了重心前限。

2. 飞机的重心后限

重心后限是允许飞机重心最靠后的位置。飞机重心后移,K_F值减少,飞机的纵向静稳定性减小。另外,使改变飞机原飞行状态所需的纵向操纵力矩减少,所需要的舵偏角和驾驶杆力减少,导致飞机对操纵的反应过于灵敏,驾驶员不易掌握操纵分寸,难以对飞机进行精确的操纵。因此,主要是从飞机的纵向静稳定性和操纵灵敏度的要求对飞机重心最靠后的位置进行了限制,设定了重心后限。飞机重心前限和重心后限的位置也是用它们在平均空气动力弦上的投影到该弦前缘的距离与平均空气动力弦长之比来表示。

对于安装有自动驾驶仪或增稳系统的飞机,重心的后限可以适当地放宽。但也应考虑到一旦这些设备出现故障,依靠飞机自身的纵向稳定性和操纵性,也可以安全有效地操纵飞行,完成预定的飞行任务。

4.5　飞机的横侧向静稳定性

4.5.1　飞机的横侧向运动

1. 飞机的侧滑和侧滑角

飞机沿机体横轴 Oz_t 方向产生移动叫侧滑。由于飞机侧滑,来流方向不再与飞机对称面平行,而是形成了一个夹角,叫侧滑角。侧滑角用 β 表示,并以气流(空速向量)从机身右侧吹来为正。侧滑时,作用在飞机上的气动力左右不对称,产生了沿 Oz_q 的侧向力、绕 Ox_t 轴的滚转力矩 M_x 和绕 Oy_t 轴的偏航力矩 M_y。

从图 4-14 中可以看到,飞机受扰动绕 Ox_t 轴转动,产生滚转角 γ 后,由于飞机重力在机体 Oz_t 轴上的分量,使飞机产生沿 Oz_t 轴的侧向移动,产生侧滑和侧滑角;同样,从图 4-15 中也可以看到,飞机受扰动,绕 Oy_t 轴转动,产生偏航后,由于运动惯性,飞机沿原飞行方向继续向前飞行,也使飞机产生了沿 Oz_t 轴的侧向移动,产生侧滑和侧滑角。

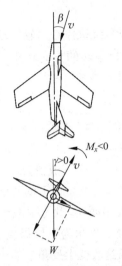

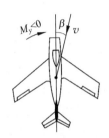

图 4-14　飞机右滚转引起右侧滑　　　　图 4-15　飞机向左偏航引起右侧滑

飞机的滚转或偏航都会造成飞机侧滑和侧滑角,从而产生滚转力矩 M_x 和偏航力矩 M_y,飞机相对纵轴 Ox_t 的侧向稳定性和相对立轴 Oy_t 的方向稳定性就不是独立的,而是互相影响、互相牵连。所以,把飞机的侧向静稳定性和方向静稳定性统称为横侧向静稳定性。把飞机的侧向动稳定性和方向动稳定性统称为横侧向动稳定性。

侧滑角是研究飞机横侧向运动的重要参数,相当于研究俯仰运动时的迎角 α。

2. 滚转力矩和偏航力矩

作用在飞机机体上的气动载荷产生的使机体绕纵轴 x_t 转动的力矩叫滚转力矩,用 M_x 表示。规定滚转力矩 M_x 矢量方向指向 x_t 正方向,也就是使机体向右滚转,M_x 为正。

作用在飞机机体上的气动载荷产生的使机体绕立轴 y_t 转动的力矩叫偏航力矩,用 M_y 表示。规定偏航力矩 M_y 矢量方向指向 y_t 正方向,也就是使飞机机头向左转动,M_y 为正。在 3.2 节中用式(3-2)表示为:

$$M_x = m_x (1/2) \rho v^2 SL$$
$$M_y = m_y (1/2) \rho v^2 SL$$

式中:m_x、m_y 分别是滚转力矩系数和偏航力矩系数,$m_x = M_x/(1/2)\rho v^2 SL$,$m_y = M_y/(1/2)\rho v^2 SL$;$(1/2)\rho v^2$ 是飞机飞行的动压;S 是机翼面积;L 是机翼展长。

在大多数飞行状态下,来流都在飞机的对称面内,飞机机体左右气动载荷对称,不会产生侧向力、滚转力矩和偏航力矩。但当受到扰动时,飞机发生滚转或偏航,气流从机体的一侧吹来,产生侧滑角 β,造成机体左右气动载荷不对称,从而产生滚转力矩 $M_x(\beta)$ 和偏航力矩 $M_y(\beta)$。

另外,当发生发动机单发停车事故时,不对称的发动机推力会产生较大的偏航力矩。由于侧风,飞机带侧滑着陆时,也会因为气动载荷不对称产生较大的滚转力矩和偏航力矩。当飞机进行水平转弯时,由于操作不当出现侧滑时,也会产生滚转力矩和偏航力矩。

4.5.2　飞机的侧向静稳定性

1. 飞机侧向静稳定性的条件

从飞机的侧向静稳定性定义可以看出:飞机受到扰动,绕机体 Ox_t 轴转动,产生了滚转角 γ,造成侧滑时,如果由于侧滑角引起的滚转力矩与飞机滚转的方向相反,有使飞机恢复原飞行姿态的趋势,是飞机具有侧向静稳定性的必要条件。

2. 机翼上反角对飞机侧向静稳定性的贡献

飞机的侧向静稳定性主要由机翼的上反角来提供。图 4-16 表示机翼上反角 ψ 对侧向稳定性的影响。图中飞机受扰动向右滚转产生正侧滑角 β。气流由飞机右前方吹来,产生了沿机体 Oz_t 轴的气流分量 $v\sin\beta$。由于机翼有上反角 ψ,$v\sin\beta$ 气流流过下沉机翼(右翼)时,产生向上的气流 $v\sin\beta\sin\psi$ 流量;流过上扬机翼(左翼)时,产生向下的气流 $v\sin\beta\sin\psi$ 流量,从而使下沉机翼迎角增加,升力也增大,使上扬机翼迎角减小,升力也减少,两侧机翼的升力差,产生了使飞机向左滚转的恢复力矩 M_x,所以机翼上反角为飞机提供了侧向静稳定性。机翼上反角不但为飞机提供了侧向静稳定性,而且通过改变上反角 ψ 的大小,可定量地调整飞机侧向静稳定性的大小,所以,侧向静稳定性也称为"上反效应"。

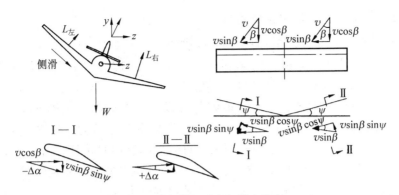

图 4-16　机翼上反角与侧向稳定

3. 机翼后掠角对飞机侧向静稳定性的影响

当飞机受扰动,绕 Ox_t 轴向右滚转,产生正侧滑角 β(见图 4-17),由于机翼有后掠角 χ,气流从右前方吹来时,垂直下沉机翼(右翼)前缘的速度分量大于垂直上扬机翼(左翼)前缘的速度分量(见图 4-17),从而使下沉一侧机翼上的升力大于另一侧机翼上的升力,两侧机翼的升力差,产生了使飞机向左滚转的恢复力矩 M_x。机翼的后掠角也为飞机提供侧向静稳定性。

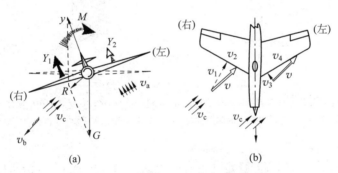

图 4-17　机翼后掠角与侧向稳定

v_a—阵风;v_b—侧滑速度;v_c—相对风速;M—恢复力矩

从以上的分析我们可以看到:当飞机滚转产生侧滑时,无论是机翼的上反角还是后掠角,都为飞机提供了侧向静稳定性。

除了机翼的上反角、后掠角对飞机的侧向静稳定性起重要作用外,垂直尾翼对飞机的侧向静稳定性也有影响,机体纵轴上方的垂尾增加侧向静稳定性,下方的垂尾(腹鳍)减少侧向静稳定性。另外,机翼和机身的相对位置也对侧向静稳定性有影响,上单翼起侧向静稳定作用,下单翼起侧向静不稳定作用。

4.5.3　飞机的方向静稳定性

1. 飞机方向静稳定性的条件

从飞机方向静稳定性的定义可以看出:飞机受扰动绕 Oy_t 轴偏转,产生侧滑角 β 时,如果由于侧滑角引起的偏航力矩力图使飞机对准来流,消除侧滑角,飞机就具有方向静稳定性。

2. 垂尾对飞机方向静稳定性的贡献

飞机的方向静稳定性主要是由垂直尾翼提供的。从图4-18中可以看到,当飞机受扰动绕 Oy_t 轴向右偏转,产生左侧滑 β 时,在垂尾上产生的侧向力 Z_{CW} 方向向右,对飞机重心产生的偏航力矩 M_y 使飞机向左偏转,对准来流,消除侧滑角。同样,当飞机受扰动绕 Oy_t 轴向左偏转,产生右侧滑 β 时,垂尾上产生的侧向力 Z_{CW} 方向向左,对飞机重心产生的偏航力矩 M_y 使飞机向右偏转,对准来流,消除侧滑角。所以垂直尾翼为飞机提供了方向静稳定性。从以上分析可以看出,垂尾为飞机提供的方向静稳定性,总是让飞机机头对准来流,消除侧滑角。所以,垂尾所起的作用是风向标的作用。飞机的方向静稳定性只是使飞机对准来流,飞机航向的保持,还需要驾驶员或自动驾驶仪进行操纵。

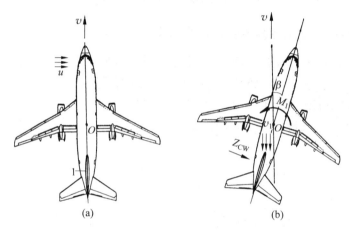

图4-18 垂直尾翼与方向稳定
(a) 定常飞行飞机受到侧向阵风扰动;(b) 飞机产生侧滑角,垂尾载荷产生恢复力矩
1—垂直尾翼;u—阵风;Z_{CW}—垂直尾翼产生的侧向载荷;M_1—恢复力矩;O—飞机重心;v_1—相对风速;v—飞行速度;
β—侧滑角

机翼的后掠角对飞机的方向稳定性也有一定的作用。从图4-17(b)可以看到,当有正侧滑角 β 存在,气流从飞机的右前方吹来,由于机翼有后掠角,流过右侧机翼、垂直机翼前缘的产生气动力的气流速度大于左侧机翼的速度。这样,不但右侧机翼上的升力大于左侧机翼的升力,右侧机翼上的阻力也大于左侧机翼的阻力。两侧不平衡的阻力会使机头对准来流消除侧滑角。另外,机体的侧向迎风面积也对飞机的方向稳定性有一定的影响:在飞机重心前的侧向迎风面积起到侧向不稳定的作用;在飞机重心后的侧向迎风面积起到侧向稳定作用。

从以上的分析我们可以看到:当飞机偏转产生侧滑时,无论是垂直尾翼还是机翼的后掠角,都为飞机提供了侧向静稳定性。

4.6 飞机的横侧向动稳定性

4.6.1 静稳定力矩、惯性力矩和气动阻尼力矩

横侧向静稳定力矩是具有横侧向静稳定性的飞机,由于侧滑角 β 而产生的使飞机恢复原飞行姿态的恢复力矩,在4.5节"飞机的横侧向静稳定性"中已经讲到。

惯性力矩是当飞机绕纵轴、立轴加速转动时，由于飞机的转动惯量而产生的力图使飞机保持原运动状态的力矩，大小与飞机结构尺寸、质量大小及分布等因素有关。

气动阻尼力矩是由于在扰动运动过程中，出现了滚转运动和偏航运动，使作用在机体上的气动载荷发生变化，而产生的阻碍机体转动运动的力矩。

1. 气动阻尼力矩

当飞机绕纵轴滚转时，各部件上的气动力分布发生变化，从而产生了绕纵轴的滚转力矩。比如，当飞机绕纵轴向右滚转时，首先，左翼向上运动，使流过左翼气流迎角减小，升力减少；右翼向下运动，使流过右翼气流迎角增大，升力增加，左右机翼升力不平衡，产生了使飞机绕纵轴向左滚转的力矩。其次，当飞机向右滚转时，垂直尾翼也会向右下方运动，使流过垂尾的气流产生了向右偏的迎角，垂尾两侧面气动力不平衡，产生了指向左侧的气动力。由于气动力作用点沿立轴方向至飞机纵轴有一定距离，此气动力也产生了使飞机绕纵轴向左滚转的力矩。同样，也可以分析，当飞机向左滚转时，飞机机翼、垂尾部件上的气动力发生变化，就会产生使飞机向右滚转的力矩。由此可见，一旦飞机出现滚转运动，机体上附加气动力产生的滚转力矩总是与已经存在的滚转运动方向相反，是阻尼力矩，如图 4-19（a）所示。

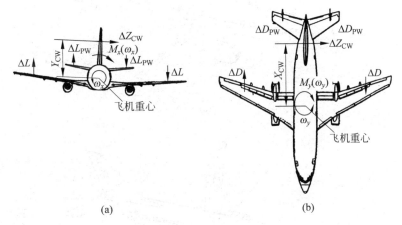

图 4-19　气动阻尼力矩

（a）滚转运动引起阻尼力矩 $M_x(\omega_x)$；（b）偏航运动引起阻尼力矩 $M_y(\omega_y)$

CW—垂尾；PW—平尾；ω_x—飞机滚转角速度；ω_y—飞机偏航角速度

当飞机绕立轴转动时，各部件上的气动力分布也会发生变化，从而产生了绕立轴的偏航力矩。比如，当飞机绕立轴向左转动时，首先，垂尾相对气流向右运动，使流过垂尾的气流产生了向右偏的迎角，垂尾两侧面气动力不平衡，产生了指向左侧的气动力，此气动力对飞机重心产生了偏航力矩，使飞机绕立轴向右偏转；其次，当飞机绕立轴向左转动时，左机翼向后运动，相对气流速度减小，阻力减小，右机翼向前运动，相对气流速度增加，阻力增大，两侧机翼阻力不平衡，也对飞机立轴产生了向右转动的偏航力矩。同样，可以分析，当飞机向右转动时，垂尾、机翼产生的偏航力矩会使飞机向左偏转。由此可见，一旦飞机出现偏航运动，机体上附加气动力产生的偏航力矩总是与已经存在的偏航运动方向相反，也是阻尼力矩，如图 4-19（b）所示。

从以上分析可以看到,当飞机在扰动运动中出现滚转、偏航运动时,机翼、垂直尾翼部件上的气动力变化就会产生与已有的滚转、偏航运动方向相反,起阻尼作用的力矩 M_x、M_y,这就是气动阻尼力矩。由滚转运动引起的气动阻尼力矩中,机翼起主要作用;由偏航运动引起的气动阻尼力矩中,垂直尾翼起主要作用。

2. 交叉力矩

交叉力矩是由滚转运动引起的偏航力矩和由偏航运动引起的滚转力矩。

比如,当飞机绕纵轴转动向右滚转时,首先,左机翼迎角减小,阻力减小;右机翼迎角增大,阻力增加,两侧机翼不平衡的阻力产生了使机头向右偏转的偏航力矩。其次,当飞机向右滚转时,垂直尾翼也会向右下方运动,使流过垂尾的气流产生了向右偏的迎角,垂尾两侧面气动力不平衡,产生了指向左侧的气动力,此气动力也产生了使机头向右偏转的偏航力矩。这就是由滚转运动引起的偏航力矩,是一种交叉偏航力矩,如图 4-20(a)所示。

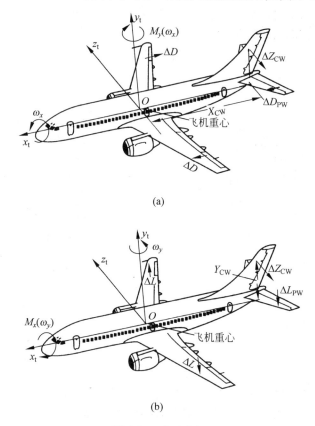

图 4-20 交叉力矩
(a) 滚转运动引起偏航力矩 $M_y(\omega_x)$;(b) 偏航运动引起滚转力矩 $M_x(\omega_y)$
ω_x—飞机滚转角速度;ω_y—飞机偏航角速度

当飞机绕立轴向左偏航转动时,首先,垂尾相对气流向右运动,使流过垂尾的气流产生了向右偏的迎角,垂尾两侧面气动力不平衡,产生了指向左侧的气动力,由于气动力作用点沿立轴至飞机纵轴有一定的距离,产生了使飞机绕纵轴向左横滚的横滚力矩。其次,当飞机向左偏航转动时,左机翼气流相对速度减小,升力减小;右机翼气流相对速度加大,升力增加,两侧机翼不平衡的升力也产生了使飞机绕纵轴向左横滚的横滚力矩。这就是由偏航运动引起的横滚力矩,是一种交叉横滚力矩,如图 4-20(b)所示。

当扰动使飞机偏离了原飞行姿态后,静稳定力矩力图使飞机恢复原飞行姿态,从而使飞机产生了滚转运动和偏航运动。滚转运动和偏航运动的存在,又使飞机上的气动载荷产生了阻尼力矩,阻尼力矩会使滚转运动和偏航运动逐渐减慢。滚转运动和偏航运动的逐渐减慢,又会使具有一定质量的机体产生转动的惯性力矩,惯性力矩又力图使飞机维持滚转运动和偏航运动。同时,这里面还有交叉力矩出现。

扰动消失后,飞机在恢复原飞行姿态而产生的扰动运动中,受到了静稳定力矩、惯性力矩、气动阻尼力矩和交叉力矩的共同作用。静稳定力矩力图使飞机恢复原飞行姿态,气动阻尼力矩使恢复原飞行姿态的运动逐渐收敛,所以,这两种力矩是有利于飞机稳定性的力矩。而飞机的惯性,使飞机恢复原飞行姿态的运动启动困难,一旦启动产生的惯性力矩又力图保持运动,不利于运动的收敛,所以,飞机的惯性过大,对飞机的稳定性是不利的。这里应该注意的是:交叉力矩总是与飞机恢复原飞行姿态的静稳定力矩方向相反,起到减小静稳定力矩的作用,对飞机运动的稳定性不利。

4.6.2 横侧向扰动运动的三种模态及特性

1. 滚转收敛模态

滚转收敛模态是一种非周期性的、衰减很快的运动模态。

在滚转模态运动中,飞机的滚转角 γ 和滚转角速度 ω_x 迅速变化,而侧滑角 β 和偏航角 ψ 的变化很小,可以忽略不计。这是一种近似单纯的绕飞机纵轴的滚转运动。因为飞机滚转惯性较小,而滚转阻尼力矩较大,所以这种滚转运动衰减很快,滚转角 γ 随时间的变化如图 4-21 所示,可以看成是一种衰减很快的滚转运动。一般飞机都能满足此模态的稳定性要求。

2. 螺旋模态

螺旋模态是一种非周期性的、运动参数变化比较缓慢的运动模态。在螺旋模态运动中,侧滑角 β 近似为零,偏航角 ψ 大于滚转角 γ,所以螺旋模态运动主要是略带滚转、侧滑角 β 近似为零的偏航运动,如图 4-22 所示。飞机的运动轨迹近似于下降的螺旋线,故称为螺旋模态。

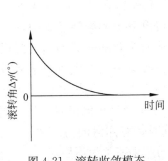

图 4-21 滚转收敛模态

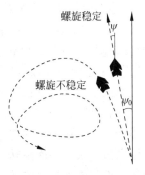

图 4-22 飞机螺旋运动

飞机的方向静稳定性大于侧向静稳定性时,会出现这种不稳定模态。当方向静稳定性过大时,一旦飞机受到扰动发生滚转和侧滑,过大的方向静稳定性会使侧滑角很快得到修正,机头很快对准气流,并且在对准气流的偏航运动中,产生较大的交叉滚转力矩,这一力矩和侧滑角引起的侧向静稳定力矩方向相反,使滚转角的消除更加困难。滚转得不到纠正会使飞机机头继续对准来流,向倾斜的一侧偏转。结果,便产生了机身向一侧倾斜,机头下沉并不断对准来流的沿螺旋线航迹盘旋下降的螺旋发散运动,如图 4-22 所示。这种运动模态的各种运动参数变化比较缓慢,驾驶员都来得及纠正,所以不会对飞行安全带来重大危害。

3. 荷兰滚模态

荷兰滚是频率较快(周期为几秒)的中等阻尼的横向-航向组合振荡模态,如图 4-23 所示。

在荷兰滚模态运动中,飞机的侧滑角 β、滚转角 γ 和偏航角 ψ 的量级相同(而 β 和 ψ 的数值更为接近),而滚转、偏航运动的速度较小。各运动参数都随时间按振荡方式周期变化,形成了飞机一面来回滚转,一面左右偏航,同时带有侧滑的振荡运动,即荷兰滚运动,如图 4-23所示。

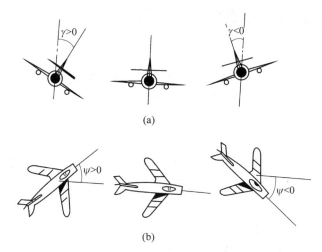

图 4-23   荷兰滚模态中飞机姿态的变化

(a) 后视图;(b) 俯视图

与侧向静稳定性相比方向静稳定性不足时,会出现荷兰滚不稳定模态。一旦飞机受到扰动,产生滚转和侧滑,过大的侧向静稳定性会使滚转很快得到修正,机翼复平,方向静稳定性却来不及修正侧滑,使机头对准来流。而且,在使机翼复平的滚转运动中,产生的交叉偏航力矩和侧滑角引起的航向静稳定力矩方向相反,使机头对准来流的偏航修正更加困难。也就是说,机翼已复平时,飞机仍绕立轴转动继续在消除侧滑角。飞机复平后,较大的滚转运动速度产生的惯性力矩和侧滑存在引起的侧向静稳定力矩使飞机向相反一侧滚转,造成了向相反一侧的侧滑,接着侧向静稳定性又使飞机在来不及修正侧滑时向另一侧滚转复平,如此反复,使飞机进入了一面滚转,一面左右偏航,同时带有侧滑的荷兰滚不稳定运动。所以,侧向静稳定性与方向静稳定性相比较大时,飞机易产生荷兰滚不稳定。

当发生荷兰滚不稳定时,由于振荡频率较高、周期较短,飞机会以逐渐增大的振幅迅速左右摇晃。驾驶员对这种高频率振荡很难加以控制,所以荷兰滚模态不稳定会影响飞行安全和飞行任务的完成,在三种模态中最受重视。CCAR-25 部规定:任何横向-航向组合振荡(荷兰滚),在操纵松浮情况下,都必须受到正阻尼。

4.6.3　飞机的横侧向扰动运动及影响动稳定性的因素

飞机受到外界扰动,产生的横侧向扰动运动是以上三种典型模态简单叠加而成的。飞机的侧向静稳定性和方向静稳定性大小比例搭配,对飞机横侧向动稳定性有着重要的影响。为了保证飞机同时具有螺旋和荷兰滚模态的稳定性,必须使飞机的侧向静稳定性和方向静稳定性保持适当的比例。

影响飞机侧向静稳定性的主要构造参数是机翼的上反角和后掠角,而后掠角是保证飞机能达到最大飞行速度所确定的,所以,可通过改变机翼上反角来调整飞机的侧向静稳定性。影响方向静稳定性的主要结构参数是垂尾的面积及到飞机重心力臂的长度。当力臂确定后,可以通过改变垂尾的面积来调节飞机的方向静稳定性。

大型高速运输机,因为机身较长、重力较大,使飞机绕立轴转动的惯性增加,增大了飞机的方向静不稳定性。而垂尾对方向静稳定性的贡献明显不足,从而使飞机的方向静稳定性减少。相比之下,飞机侧向静稳定性显得过大,这对荷兰滚模态的稳定性是不利的,使大型高速飞机易出现不稳定的荷兰滚运动。为了防止这一现象发生,除了在飞机构造上采取一些措施外,还可采用偏航阻尼器等装置。偏航阻尼器安装在方向舵操纵系统中,它感受飞机绕立轴转动的偏航速率(ω_y)中的高频信号,通过放大反馈给舵机,驱动助力器偏转方向舵,对飞机的快速偏航运动起阻尼作用,从而改善了飞机的横侧向动稳定性。

4.7　飞机的横侧向操纵

4.7.1　飞机的侧向操纵

1. 偏转副翼对飞机进行侧向操纵

对飞机的侧向操纵是通过偏转副翼来完成的。副翼是安装在机翼后缘转轴上的小操纵面(见图 4-24)。副翼的偏转角用 δ_x 表示。规定右侧副翼向下偏,左侧副翼向上偏时,δ_x 为正值。

根据驾驶员的生理习惯,正常的操作动作是:驾驶员向左扳动驾驶杆(或向左转驾驶盘),左机翼上的副翼向上偏转,右机翼上的副翼向下偏转($\delta_x > 0$),左机翼的升力减少,右机翼的升力增加,两机翼上的不对称升力产生的力矩使飞机向左滚转($M_x < 0$)(见图 4-25)。如果向右扳动驾驶杆,产生的运动与上述情况正好相反。侧向操纵时,副翼偏转角 δ_x 与所产生的力矩 M_x 的符号相反。

驾驶员操纵副翼产生的滚转力矩是操纵力矩,用符号 $M_x(\delta_x)$ 表示。

2. 偏转副翼引起的有害偏航

偏转副翼不仅产生滚转力矩,也会产生偏航力矩,偏航力矩值虽然比较小,但对飞机的操纵不利,被称为有害偏航。

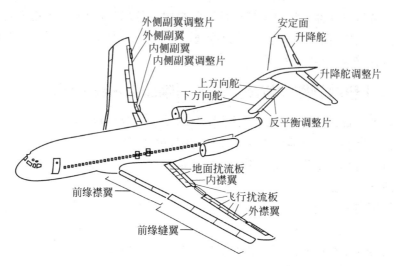

图 4-24　飞机上的增升装置和操纵面

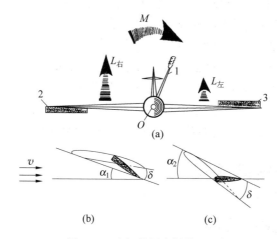

图 4-25　飞机的侧向操纵原理

有害偏航的产生主要是由于副翼上、下偏转时,不但机翼的升力发生变化,左右不对称,机翼的阻力也发生变化,左右不对称的阻力产生了偏航力矩。比如,将驾驶杆向左扳动,左侧副翼向上偏转,左侧机翼的升力减少,伴随升力产生的诱导阻力也就减少了,使左侧机翼总阻力减少;右侧副翼向下偏转,右侧机翼的升力增加,伴随升力产生的诱导阻力也就增加了,使右侧机翼总的阻力增加。这样右机翼的阻力大于左机翼阻力。阻力发生变化的部位又靠近机翼翼梢处,到飞机对称面的力臂较长,于是就产生了足够使飞机绕立轴 Oy_t 向右偏转的偏航力矩。这种偏航力矩的出现造成两个不利的影响:一个是飞机绕立轴向右偏转,出现左侧滑 β,由于飞机的侧向静稳定性,侧滑产生的滚转力矩使飞机向右滚转,这与向左扳动驾驶杆,使飞机向左滚转的操纵目的相反,减少了向左滚转的操纵力矩,从而降低了副翼的操纵效率;另一个不利的影响是,向左扳动驾驶杆,使飞机向左滚转,是为了使飞机向左进入盘旋,但两翼阻力不等产生的偏航力矩却使飞机机头向右偏转,这对飞机的水平转弯操纵也不利。综合以上两点,偏转副翼引起的偏航力矩是有害的。

为了克服有害偏航,可采用差动副翼。差动副翼是指对于驾驶杆的同一行程,副翼上偏角度大于下偏角度的副翼,如图 4-25 所示。这种副翼是通过在副翼上偏一侧机翼上产生较大的废阻力,去平衡另一侧机翼上的过大的诱导阻力,来消除有害偏航。

另一种可以用来克服有害偏航的副翼是弗莱兹(Frise)副翼(见图 4-26)。这种副翼是将副翼的转轴由副翼的前缘向后移,并安排在副翼的下表面。这样,副翼向下偏转时,即使达到最大偏转角,副翼的前缘也不会露出机翼的上表面;而当副翼向上偏转时,即使偏转很小的角度,副翼的前缘也会露出机翼的下表面,产生较大的废阻

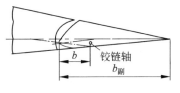

图 4-26 弗莱兹副翼

力,去平衡副翼下偏一侧较大的诱导阻力,消除副翼偏转产生的有害偏航。使用弗莱兹副翼的飞机(MD-82),副翼上下偏转角度是相同的。

3. 副翼操纵的失效和反逆问题

飞行中,由于机翼弹性变形(扭转变形)的影响,副翼完全丧失作用或产生相反作用的现象,称为副翼的失效或反逆。

1) 副翼操纵的失效和反逆是怎样产生的

在不考虑机翼弹性变形的情况下,当副翼向下偏转时,在机翼上产生向上的附加气动力 ΔL_1。实际上机翼是弹性体,副翼一般又安装在扭转刚度较低的机翼翼梢部位,在 ΔL_1 作用下,机翼产生低头扭转(见图 4-27),使机翼有效迎角减少,产生了向下的附加气动升力 $\Delta L_{扭}$。同样,在副翼上偏一侧,由于附加气动力 ΔL_2 向下作用,使机翼抬头扭转,产生了向上的附加气动升力 $\Delta L_{扭}$。偏转副翼产生的附加升力 ΔL_1、ΔL_2 形成了使飞机滚转的操纵力矩 M_1,而由于机翼的扭转变形产生的附加升力 $\Delta L_{扭}$ 又形成了与 M_1 方向相反的力矩 M_2,从而降低了副翼的操纵效率(见图 4-27)。

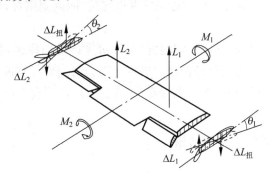

图 4-27 副翼反逆的产生

随着飞行速度的提高,操纵力矩 M_1 和反力矩 M_2 都在增加,但由于反力矩 M_2 是由附加升力 $\Delta L_{1,2}$ 引起的,它不但随着飞行速度增加而增加,附加升力的增加也会使它增加,所以它比操纵力矩 M_1 增加得更快。从图 4-28 可以看到,当飞行速度较小时,$M_1 > M_2$,副翼的操纵效率虽有所降低,但仍能对飞机进行正常的侧向操纵。当飞行速度达到某一值时,$M_1 = M_2$,再操纵副翼就不会产生滚转力矩了,这种现象叫副翼失效。这个飞行速度称为副翼反逆临界速度 $v_{临界}$。当飞行速度 $v > v_{临界}$ 时,$M_1 < M_2$,再向左压驾驶杆(或转驾驶盘)时,飞机反而会向右滚转;向右压驾驶杆(或转驾驶盘)时,飞机反而会向左滚转,这种情况叫副

翼反逆。

为了提高副翼的操纵效率,防止副翼反逆,保证飞行安全,必须使飞机飞行速度小于副翼反逆临界速度 $v_{临界}$。通常要求飞机的最大允许速度比 $v_{临界}$ 低 $100km/h$。所以,为了提高飞机的飞行速度,必须要提高副翼反逆临界速度。

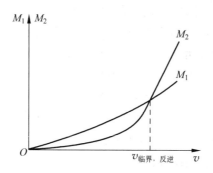

图 4-28　力矩随飞行速度变化的情况

2) 提高副翼反逆临界速度的措施

(1) 提高机翼的抗扭刚度。机翼的扭转刚度越大,在 ΔL_1、ΔL_2 作用下机翼产生的扭转角 θ 越小,$\Delta L_{扭}$ 就越小,力矩 M_2 就越小,副翼反逆临界速度也就越高。

使副翼反逆临界速度比飞机设计达到的最大允许速度高出一定数值,是设计飞机时机翼扭转刚度必须达到的基本条件之一。在飞机使用维修中,则应注意不能使机翼受到损伤,以致降低机翼的扭转刚度。比如,机翼蒙皮上的疲劳裂纹、蒙皮腐蚀损伤、碰撞造成的外形凹陷等,都应在维修中及时发现,并进行排除和修理。

(2) 采用混合副翼的形式。在每侧机翼的后缘安排两组副翼:一组要安排在靠近机翼翼梢部位,叫外侧副翼;一组安排在靠近机翼翼根部位,叫内侧副翼,如图 4-24 所示。两组副翼合称为混合副翼。

低速飞行时,可用两组副翼(或外侧副翼)对飞机进行侧向操纵,提高副翼的操纵效率;高速飞行时,只用内侧副翼对飞机进行侧向操纵。因为内侧副翼靠近机翼翼根,机翼扭转刚度大,不会产生副翼失效或反逆,保证飞行安全。因此,内侧副翼也称为全速副翼,外侧副翼也称为低速副翼。

4. 提高飞机侧向操纵效率的措施

1) 扰流板

扰流板是矩形板件,前缘有铰链形成的一条转轴,一般布置在机翼上表面,襟翼的前边(见图 4-24)。不工作时,贴附在机翼上表面,扰流板外表面与机翼外形取平,形成光滑表面;工作时,绕转轴转动向上向前打开,扰流板平面与机翼上表面形成一定的角度,如图 4-29所示。

当偏转副翼对飞机进行侧向操纵,在副翼偏转角达到一定值时,副翼向上偏转一侧机翼上的扰流板在联动机构作用下也向上打开。这样,扰流板前压强增大,板后气流分离使副翼上偏一侧机翼的升力进一步减小,加大了横滚力矩,提高了副翼对飞机的侧向操纵效率。

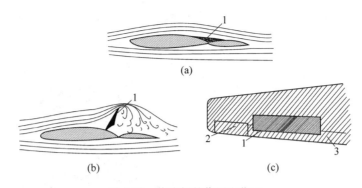

图 4-29　扰流板的作用和位置

(a) 扰流板未打开时与机翼表面齐平；(b) 扰流板打开时产生大量旋涡；(c) 在机翼表面上，扰流板的位置

1—扰流板；2—副翼；3—襟翼

在对飞机进行水平转弯操纵时，副翼向上偏转一侧机翼上的扰流板也向上打开，还会增加副翼上偏一侧机翼的阻力，使飞机对准来流，防止飞机在水平转弯中发生侧滑。

扰流板存在着一个缺点：在它打开的一瞬间，气流绕过扰流板加速流动，不能立即在板后面产生旋涡，这时升力反而会略有增加。这与打开扰流板要达到的目的相反。因此在对飞机进行侧向操纵时，扰流板不宜单独使用。使用时，必须在副翼先向上偏转一定角度后，联动机构才能将扰流板打开，扰流板打开的角度与副翼偏转角度有一定搭配关系。

目前一些大型民用运输机都在机翼上表面，襟翼前边布置数块扰流板，靠近机身的几块为地面扰流板，靠外侧的几块为飞行扰流板（见图4-24）。飞机飞行时，地面扰流板被锁定，飞行扰流板辅助副翼完成对飞机侧向操纵；着陆时，机轮一接触地，地面扰流板开锁，飞机两侧机翼上的所有扰流板全部打开，减升增阻，缩短飞机着陆滑跑距离。

扰流板是一种十分有效的辅助操纵面，飞行时可以辅助副翼对飞机进行侧向操纵，或在飞行中使飞机减速；着陆时，又减升增阻起到阻力板作用，改善飞机着陆性能。

2) 涡流发生器

涡流发生器是利用旋涡从外部气流中将能量带进附面层，加快附面层内气流流动，防止气流分离的装置。它的构造在前面已经作过介绍，如图 2-61 所示。

一些飞机常在机翼上表面、副翼的前面安排涡流发生器（见图4-30）。它的作用是提高副翼在大偏转角和高速下的操纵效率。

当副翼偏转角度 δ_x 不大时，产生的滚转力矩 M_x 随偏转角的增加而呈线性变化。当 δ_x 较大时，副翼表面附面层内气流的流动因动能过小而分离，破坏了 M_x 与 δ_x 的线性变化特性，降低了副翼的操纵效率。另外，当飞行马赫数达到一定值时，在副翼前面机翼上表面形成激波分离，也使副翼操纵效率降低，甚至失效。在副翼前面安装涡流发生器利用端部产生的旋涡将附面层外高速气流带入附面层，加速附面层内气流的流速，

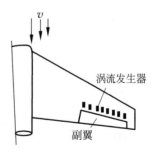

图 4-30　副翼前面装有涡流发生器的飞机

有效延缓气流分离(见图4-31),保持M_x随δ_x线性变化的特性,提高了副翼在大偏转角和高速下的操纵效率。

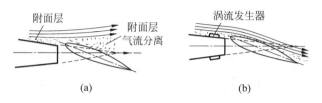

图4-31 涡流发生器延缓气流分离

(a)副翼大偏角时的气流分离;(b)涡流发生器使大偏角副翼的气流分离延缓

4.7.2 飞机的方向操纵

1. 偏转方向舵对飞机进行方向操纵

方向舵是安装在垂直尾翼上的操纵面。垂尾由垂直安定面和方向舵组成,安定面固定在机身上,方向舵悬挂在安定面后缘的转轴上,如图4-11所示。驾驶员可通过脚蹬,操纵方向舵绕转轴左右偏转,实施对飞机的方向操纵。方向舵偏转角用δ_y表示,并规定当方向舵后缘向右偏转时,δ_y为正值。

根据驾驶员的生理习惯,正常的操作动作是:驾驶员蹬右舵,方向舵向右偏转($\delta_y > 0$),垂尾上产生的侧向力Z_{cw}指向左(见图4-32),对飞机重心产生的偏航力矩$M_y < 0$,使飞机机头向右偏转;若蹬左舵,则飞机的运动正好相反。方向舵的偏转角δ_y与所产生的偏航力矩M_y的符号相反。

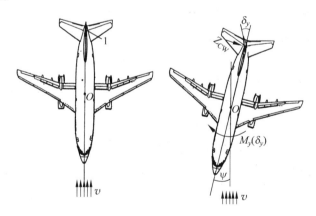

图4-32 飞机的方向操纵原理

1—方向舵;Z_{cw}—垂直尾翼产生的侧向力;$M_y(\delta_y)$—偏航操纵力矩;O—飞机重心;v—相对速度;ψ—偏航角;δ_y—方向舵偏转角

驾驶员操纵方向舵产生的偏航力矩是操纵力矩,用$M_y(\delta_y)$来表示。

2. 蹬舵反倾斜现象

从图4-33可以看到,方向舵向右偏转产生的侧向力Z_{cw}的作用点沿立轴Oy_t方向距飞机重心有一段距离Y_{cw},因而,Z_{cw}会对飞机产生向左滚转的力矩M_x;相反,若方向舵向左偏转,则会产生使飞机向右滚转的力矩 M_x 。

　　通常希望单独蹬舵时,飞机能够向所需方向倾斜。比如,蹬右舵,飞机机头向右偏转,飞机应同时向右倾斜(向右横滚);蹬左舵,飞机机头向左偏转,飞机应同时向左倾斜(向左横滚)。但方向舵偏转时,同时产生的滚转力矩却恰恰与所希望飞机滚转的方向相反。以蹬右舵为例,当飞机机头向右偏转时,形成左侧滑,由于飞机的侧向静稳定性,产生横滚力矩,使飞机向右横滚,这和我们希望蹬右舵飞机向右倾斜的要求是一致的。但另一方面,蹬右舵时,垂尾上产生的侧向力对重心产生的横滚力矩,却使飞机向左倾斜,如果侧向力对重心产生的横滚力矩大于侧向静稳定性产生的横滚力矩,就会出现蹬右舵飞机向左倾斜,蹬左舵飞机又向右倾斜的现象,这种现象叫做蹬舵反倾斜现象。在考虑飞机侧向稳定性和方向操纵性合理搭配时,应避免蹬舵反倾斜的现象发生。

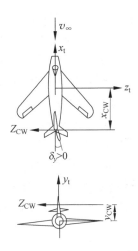

图 4-33　偏转方向舵所产生的滚转力矩

4.8　飞机主操纵面上的附设装置

　　飞机上的三个主操纵面是:对飞机进行俯仰操纵的升降舵、进行滚转操纵的副翼和进行偏航操纵的方向舵。三个主操纵面上的附设装置所起的作用有质量平衡、气动补偿和气动平衡。

4.8.1　质量平衡

1. 质量平衡的目的

　　质量平衡是在操纵面前缘内部加配重,使操纵面的重心前移,移到转轴之前。目的是防止颤振。

　　颤振是飞机结构在均匀气流中,由于弹性力、惯性力和气动力的耦合作用而发生的一种自激振动。当激振力对结构所做的功等于或大于阻尼力所消耗的能量时,就会发生颤振。颤振时,振幅保持定值或越来越大,结果会在很短时间内,导致灾难性的结构毁坏,带来严重的后果。

　　飞机上有各种振动运动的组合都可能产生颤振,现在仅以机翼弯曲副翼颤振为例(见图 4-34),说明对操纵面进行质量平衡的作用。

　　假设机翼是可以产生弯曲变形的弹性体,而在抗扭方面是绝对刚硬的。副翼可绕其转轴自由转动,而且副翼重心在转轴之后(见图 4-34)。

　　由于小扰动,机翼发生弯曲变形,由平衡位置,图 4-34(a)中的位置 c ,向下到达位置 a 。扰动消失后,由于变形引起的弹性力 $p_{弹}$ 向上作用,使机翼加速向上运动到 c 。在这过程 $(a{\rightarrow}c)$ 中,副翼结构的惯性力 $N_{惯性}$ 向下作用在副翼重心上,由于重心在转轴之后, $N_{惯性}$ 迫使副翼向下偏转。到达平衡位置 c 时, $p_{弹}$ 和加速度为零,机翼向上运动的速度和副翼向下偏转角度达到最大。之后,由于惯性,机翼继续向上运动到 e 。在这过程 $(c{\rightarrow}e)$ 中,产生的 $p_{弹}$

和加速度向下,副翼的惯性力向上作用在重心上,使副翼向下的偏转角逐渐减小。到达位置 e 时,$p_弹$ 和加速度达到最大,机翼向上运动的速度和副翼的偏转角等于零。之后,机翼在 $p_弹$ 作用下又开始向下运动,运动过程见图 4-34(a)中 e 到 i。由于副翼重心在转轴之后,当机翼弯曲振动由下向上(由 a 到 e)过程中,在 $N_惯性$ 作用下,副翼产生的偏转角都是向下的,引起的附加气动力向上作用,与机翼弯曲振动的方向一致;当机翼弯曲振动由上向下(由 e 到 i)过程中,在 $N_惯$ 作用下,副翼产生的偏转角都是向上的,引起的附加气动力向下作用,又与机翼弯曲振动的方向一致。由此可见,当副翼重心在转轴之后时,无论机翼振动向上还是向下运动,由于副翼偏转产生的附加气动力都与机翼振动方向一致,是激振力。这个激振力对机翼做功,等于不断地从气流中获取能量输送到振动运动中。这个激振力是气流流过上下偏转的副翼产生的附加气动力,所以随着气流速度的增加而增加。

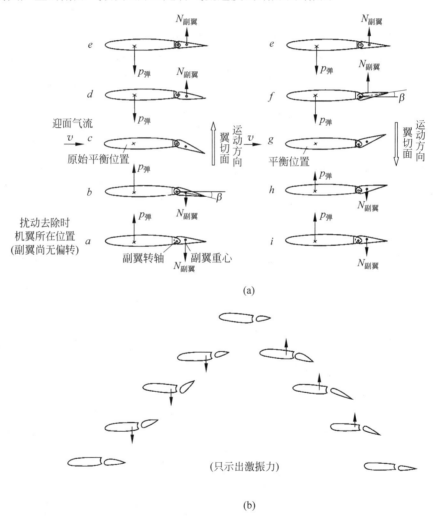

图 4-34　机翼弯曲振动时,副翼的偏转情况
(a) 上下偏离情况;(b) 结合飞机距离示出

除上述激振力外,在机翼弯曲振动中还有减振力作用。首先是结构振动时产生的内摩擦,不断把振动能量变为热能消耗掉。但摩擦力的大小与飞机飞行速度无关。另外,机翼上

下弯曲振动,改变相对来流的迎角,产生附加气动升力与机翼振动方向相反,也是起阻尼作用的减振力。比如,机翼弯曲振动向上运动,使机翼的迎角减小,产生的附加气动升力向下作用,起到阻尼作用;相反,机翼弯曲振动向下运动,使机翼的迎角增加,产生的附加气动升力向上作用,也起到阻尼作用。这个起到阻尼作用的减振力是气流流过迎角改变的机翼产生的,也会随着气流速度的增加而增加。但因为气流速度的增加会使机翼上下振动产生的迎角变量减小,所以,减振力随着气流速度增加得比较缓慢。

随着飞行速度的提高,激振力和减振力都在增加,但激振力比减振力增加得快。飞行速度较低时,激振力小于减振力,机翼弯曲振动会很快收敛。当飞行速度达到某一值(颤振临界速度)时,激振力等于减振力,机翼弯曲振动不收敛也不发散,保持等幅振动,也就发生了颤振。而当飞行速度再继续提高,激振力大于减振力,机翼弯曲振动振幅急剧加大,结构很快就会发生破坏。

从以上机翼弯曲副翼颤振的形成过程分析可以得出,为了防止颤振的发生,最简单最有效的方法之一是在操纵面上加配重,使操纵面重心移到转轴之前。

2. 质量平衡的方法

对操纵面进行质量平衡加配重的方法有两种。一种是集中配重,就是使用一些集中配重物,通过支架安装在操纵面前缘距转轴较远的地方。这种配重方法增加质量少,使操纵面重心前移效果显著。但由于配重往往会突出在气流中(见图 4-35(a))会增加阻力。而且这种配重将质量集中在操纵面的某个截面上,并不满足动平衡对操纵面质量沿展向变化均匀、连续的要求,所以防颤振效果较差。

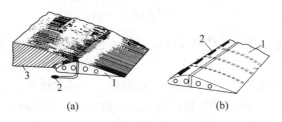

图 4-35　操纵面上的配重

(a) 集中配重;(b) 分散配重

1—操纵面;2—配重;3—尾翼

另一种方法是分散配重。将配重物沿操纵面前缘分散布置,如图 4-35(b)所示。这种配重方法达到配重要求所需配重物的质量大,但它的气动外形好,不会增加阻力;而且使操纵面各截面质量都得到平衡,防止颤振效果好,在高速飞机上得到广泛的应用。

操纵面的配重还分为固定配重和可调配重。当操纵面质量分布发生变化,要重新配重时,可用可调配重进行调整。固定配重则是不变的。

4.8.2　气动补偿

1. 铰链力矩

作用在舵面上的气动力对舵面转轴的力矩,称为铰链力矩,用 M_j 表示。由图 4-36 可得出

$$M_j = F \times d$$

偏转舵面时,必须用传动杆力 P 对转轴形成的力矩来克服铰链力矩。克服铰链力矩使舵面偏转的力矩称为操纵力矩,用 M_c 表示。由图 4-36 可得出

$$M_c = P \times h$$

要使舵面偏转必须满足:

$$M_c \geqslant M_j$$

$$P \times h \geqslant F \times d$$

因此拉杆上的力

$$P \geqslant \frac{F \times d}{h}$$

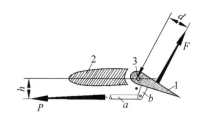

图 4-36　铰链力矩的产生
1—操纵面;2—尾翼面;3—转轴;
a—操纵拉杆;b—摇臂

在无助力的操纵系统中,力 P 要按一定比例传递到驾驶杆(盘)上,这正是驾驶员偏转操纵面时,扳动驾驶杆(或盘)的操纵力。随着飞机飞行速度的提高,和飞机尺寸质量的增加,铰链力矩很快加大,驾驶员操纵驾驶杆(或盘)的力也随之增大。这样就加重了驾驶员的劳动强度,甚至达到了力不能及的程度。气动补偿的目的就是要减少铰链力矩,减轻驾驶员操纵飞机的劳动强度。

2. 气动补偿的方式

1) 轴式补偿

轴式补偿是将操纵面转轴从前缘向后移动一段距离,从而达到减少铰链力矩的一种简单气动补偿方法。

将操纵面的转轴从前缘向后移动一段距离,当操纵面偏转时,转轴前操纵面上的气动力对转轴的力矩 M_1 与转轴后操纵面上的气动力对转轴的矩 M_2 方向相反,这样偏转操纵面应克服的铰链力矩 $M_j = M_2 - M_1$,从而减少了总的铰链力矩,起到了气动补偿的作用。使用轴式补偿将转轴后移,也给操纵面的质量平衡带来有利条件(见图 4-37)。

轴式补偿存在的缺点是当操纵面偏转时,它与前面固定翼面之间形成间隙,会使操纵面效率降低,这种不利影响会随着速度的增加而趋于严重。另外,应根据必要的机动性能和操纵性能(操纵驾驶杆力的条件),适当选择轴式补偿度(一般轴式补偿度 $S_{补偿}/S_{操纵面} = 0.20 \sim 0.25$)。要确保在操纵面最大偏角时,其前缘不能凸出翼形外表面之外,否则会引起阻力增加和过度补偿,而且在高速时会提前产生激波。

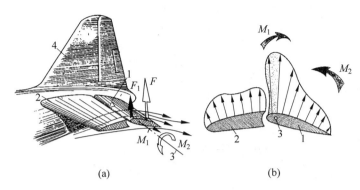

图 4-37　轴式气动补偿
1—操纵面(升降舵)；2—水平安定面；3—转轴；4—垂直尾翼

2) 角式补偿

角式补偿通常是在操纵面的外侧部位(或上侧部位)，操纵面的一部分向前伸出，伸到操纵面转轴之前，形成一个角(见图 4-38)。这个角的面积一般占操纵面面积的 6%～12%。当操纵面偏转时，外伸角部分上的气动力对转轴力矩，与操纵面上气动力对转轴的力矩，方向相反，减少总铰链力矩，起到气动补偿的作用，这叫角式补偿。

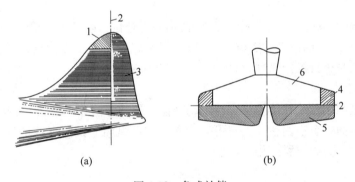

图 4-38　角式补偿
(a) 方向舵角式补偿；(b) 升降舵角式补偿
1—方向舵的一个角；2—转轴；3—方向舵；4—升降舵的一个角；5—升降舵；6—水平安定面

角式补偿形式构造简单，但操纵面偏转时，角部分凸出在翼外形之外，将产生涡流，增加阻力，而且还会引起操纵面振动。

3) 内封补偿

图 4-39 示出内封补偿的两种形式：密封布式和平衡板式。

内封补偿多用于副翼的气动补偿上。它是利用副翼前缘和机翼后部之间的空腔。在空腔中安装有摆板、平衡板(平衡板式的)或气密的玻璃纤维布(密封布式的)，将空腔分成上、下不通气的两个室。副翼向下偏转时(见图 4-39(b))，将上室打开，下室封闭，上室内空气随气流流走形成负压，上下室内压力差形成的气动力对副翼转轴的矩与副翼上气动力对转轴的矩相反，减少铰链力矩，起到气动补偿的作用。当副翼向上偏转时(见图 4-39(a))，将上室封闭，下室打开，下室内空气随气流流走形成负压，上下室内压力差形成气动力对副翼转轴的矩与副翼上气动力对转轴的矩相反，也减少铰链力矩，起到气动补偿的作用。

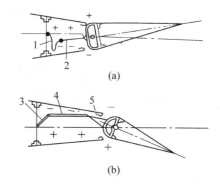

图 4-39 内封式补偿

（a）密封布式；（b）平衡板式

1—气密胶布；2—补偿面；3—摆板；4—平衡板；5—鸭舌

内封补偿的补偿面积可以达到副翼面积的 50%，因此，可以得到足够的补偿度。副翼上下偏转时，均不露出机翼表面，气动外形好，增加阻力不大。副翼偏转时，也不会在副翼前缘和机翼之间形成间隙而降低副翼的效率。另外，还可以在补偿面上安装配重，达到很有效的质量平衡的效果。

因为副翼偏转不能露到机翼表面之外，使用内封补偿使副翼上下偏转角度受到了限制。另外，内封补偿空腔里的部件：摆板、平衡板或气密玻璃布应经常检查，是否有积水、磨损、锈蚀、透气等，及时进行维护修理，这也增加了一些维护工作量。

4）随动补偿片

随动补偿是利用随动补偿片来进行气动补偿。随动补偿片（又称为伺服补偿片）是安装在操纵面后缘上的一个小调整片。它可以绕支持在操纵面上铰链形成的轴线转动，并通过一根刚性连杆与前面固定翼面相连（见图 4-40）。

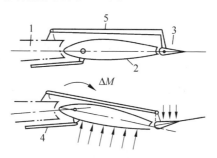

图 4-40 随动补偿片

1—水平安定面；2—升降舵；3—补偿片；4—操纵拉杆；5—刚性连杆

当驾驶员偏转主操纵面时，由于刚性连杆的作用，迫使补偿片向相反的方向偏转。这样，补偿片上气动力对自身转轴的力矩，由刚性连杆轴力对补偿片转轴的矩来平衡，而补偿片上气动力与刚性连杆轴力的合力作用在补偿片转轴上，此力对操纵面转轴的力矩（见图 4-40 中的 ΔM）正好与操纵面上的铰链力矩方向相反，减小铰链力矩，起到气动补偿的作用。

随动补偿片对操纵面的气动补偿与操纵力大小无关。只要操纵面偏转,随动补偿片就向相反方向偏转,进行气动补偿。在操纵力比较小的情况下,有时并不需要补偿,否则驾驶员将得不到适当的偏转操纵面的感觉。因此需要一种能根据操纵力的大小控制进行补偿的装置,这就是弹簧补偿片。

5)弹簧补偿片

图 4-41 所示的弹簧补偿片的构造如下:操纵面的操纵摇臂铰接在操纵面转轴上,是一个可绕转轴转动的杠杆。摇臂上端与操纵拉杆相连,而下端则通过一个弹簧筒与操纵面上的承力件相连。摇臂的下端还通过一个长度不变的传动杆与补偿面上的摇臂相连。当操纵力较小时,操纵拉杆通过摇臂作用在弹簧筒中弹簧上的力不能将弹簧拉开,此时弹簧筒就是一个刚性连杆,力通过它传到操纵面承力件上,带动操纵面偏转,传动杆带动补偿片随操纵面同向偏转,不起气动补偿的作用。当操纵力达到一定值时,操纵拉杆通过摇臂作用在弹簧筒中弹簧上的力将弹簧拉开,弹簧不但把力传给操纵面的承力件,使操纵面偏转,而且由于弹簧筒长度的改变,操纵面上的摇臂相对操纵面转轴发生转动,摇臂下端点发生移动,通过传动杆带动补偿片向相反方向

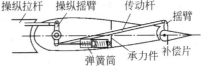

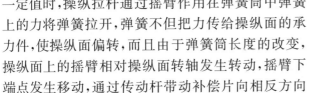

图 4-41　弹簧补偿片

偏转,进行气动补偿。至于操纵力达到什么值,补偿片才进行气动补偿,取决于弹簧筒内弹簧初始张力的大小。所以,通过选定弹簧的初始张力,就可以将气动补偿控制在一定范围内。

4.8.3　气动平衡

气动平衡是在飞机处于某一飞行状态时,完全消除驾驶杆力,实现松杆飞行。气动平衡与气动补偿的区别有两点。一是它们的功能不同。气动平衡是在飞机达到某一飞行状态后,将铰链力矩完全抵消掉,驾驶员松杆,飞机仍保持这一飞行姿态;而气动补偿则是在驾驶员偏转操纵面,对飞机进行操纵时,减小铰链力矩,减轻驾驶员操纵飞机的劳动强度。二是操纵方式上不同。气动平衡装置不是随操纵面偏转来起作用,而是驾驶员通过独立的配平手轮或配平电门等来操纵。

气动平衡装置有调整片和可变安装角的水平安定面两种。

1. 调整片

1)固定调整片

这是一种在飞行中固定不动的调整片。由于飞机生产制造的误差,造成飞机结构重力不平衡、气动外形不对称等,使飞机试飞时,驾驶员感到飞机上存在某种不平衡力矩。根据试飞结果,改变固定调整片向上、向下的弯曲角度,消除这些不平衡力矩。一旦调好后,这些调整片就固定了,在飞行中不能改变。

2)配平调整片

配平调整片是安装在操纵面后面的一个小翼面,可绕其支持在操纵面上的铰链形成的轴线转动。驾驶员使用配平手轮或电门,驱动电动机或涡轮螺杆来控制,如图 4-42 所示。

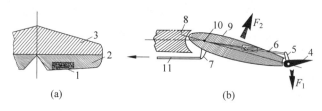

图 4-42 配平调整片

（a）配平调整片在升降舵上的位置；（b）配平调整片的作用

1—配平调整片；2、9—升降舵；3—水平安定面；4—配平调整片；5—连杆支座；6—连杆及涡轮螺杆机构；

7—支座；8—水平安定面；10—升降舵转轴；11—通至转盘或手柄

　　驾驶员根据飞行情况,将操纵面偏转某一角度,达到一个稳定飞行状态,然后就可通过配平手轮或电门偏转配平调整片。调整片转动方向与操纵面转动方向相反。调整片上产生的气动力对操纵面转轴的力矩与操纵面的铰链力矩方向相反,驾驶员逐渐偏转调整片,直到铰链力矩完全被抵消,驾驶杆上没有力的感觉为止。此时驾驶员可松杆,操纵面仍保持在被偏转的位置上,飞机即可在这一状态下进行松杆飞行。如果飞机要在新的飞行状态下获得平衡,则必须重新改变调整片相对操纵面的角度。

2. 随动配平补翼

　　这是一种将随动补偿和配平两种功能结合起来的一种调整片,如图 4-43 所示。

　　调整片通过一刚性连杆与固定翼面上的摇臂相连,而摇臂又受到配平操纵机构的控制。驾驶员偏转操纵面时,由于刚性连杆的作用,调整片向相反方向转动,起到气动补偿的作用。当飞机达到某一飞行状态后,驾驶员再通过配平操纵,转动摇臂4,使调整片继续向相反方向偏转,以完成抵消铰链力矩,达到在这一飞行状态下的松杆飞行。

3. 可变安装角的水平安定面

　　这是目前高速大型飞机常采用的一种气动配平的装置。

　　这种水平安定面与一般水平尾翼的安定面不同,它的后梁固定在一个铰链支承上,前梁的下方通过万向节与水平安定面配平作动器相接(见图 4-44)。驾驶员可通过配平手轮或配平电门驱动配平作动器升高或降低前梁的支点,使安定面绕后梁的铰支点转动,改变其安装角,达到纵向配平的目的。水平安定面的安装角变化范围一般在 $-12°\sim +3°$ 之间。

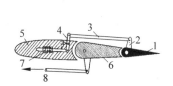

图 4-43 随动配平补翼

1—调整片；2—连杆支座；3—连杆；4—摇臂；5—水平安定面；6—升降舵；7—调整片操纵机构；8—操纵系统通到驾驶员

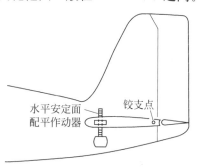

图 4-44 可变安装角的安定面

　　高速大型运输机,机身较长,重力大,重心位置变化范围也较大,又要求有足够的静稳定性,所以,在不同飞行阶段,用改变升降舵偏角的方法来达到飞机纵向力矩配平就比较困难了。特别是在飞机起飞和着陆阶段。为了使飞机起飞离地或保持较大迎角着陆,都需要升降舵向上偏转较大角度。若飞机机身过长,重力较大,重心又较靠前,所需要的偏转角度可能就超过了升降舵偏转角度的允许范围。

　　为了解决这个问题,采用了可变安装角的水平安定面。起飞前驾驶员根据飞机质量配平报告和缝翼、襟翼位置,用配平手轮将水平安定面的安装角调整到需要值,这样当飞机在地面滑跑加速达到前轮离地速度时,只要操纵升降舵使它稍向上偏,就能产生足够的抬头力矩,使机轮离地。到达巡航高度后,又可将安定面的安装角调到巡航时纵向平衡所需要的角度。着陆下滑时,又可将安定面的安装角调到着陆时需要的角度,以保持飞机着陆时大迎角的飞行姿态。

　　自动驾驶仪进行的俯仰配平也是通过改变安定面的角度进行的。自动驾驶仪操纵升降舵偏转,根据升降舵偏转的角度发出相应的指令给安定面配平控制组件,带动安定面偏转,进行飞机的俯仰配平。

　　在起飞过程中,通过改变安定面的角度,实现自动配平,保证速度的稳定性,就是速度配平。在飞机起飞过程中,飞机襟翼放出,飞行的速度比较低。在自动驾驶仪并没有工作的情况下,由于飞行速度的变化,飞机出现纵向不平衡的情况时,根据空速信号通过安定面配平控制组件改变水平安定面的安装角,实现飞机的自动纵向配平。速度配平在起飞过程中使用比较频繁。

参 考 文 献

[1] 史超礼. 航空概论[M]. 北京：北京航空学院出版社,1995.

[2] 杨华保. 飞机原理与构造[M]. 西安：西北工业大学出版社,2002.

[3] 何庆芝. 航空航天概论[M]. 北京：北京航空航天大学出版社,2004.

[4] 王细洋. 航空概论[M]. 北京：航空工业出版社,2004.

[5] 王大海,等. 飞行原理[M]. 成都：西南交通大学出版社,2004.

[6] Dale Crane. Aircraft Assembly and Rigging, Aircraft Inspection[M]. Aviation Maintenance publishers, inc. ,1981.

[7] 中国人民解放军空军司令部. 飞机构造学教程. 北京,1973.

[8] 刘同仁,肖业伦. 空气动力学与飞行力学[M]. 北京：北京航空学院出版社,1987.

[9] 方城金,熊海泉,等. 飞机飞行力学[M]. 南京：出版者不详,1983.

[10] 方振平. 飞机飞行动力学[M]. 北京：航空航天出版社,2003.

[11] 傅职忠. 简明空气动力学[M]. 北京：中国民航出版社,2008.

[12] 王振清. 高等空气动力学[M]. 哈尔滨：哈尔滨工程大学出版社,2010.

下篇

维护技术基础

第1章

航空材料

1.1　金属材料的基本概述

金属材料是航空工业的基本材料。表 1-1 所列为波音-麦道飞机公司大型客机的选材对比。

表 1-1　波音-麦道飞机公司大型客机的选材对比(结构质量百分数)　　　(%)

飞机型号	材料				
	铝合金	钢	钛合金	复合材料	其他
B747	81	13	4	1	1
B757	78	12	6	3	1
B767	80	14	2	3	1
B777	70	11	7	11	1
DC10	78	14	5	1	2
MD11	76	9	5	8	2

从表 1-1 中可以看出,金属材料在现代大型民用运输机的结构质量中大约占 90%。但是,从民用运输机选材的发展趋势来看,复合材料和钛合金的用量在增加,而铝合金和钢的用量在减少。以先进的民用客机波音 777 为例,复合材料已占到整机质量的 11%,钛合金的用量占整机质量的 7%,而铝合金和钢的用量分别下降到 70% 和 11%。2000 年以后出现的大型客机,A380 和波音 787 在飞机结构中对复合材料的使用出现了突飞猛进的增长,A380 机体结构中复合材料已占结构总质量的 20% 以上,而波音 787 更是达到了 50%。

为了降低飞机结构的质量,提高飞机的结构效率,飞机结构应选用轻质、高强度和高模量的材料。同时为确保飞机的安全性和经济性,还应综合考虑材料的韧性、疲劳和断裂特性、耐蚀性以及材料的市场价格、生产成本等。

1.1.1　金属材料的基本性能

金属材料按其成分可分为纯金属和合金两大类,纯金属是由单一金属元素组成的,而合金是由两种或两种以上的金属元素或金属元素和非金属元素组成的具有金属性质的物质。

金属材料的基本性能通常包括物理性能、化学性能、力学性能和工艺性能。

1. 金属的物理性能

金属的物理性能一般包括颜色、密度、熔点、导电性、导热性、热膨胀性和磁性。

(1) 颜色：金属都具有一定的颜色。根据颜色可将金属分为黑色金属和有色金属两大类。铁、锰、铬是黑色金属，其余的金属都是有色金属。

(2) 密度：密度是单位体积金属的质量，用符号 ρ 表示，单位是 g/cm³ 或 kg/m³。根据密度可以将金属分为轻金属和重金属两大类。密度小于 5g/cm³ 的金属是轻金属，比如有色金属铝、镁、钛等。密度大于 5g/cm³ 的金属是重金属，比如黑色金属铁、锰，有色金属铜、锌等。密度是金属材料的一个重要的物理性能，特别是在航空工业中，为了增加有效载重和减少燃料的消耗，飞机结构部件大部分都是用轻合金（如铝合金等）来制造。

(3) 熔点：金属加热时由固态变为液态时的温度称为熔点。根据熔点的高低，又可将金属分为易熔金属和难熔金属。熔点低于 700℃ 的金属属于易熔金属，熔点高于 700℃ 的金属属于难熔金属。

(4) 导电性：金属传导电流的能力称为金属的导电性。金属的导电性用金属的电阻率（γ）来表示，单位是 Ω·mm²/m。γ 越大，金属的导电性越差。金属是电的良导体，但各种金属的导电性并不相同，银的导电性最好，铜和铝次之。

(5) 导热性：金属传导热量的能力称为金属的导热性。金属的导热性常用导热系数（λ）来表示，常用的单位是 W/(m·K)。导热系数越大，金属的导热性越好。一般情况下金属的导热能力要比非金属大得多。金属的导电性和导热性有密切的关系，导电性好的金属导热性也好。

(6) 热膨胀性：金属在温度升高时体积胀大的性质称为热膨胀性。金属的热膨胀性通常用线膨胀系数（α）来表示，单位是 1/℃。金属的线膨胀系数越大，热膨胀性就越大。飞机结构铝合金的线膨胀系数大约为合金钢的两倍，这是造成飞机软操纵系统钢索张力随温度变化的主要原因。

(7) 磁性：金属被磁场磁化或吸引的性能称为磁性。通常用磁导率 μ（单位是 H/m）表示。根据金属材料在磁场中被磁化的程度不同，金属材料可分为以下 3 种。

铁磁性材料——在外加磁场中，会被强烈地磁化。如铁、镍、钴等都是铁磁性材料；

顺磁性材料——在外加磁场中，呈现的磁性非常微弱。如锰、铬、钼等都是顺磁性材料；

抗磁性材料——能够抗拒或减弱外加磁场的磁化作用。如铜、铝、锌等都是抗磁性材料。

2. 金属的化学性能

金属的化学性能是指金属与其他物质发生化学作用的性能。金属材料的化学稳定性主要影响到飞机结构的抗腐蚀能力。腐蚀就是金属和周围介质发生化学或电化学作用而遭受破坏的现象。由于金属的化学稳定性不同，抵抗腐蚀的能力也就不同。金、银、镍、铬等金属的抵抗腐蚀的能力比较强，而镁、铁等金属抵抗腐蚀的能力就比较差。

3. 金属的力学性能

金属的力学性能是指金属在载荷作用下抵抗破坏和变形的能力。飞机结构在使用中要承受各种载荷，所以金属材料的力学性能是飞机结构设计和选择材料的重要依据。

4. 金属的工艺性能

金属接受工艺方法加工的能力称为金属的工艺性能。它包括铸造性、锻造性、焊接性和切削加工性等。

(1) 铸造性：将熔化的金属浇铸到铸模中制造金属零件的方法叫做铸造。金属的铸造性是指金属是否适合铸造的性质。铸造性好通常是指金属熔化后流动性好，吸气性小，热裂倾向小，冷凝时收缩性小等性质。铸铁、青铜等具有良好的铸造性。

(2) 锻造性：在外力的作用下，使坯料发生塑性变形，得到所需尺寸、形状、内部组织结构锻件的加工方法叫锻造加工方法。锻造加工方法一般分为模锻、自由锻。金属的锻造性是指金属接受锻造成形的能力。金属的塑性越大，变形的抗力越小，锻造性就越好。常用的金属中，低碳钢、纯铜等的锻造性比较好，而铸铁不能锻造。

(3) 焊接性：焊接是将分离的金属用局部加热或加压的手段，利用金属原子扩散和结合的作用，使其结合成永久性连接的加工手段。焊接工艺一般分为熔焊、压力焊和钎焊三大类。

① 熔焊：将两个工件的结合部位加热到熔化状态，冷却后形成牢固的接头，使两个工件焊接成为一个整体。一般还要在结合部位另加填充金属。熔焊一般又分为电焊和气焊。

② 压力焊：将两个被焊接的金属紧紧地压合在一起，使其产生塑性变形，或通电使其局部熔化，再在压力的作用下，形成永久性连接的一种焊接方法。电阻焊就是压力焊的一种。电阻焊分为点焊、缝焊、对焊等。

③ 钎焊：将两个工件的结合部位和作为填充金属的钎料进行适当的加热，钎料的熔点比工件金属的熔点低，在工件金属还没有熔化的情况下，将已熔化的钎料填充到工件之间，与固态的工件金属相互溶解和扩散，钎料凝固后将两个工件连接在一起的焊接方法。

钎焊分为软钎焊和硬钎焊。钎料熔点在 450℃ 以下的钎焊叫软钎焊，如锡焊、铅焊，主要用于电子线路的焊接。钎料熔点在 450℃ 上的钎焊叫硬钎焊，比如铜焊、银焊。

金属材料的焊接性是指在采用一定的焊接工艺方法、焊接材料、工艺参数等条件下，获得优质焊接接头的难易程度。金属含碳量和合金元素含量越高，焊接性能就越差。低碳钢具有良好的焊接性，而高碳钢，铸铁的焊接性不好。

(4) 切削加工性：用切削工具进行加工时，金属表现出来的性能叫做金属的切削加工性能。金属具有较好的切削加工性通常是指切削加工时，切削力小，切削碎屑容易脱落，切削工具不易磨损，加工后容易得到表面粗糙度值较低的加工表面。材料的切削加工性能主要取决于它们的物理性能和力学性能。强度高、硬度高的材料，塑性好的材料和导热性能差的材料切削加工性能都比较差。

1.1.2 金属材料的力学性能

金属材料的力学性能指标主要包括强度、塑性、硬度、韧性和抗疲劳性能等。

1. 强度和塑性

金属的强度和塑性是通过拉力试验来测定的。拉力试样通常有圆形截面的棒状和矩形截面的板状(图 1-1)，在试件中间一段截面均匀的部分是试验段，其长度用 l_0 表示，称为标距。

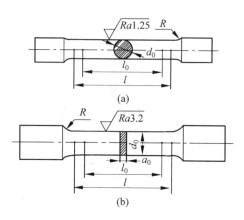

图 1-1　拉力试验

(a) 圆形试样；(b) 板状试样

进行拉伸试验时,将拉伸试样的两端夹牢在拉伸试验机上,然后,沿试件轴向施加静拉力 P,测出在静拉力作用下试件试验段 l_0 的伸长 Δl。每个静拉力 P 对应一个伸长量 Δl,并把它们划在以伸长量 Δl 为横坐标、以静拉力 P 为纵坐标的图上,即得出试件的拉伸图。图 1-2 给出了低碳钢的拉伸图。

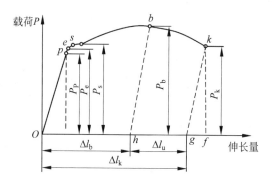

图 1-2　低碳钢的拉伸示意图

把试样承受的载荷 P 除以试样的原始横截面积 F_0,则得到试样所承受的拉应力 $\sigma(\mathrm{MPa})$,即

$$\sigma = \frac{P}{F_0} \tag{1-1}$$

$$1\mathrm{MPa} = 1\mathrm{MN/m^2}$$

把试样的伸长量 Δl 除以试件原始的标距长度 l_0,则得到试样的相对伸长——应变 ε,即

$$\varepsilon = \frac{\Delta l}{l_0} \tag{1-2}$$

以应力 σ 为纵坐标、以应变 ε 为横坐标,根据应力和应变的对应关系画出应力-应变图。图 1-3 所示为低碳钢的应力-应变示意图。

1) 强度指标

金属在载荷作用下抵抗变形和断裂的能力叫做强度。强度指标包括弹性模量、弹性极

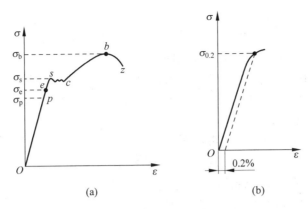

图 1-3　低碳钢和铸铁的工程应力-应变图

(a) 低碳钢；(b) 铸铁

限、屈服极限和强度极限等。

(1) 弹性模量。弹性模量 E 是指金属材料在弹性状态下的应力与应变的比值，可表示为

$$E = \sigma/\varepsilon \tag{1-3}$$

式中：E 称为材料的弹性模量，MPa。

在图 1-3 上的 Op 直线段所表示的阶段，E 就是 Op 直线段的斜率，等于常数。弹性模量 E 是引起材料发生单位弹性应变时所需要的应力，它表示金属材料抵抗弹性变形的能力。材料的弹性模量 E 越大，在一定应力作用下，产生的弹性应变越小，材料的刚度就越大。

金属材料的弹性模量随着温度的升高而降低。

(2) 弹性极限。对试件进行拉伸试验时，缓缓施加拉伸载荷 P，试件会随之产生伸长量 Δl。然后将施加的载荷缓缓卸下，试件的伸长量也会随之逐渐减小。载荷全部卸掉后，试件的伸长量是否会全部消失，取决于试验时，施加拉伸载荷 P 的大小。当施加载荷 $P \leqslant P_e$ 时（见图 1-2），缓缓卸下载荷 P，试件的变化会沿拉伸图回到坐标原点，即 $P=0$，$\Delta l=0$。这种在载荷消失后，随之消失的变形称为弹性变形。所以当施加载荷 $P \leqslant P_e$ 时，产生的变形（Δl）全部是弹性变形。当施加载荷 $P > P_e$ 时，缓缓卸下载荷 P，试件的变化不会沿拉伸图回到坐标的原点，即 $P=0$ 时，$\Delta l \neq 0$。在载荷卸下后，不能消失的残余变形称为塑性变形。也就是当 $P > P_e$ 时，试件产生的变形中，有了塑性变形的成分。所以，要使试件保持弹性变形，P_e 是能施加的最大载荷。

对应载荷 P_e 的应力就是材料保持弹性变形的最大应力值，称为弹性极限，用 σ_e（MPa）表示。

$$\sigma_e = \frac{P_e}{F_0} \tag{1-4}$$

式中：P_e 为试件保持弹性变形的最大载荷。

(3) 屈服极限。从拉伸图上可以看到，当所加载荷 P 达到某一数值 P_s 时，曲线上出现一个小平台，表明此时载荷没有增加而试样却继续伸长，金属已失去了抵抗外力的能力而屈服了。这一阶段称为屈服段，试样屈服时的应力称为材料的屈服极限，也称为屈服强度 σ_s（MPa），即

$$\sigma_s = \frac{P_s}{F_0} \tag{1-5}$$

式中：P_s 为试样发生屈服时的载荷，即屈服载荷。

有些常用金属(比如铸铁)的拉伸曲线上没有明显的屈服段，如图 1-3(b)所示，因此又规定，试样标距部分残余相对伸长达到原标距长度 0.2% 时的应力为屈服极限，也称为条件屈服极限，用 $\sigma_{0.2}$ 表示。

屈服极限反映了金属材料对微量塑性变形的抵抗能力，对于在使用中不允许发生微小塑性变形的结构件来说，材料的屈服极限是很重要的性能指标。

（4）强度极限。试件通过屈服阶段以后，产生变形硬化，承受载荷的能力得到提高。从图 1-3(a)可以看到，在屈服阶段以后，随着应变的增加，承受的应力也在逐渐增加，直到达到 σ_b。达到 b 点以后，试件产生"颈缩"并迅速伸长，承受的应力却迅速下降，直到 Z 点处被拉断。

材料在断裂前承受的最大应力称为强度极限 σ_b(MPa)，即

$$\sigma_b = \frac{P_b}{F_0} \tag{1-6}$$

式中：P_b 为试样断裂前所承受的最大载荷。

材料的强度极限 σ_b 就是材料拉断时的强度，它表示材料抵抗拉伸断裂的能力，也称为拉伸强度，是评定金属材料强度的重要指标之一。

2）塑性指标

金属在载荷作用下产生塑性变形而不破坏的能力叫做塑性。塑性指标有延伸率和断面收缩率。

（1）延伸率：试样拉断后，标距长度增长量与原始标距长度之比称为延伸率 δ，即

$$\delta = \frac{l_k - l_0}{l_0} \times 100\% \tag{1-7}$$

式中：l_k 为试样拉断后的标距长度；l_0 为试样的原始标距长度。

对于塑性材料，拉断前会产生明显的颈缩现象，在颈缩部位产生较大的局部延伸。

（2）断面收缩率：试样被拉断后，拉断处横截面积的缩减量与原始横截面积之比就称为断面收缩率 ψ，即

$$\psi = \frac{F_0 - F_k}{F_0} \times 100\% \tag{1-8}$$

式中：F_k 为试样在拉断处的最小横截面积；F_0 为试样的原始横截面积。

金属材料的延伸率 δ 和断面收缩率 ψ 越大，材料的塑性越好。

2. 硬度

金属抵抗比它更硬物体压入表面的能力称为硬度。硬度是衡量金属材料软硬程度的指标。根据金属材料的硬度值可估计出材料的强度极限和耐磨性，并可推断材料的热处理状态。对于硬度较小的材料，容易被划伤、碰伤和磨损，在维修工作中，应注意保护。金属材料的硬度对材料的机械加工性能也有影响：选作刃具的材料硬度应比较高，硬度越高，切削加工的能力越强。而被切削加工的零件硬度高，会给切削加工带来一定的困难。因此，了解金属材料的硬度对于判断金属材料的力学性能和机械加工性能有着重要的意义。

目前测定金属材料硬度的最常用的方法是布氏硬度法和洛氏硬度法,这两种方法都是用一定的载荷将具有一定几何形状的压头压入被测试金属的表面,根据被压入的程度来测定金属材料的硬度值。

1) 布氏硬度

布氏硬度通常用符号 HBW 表示。测定的方法是用一定的压力将具有一定直径、硬度很高的钢球压入试件的表面,保持规定的时间后,卸掉外力并取出试件,测量出试件上压坑的直径,计算出压坑的面积,进而计算出试件的布氏硬度。

$$HBW = p/A \tag{1-9}$$

式中:p 为将钢球压入试件施加的压力;A 为钢球压入试件表面形成的球冠面积;D 为钢球的直径;d 为压坑的直径,如图 1-4 所示。

$$A = \frac{1}{2}\pi D(D - (D^2 - d^2)^{1/2})$$

对于不同硬度、不同厚度的试件,应选用不同直径的钢球和压入的压力。使在试件上形成的压痕 d/D 的比值为 $0.25 \sim 0.5$。当测试硬度选用的钢球和压力一样时,钢球压入得越深,压坑的直径 d 越大,得出的布氏硬度值越小,说明被测试件的硬度越低;反之,钢球压入得越浅,压坑的直径 d 越小,得出的布氏硬度值越大,说明被测试件的硬度越高。

金属材料的布氏硬度与它的强度极限之间存在着密切的关系,硬度大的金属材料,强度极限也高。许多金属材料的强度极限和它的布氏硬度值之间还存在着近似正比的关系。比如:硬铝 $\sigma_b \approx 0.37HBW$,未经淬火的碳钢 $\sigma_b \approx 0.36HBW$ 等。

布氏硬度测试方法形成的压痕面积大,能反映出较大范围内被测试金属的平均硬度,适用于组织比较粗大且不均匀的材料,但不宜测试成品件或薄金属件的硬度,也不能测试硬度高于 450HBW 的金属材料。因为被测试件的硬度过高,会使压入的钢球变形,影响测量的准确性。

2) 洛氏硬度

洛氏硬度用符号 HR 表示。洛氏硬度的测试方法是将很硬的钢球或金刚石圆锥用一定的压力压入试件的表面,根据压入的深度来确定试件材料的硬度。钢球是用来测试硬度较低的试件,金刚石圆锥用来测试硬度较高的试件。

洛氏硬度的测试原理如图 1-5 所示。

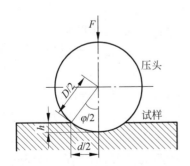

图 1-4 布氏硬度试验原理示意图

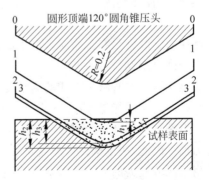

图 1-5 洛氏硬度试验原理示意图

当压头和试件接触后,先施加初载荷 P_1,压头到达图 1-5 所示的位置 1—1,压头压入试件的深度为 h_1。施加初载荷的目的是消除试件表面不平整引起的误差。然后再施加主载荷 P_2,保持规定的时间,压头压入试件到达 2—2 位置,压入深度为 h_2。最后卸去主载荷,并保留初载荷,由于被压试件弹性变形恢复,压头的位置略为抬高,到达 3—3 位置,这时,压头压入试件的深度为 h_3。这样压头在主载荷作用下压入的深度 $h=h_3-h_1$。根据 h 值就可以得出试件的洛氏硬度值。

$$HR = (K-h)/0.002 \tag{1-10}$$

式中:K 为选用的一个常数,用钢球作压头时 $K=0.26mm$,用金刚钻作压头时 $K=0.2mm$。h 为试验测得的深度,$h=h_3-h_1$;0.002 表示 0.002mm 为一个洛氏硬度单位。

h 值越小,HR 值越大,被测试件的硬度越高;相反,h 值越大,HR 值越小,被测试件的硬度越低。

洛氏硬度测试法测试的压痕小,可以在制成品或较薄的金属材料上进行测试;而且,从较软材料到较硬材料,测试范围比较广泛。但对组织比较粗大且不均匀的材料,测量结果不准确。洛氏硬度根据压头的种类和所加载荷的大小分为 HRA、HRB 和 HRC 三种。

3. 韧性

韧性是指金属试样断裂时,吸收能量的能力。韧性好的金属材料,脆性就小,断裂时,吸收能量较多,不易发生脆性断裂。

1) 冲击韧性

金属材料在冲击载荷作用下,抵抗破坏的能力称为冲击韧性。金属材料的冲击韧性用冲击韧性值 a_K 来表示,并需要进行冲击试验来确定。冲击韧性值 a_K 就是冲断试样所消耗能量和试样断裂处横截面积的比值,单位是 J/cm^2。a_K 低的材料称为脆性材料,在断裂前没有明显的塑性变形,吸收能量少,抵抗冲击载荷的能力低;a_K 高的材料称为塑性材料。在断裂前有明显的塑性变形,吸收能量多,抵抗冲击载荷的能力强。

对于在使用中承受较大冲击载荷的构件来说,材料的冲击韧性是很重要的性能指标。材料的冲击韧性越大,说明在冲击载荷作用下越不容易损坏。因此,飞机上受冲击载荷大的结构件,比如起落架结构中的承力构件就采用强度高、韧性好的合金钢来制造。

2) 断裂韧性

金属材料的断裂韧性是指金属材料对裂纹失稳扩展而引起的低应力脆断破坏的抵抗能力。

低应力脆断就是在工作应力低于或远低于材料的屈服极限时,发生的脆性断裂。多发生在高强度合金钢($\sigma_{0.2}>1\ 324MPa(135kgf/mm^2)$)材料结构件和大型焊接结构中。低应力脆断是结构件中原有缺陷形成的裂纹发生失稳扩展而引起的。因此,裂纹扩展的难易,也就是裂纹扩展所需的能量大小,就成为判定材料是否易于断裂的一个重要指标。

含有裂纹的构件,在承受载荷时,由于应力集中,裂纹尖端附近区域的应力远远大于平均应力值。因此,决定构件中裂纹是否发生失稳扩展,不是承力构件的平均应力,而是裂纹尖端附近区域应力的大小。为了研究裂纹尖端附近区域的应力情况,引进了一个表示裂纹尖端附近区域应力场强弱的因子,称为应力强度因子。

对于无限大厚板的中央穿透 I 型裂纹(张开型裂纹)的应力强度因子用 K_1 表示。

$$K_{\text{I}} = \sigma \sqrt{\pi a} \tag{1-11}$$

式中：σ 为名义应力；a 为裂纹长度的一半。

由式 (1-11) 可以看出，随着 σ 增加，K_{I} 也增加，当 σ 增加到某一个临界值 σ_{c} 时，裂纹会突然失稳扩展，使构件发生脆性断裂。这时 K_{I} 的临界值就称为临界应力强度因子，用 K_{Ic} 表示，也称为金属材料的平面应变断裂韧性。

$$K_{\text{Ic}} = \sigma_{\text{c}} \sqrt{\pi a} \tag{1-12}$$

式中：σ_{c} 为裂纹发生失稳扩展时的名义应力值；K_{Ic} 的单位是 $\text{MPa} \cdot \text{m}^{1/2}$。

由此可知，对于平面应变状态，I 型裂纹发生失稳扩展的条件为

$$K_{\text{I}} \geqslant K_{\text{Ic}} \tag{1-13}$$

式 (1-13) 中的两个物理量 K_{I} 和 K_{Ic} 不能混淆。K_{I} 是衡量裂纹尖端应力场强弱的一个物理量。它与外载荷大小、裂纹情况、构件几何形状和尺寸有关。知道这些条件后，可以计算出 K_{I} 值的大小。就像我们知道外载荷大小和结构尺寸，可以计算出结构的应力值一样。而 K_{Ic} 是材料平面应变断裂韧性，它只与材料有关，是反映材料抵抗脆性断裂能力的一个重要的物理量。对于一定的材料，在一定工作环境下，它基本上是一个常数。可以通过材料试验来确定 K_{Ic} 值。就像材料抵抗拉伸破坏的性能指标强度极限 σ_{b} 可以通过试验确定一样。

K_{Ic} 值高的材料，对裂纹失稳扩展的抵抗能力就强，构件也就不易发生脆性断裂，由试验可知，材料的断裂韧性 K_{Ic} 会随着材料屈服极限的提高而降低。因此，在航空材料的选用过程中，不能一味追求材料的高强度，应在满足断裂韧性需要的情况下，提高材料的静强度性能。

4. 抗疲劳性能

金属材料在交变载荷作用下发生的破坏，称为疲劳破坏。金属材料抵抗疲劳破坏的能力，称为金属材料的抗疲劳性能。

1) 交变载荷和交变应力

交变载荷是指载荷的大小和方向随时间作周期性或者不规则改变的载荷。在交变载荷作用下，结构件的应力称为交变应力。

图 1-6 表示了一种应力 S 的大小和方向随时间 T 呈周期性变化的交变应力。

应力从某一数值开始，经过变化又回到这一数值的应力变化过程称为一个应力循环。在一个应力循环中，代数值最大的应力叫做最大应力 $S_{\max}$，代数值最小的应力叫做最小应力 $S_{\min}$。

应力循环的性质是由循环应力的平均应力 S_{m} 和交变的应力幅 S_{a} 所决定的。平均应力 S_{m} 是应力循环中不变的静态分量，它的大小为

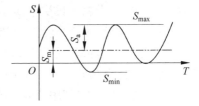

图 1-6　交变应力

$$S_{\text{m}} = \frac{S_{\max} + S_{\min}}{2} \tag{1-14}$$

应力幅 S_{a} 是应力循环中变化的分量，它的大小为

$$S_{\text{a}} = \frac{S_{\max} - S_{\min}}{2} \tag{1-15}$$

应力循环的特征以应力比 R 来表示，R 的定义为

$$R = \frac{S_{\min}}{S_{\max}} \tag{1-16}$$

交变应力分为三种：当 $R = -1$ 时称为对称循环；$R = 0$ 时称为脉动循环；R 为任意值时，称为非对称循环。

2) 金属材料抗疲劳性能——疲劳极限

为了研究金属材料的疲劳性能，需要利用反映材料基本疲劳特性的 $S\text{-}N$ 曲线。图 1-7 所示为 $S\text{-}N$ 曲线的一个典型例子。它是用若干个标准试件，在一定的平均应力 S_m（或在一定循环特征 R）、不同应力幅 S_a（或不同的最大应力 $S_{\max}$）下，进行疲劳试验，测出试件断裂时的循环次数 N。然后把试验结果画在以 S_a（或 $S_{\max}$）为纵坐标、以循环次数 N 为横坐标的图纸上，将试验结果得到的这些点连接起来得到的曲线就是这种标准试验件在相应的 S_m（或相应 R）下的一条 $S\text{-}N$ 曲线。

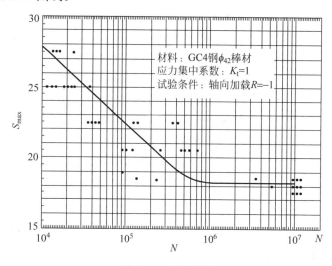

图 1-7　$S\text{-}N$ 曲线

从试件的 $S\text{-}N$ 曲线可以看出，随着 S_a（或 $S_{\max}$）的逐渐减小，循环次数 N 也逐渐增多。$S\text{-}N$ 曲线最后成为一条近似与横坐标平行的直线。金属材料承受无限次循环，而不破坏的最大应力，称为金属材料在这一循环特征下的疲劳极限，也称为持久极限。通常应力循环特征 $R = -1$ 时，疲劳极限的数值最小，如果不加说明，材料的疲劳极限都是指在 $R = -1$ 特征应力循环下，承受无限次循环而不破坏的最大应力，用 S_{-1} 表示。在工程应用中，是在一个规定的足够大的有限循环次数，比如 $N = 5 \times 10^7 \sim 5 \times 10^8$ 作用下而不发生破坏的最大应力，作为金属材料在该循环特征下的持久极限。为了与前面所说的疲劳极限加以区别，也称为"条件持久极限"或"实用持久极限"。

3) 疲劳破坏的主要特征

(1) 在金属构件中的交变应力远小于材料的强度极限的情况下，破坏就可能发生。

(2) 不管是脆性材料还是塑性材料，疲劳破坏在宏观上均表现为无明显塑性变形的突然断裂，这使得疲劳破坏具有很大的危险性。

(3) 疲劳破坏是一个损伤累积的过程，要经过一个时间历程。这个过程由三个阶段组成：裂纹形成、裂纹稳定扩展和裂纹扩展到临界尺寸时的快速断裂。观察疲劳破坏断口，有三个区域表明了这三个阶段：疲劳裂纹起源点，称为疲劳源；疲劳裂纹稳定扩展区，称为光滑区；还有呈现粗粒状的快速断裂区。

（4）疲劳破坏常具有局部性质，而并不牵涉到整个结构的所有材料。影响金属材料疲劳极限的因素很多，除了材料本身的质量外，试件的形状、连接配合形式、表面状态及所处环境等都对疲劳极限有影响。

4）承载时，应力集中对结构疲劳性能的影响

金属结构件表面或内部的缺陷处（如划伤、夹杂、压痕、气孔等）以及截面突变处（如螺纹、大小截面转接处等），都会在载荷作用下出现应力局部增大的现象，形成应力集中。应力集中是指承受载荷时，结构件中应力分布的不均匀程度。应力集中的程度用应力集中系数 K_t 来表示。图 1-8 所示为一个宽度为 w、厚度为 δ 的板件，板件中间开有一个直径为 d 的小孔。当板件两端受到拉力 P 作用时，在中间有小孔的板截面（m—n）上产生的拉伸应力非常不均匀。

图 1-8 表示了在静载荷作用下，开有小孔板件应力集中的情况。此时应力集中系数 K_t 为

图 1-8　有圆孔板件的应力分布

$$K_t = 最大局部弹性应力 / 名义应力 \tag{1-17}$$

$$名义应力 = P/((w-d) \times \delta)$$

K_t 的物理意义是构件截面上出现的局部高应力与平均应力的比值。$K_t = 1$ 表示试件上没有应力集中，是光滑试件。K_t 越大，表示构件截面上出现的局部高应力比平均应力大得越多，应力集中现象越严重。

应力集中的地方往往会成为疲劳裂纹的起源点，产生疲劳裂纹，导致疲劳破坏。因此，应力集中会使试件的疲劳极限大大下降，是影响疲劳强度的主要因素之一。

图 1-9 所示为铝铜合金（2024-T3），在 $S_m = 0$ 条件下，不同 K_t 值的 $S\text{-}N$ 曲线。

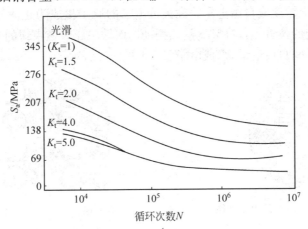

图 1-9　铝铜合金（2024-T3）板材的 $S\text{-}N$ 曲线（$S_m = 0$）

从图 1-9 中的 $S\text{-}N$ 曲线可以看出，与光滑试件（$K_t = 1$）相比，存在有应力集中试件的疲劳极限要下降很多。因此，改进局部的细节设计、降低金属构件表面粗糙度、减少热处理造成的各种小缺陷，都可以较明显地提高金属构件的疲劳极限，延长它的使用寿命。在使用中发现疲劳裂纹时，一般并不需要更换全部结构，只需更换损伤部分。在疲劳损伤不严重的情

况下,有时只需要排除疲劳损伤,比如扩铰孔排除孔周边的裂纹、在裂纹尖端打止裂孔就可以了。

1.1.3　金属的晶体结构

1. 金属是晶体物质

固体物质都是由原子、离子或分子等微粒组成的。按照微粒聚集时的排列情况,固体物质可分为两大类:晶体物质和非晶体物质。所谓晶体物质就是组成物质的微粒(原子、离子或分子)在空间呈现有规律的周期性重复排列;而非晶体物质是组成物质的微粒无规则地堆积在一起。

金属在固态下都是晶体物质。由于金属的原子在空间呈现有规律周期性重复排列,因此金属具有非晶体物质不具备的特性:金属物质都具有一定的熔点,即当温度升高时,金属材料将在一定温度下转变为液态。比如,铁的熔点是1538℃,铜的熔点是1083℃,铝的熔点是660℃等。另外,沿晶体不同方向表现出不同的物理性能和不同的力学性能,也就是表现出各向异性的特征。但在工程中采用的金属材料通常不会表现出各向异性的特征。这是因为在自然界呈现的金属材料都是多晶体。所谓多晶体材料就是由许多小晶体组成。每个小晶体内晶格位相都是一致的,都表现出各向异性的特征,被称为晶粒。而各晶粒之间的晶格位相不相同,将晶格位相不同的晶粒分开的内界面称为晶界,如图1-10所示。因此,从宏观上看,在不同方向测得金属材料的性能是各个晶格位相不同的晶粒性能的平均值,结果基本一致。金属材料也就表现出各向同性。

2. 金属原子间的结合方式——金属键

金属元素原子构造的共同特点是:外层价电子数目较少,而且与原子核之间的结合力很弱,很容易与原子核脱离。当大量金属原子聚集在一起组成金属晶体时,最外层的价电子就会摆脱原子核的束缚变成自由电子。失去价电子的原子核成为正离子,按一定几何规律排列起来,并在固定的位置上作高频率的热振动。而摆脱原子核束缚的自由电子,成为离子的共有电子,在离子间自由运动,形成电子气,如图1-11所示。

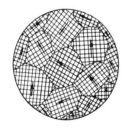

图1-10　金属的晶粒与晶界示意图

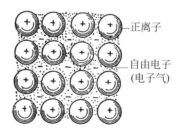

图1-11　金属键示意图

正离子和正离子之间及电子和电子之间是互相排斥的,正离子和共有电子之间又互相吸引。金属晶体就是靠正离子与共有电子之间的吸引力克服排斥力,保持金属稳定的晶体结构。金属原子的这种结合方式称为"金属键"。

正是因为金属原子的结构特点及金属原子之间这种金属键的结合方式,使金属材料具有一些非金属材料不具备的特性:

（1）金属晶体中自由电子能吸收可见光的能量，成为较高能量级的电子。当它返回低能量级时，会将吸收的光能量辐射出来。因此，金属是不透明的，并且具有金属光泽。

（2）金属晶体中的自由电子在外电场作用下会作定向运动，形成电流。这就使金属具有导电性。而金属晶体结构中，正离子以固定位置为中心的高频热振动，会对自由电子流动产生阻碍。这就是金属对电流产生电阻的原因。

（3）当温度升高时，正离子振动的振幅加大，对自由电子的流动会产生更大的阻碍作用。因此，金属的电阻值随温度的升高而加大，具有正的电阻温度系数。金属是具有正电阻温度系数的物质。当温度下降时，金属的电阻值随之减小，温度下降到某一值时，金属的电阻值会下降至零，这个温度为超导温度。电阻值能下降为零的性质称为金属的超导性。

（4）金属晶体结构中自由电子的运动和正离子的热振动可以传递热量，因此金属具有良好的导热性。因为导电性和导热性的产生原理是一样的，所以导电性好的金属导热性也好。如果在纯金属中加入其他化学成分，会使金属的晶体结构复杂化，对自由电子的运动和正离子的振动造成附加阻碍，使导电性能和导热性能下降。因此，纯金属的导电性和导热性都比合金好。工业上常用纯铜、纯铝作导电材料；而用导电性差的铜合金、铁铬铝合金作电热元件。

（5）金属键结合方式中，正离子和自由电子之间有较强的吸引力，在比较大的外力作用下，才能破坏这种结合使材料发生断裂。因此，金属材料具有较高的强度。而且金属在外力作用下（主要是剪切载荷作用下）金属晶体的晶格会发生错位，材料发生塑性变形，但正离子和自由电子之间互相吸引的关系不变。因此，金属材料在发生较大塑性变形时也不会断裂，金属材料具有良好的塑性。

1.1.4 合金的基本概念

1. 合金组成

合金是由两种或两种以上的金属元素或金属元素和非金属元素组成的具有金属性质的物质。例如，黄铜是一种由铜和锌两种金属元素组成的合金；碳钢和铸铁是由金属元素铁和非金属元素碳组成的合金；硬铝是由铝、镁、铜几种金属元素组成的合金。

组元：组成合金的最基本的独立物质叫组元。组元通常都是纯元素。比如黄铜中的铜元素和锌元素，碳钢中的铁元素、碳元素等，也可以是合金中纯元素结合生成的稳定的化合物，比如 Fe_3C 就是碳钢中的一个组元。按组元数目合金分为二元合金、三元合金等，例如黄铜是二元合金，碳钢是铁元素 Fe 和铁碳化合物 Fe_3C 组成的二元合金。

合金系列：由相同组元按组元间不同比例配制出的一系列合金，组成相同组元的合金系列。比如，硬铝是铝-铜-镁-锰系列合金。锻铝是铝-镁-硅系列合金。

2. 合金组织

合金包括两个或两个以上组元，不同组元的原子互相置换、渗透、结合形成比纯金属更加复杂的晶体结构——固溶体和金属化合物。固溶体和金属化合物还在保持各自晶体结构、性能的情况下组成机械混合物。所以，在固态情况下，合金组织有固溶体、金属化合物和机械混合物三大类。

1）固溶体

合金在固态下,一种组元的晶格内溶解了另一组元的原子形成的晶体相称为固溶体。晶格与固溶体相同的组元称作固溶体的溶剂,原子溶解到溶剂中的组元称为固溶体的溶质。二元合金中,一般成分比例较大的组元为溶剂,成分比例较小的为溶质。按照溶质原子在溶剂晶格中的分布情况,可将固溶体分为间隙固溶体和置换固溶体。

间隙固溶体:溶质原子不是取代溶剂原子占据的部分晶格结点位置,而且嵌入到各结点之间的间隙内,这种方式形成的固溶体称为间隙固溶体,如图 1-12(a)所示。

置换固溶体:溶质原子代替一部分溶剂原子占据了溶剂晶格中某些结点位置生成的固溶体称为置换固溶体,如图 1-12(b)所示。

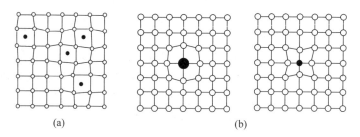

图 1-12　形成固溶体时的晶格畸变
(a)间隙固溶体；(b)置换固溶体

无论哪一种固溶体,由于溶质原子取代溶剂原子或嵌入到晶格间隙中,都使固溶体晶格发生畸变,如图 1-12 所示。增加了位错阻力,使固溶体的强度和硬度提高。这种通过溶质溶入溶剂形成固溶体来提高金属材料的强度、硬度的工艺过程叫固溶强化。

固溶强化与其他使金属材料强化的工艺(比如加工硬化)相比,有一个很大的优点,就是可以通过控制固溶体中溶质的含量,在显著提高金属材料的强度、硬度同时,使其仍能保持相当好的塑性和韧性,这样可以达到很好的综合力学性能指标。

在室温下,碳钢基本组织铁素体(F)就是碳原子溶入铁元素生成的间隙固溶体。铁元素晶格的间隙很小,溶碳的能力很低,在室温下,溶碳量几乎等于零。因此,铁素体(F)的性能几乎和纯铁相同:强度、硬度不高,具有良好的塑性和韧性。

2）金属化合物

合金中各组元间原子按一定整数比结合而生成的晶体相,这是一种化合物,若化合物具有明显的金属性质,就称为金属化合物。金属化合物的晶格类型与组成化合物各组元的晶格类型完全不同,是一种特殊的复杂的晶格结构。

在室温下,碳钢基本组织渗碳体(Fe_3C)就是由铁和碳两组元组成的具有复杂晶格结构的金属化合物。渗碳体 Fe_3C 具有很高的硬度,脆性很大,塑性和冲击韧性几乎等于零。在碳钢中渗碳体 Fe_3C 是主要的强化相,它的数量、形状和分布情况对碳钢的性能有很大影响。

3）机械混合物

纯金属元素、固溶体和金属化合物都是组成合金的基本相,由两相或两相以上组成的多相混合物,称为机械混合物。在机械混合物中各相仍保持原有的晶格类型和性能,而机械混合物性能介于各相性能之间。

在室温下,碳钢基本组织珠光体(P)就是由铁素体(F)和渗碳体(Fe₃C)组成的机械混合物(F+Fe₃C)。它是由片状铁素体(F)和片状渗碳体(Fe₃C)相互交错排列的组织。珠光体的强度很高,塑性、韧性和硬度介于铁素体和渗碳体之间。

1.2 碳钢和合金钢

钢是以铁和碳为主要成分的合金,它的含碳量一般为 $0.02\%\sim2.11\%$(质量分数)。

钢按照化学成分可分为碳素钢(简称为碳钢)和合金钢两大类。碳钢是由生铁冶炼获得的合金,除了铁、碳为主要成分外,还含有少量的锰、硅、硫、磷等杂质。合金钢是在碳钢基础上,有目的地加入某些元素(称为合金元素),而得到的多元合金。与碳钢相比,合金钢的性能有明显的提高。

1.2.1 钢的分类

1. 按用途分类

按用途可分为结构钢、工具钢和特殊性能钢三大类。

(1) 结构钢:用来制造各种工程结构和机器零件,包括渗碳钢、调质钢、弹簧钢和滚动轴承钢等。

(2) 工具钢:用来制造各种工具,包括刃具钢、模具钢和量具钢等。

(3) 特殊性能钢:包括不锈钢、耐热钢、耐磨钢等。

2. 按化学成分分类

按化学成分可分为碳钢和合金钢。

(1) 碳钢:按含碳量(w_C)可分为低碳钢($w_C\leqslant0.25\%$)、中碳钢($0.25\%<w_C\leqslant0.6\%$)和高碳钢($w_C>0.6\%$)。

当钢的 $w_C<0.9\%$ 时,随着钢中含碳量的增加,钢的强度、硬度直线上升,而塑性、韧性不断降低;当钢的 $w_C>0.9\%$ 时,随着钢中含碳量的增加,不仅塑性、韧性进一步降低,钢的强度也明显下降。所以,工业中使用的碳钢含碳量一般不超过 $1.3\%\sim1.4\%$。

(2) 合金钢:按合金元素含量可分为低合金钢(合金元素总含量≤5%)、中合金钢(合金元素总含量在 $5\%\sim10\%$)和高合金钢(合金元素总含量>10%)。

按照钢中所含主要合金元素种类不同,合金钢又分为锰钢、铬钢、铬镍钢、铬锰钛钢等。

3. 按质量分类

按钢中所含有害杂质磷、硫的含量,可分为普通钢($w_P\leqslant0.045\%$,$w_S\leqslant0.055\%$或磷、硫含量均≤0.050%)、优质钢(磷、硫含量均≤0.040%)和高级优质钢($w_S\leqslant0.035\%$,$w_S\leqslant0.030\%$)。

硫是由生铁和燃料带入钢中的杂质,以硫化铁(FeS)的形式存在碳钢中。硫化铁(FeS)和铁(Fe)形成低熔点的共晶体分布在晶界上。当钢在 $800\sim1200℃$ 温度下进行热加工时,共晶体溶化,钢材沿晶界开裂,这种现象称为"热脆性"。所以,钢中的含硫量必须严格控制。

磷是由生铁带入钢中的杂质,它可以完全融入铁素体中,有很强的固溶强化作用。使钢的强度、硬度提高,塑性和韧性却显著下降,这种现象在低温情况下更为严重,也称为"冷脆性"。对于在低温下工作的钢构件,这种冷脆性具有严重的危害性。所以,钢中的含磷量也必须严格控制。

应该说明的是:按照钢中有害杂质磷、硫的含量对钢的质量进行分类,并不是固定不变的,不同质量的钢中所含磷、硫的最大百分数也不是统一的,但有一点是明确的,即钢中含有的磷、硫杂质对钢的性能是有害的,它们的含量越低,钢的质量越好。

1.2.2 钢的热处理

热处理是将固态金属,以一定的速度加热到一定的温度并保温一定时间,再以预定的冷却速度进行冷却,以改变其内部金相组织,从而获得所需要性能的一种工艺过程(见图 1-13)。温度和时间是影响热处理的主要因素。

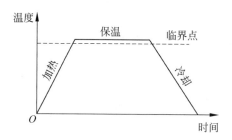

图 1-13 钢的热处理工艺曲线

1. 钢热处理方法的分类

钢的热处理分为以下几种基本类型:

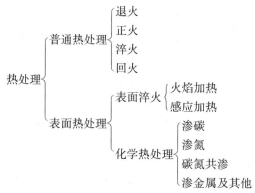

在实际生产中又将热处理分为预备热处理和最终热处理。为使加工的零件满足使用性能要求而进行的热处理,如经淬火后的高温回火,叫做最终热处理。而为了消除前一道工序造成的某些缺陷,或为后面的加工、最终热处理做好准备的热处理叫做预备热处理。比如,改善锻、轧、铸毛坯组织的退火或正火,以及消除应力、降低工件硬度、改善切削加工性能的退火等。

2. 热处理过程中钢组织的转变和钢热处理的临界温度

在室温下钢的组织基本上是由铁素体(F)和渗碳体(Fe_3C)两相组成。热处理的第一步是将钢由室温加热到一定的温度并保温一定的时间,使其组织由铁素体和渗碳体的混合物转变为均匀的奥氏体(A)。钢组织由铁素体和渗碳体的混合物转变为单一奥氏体组织的温度称之为钢热处理的临界温度。只有使钢呈奥氏体状态,才能通过不同冷却方式使其转变为不同的组织,从而获得所需要的性能。

奥氏体是在一定温度以上碳原子溶于铁元素生成的间隙固溶体。奥氏体有良好的塑性,但强度和硬度不高,没有磁性。

钢的含碳量不同,热处理的临界温度也不同,如图 1-14 所示。

钢的含碳量为 $0.02\% \sim 2.11\%$,A_3 线表示亚共析钢(含碳量为 $0.02\% \sim 0.77\%$)热处理的临界温度(见图 1-14);A_1 线表示共析钢(含碳量为 0.77%)热处理的临界温度(见图 1-14);A_{cm} 线表示过共析钢(含碳量为 $0.77\% \sim 2.11\%$)热处理的临界温度(见图 1-14)。温度分别上升到 A_3、A_1、A_{cm} 以上它们的组织都转变为单一的奥氏体组织。

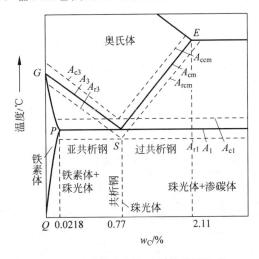

图 1-14　铁碳合金热处理的临界温度

应当指出:A_1、A_3、A_{cm} 点都是平衡临界点,理论上在以极缓慢速度加热或冷却时,碳钢的组织转变才可能在平衡临界点完成。在实际加热过程中,组织转变温度要比平衡临界点高,分别用 A_{c1}、A_{c3}、A_{ccm} 表示,如图 1-14 所示,两者之差称作过热度;在实际冷却过程中,组织转变温度要比平衡临界点低,分别用 A_{r1}、A_{r3}、A_{rcm} 表示,如图 1-14 所示,两者之差称作过冷度。碳钢的组织转变不可能在平衡临界点完成,存在一定的过热度和过冷度是碳钢进行组织转变的必要条件之一。

这些临界点是正确选择钢热处理时,加热、冷却温度的主要依据。

3. 冷却速度和钢组织的转变

热处理的第二步是将均匀的单相奥氏体以不同的冷却速度(如随炉冷、空气冷、油冷、水冷等)冷却到室温,从而得到不同的组织,获得所需要的性能。冷却过程是钢热处理的关键,它对控制钢在冷却后的组织与性能具有决定性的意义。

图 1-15 将奥氏体等温转变曲线(也称为 C 曲线)和不同的连续冷却速度曲线画在一张图上,图中六条冷却曲线代表六种不同的冷却速度:$v_1 < v_2 < v_3 < v_4 < v_k < v_6$。

从 v_1 到 v_4 也就是从随炉冷却到空气冷却到风中冷却再到油中冷却,奥氏体转变产物都是铁素体(F)和渗碳体(Fe_3C)的机械混合物,这种混合物的组织是由铁素体和渗碳体片层相间组成的,也就是珠光体。但随着冷却速度的加快,铁素体和渗碳体的片间距离越来越

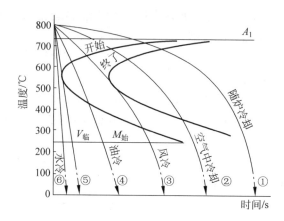

图 1-15　共析钢的连续冷却速度对组织与性能的影响

小,形成细珠光体组织。珠光体片间的距离越小,珠光体的组织越细小,珠光体的强度、硬度越高,并具有良好的塑性和韧性。所以,从随炉冷却直到油中冷却,碳钢的综合力学性能越来越好。表 1-2 给出了经过 840℃ 加热,再经过不同冷却速度冷却处理后,45 钢的力学性能。

表 1-2　45 钢经 840℃ 加热后,不同条件冷却后的力学性能

冷却方法	σ_b/MPa	σ_s/MPa	δ/%	ψ/%	HRC
随炉冷却	530	280	32.5	49.3	15~18
空气冷却	670~720	340	15~18	45~50	18~24
油中冷却	900	620	18~20	48	40~50
水中冷却	1100	720	7~8	12~14	52~60

图 1-15 中 $M_{始}$(M_s)线是过冷奥氏体开始低温转变,生成马氏体(M)的温度线。v_6 相当于在水中冷却,冷却速度曲线不与 C 曲线相交,直接交于 $M_{始}$ 线,然后冷却到室温。在室温得到的组织是马氏体+残留奥氏体。因为冷却速度过快,碳原子来不及以渗碳体的形式从奥氏体中析出,就生成了碳原子在铁元素中过饱和的固溶体,也就是马氏体。马氏体具有很高的强度和硬度,所以,马氏体的转变是强化碳钢的重要途径。v_k 冷却速度曲线与 C 曲线相切,凡是冷却速度大于 v_k 的热处理,在室温下得到的组织都是马氏体+残留奥氏体,所以 v_k 也叫临界冷却速度。

4. 碳钢的普通热处理

1) 退火

退火是将钢加热到适当温度,保温一段时间后,以十分缓慢的速度进行冷却(通常是随炉冷却)的热处理工艺。退火可以分为完全退火、去应力退火、球化退火和扩散退火。各种退火加热温度和工艺曲线如图 1-16 所示。

(1) 完全退火。完全退火是把钢加热到 A_{c3} 以上一定的温度,如图 1-16 所示,保温一定的时间,然后随炉缓慢冷却的热处理工艺。完全退火主要用于亚共析碳钢和合金钢。完全退火的目的是使晶粒细化,消除内应力和组织缺陷,降低硬度提高塑性,为随后进行的切削加工和淬火做准备。

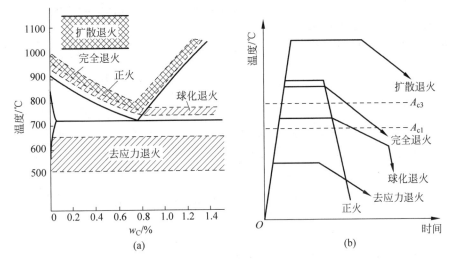

图 1-16 各种退火和正火的工艺示意图
(a) 加热温度范围；(b) 工艺曲线

（2）去应力退火。去应力退火是将钢件加热到低于 A_{c1} 的某一个温度，如图 1-16 所示，保温一定的时间，然后随炉冷却的一种热处理工艺。去应力退火也称为低温退火。它的主要作用是消除锻件、铸件、焊接件等工件中的残余应力，防止工件在随后的机械加工或使用时产生变形或开裂。

钢件在去应力退火中不发生相变，残余应力主要是在保温过程中消除的。

（3）球化退火。球化退火是将钢件加热到 A_{c1} 以上一定的温度，如图 1-16 所示，保温一定的时间，然后再缓慢冷却的热处理工艺。球化退火工艺的特点是：低温短时间加热，使片状渗碳体断开，并以此为核心形成均匀的颗粒状渗碳体。

球化退火主要用于共析钢、过共析钢或合金钢。目的是得到球状渗碳体，降低硬度，改善切削加工性能，并为淬火处理做好组织准备。

（4）扩散退火。扩散退火是把铸锭或铸件加热到略低于碳钢熔化的温度，长时间保温，然后缓慢冷却的热处理工艺（见图 1-16）。

扩散退火主要用于合金钢的铸锭或铸件，目的是消除铸造结晶过程中产生的枝晶偏析，使成分均匀化。所以扩散退火也称为均匀化退火。

扩散退火的工艺特点是：高温长时间加热，使钢中的成分能进行充分扩散，达到均匀化的目的。由于温度高，时间长，使扩散退火处理后，钢的晶粒非常粗大，必须再进行一次完全退火或正火处理。

扩散退火需要时间很长，耗费能量很大，一般只对质量要求很高的高合金的铸锭和铸件进行扩散退火处理。

2）正火

亚共析钢加热到 A_{c3} 以上温度，共析钢和过共析钢加热到 A_{ccm} 以上温度（见图 1-16），保温一定的时间，使钢组织成为单一奥氏体，然后在空气中冷却的热处理工艺叫正火。

正火实质上是退火的一个特例。正火与退火的不同之处主要在于，正火采用空气中冷却，比退火的冷却速度快。正因为冷却的速度比较快，正火处理后，钢组织中珠光体的数量增多,而且珠光体层间距离变小,获得较细的珠光体组织。正火后钢的强度、硬度和韧性都比退火后的要高,而且塑性也不降低。

因为正火后钢的性能更好,操作又简单,生产周期短,设备利用率高,所以在生产中得到广泛的应用。

3) 淬火

把钢加热到 A_{c3} 或 A_{c1} 以上 30～50℃ 的温度(见图 1-17),保温一定的时间,再以大于临界冷却速度(见图 1-15 中的 v_k)进行快速冷却,从而获得马氏体组织的一种热处理工艺叫做淬火。淬火的目的主要是为了获得马氏体组织,它是强化钢材料的最重要的热处理方法。

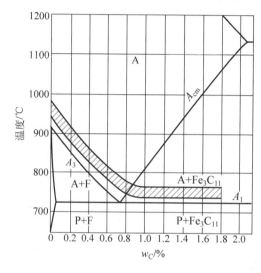

图 1-17 碳钢的淬火加热温度范围

因为淬火后得到的马氏体组织的综合力学性能并不好,内应力大,组织不稳定,容易变形和开裂,所以马氏体并不是热处理要求的最终组织。但是淬火后得到的马氏体组织,在不同的温度下进行回火处理后,可获得不同的组织,从而使钢材具有不同的力学性能。因此,钢淬火的主要目的是为了获得马氏体,为后面进行的回火处理做好组织准备;而钢淬火后,必须进行回火处理,获得所需要的强度、硬度、塑性和韧性,以满足所需要的各种力学性能要求。

为了获得马氏体组织,淬火的冷却速度必须大于临界冷却速度 v_k。碳钢淬火用水作为冷却介质就能满足要求,合金钢材料临界冷却速度比较小,可以用油作为冷却介质。冷却速度只要大于临界冷却速度 v_k 就可以了,并不是越快越好,否则会在钢件中引起过大的应力,造成变形和开裂。

4) 回火

将淬火处理后的钢加热到临界温度(A_{c1})以下的某个温度,保温一定的时间,然后以选定的冷却速度(空冷、油冷或水冷)冷却到室温的热处理工艺叫回火。它是紧接淬火处理的一道热处理工序。

回火的目的是:①改善淬火所得到的马氏体组织,以调整改善钢的性能;②使淬火所得到的马氏体变成稳定组织,保证工件在使用过程中,形状和尺寸不再改变;③消除淬火热处理在工件中产生的内应力,防止工件变形或开裂。

回火热处理分为低温回火、中温回火和高温回火。

(1) 低温回火(150～250℃)。经过低温回火处理,在保持淬火钢的硬度和耐磨性能的前提下,降低淬火钢的内应力和脆性。主要用于高碳的切削刀具、量具、滚珠轴承等。

(2) 中温回火(350～500℃)。经过中温回火处理的钢材具有高屈服极限、高弹性极限和较高的韧性,而且淬火中出现的内应力已基本消除。它主要用来制造各种弹簧和模具。

(3) 高温回火(500～650℃)。经过高温回火处理,钢中的内应力彻底消除,钢材的韧性进一步提高,同时具有一定的强度、硬度和塑性,综合力学性能比较好,广泛地用来制造结构零件,如轴、连杆、螺栓等。

淬火和高温回火相结合的热处理也称为调质处理。钢材经调质处理后,硬度值与正火后的很接近,但塑性和韧性却显著地超过了正火状态(见表1-3)。所以,一般重要的结构零件都以调质处理作为最终热处理。调质处理也可以作为表面淬火和化学热处理的预先热处理。

表 1-3　45 钢经调质和正火后的性能比较

热处理状态	σ_b/MPa	δ/%	a_k/(J/cm²)	HBW	组织
正火	700～800	15～20	50～80	163～220	细珠光体+铁素体
调质	750～850	20～25	80～120	210～250	回火索氏体

5. 表面热处理

有些钢零件是在弯曲、扭转等循环载荷、冲击载荷以及摩擦条件下工作的。这时,零件的表层承受着比心部高的应力,而且表面还要不断地被磨损。因此,这种零件的表层必须得到强化,使其具有高的强度、硬度、耐磨性和疲劳极限,而心部为了承受冲击载荷,仍应保持足够的塑性和韧性。在这种情况下,就可以对零件进行表面热处理。

1) 表面淬火

它通过快速加热使钢表层的温度达到临界温度以上,而不等热量传到中心,立即予以淬火冷却,其结果是表面获得硬而耐磨的马氏体组织,而心部仍保持着原来塑性、韧性较好的退火、正火或调质状态的组织。这是一种不改变钢表层化学成分,只改变表层组织的局部热处理方法。

2) 化学热处理

化学热处理是把钢零件置于某种介质中,通过加热和保温,使介质分解出某些元素渗入工件表层;或使工件表面某种元素脱出,造成表面某种成分贫化,既改变零件表层的化学成分,又改变零件表层组织的一种表面热处理方法。通过化学热处理,可以达到以下两个目的:

① 强化表面,提高工件表层的某些力学性能,如表面硬度、耐磨性、疲劳极限等。

② 保护工件表面,提高工件表面的物理、化学性能,比如耐高温及耐腐蚀等。

钢工件的化学热处理有表面渗碳、表面渗氮、碳氮共渗等。渗碳是向钢工件表面渗入碳原子,提高表面的硬度和耐磨性,而工件的心部材料仍保持一定的强度和较高的塑性和韧性。渗氮是向工件表面渗入氮原子,提高表面的硬度、耐磨性,并使表面具有良好的抗蚀性和抗疲劳性能。

1.2.3 合金钢

为了改善钢的力学性能或使其具有某些特殊的性能,有目的地往钢中加入合金元素得到的钢材叫合金钢。常用的合金元素有锰(锰含量大于 0.8%)、硅(硅含量大于 0.5%)、铬(Cr)、镍(Ni)、钨(W)、钼(Mo)、钒(V)、钛(Ti)、铌(Nb)、稀土元素(Re)等。

1. 合金元素的作用

1) 合金元素对钢基本相的影响

绝大多数的合金元素可溶于碳钢的铁素体中,并且有明显的强化作用。所以合金元素可以提高钢的强度、硬度。而且,只要将合金元素的含量控制在一定范围内,在强度、硬度提高的同时,钢的韧性并不降低,特别是铬(<2%)、镍(≤5%)在适当含量范围内,还能提高钢的韧性。因此,合金钢中合金元素的含量都有一定的限制。

合金元素可以融入渗碳体生成合金渗碳体。或者和碳生成特殊的合金碳化物,与渗碳体相比,合金碳化物和合金渗碳体都有着更高的硬度和耐磨性,并且更加稳定不易分解。

2) 合金元素对钢热处理的影响

(1) 合金元素对钢加热过程中组织转变的影响。合金元素在合金钢中扩散速度较慢,而且合金元素的存在也减慢了碳原子的扩散速度。另外,合金元素与碳结合生成的合金渗碳体和合金碳化物都比较稳定,不易溶入奥氏体。这些都减慢了加热过程中形成均匀奥氏体的速度。因此,在热处理过程中,为了得到均匀奥氏体,对合金钢需要加热更高的温度,并保温更长的时间。

在合金钢中,合金碳化物以弥散质点形式分布在奥氏体的晶界上,阻碍奥氏体晶核的长大。因此,大多数合金钢加热时不宜过热。奥氏体晶粒的细化有利于在淬火后得到细马氏体组织。也可以适当提高加热温度,使奥氏体中溶入更多的合金元素,提高钢的淬透性和力学性能。

(2) 合金元素对钢淬火工艺性能的影响。由于合金元素溶入奥氏体增加了奥氏体的稳定性,这使奥氏体等温转变 C 曲线向右移,对合金钢进行淬火处理的临界冷却速度 v_k 减小。淬火冷却速度减小,可以采用缓慢的冷却介质,从而减少了零件在淬火过程中变形和开裂的危险性。另外,能增加零件的淬透性,获得均匀组织和良好的力学性能。淬透性就是钢构件在淬火时得到的淬硬层的深度。淬透性好的钢材,在同样条件下进行淬火处理,得到的淬硬层厚。

(3) 合金元素对钢回火转变的影响。在对淬火钢进行回火处理时,马氏体组织要进行转变,这会使钢的硬度和强度下降。钢对这种回火中软化的抵抗能力叫回火抗力,也称为回火稳定性。不同钢材在相同温度回火后,硬度、强度下降得越少,其回火抗力越大,回火稳定性越高。

合金元素溶入马氏体,使原子扩散速度减慢,在回火过程中,马氏体不易分解,碳化物不易析出,这就使合金钢在相同温度回火后,强度硬度下降较少。也就是合金元素提高了合金钢的回火抗力,使合金钢比碳钢有较高的回火稳定性。

合金钢的回火稳定性高,对合金钢的热处理是有利的。在达到同样硬度的情况下,合金钢可以选用较高的回火温度,回火保温时间也可以比较长,这样可以更进一步消除淬火热处理在合金钢中产生的残余应力,使回火后合金钢的塑性和韧性比较高,综合力学性能比较好。如果和碳钢在同一温度下回火,回火后合金钢的强度和硬度比较高。

另外,合金元素还能使钢获得某些特殊性能,比如抗腐蚀、耐高温等。

2. 合金钢的牌号表示法

我国合金结构钢牌号的表示方法如下:前面两位数字表示合金结构钢平均含碳量(单位是 0.01%),后面加合金元素符号及其平均含量(单位是 1%),当合金元素含量小于1.5%时,表示平均含量的数字可以省略。当元素含量为 1.5%～2.49%、2.50%～3.49%、3.50%～4.49%等时,合金元素的平均含量相应写成 2、3、4 等。最后用字母表示合金钢的质量:优质钢不表示,"A"表示高级优质钢,"E"表示特级优质钢。例如:

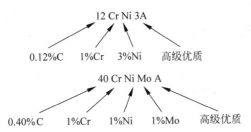

合金工具钢若含碳量大于1%,则表示含碳量的数字可以省略,若含碳量小于1%,应标出含碳量,单位是 0.1%。在含碳量的后面是合金元素和平均含量,表示方法和合金结构钢一样。例如:

美国的合金结构钢牌号表示方法多采用 SAE 和 AISI 标准表示方法,采用 4 个数字的系列符号来表示。前两位数字表示钢的类型,其中第二位数字通常给出主要合金元素的含量(单位为 1%),最后两位数字表示钢的平均含碳量(单位为 0.01%)。

10××标识符号表示普通钢。比如:SAE1010 和 SAE1030 表示普通低碳钢。后两位数字 10、30 分别表示钢的平均含碳量为 0.10%和 0.30%(SAE 是美国汽车工程师协会缩写,是主办确定钢材标识符号的单位之一)。

2×××标识符号表示镍合金钢系列。比如 SAE2330 表示含镍合金元素 3%、平均含碳量为 0.30%的合金钢。

3×××标识符号表示镍铬合金钢系列。比如 SAE3310 表示含镍合金元素 3.5%、平均含碳量为 0.10%的合金钢。

41××标识符号表示铬钼合金钢系列。比如 SAE4130 表示含钼合金元素 1%、平均含碳量为 0.30%的合金钢。

43××标识符号表示镍铬钼合金钢系列。比如 AISI4340 表示含有镍、铬、钼合金元素、平均含碳量为 0.40%的合金钢(AISI 是美国钢铁学会缩写,是主办确定钢材标识符号的单位之一)。

9×××标识符号表示硅锰合金系列。比如,SAE9210 表示含硅合金元素 2%、平均含碳量为 0.10%的合金钢。

等等。

1.2.4　航空工业中使用的钢材

在航空工业中广泛使用合金结构钢制造飞机和发动机的主要零件。使用的主要合金钢有渗碳钢、调质钢和低合金超高强度钢。另外还有不锈钢和耐热钢材。

1. 渗碳钢

渗碳钢是一类重要的结构钢。这类钢的特点是,含碳量很低,大约为 0.10%~0.25%,属于低碳钢,在结构件表面进行渗碳处理,改变结构件表层材料的化学成分,增加表层材料的含碳量,以达到构件内部材料有较高的强度、韧性和抗疲劳强度,而表面又具有较高的硬度和耐磨性。多用来制造在工作中承受较大的交变应力和冲击载荷,同时表面又要承受磨损的结构件,比如齿轮、传动轴、销子等。

12Cr2Ni4A、18Cr2Ni4WA 等都是在航空器上普遍使用的渗碳钢。前者多用来作齿轮、小的传动轴、销子等;后者多用来做大截面、高负荷、有高抗磨及良好韧性要求的重要零件,如发动机曲轴、齿轮等。

2. 调质钢

调质钢是合金结构钢中使用最广泛的一类钢材,也是在航空工业中使用最多的合金结构钢。调质钢的含碳量一般为 0.25%~0.5%,含碳量为中等。调质钢的最终热处理是淬火后高温回火,以获得优良的综合力学性能。

航空工业中常用的调质钢有:

(1) 40CrNiMoA:这种钢在调质处理后,综合力学性能好,在具有相当高的强度同时,又具有良好的韧性。广泛用于制造高负荷、大尺寸的轴零件。比如,发动机的涡轮轴、曲轴、螺旋桨轴及直升机旋翼轴等。

(2) 30CrMnSiA:这种钢经调质处理后,可获得相当高的强度($\sigma_b = 1080 \sim 1275$MPa $(110 \sim 130$kgf/mm^2)),工艺性能好,价格便宜,在航空工业中使用较多。但它的淬透性不大,韧性也较小,广泛用于制造飞机起落架、连接件、发动机架、大梁、螺栓等。

3. 超高强度钢

超高强度钢一般是指强度极限 $\sigma_b > 1470$MPa(150kgf/mm^2) 的合金钢。目前在航空工业中使用最广泛的是低合金超高强度钢。表 1-4 给出了一些低合金超高强度钢的名义成分和典型性能。

表 1-4　一些低合金超高强度钢的名义成分和典型性能

牌号	$w/\%$							$\sigma_b/$MPa	$K_{IC}/$ (MPa·m$^{1/2}$)
	C	Si	Mn	Ni	Cr	Mo	V		
AISI4340	0.4	0.3	0.7	1.8	0.8	0.25	—	1800~2100	57
300M	0.4	1.6	0.8	0.8	0.8	0.4	0.08	1900~2100	74
35NCD16	0.35	—	0.15	4.0	1.8	0.5	—	1860	91
D6AC	0.4	0.3	0.9	0.7	0.2	1.1	0.1	1900~2100	68
30CrMnSiNi2A	0.3	1.0	1.2	1.6	1.0	—	—	1760	64
40CrMnSiMoVA	0.4	1.4	1.0	—	1.4	0.5	0.1	1800~2000	71

30CrMnSiNi2A 钢是航空工业中使用较为广泛的低合金超高强度钢,它是在 30CrMnSiA 调质钢中增加了 1.4%～1.8% 的 Ni 而制成的。用于制造受力最大的重要飞机结构件,如起落架、机翼大梁、重要连接件、螺栓等。这种钢材的缺点是韧性相对较低,对应力集中比较敏感。因此,用这种钢材制成的结构件,在几何形状上都应采取光滑过渡,绝对要避免尖角的出现;构件表面质量要求高,不能有压坑、冲眼等缺陷存在;经磨削或校形后,应在 200～250℃ 进行去应力回火;在进行表面处理时,一定要防止氢脆。

40CrMnSiMoVA 钢是在 30CrMnSiNi2A 钢成分的基础上进行改进而制成,其强度和韧性都有所改进。AISI4340 钢是研制比较成功的低合金高强度钢,它不仅具有高强度和高延性,而且具有较高的抗疲劳、抗蠕变性能。但当 4340 钢在强度达到 1800～2100MPa(183～214kgf/mm^2)时,断裂韧性 K_{IC} 仅有 57MPa·m$^{1/2}$(184kgf/mm$^{3/2}$)。在 4340 钢的基础上加入 1.6% 的 Si 和少量的 V,并略微提高 C 和 Mo 的含量,得到了 300M 钢,其韧性比 4340 钢有较大的提高。

4. 航空工业中使用的不锈钢

在一定的介质(如水分、空气、酸、碱、盐等)中,不产生腐蚀或抗蚀性较好的钢,称为不锈钢。在钢中加入一定量的铬(Cr)、镍(Ni)等合金元素,可以提高钢的抗腐蚀性能,制成不锈钢。

铬的作用:在钢中加入铬元素的含量达到 12% 时,可以明显减小碳化物与铁素体之间的电极电位差;若含铬量再增加,达到一定值时,还可以使钢在常温下成为单相铁素体组织。因此,在碳钢中加入一定量的铬合金元素,大大减少了发生电化学腐蚀的可能性,提高了碳钢的抗电化学腐蚀的能力。另外,铬还能在钢表面形成起保护作用的氧化膜(Cr_2O_3),使钢与周围介质隔离,阻止钢进一步氧化。

镍的作用:在钢中加入一定量的镍元素,可以使钢在常温下成为单相奥氏体组织,避免形成微观腐蚀电池,提高了钢的抗电化学腐蚀的能力。加入锰、氮元素也有类似的作用。

航空工业中常使用的不锈钢有马氏体不锈钢(Cr13)和奥氏体不锈钢(18-8 型不锈钢)。

5. 航空工业中使用的耐热钢材

飞机上涡喷发动机的零部件,大部分都是在高温和极其复杂的载荷条件下工作的。部件还要承受燃气中常含有的 SO_2、SO_3 及 H_2S 等腐蚀性气体的作用。在这样的条件下钢件常常会发生以下的情况。

(1) 金属发生高温腐蚀:在高温下金属极容易与周围介质直接进行化学反应生成氧化皮,金属又会在潮湿含有有害物质的空气中发生电化学腐蚀。既有高温氧化,又有电化学腐蚀,称为高温腐蚀。

(2) 金属在高温下发生蠕变:蠕变是金属在一定的温度和应力共同作用下,产生的随时间逐渐增大的塑性变形。金属的蠕变与温度、载荷和时间有着密切的关系。温度和载荷达到一定值,才可能发生蠕变,而且温度越高、载荷越大;时间越长,蠕变量越大。

(3) 金属在复杂的载荷作用下会产生裂纹或断裂。

在高温下工作的耐热钢材必须具有抗拒高温腐蚀的能力,特别是抗高温氧化的能力;在高温下有较高的强度,并具有抵抗塑性变形和断裂的能力。

工作温度在 800℃ 以下,可以采用耐热钢,比如珠光体耐热钢 15CrMoV 钢、

20Cr3MoWV 等,这种耐热钢可以用来制造在 500℃ 温度以下工作的部件。如果温度高于 500℃ 直到 800℃,可以采用奥氏体耐热钢,比如 1Cr18Ni9Ti、1Cr23Ni18 等。

工作温度超过 800℃ 的发动机部件就要采用耐热合金来制造。耐热合金有三种:镍基合金、铁基合金和钴基合金。目前,最优越的耐热合金,也是在航空工业采用最多的耐热合金是镍基耐热合金。

主要成分是金属镍的耐热合金称为镍基耐热合金。大多数镍基耐热合金不含铁或含少量的铁。金属镍的强度不高,热强度也不高,在常温下可以在表面生成致密的氧化膜,有一定的抗氧化的能力。为了提高金属镍的热稳定性和热强度,必须对金属镍进行合金化,得到镍基耐热合金。镍基耐热合金的主要合金元素是铬,加入量大约占质量的 15%～20%。铬元素的作用是提高合金的热稳定性,主要是高温下的抗氧化的能力,也可以提高合金的热强度。加入的其他合金金元素还有钨、钼、铝、钛等,大约有十余种合金元素。其中铝、钛也是镍基合金的基本元素。这些元素和镍生成金属间化合物,可大大提高镍基合金的热强度。

镍基耐热合金和铁基耐热合金、钴基耐热合金相比,工作温度高,抗氧化、抗高温腐蚀的能力强,因此成为制造航空发动机热端部件比如发动机的涡轮盘、涡轮叶片,涡轮导向叶片、燃烧室等的主要材料。变形镍基耐热合金比如 GH4033、GH4037、GH4049 等工作温度可达 900℃。工作温度超过 900℃,可采用铸造镍基合金,使用温度可达 1050℃。目前,在先进的航空发动机上,镍基耐热合金的质量大约已占发动机总质量的 50%。

1.3　有色金属

铝、镁、钛、铜、锡、铅、锌等金属及其合金都属于有色金属。有色金属分为轻有色金属和重有色金属。铝、镁、钛及其合金属于轻有色金属;铜、锡、铅等属于重有色金属。在航空工业中应用最多的是轻有色金属。从表 1-1 可以看到,直到波音 777 一级飞机,在飞机结构总的质量中,轻有色金属约占 80%,其中铝合金约占 70%。铝合金在航空工业中能占有如此重要的地位是因为铝合金资源丰富、价格便宜和易于加工的优点,另外一个更主要的原因是,它的强度、刚度虽然还比不上结构钢,但它的比重小,使它的比强度(强度/比重)大于结构钢,比刚度(弹性模量/比重)与结构钢不相上下。见表 1-5。另外它还具有较好的断裂韧性和抗疲劳的性能。因此,在飞机结构中采用铝合金,不但对以前航空工业的发展起着重要的作用,从今后的发展来看,铝合金仍然是亚声速飞机和低超声速飞机的主要结构材料之一。

表 1-5　轻合金与结构钢的比强度、比刚度比较

合金种类	密度 ρ (g/cm³)	抗拉强度 σ_b/MPa	比强度 /10³ m	弹性模量 E/MPa	比刚度 /10⁶ m
铝合金	2.7	490～588	18～21	70.6×10³	2.6
镁合金	1.8	245～275	14～16	44.1×10³	2.5
钛合金	4.4	980～1177	22～27	110.8×10³	2.5
结构钢	7.7	980～1177	12.7～15	205.9×10³	2.65
超高强度钢	7.7	1569～2954	20.3～25	205.9×10³	2.65

1.3.1　铝和铝合金

1. 工业纯铝

工业上使用的纯铝,其纯度最低为98%,最高可达99.96%。

1) 纯铝的物理性能

工业纯铝是银白色的金属,它的密度约为2.7g/cm³,仅为合金钢密度的1/3。纯铝的熔点为660℃。纯铝有很好的导电性、导热性。在室温下,纯铝的导电能力为铜的62%。但纯铝的密度远小于铜,所以按照单位质量的导电能力计算,纯铝的导电能力约为铜的2倍。

纯铝的热膨胀性较大,在20℃时的线膨胀系数约为铁的两倍。这就是在以铝合金为主要材料的机身构架上,安装钢丝制成的钢索为传动件时,温度变化会带来钢索张力变化的原因。

纯铝还有良好的反辐射热性能,受到辐射热时,温度升高慢,常用作涡轮喷气发动机的隔热铝箔。

2) 纯铝的力学性能

工业纯铝的力学性能见表1-6。

表1-6　工业纯铝的力学性能

材料状态	σ_b/MPa	HBW	δ/%	ψ/%
退火	78	245	35	80
冷加工	147	314	6	50~60

纯铝的强度、硬度很低,塑性很高,可以进行冷压加工。经过冷加工可以使纯铝的强度、硬度得到提高,但塑性下降比较多。

3) 工业纯铝的化学性能

纯铝在大气中具有良好的耐蚀性。这是因为纯铝与氧有很强的亲和力,与空气中的氧作用,在铝表面生成均匀而致密的Al_2O_3薄膜,将铝和空气隔绝起来。但工业纯铝不耐酸、碱、盐溶液的腐蚀。

纯铝在航空工业中主要用途是:冶炼铝合金,作铝合金表面的包覆材料,制作铆钉、铝箔,代替铜做导电材料。

纯铝牌号为1×××,如1050A(纯度达99.50%),1035(纯度达99.35%),1200(纯度达99.00%)。

2. 铝合金

1) 铝合金分类

为了提高纯铝的强度,在纯铝中加入镁、锰、铜、锌、硅等合金元素,制成铝合金。

铝合金按其成分和工艺特点可分为变形铝合金和铸造铝合金两大类。具有良好塑性、适于变形加工的铝合金,称为变形铝合金。液态时流动性较好,适于铸造成型的铝合金,称为铸造铝合金。

变形铝合金又分为不能热处理强化的和能热处理强化的两种。在加热和冷却过程中，固溶体不发生成分改变，不能通过热处理的手段来强化，称为不能热处理强化的变形铝合金。在加热和冷却过程中，固溶体发生成分改变，能通过热处理的手段来强化，称为能热处理强化的变形铝合金。

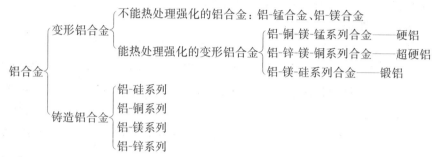

2）铝合金的热处理

（1）退火。变形铝合金的退火主要是再结晶退火。通常是加热到350～450℃，保温后，在空气中冷却。目的是恢复塑性，便于继续加工。飞机蒙皮钣金件和导管等形状复杂，往往要经过几次冷压加工成形。若冷压加工后，由于加工硬化、塑性降低、强度提高，难以继续加工成形，就要进行再结晶退火。所以，再结晶退火也称为中间退火。

对于不能用热处理强化的铝合金，冷变形加工后，要在保持加工硬化效果的基础上，消除内应力，可以进行"去应力退火"。"去应力退火"的加热温度在再结晶退火的温度之下，通常是180～300℃，保温后，在空气中冷却。目的是在保持加工硬化效果的基础上，消除内应力，适当增加塑性。

（2）淬火。铝合金淬火的目的是得到过饱和的固溶体，提高强度和硬度。所以铝合金的淬火也称为固溶处理。

常温下，铝合金的组织是由 α 和 β 两种基本相组成。加热到一定的温度（临界温度以上），由于合金元素在铝中溶解度的增大，将全部溶解到纯铝中，生成单一的 α 相——以纯铝为溶剂的固溶体。这时，再将铝合金从高温迅速（水冷）冷却到室温，合金元素来不及从 α 相中析出，于是就形成了过饱和的 α 固溶体。这种固溶体强度比退火状态略高一些，而塑性却显著改善。所以淬火状态的铝合金仍可以进行冷变形加工。但这种过饱和的固溶体是不稳定的，经过一段时间才能达到稳定，并使铝合金强度大大提高，这种现象叫做时效。

（3）时效处理。在一定温度下，随着时间的增长，铝合金淬火后得到的过饱和固溶体的强度、硬度得到明显的提高，而塑性和韧性则下降，这个过程称为时效。这种淬火后的铝合金，在一定温度下，随着时间的增长，强度和硬度得到提高的现象，称为铝合金的时效强化。由此可见，铝合金的热处理强化是通过固溶强化和时效强化达到的，而且时效强化的效果最为显著。

① 时效强化的原理。通过时效铝合金的强度和硬度得到提高的原因是：过饱和固溶体是不稳定的组织，在一定的温度下，过饱和固溶体中的合金元素原子，经过扩散集中在固溶体的某些区域，引起了周围组织晶格的严重畸变。发生畸变的晶格组织会对铝合金在外力作用下的位错产生阻力，这就使铝合金的强度得到提高。

随着时间的延长，合金元素原子扩散运动不断进行，使周围晶格发生更加严重的畸变，铝合金的强度就得到进一步的提高，并逐渐达到最高值。

　　如果时效的温度过高或时间过长，合金元素原子逐渐形成了稳定相，并与周围晶格逐渐脱离，这就使铝合金的强度显著下降，造成过时效了。

　　② 影响时效效果的因素。影响铝合金时效效果的主要因素有：铝合金中合金元素的含量、时效的温度与时间。

　　在一定范围内，铝合金中合金元素的含量越高，淬火后过饱和固溶体的过饱和度越高，时效处理后，强化效果越好。进行时效处理时，温度的高低决定着合金元素原子是否能进行扩散运动和扩散运动的速度。扩散运动需要时间，经过一定的时间，铝合金的时效强化效果最好，时间过长又会造成过时效。

　　按照时效的温度，铝合金的时效分为自然时效和人工时效两种。自然时效就是把淬火后的铝合金，放在室温下进行时效（温度约为 20℃）。这种时效进行较慢，要经 4～5 天后，强度可接近最高值。因为在室温下进行时效，合金元素原子的扩散能力有限，所以即使时间再延长，铝合金的强度不再变化。例如，含铜量 4% 并含有少量镁、锰元素的铝合金，在退火状态下，抗拉强度 $\sigma_b = 180 \sim 200 MPa$，伸长率 $\delta = 18\%$。淬火后抗拉强度 $\sigma_b = 240 \sim 250 MPa$，伸长率 $\delta = 20\% \sim 22\%$。如果进行自然时效，在室温下放置 4～5 天，强度会得到显著的提高，抗拉强度 σ_b 可达 420MPa 以上，伸长率下降为 $\delta = 18\%$。如图 1-18 所示。自然时效在开头的几个小时内，铝合金的强度无明显增加，称为"孕育期"。生产上常利用孕育期对铝合金进行各种冷变形加工，或对淬火的变形进行校正。

　　人工时效就是将淬火后的铝合金，再加热到一定的温度进行时效。人工时效进行较快，时效温度越高，时效过程进行得越快，达到最高强度值需要的时间越短，但最后铝合金达到的强度值越低，如图 1-18 所示。

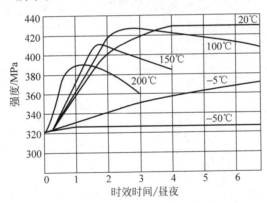

图 1-18　铝合金在不同温度下的时效曲线

　　若将淬火后的铝合金放在较低温度（例如 −50℃）下，过饱和固溶体中的合金元素原子活动能力极低，时效进行得极慢，铝合金的强度随时间增加几乎不发生变化，如图 1-18 所示。生产上利用这一特性，进行冷冻储藏。即把大批钣料、成品（如铆钉）等淬火后，放在冷箱中冷冻，需要时再取出来进行冷变形加工，而不必在加工前临时进行淬火。如果从冷藏中取出的零件，因故没有在孕育期内完成加工，零件在室温下，已经开始了自然时效，那么将其放回冷藏室之前，必须进行回归处理。回归处理就是将已经时效硬化的零件，重新加热到 200～270℃，短时间保温，然后在水中急冷。经回归处理后的铝合金件与新淬火的铝合金件一样，在室温下，仍能进行正常的自然时效。但每次回归处理后，其强度都有所下降，所以，一般回归处理次数以 3 或 4 次为限。

(4) 铝合金状态代号。铝合金状态代号见表 1-7。

表 1-7　铝合金状态代号

常见的 T× 状态			
代号	名　　称	状态代号	热处理状态
F	自由加工状态	T3	固溶、冷作、自然时效
O	退火状态	T4	固溶、自然时效
H	加工硬化状态	T6	固溶、人工时效
W	固溶热处理状态	T7	固溶、过时效
T	热处理状态(不同于 F、O、H 状态)	T8	固溶、冷作、人工时效
常见 T×× 状态			
状态代号	说名与应用		
T73	固溶及时效以达到规定的力学性能和抗应力腐蚀性能		
T74	与 T73 状态定义相同。抗拉强度大于 T73,小于 T76		
T76	与 T73 状态定义相同。抗拉强度大于 T73、T74,抗应力腐蚀性能低于 T73、T74,但抗剥落腐蚀性能仍较好		

3) 变形铝合金

按照性能和用途不同,变形铝合金可分为防锈铝合金、硬铝合金、超硬铝合金和锻铝合金四类。

表 1-8 给出国际变形铝合金的标记法。其中,铝锰合金(3000 系列)和铝镁合金(5000 系列)是防锈铝合金,铝铜合金(2000 系列)是硬铝合金,铝锌合金(7000 系列)是超硬铝合金,而铝镁硅合金(6000 系列)是锻铝合金。

表 1-8　国际变形铝合金的标记法

合金系	四位数字标记	合金系	四位数字标记
铝>99.00%	1××××	铝镁硅	6××××
铝铜	2××××	铝锌	7××××
铝锰	3××××	其他	8××××
铝硅	4××××	备用	9××××
铝镁	5××××		

(1) 防锈铝合金(3×××、5××× 系列)。铝锰合金和铝镁合金具有很高的抗蚀性,称为防锈铝合金。它们都属于不能热处理强化的铝合金,为了提高强度,应采用加工硬化。

常用的铝锰防锈铝合金是 21 号防锈铝,牌号为 3A21。它的抗蚀性很高,接近纯铝;强度不高,塑性好,焊接性能好,切削加工性能差。在飞机上主要用来制造油箱、油管、铆钉等。

常用的铝镁防锈铝合金是 5A02、5A06 和 5B05。它具有较高的抗蚀性、良好的塑性和焊接性,这些都与 3A21 接近。由于镁的固溶强化效果比较明显,所以它的强度比 3A21 高,而且密度小、抗疲劳性能好,因而在飞机上用来制造油箱、油管、铆钉和中等强度的冷压、焊接结构件。

(2) 硬铝(2××× 系列)。硬铝基本上是铝铜镁合金。铜和镁是硬铝中主要的合金元素。硬铝合金是一种密度较小而强度较高的合金,它的密度为 $2.8g/cm^3$,而强度在淬火时效后可达到 $\sigma_b = 460MPa(47kgf/cm^2)$,而且韧性和抗疲劳性能较好。它又具有良好的塑性,可以进行压力加工。另外,淬火后,有一个时效孕育期,给变形加工带来一些便利。所以,硬铝合金是在航空工业中使用最早、最广泛、最重要的一类合金。

硬铝合金在使用中有一些问题,必须注意:

- 抗蚀性能差,对应力腐蚀、晶间腐蚀都比较敏感。因此,使用时应进行防腐保护。
- 熔焊性能差。熔焊时有形成结晶裂缝的倾向。所以,飞机上硬铝零件的连接大都采用铆接。
- 淬火温度范围很窄。误差大约在 $5\sim10℃$ 范围内。低于要求温度,得到的固溶体饱和度不足,不能发挥最佳的时效效果;超过要求温度,则会产生晶界熔化,因此,控制温度比较困难。
- 淬火处理时,在要求的温度下保温热透后,从炉中到淬火介质的转移时间不能过长(一般不超过 15s),以求得到细化的晶粒,否则,会降低材料抗晶间腐蚀的能力。

飞机结构上常用的硬铝合金有:

① 2024 硬铝:2024 硬铝是在航空工业中使用最广的铝合金。含有较多的铜镁合金元素,具有较高的强度和硬度。热处理方法是淬火后在室温下经 $4\sim5$ 天自然时效,可得到较高的抗拉强度和韧性。对于工作温度较高的零件,为达到所需要的热稳定性,可以在淬火后,在一定的温度下进行人工时效,但人工时效的硬铝合金比自然时效的晶间腐蚀倾向更严重,所以一般硬铝合金都采用自然时效。硬铝合金淬火后,在室温下大约有 1.5h 孕育期,可在这段时间内进行变形加工。

国内使用较多的是 2A12(LY12)硬铝合金,它在成分和性能方面与美国常用硬铝 2024 相近。通常用来制造蒙皮、大梁、隔框、翼肋等主要受力构件。

② 2017 硬铝:含有中等含量的铜镁合金元素,硬度、强度比 2024 低,但塑性高,易于进行冷压成形。热处理方法是淬火后在室温下自然时效。孕育期约为 2h。

我国的 2A11(LY11)硬铝合金在成分和性能方面与美国的 2017、英国的 DTD150A 相近。通常用来制造中等强度、形状复杂的结构件,如蒙皮、桁条、操纵拉杆和重要铆钉等。

③ 2117 硬铝:这是一种用来制造铆钉的硬铝合金。合金中铜、镁的含量很低,所以合金的硬度较低,而塑性很好。热处理淬火和自然时效在工厂制造时已完成,使用时直接用来铆接,非常方便。外场用来修理的铆钉多用这种硬铝合金制造。

我国的 2A01(LY1)、2A10(LY10)硬铝合金在性能和使用情况与 2117 相当。

(3) 超硬铝(7075)。为了进一步提高铝合金的强度,在硬铝基础上加入 $4\%\sim8\%$ 的金属锌(Zn),形成的铝锌镁铜合金叫超硬铝合金。它属于高强度变形铝合金。

我国 7A04(LC4)超硬铝合金在成分和性能方面与美国常用的超硬铝 7075 相当。7075 超硬铝合金在 T6 热处理状态具有最高强度,抗拉强度 σ_b 可达 580MPa,但断裂韧性较低,抗应力腐蚀能力差,缺口敏感性也较大。在 T73 热处理状态下,抗拉强度和屈服强度均比 T6 状态低,但具有耐应力腐蚀的性能和比较高的断裂韧性。为了防止腐蚀,7075 材料的零件表面应有保护层。

与 2024 硬铝合金相比,7075 超硬铝的强度极限和屈服极限都比较高,但它的断裂韧性和抗疲劳性能并没有随着强度性能改善而成比例地提高,缺口敏感性也较大。所以在飞机结构中,以承受拉应力为主,要求有较好抗疲劳性能的机翼下翼面的长桁、蒙皮和机身蒙皮一般都采用 2024 材料制成。虽然强度低了一些,但疲劳性能却得到提高。7075 强度高,而且屈服极限高,可以提高结构件承压失稳的能力。因此,承受载荷较大,又要求有较高失稳应力的构件多用 7075 材料。

7075 合金可以用来制造飞机上重要受力构件,比如,机翼大梁、机翼上翼面的蒙皮、桁条、机身的桁条、隔框、翼肋、主要接头等。

4)锻造铝合金

锻造铝合金是铝-镁-硅系列铝合金,大多含有铜、镁、硅合金元素。主要特点是加热时,有良好的塑性,便于进行锻造成形,是用来制造形状复杂大型锻件的铝合金。

这类铝合金可以通过热处理强化,热处理方法是淬火后进行人工时效,可以达到最大的强化效果,获得与硬铝合金相当的强度、硬度值,但抗腐蚀的性能下降,要进行表面防护处理。

常用的锻造铝合金 2A14(LD10)含有比较多的铜合金元素,淬火、自然时效后达到比较高的强度值,通常用来制造高负载的锻件和模锻件。比如接头、框架等。6A02(LD2)锻铝合金含有较少的合金元素,并含有少量的锰。它的特点就是强度低,但具有较高的塑性和抗腐蚀性,所以用来制造形状复杂、要求具有一定抗腐蚀性能的锻件,比如直升机的旋翼等。

5)铸造铝合金

按照化学成分不同,铸造铝合金可分为 Al-Si 系、Al-Cu 系、Al-Mg 系、Al-Zn 系四大类。其中前三种应用比较广泛。

铸造铝合金代号是 ZL 加三位数字。第一位数字 1、2、3、4 分别代表 Al-Si、Al-Cu、Al-Mg 和 Al-Zn,后两位数字是合金的顺序号。比如 ZL102 代表顺序号为 2 的 Al-Si 系铸造铝合金。

铸造铝合金的特点是铸造性能好,可进行各种成型铸造。它的优点是密度小,比强度较高,有较高的抗蚀性和耐热性。不足之处是容易吸收气体形成气孔,组织较粗大,一般来说,塑性、韧性不如变形铝合金。这种合金主要用来制造形状复杂、受力较小的零件,如油泵等附件壳体和仪表零件、发动机机匣和附件壳体等。

1.3.2　钛和钛合金

1. 纯钛

纯钛是银白色金属,它的密度为 $4.5 g/cm^3$,属于轻有色金属。纯钛的熔点为 $1\,660℃$。纯钛的导电性和导热性都很差,线膨胀系数也比较小。纯钛没有磁性,在强磁场中也不会被磁化。

纯钛具有很强的抗蚀能力。在常温下,钛表面极易形成致密氧化膜,能阻止内部金属进一步氧化。它在大气及许多介质中都非常稳定,它的抗海水及其蒸汽腐蚀的能力很强,甚至超过不锈钢。对硝酸、稀硫酸、碱溶液都有一定的抗蚀能力。但却易受氢氟酸、浓硫酸的腐蚀,尤其是氢氟酸对钛有强烈的损坏作用。

纯钛的强度不高,弹性模量也很小,但塑性好。

因为纯钛的导热性能差、摩擦系数大等原因,纯钛的切削加工性能很差。纯钛的熔点很高,高温下又非常活泼,在冶炼和热加工时,比如,锻造或铸造时,容易吸收氧、氮、氢、碳、硅、铁等杂质,使强度提高,而塑性下降,变硬变脆。压力加工时,容易出现裂纹。因此,纯钛热加工工艺比较复杂,生产成本比较高。

纯钛的牌号用 TA＋顺序号表示,有 TA0、TA1、TA2 和 TA3。TA0 表示高度纯钛,TA1、TA2 和 TA3 表示含有不同比例氧、氮、氢、碳、硅、铁 等杂质的纯钛,称为工业纯钛。工业纯钛含有比 TA0 多的杂质,这些杂质和钛形成固溶体,过量的杂质还会形成脆性化合物。这样就使得工业纯钛比 TA0 钛的强度提高,塑性降低,见表 1-9。

表 1-9　工业纯钛的力学性能

牌　　号	σ_b/MPa	δ/%	ψ/%	a_K/(J/cm^2)
TA0	216～255	50～60	70～80	245
TA1	343	25	50	78
TA2	441	20	45	69
TA3	539	15	40	49

杂质氧、氮、氢、碳、硅、铁等会使钛的强度大大提高,而塑性有所降低。其中氢的影响最严重,含量超过 0.015%,便引起显著的氢脆。所谓氢脆,就是进入钛的氢原子会在缺陷处聚集,并形成氢分子或金属氢化物,其体积逐渐增大,造成很大压力,使钛发生脆断。因此,必须严格控制钛金属中杂质氢的含量。进入钛中的氢可能是由于酸洗、电解或腐蚀反应所产生的氢造成的,也可能是因为金属与氢接触所引起的。钛中的氢可以通过在真空中加热进行排除。

2. 钛合金

为了提高工业纯钛的性能,常在工业纯钛中加入一些合金元素,生产出钛合金。常加入的合金元素有铝、锡、铬、锰、钼、钒、锆等。

1) 钛合金的性能特点

与结构钢、铝合金相比,钛合金具有以下优点。

(1) 具有很高的比强度:钛合金的密度较小,仅为结构钢的 57%,而抗拉强度 σ_b 达到 1 200MPa,与结构钢的强度相当,所以钛合金具有很高的比强度,见表 1-5。

(2) 热强度高:钛合金的熔点很高,可达 1 660℃,高于结构钢,再结晶温度也高,达到 882.5℃,所以钛合金具有较高的热强度。一些新型的钛合金可以在 550～600℃温度下长时间工作。而铝合金的工作温度不能超过 250℃。所以钛合金的耐热性大大超过铝合金。

(3) 抗腐蚀能力强:钛合金可以在金属表面生成具有保护作用的氧化膜,起到很好的抗腐蚀的作用;在潮湿天气,海水、硝酸、稀硫酸等腐蚀环境和液体中,抗蚀性又不低于不锈钢。

(4) 耐低温性能:一些低温钛合金的强度随温度的下降而提高时,其良好的塑性却能保持不变。在很低的温度下,仍具有很好的延展性和韧性,是用来制造低温容器的材料。

但钛合金也具有以下缺点。

(1) 切削加工性能差:钛合金的导热性能差,切削加工时,刀具和加工工件温度升高,金属屑不易剥落,结果是刀具容易损坏,加工表面的质量也不好。

(2) 热加工工艺性能差:进行冶炼或铸造、锻造时,钛合金容易吸收空气中的氧、氮、氢等杂质,使钛合金变硬、变脆,变形加工中容易出现裂纹。吸收氢气还会造成构件在使用中发生氢脆断裂。所以对钛合金进行热加工必须在真空或保护性气体中进行,从而使钛合金热加工的工艺复杂,提高了钛合金的生产成本。

(3) 硬度低,耐磨性能差:钛合金大多数在退火状态下使用,而退火状态的钛合金硬度比较低,洛氏硬度只有32~38HRC,所以耐磨性能差。

2) 钛合金在航空工业中的应用

钛合金在航空工业中的应用起步比较晚,大约在第二次世界大战结束以后才开始。

钛合金开始用于军用飞机,20世纪50年代一些军用飞机开始用工业纯钛制造隔热板、机尾罩、减速板等受力不大的结构件。后来开始用钛合金TC4制造涡轮喷气发动机的压气机转子盘和叶片。

到了20世纪70年代,钛合金不但在军用飞机结构和发动机上的用量有了迅猛的增长,也开始在民用飞机上得到应用,波音747飞机起落架支撑梁,就是用钛合金TC4(Ti-6Al-4V)制造的模锻件。

进入21世纪以后,由于飞机飞行速度的提高,对轻型、耐热、抗腐蚀材料的需求大大增加,钛合金的性能优点恰恰迎合这些要求。目前,在一些先进的飞机发动机中,钛合金用量已占总质量的30%左右。在先进、宽体的大型飞机上,飞机结构中钛合金的用量也得到很大的提高。A380飞机用钛合金材料占飞机总质量的10%,而在波音787中,钛合金的用量更是达到了15%。

航空工业中使用最多的钛合金是TC4(Ti-6Al-4V)。TC4在航空工业中主要用来制造在400℃以下工作的部件,如压气机盘、叶片、压气机机壳等,还有飞机结构件:在退火状态下,制造锻件,比如起落架的支撑梁等,在固溶加退火处理后,制造紧固件。

为了提高TC4的耐热性和强度,在TC4基础上,又加入了锡、铜、铁等元素,形成了一种新的钛合金TC10。这种合金的强度、耐热性都比TC4高,淬透性也比TC4要大。可用来制造在450℃以下工作的零件。

1.4 复合材料和非金属材料

1.4.1 复合材料和蜂窝夹层结构

1. 复合材料

1) 复合材料概述

由两种或两种以上的组分材料组成,各组分材料基本上仍保持其原来各自的物理和化学性质,彼此之间有明显界面的材料称为复合材料。复合材料虽然是由两种或两种以上的组分材料组成,但各组分材料均保持各自的物理和化学性质,并且组分之间有明显的分界面,所以它不是化合物;但它更不是混合物,它与两种或两种以上组分材料简单混合有着本质的区别。首先它不仅保留了各组分材料原有的物理和化学性质,而且通过各组分材料互相补充、互相支持可以得到原组分材料不具备的新的优越的性能。另外,更重要的一点是复合材料具有可设计性,它可以根据材料制成的结构件在使用中的承载情况、性能要求等,进行各组分的选材设计和增强体比例、分布、排列、取向等的结构设计,使复合材料制成的结构件在使用中发挥最理想的物理、力学性能。

实际上，人类对复合材料的应用由来已久。用麦秆和泥土混合打制成盖房使用的土坯，现代盖房使用的钢筋混凝土、轮胎等都属于复合材料。只不过随着航空事业的发展、大型高速航空器的出现，原有的传统材料——钢铁和有色金属已不能满足要求。人们研究发现，很多材料具备传统材料不具备的优点，但同时又有着不能用于结构材料的缺点，而和其他材料组合不但能克服这些缺点，而且还能发挥出优越的特性。于是新型的由几种组分材料组成的复合材料开始出现，并随着选用组分材料范围的扩大和复合材料结构设计的发展，复合材料的优越性能越来越突出，有些性能已远远超过原有的传统材料，这不但促使材料科学领域发生了深刻的变化，也为航空领域中航空器飞行速度进一步提高、飞行性能的完善打开了广阔的前景。

2）复合材料的组成

组成复合材料的组元有增强（韧）体、基体和界面层。复合材料的性能取决于增强（韧）体和基体的选材、比例以及三个组元的性能。

（1）基体。基体是复合材料中的连续组元，它的作用是使复合材料成形，粘接、保护增强（韧）体，承受外载荷时，基体承受应力的作用不大，而是将外载荷产生的应力传递给增强体。

由于基体和增强体表面之间的物理、化学作用，在增强体的表面形成了复合材料的第三组元——界面层。基体的性质对界面层的结构和性能起着决定性的作用。因此，在设计和制造复合材料时，要选择能与增强体相匹配的、高性能的基体材料，才能得到预期性能的复合材料。

复合材料的基体材料可选用高分子的聚合物基（聚酯树脂、酚醛树脂、环氧树脂、硅树脂、聚酰亚胺树脂等）、金属基（铝、钛等金属和钛铝、镍铝等金属间化合物）、无机非金属基（陶瓷基、碳基）等。

以树脂为基体的复合材料是复合材料的主要品种。其产量远远超过其他基体的复合材料。

（2）增强（韧）体。增强（韧）体是均布在基体中，对基体起到增强（韧）作用的不连续组元。它的形状可以是颗粒状、片状、纤维状或织物状等。研究、应用最广的是纤维状增强（韧）体——增强纤维。特别是结构复合材料，主要是采用增强纤维对基体进行增强（韧）作用。

增强纤维的作用是承受载荷，即承受基体通过界面传递过来的应力，对基体起到增强、韧化的作用。增强纤维应该是用高模量材料制成的直径很小、有一定长度的丝状物体。直径很小，可以减小增强纤维的表面和内部存在缺陷的概率，从而减小纤维对裂纹的敏感性。不连续纤维达到一定的长度，可防止受力时将纤维从基体中拉出。增强纤维材料的强度和弹性模量都要比基体材料的高，这样才能保证复合材料制件承受载荷时，在变形协调情况下，载荷引起的应力大部分由增强纤维来承担。

另外，基体中增强纤维的含量必须达到要求，才能使增强纤维对基体起到增强、增韧的作用。复合材料不但是多组元的材料，增强纤维的分布情况对复合材料的性能也有影响，比如，在与增强纤维排列垂直方向上，复合材料的强度较低。复合材料的力学性能和物理性能随方向而变化，是各向异性的材料，所以应考虑复合材料制件的受力情况来排列、分布增强纤维。

可选择用来做增强纤维的材料有玻璃纤维、碳纤维、硼纤维、芳纶纤维等。

(3) 界面层

① 界面层的含义。界面层是复合材料中在增强体和基体接触部位形成的有一定厚度的层面。它具有与基体、增强体不同的结构和性能,所以把它视为复合材料的第三个组元——界面层。

界面层可以是由于基体和增强纤维表面之间的物理、化学作用形成的结合层,可以是基体和增强体之间的残余应力层,也可以是在复合材料制作过程中,人为加入的涂层。

复合材料之所以能够通过基体和增强体的相互作用,产生原组分所不具备的优越性能,界面层起着至关重要的作用。

② 界面层的作用。界面层的作用可以归于以下几个方面:

a. 在基体和增强体之间传递载荷:复合材料受力时,载荷一般首先是作用在基体上,使基体发生变形,增强体必然通过界面层的作用限制基体的变形,这样就会在界面层中产生剪应力和剪应变,通过剪应力和剪应变,部分载荷就传递到增强体上,基体和增强体的变形得到协调,载荷也在两者之间得到合理的分配。界面层在基体和增强纤维之间提供适当的结合力,使增强纤维承受载荷引起的应力,对基体起到增强、增韧的作用。

b. 阻断裂纹的扩展:在基体和增强体之间的界面层可以阻断在任一组元中产生的裂纹向另一组员扩展,减缓应力集中造成的材料破坏。

c. 保护增强体:保护增强体,防止增强体和基体之间的化学反应,避免增强体受到损害。

3) 复合材料分类

按照复合材料所选用的基体材料不同,可将复合材料分为金属基和非金属基两大类。

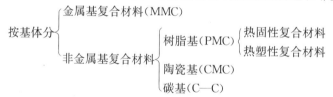

按照复合材料所选用的增强(韧)材料不同,可将复合材料分为以下几种。

$$
\text{按增强纤维分}
\begin{cases}
\text{碳纤维复合材料(CFRP)} \\
\text{芳纶复合材料(KFRP)} \\
\text{硼纤维复合材料(BFRP)} \\
\text{玻璃钢(GFRP)} \\
\text{其他:包括混杂复合材料等}
\end{cases}
$$

另外,按照使用性能还可将复合材料分为结构复合材料和功能复合材料。结构复合材料是指用来制造结构零件的复合材料;功能复合材料是指除了具有一定的力学性能外,还具有某种物理性能、化学性能和生物性能的复合材料。

目前发展比较成熟、在民用运输机上应用较多的是以树脂为基体,以玻璃纤维、碳纤维(包括石墨纤维)、芳纶(Kevlar凯芙拉)等为增强体的复合材料。它们分别称为树脂基玻璃纤维复合材料、树脂基碳纤维复合材料和树脂基芳纶复合材料。后两种复合材料刚度和强度性能相当于或超过了铝合金,可用于主要承力结构和次要承力结构,也称为先进(聚合物基)复合材料。金属基、陶瓷基、碳-碳复合材料不但具有优于金属材料的力学性能,而且耐高温,属于高温复合材料,金属基可耐温度达 600℃,陶瓷基可耐温度达 1 000℃以上。也称为先进金属基复合材料和非金属基复合材料。

4) 树脂基(聚合物基)复合材料(PMC)

(1) 树脂基玻璃纤维复合材料。这是一种是用玻璃纤维增强树脂的复合材料。它是最早在飞机上得到应用的第一代复合材料,俗称玻璃钢。按照基体树脂的类别可分为热固性玻璃钢和热塑性玻璃钢。

① 热固性玻璃钢。这类玻璃钢大约用 60%～70%玻璃纤维(玻璃布)和 40%～30%热固性树脂在模具上用手敷法或模压法成形,然后在一定的温度下,经过一定时间固化,制成各种形状的部件。这种生产工艺的优点是成形工艺简单,容易制成具有复杂曲面外形的各种部件。缺点是手工操作过多,生产效率不高,质量不易控制,而且生产的部件性能分散性大。

热固性树脂硬度、刚度大,受热不会软化。但温度过高会失去承载能力,使用温度大多在 250℃以下。常用的热固性树脂有聚酯树脂、酚醛树脂、环氧树脂、硅树脂、聚酰亚胺等。

热固性玻璃钢材料的优点是比强度$\left(\dfrac{\sigma_b}{\gamma}\right)$较高;对电和热的绝缘性能好,热膨胀系数比钢和铝的都小;对雷达波和无线电波有很高的透波性;冲击韧性较高,抗疲劳性能好。但它也存在着比刚度(E/γ)较低、工作温度不能超过 250℃,耐湿热性差,长时间使用容易发生蠕变现象,材质也容易老化,材料性能分散性大等问题。主要用来制造雷达罩、整流罩、舱门、舵面、襟翼、扰流板等只承受局部气动载荷的维形构件,或只承受传递局部气动载荷的次要受力构件,如表 1-10 所示。

表 1-10　波音 757 和波音 767 上复合材料的使用情况

机种	应用部位	重力/N	减重/N
波音 757	内、外侧襟翼,副翼,扰流板,发动机整流罩,前、主起落架舱门,方向舵,升降舵	14 014	5 070
波音 767	内、外侧襟翼,副翼,扰流板,发动机整流罩,前、主起落架舱门,升降舵	14 945	5 560

② 热塑性玻璃钢。以玻璃纤维为增强体增强热塑性树脂生产出热塑性玻璃钢,如尼龙 66 玻璃钢、ABS 玻璃钢、聚苯乙烯玻璃钢等。

热塑性树脂在温度达到一定值时会发生明显的软化,冷却后又恢复原来的硬度。使树脂发生明显软化的温度也被称为玻璃化转变温度。它的玻璃化转变温度低于热固性树脂失去承载能力的温度,所以热塑性树脂的使用温度低于热固性树脂。但热塑性树脂具有热固性树脂不具备的优点:它的密度小,成形性好,成本低。另外,热塑性树脂的断裂韧性好,吸湿性低,以它作为复合材料的基体材料可以提高复合材料的抗冲击能力和耐湿热环境的能力。可用作复合材料基体的热塑性树脂主要有聚丙烯、聚氯乙烯、尼龙、聚碳酸酯以及耐高温的聚醚醚酮等。由于热塑性材料具有的优点,使它虽然出现得比较晚,却得到较快的发展。

例如,尼龙 66 玻璃钢的刚度、强度和耐磨性好,可代替有色金属制造轴承、轴承架、齿轮等精密机械零件。

(2) 先进(聚合物基)复合材料(APMC)。这是一种用高强度、高模量材料碳纤维(包括石墨纤维)、芳纶、硼纤维等增强树脂制成的复合材料,是继玻璃钢之后发展起来的第二代复合材料,其性能明显优于第一代,被称为先进(聚合物基)复合材料。它的优点是:

① 比强度和比刚度高。先进复合材料最突出的特点就是比强度和比刚度高。表 1-11 中列出了一些金属和先进复合材料的性能。从表中可以看出,碳纤维 I/环氧材料的密度只有 $1.6g/cm^3$,但它的抗拉强度为 $1.07×10^3MPa$,弹性模量更高,为 $2.4×10^2GPa$。也就是说,它的比强度是钢的 5 倍,铝合金的 4 倍,钛合金的 3 倍。它的比模量是钢、铝合金、钛合金的 5 倍以上。将先进复合材料用于飞机结构,可减轻结构重量的 20%~30%。

表 1-11　金属和复合材料的性能比较

材 料 名 称	密度/(g/cm³)	抗拉强度/10^3MPa	弹性模量/10^2GPa	比强度/(10^3MPa·cm³/g)	比模量/(10^2GPa·cm³/g)
钢	7.8	1.03	2.1	0.13	0.27
铝	2.8	0.47	0.75	0.17	0.27
钛	4.5	0.96	1.14	0.21	0.25
玻璃钢	2.0	1.06	0.4	0.53	0.21
碳纤维 II/环氧	1.45	1.5	1.4	1.03	0.97
碳纤维 I/环氧	1.6	1.07	2.4	0.67	1.5
有机纤维 FRD/环氧	1.4	1.4	0.8	1.0	0.57
硼纤维/环氧	2.1	1.38	2.1	0.66	1.0
硼纤维/铝	2.65	1.0	2.0	0.38	0.75

② 具有良好的耐疲劳性能。金属材料的疲劳破坏在宏观上均表现为无明显塑性变形的突然断裂,复合材料的疲劳破坏却有着明显的预兆。复合材料中的增强(韧)纤维形成多路传力结构,疲劳破坏是从增强纤维的薄弱环节开始,纤维表面的界面层又对裂纹的扩展起到阻止的作用。因此,复合材料的耐疲劳性能要比金属材料好。大多数金属材料的疲劳极限是其抗拉强度的 30%~50%,而碳纤维增强树脂复合材料的疲劳极限可达其抗拉强度的 70%~80%,如图 1-19 所示。

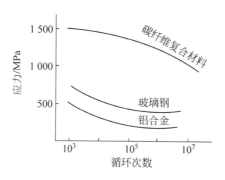

图 1-19　三种材料的疲劳性能比较

③ 减振性能好。由于复合材料的比模量高,使其制件具有较高的自振频率;复合材料中的聚合物基和界面层又具有振动阻尼的特性,这些特点就决定了复合材料有很强的吸振

能力。

④ 具有多种功能性。选择适当的基体和增强材料可制造出具有各种不同功能的功能复合材料。比如,对雷达波高透射性能的隐身材料、能吸收大量热能的烧蚀防热材料等。

⑤ 可设计性强。复合材料是各向异性材料,可根据使用要求和受力情况,选用增强(韧)纤维、基体树脂的种类及含量。另外,还可以设计纤维的排列方向、铺设层次和顺序等,以满足使用要求,实现构件的优化设计。

⑥ 热膨胀系数小。在温度剧烈变化的条件下,可保持构件形状和尺寸的稳定性。

⑦ 便于大面积整体成形。复合材料的生产是和制品的成形同时进行的。适合于大面积、形状复杂构件的精确整体成形。既可减轻结构重量又可降低装配的制造成本。

但是,先进复合材料也存在着一些问题:

① 耐湿热性能差。先进(聚合物基)复合材料(APMC)的基体为高分子材料,在湿、热的联合作用下,基体树脂会吸收水分,引起结构尺寸的变化,从而引起由基体控制的力学性能,如压缩强度、剪切强度等的明显降低。

② 复合材料是各向异性材料,在垂直增强纤维的横向抗拉强度低,由基体提供的层间剪切强度不高。冲击韧性较低,尤其是碳纤维增强树脂复合材料比较脆,具有脆性材料的特征,抗冲击载荷能力差。

③ 材料分散性大,价格过高。复合材料在制作过程中要发生一系列的化学反应和物理变化,这些过程都与材料的选择、生产环境的优劣、生产人员操作技术熟练程度等条件有关,任何一个环节的偏差都会对产品质量带来影响。尽管在制造工艺上采用了一系列的创新技术,复合材料的成本仍然无法与铝合金竞争。

先进(聚合物基)复合材料在航空器中的应用得到很大的发展。现已用碳纤维树脂材料制造飞机垂直尾翼、水平尾翼、机身机舱地板、发动机压气机叶片,以及齿轮、轴承、活塞密封圈等要求耐磨的零件。硼纤维环氧树脂、硼纤维聚酰亚胺树脂等复合材料主要用来制造水平尾翼、垂直尾翼、阻力板、机翼和起落架一些部件。还可以用来制造压气机叶片、螺旋桨和轴。

图 1-20 给出了先进(聚合物基)复合材料在波音 777 机体结构上的应用。从图中可以看到,在波音 777 上除了尾翼和操纵面外,机身的主地板梁也是由复合材料制造的。

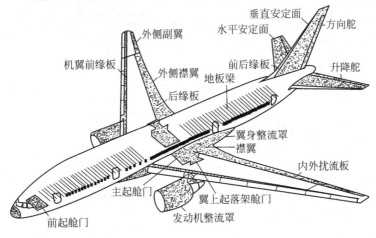

图 1-20　波音 777 上的复合材料结构

在 C-130 飞机上,用来制造机翼的硼纤维环氧树脂,是首次用于大型客机主要受力构件的复合材料。

5) 金属基复合材料和非金属基复合材料

金属基复合材料的基体一般用铝、钛金属基和钛铝、镍铝金属间化合物基,非金属基复合材料的基体一般用陶瓷基和碳基。增强纤维一般用碳纤维、硼纤维、碳化硅纤维、石墨纤维等。

金属基复合材料和非金属基复合材料具有耐高温、低密度、比强度高、比模量高、热膨胀系数小、抗磨损、化学性能稳定、可靠性高等优点。表 1-12 给出了金属材料和金属基复合材料、金属间化合物基复合材料、陶瓷基复合材料的密度、最高工作温度和在飞机上的应用部位。镍基耐热合金的密度为 8.03g/cm³,最高工作温度可达 1 000 ℃。金属基复合材料 MMC 的工作温度可达 871℃,密度仅为 4.43g/cm³。而金属间化合物基复合材料 IMMC 的工作温度可达 1 371 ℃,比重为 5.54g/cm³。如果用金属基复合材料代替传统的金属材料制作发动机零部件,比如制作发动机的高压压气机、高压涡轮等热端部件,在提高发动机的工作温度和减轻发动机重量上的效果是十分可观的。图 1-21 给出发动机使用材料的发展趋势,从图中可以看到,2000 年以后,镍基耐热合金仍占有重要地位,大约占 40%,但已开始有所下降,而金属基复合材料和金属间化合物基复合材料开始在发动机上得到使用,并逐渐增加。

表 1-12　金属材料和先进复合材料工作温度

材　　料	密度/(g/cm³)	最高工作温度/℃	应　用　部　位
铝合金	2.77	316	
钛合金	4.43	600	进气机匣、风扇
镍基高温合金	8.03	1 000	高压压气机、燃烧室、喷管
PMC	1.66	427	进气机匣
MMC(Al)	2.77	538	
MMC(Ti、TiAl)	4.43	871	高压压气机、风扇
IMMC(NiAl)	5.26	1 371	高压压气机
IMMC(FeAl)	5.54	1 371	高压压气机
CMC	3.32	1 760	高压压气机、喷管、高压涡轮、低压涡轮

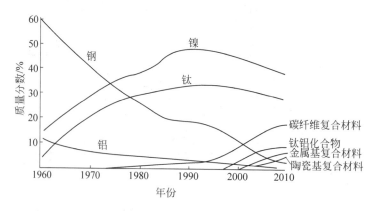

图 1-21　发动机使用材料的发展趋势(英国罗·罗公司提供)

陶瓷基复合材料(CMC)的基体使用陶瓷材料,例如碳化硅、氧化铝等。陶瓷材料在耐温、耐磨和高温下的化学稳定性等方面有着很大的优越性,但它具有的脆性却使它的应用受到很大的限制。在陶瓷基体材料中加入增强(韧)体,特别是连续纤维增强(韧)体,会使它的强度,特别是韧性得到很大的提高,它的断裂破坏由原来的脆性断裂变为非脆性断裂。这就使这种复合材料在航空发动机上的应用成为可能。从表1-12可以看到,陶瓷基复合材料(CMC)的密度只有高温合金的$1/2\sim1/3$,最高使用温度达到1760℃,它的低密度耐高温的性能使它成为发展新一代高性能发动机研究材料的重点。

碳基复合材料:碳基复合材料中以碳为基体,利用碳纤维增强的复合材料,又称为C/C复合材料。C/C复合材料密度低,只有$1.5\sim2.0\text{g/cm}^3$,比轻质铝合金的密度还要小。所以它的比强度非常高。因为碳的熔点比较高,所以C/C复合材料是在高温下工作的优质材料:它耐高温,有良好的导热性,膨胀系数低,对热冲击不敏感,化学稳定性好,蠕变小。另外,它还具有极好的耐磨性。

由于C/C复合材料的高温性能和耐磨性能,在航空飞行器中主要用来制造起落架制动装置的刹车片。

尽管目前在生产成本上复合材料仍然无法与铝合金竞争,但金属基复合材料和非金属基复合材料具有低密度、比强度高、比模量高、耐腐蚀和疲劳寿命较高等优点都使复合材料在民航运输机结构上的应用从初始适用期进入了快速增长期,并逐渐稳定下来。在2000年后出现的大型民用客机A380和波音787结构中都大量采用了金属基复合材料和非金属基复合材料。在A380客机上,复合材料已占机体结构质量的20%。在机身的上部采用玻璃纤维/铝(Glare)复合材料,在中央翼盒、地板梁和后气密框采用玻璃纤维/石墨复合材料。而波音787采用复合材料制造机翼和机身,更使复合材料的质量达到结构总质量的50%。

2. 蜂窝夹层结构

1) 蜂窝夹层结构的组成

蜂窝夹层结构是用两层较薄的面板中间夹以较厚的芯材,面板与芯材之间通过胶膜层粘接而组成的夹层板壳结构,如图1-22所示。

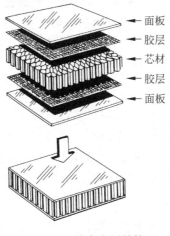

图1-22　蜂窝夹层结构

面板材料可以选用树脂基玻璃纤维复合材料,制成玻璃纤维夹层结构;也可以用碳纤维、芳纶纤维复合材料,制成先进复合材料夹层结构;还可以选用铝合金、钛合金、不锈钢板,制成金属面板夹层结构。蜂窝芯材有金属和非金属两种。金属蜂窝芯材主要是用铝箔、不锈钢箔粘接成六角形孔格形状制成;非金属蜂窝芯材主要是用玻璃纤维布粘接而制成。

2) 蜂窝夹层结构的特点和在飞机上的应用

(1) 蜂窝夹层结构的优点是:

① 具有较大的弯曲刚度和弯曲强度。蜂窝夹层结构是在两层具有较高强度和刚度的面板之间夹以轻质、厚度较大的芯材,在没有增加多少质量的情况下,使构件受力面的厚度大大增加。因此,具有较大的弯曲刚度和弯曲强度,从而也增加了夹层结构受压、受剪的稳定性。

② 具有较好的吸声和隔热、隔声的性能;具有较高的耐声振疲劳性能。

③ 具有光滑的气动外形,气密性较好。

(2) 蜂窝夹层结构存在的问题是:

① 用蜂窝夹层结构制成的部件之间的连接设计比较困难,部件发生损伤修理和更换也比较麻烦,而且在蜂窝夹层结构制成的部件上进行大开口设计也比较困难。

② 抗湿热环境的能力差,要特别注意防潮密封。

(3) 目前在民用运输机上,蜂窝夹层结构主要用于以下几个方面:

① 承受局部气动载荷、起整流作用的部件,如发动机短舱、整流件、机翼前缘、翼梢整流件等。

② 安装进行通信导航天线上的整流件。

③ 受力较小的操纵面和调整片,如舵面、襟翼、扰流板、调整片等。

1.4.2 塑料材料

塑料是以高分子化合物(通常称为树脂)为主制成的一种人造材料,由树脂、增塑剂、填料和颜料等组成。其中主要成分是树脂,它是起粘接作用的基体,约占塑料质量的40%~100%。塑料的优点是密度小、耐磨、绝缘、隔声,有很好的抗振性和抗腐蚀性,在一定温度和压力下具有塑性,容易做成所需要的各种形状,成形之后,在常温下保持形状不变。它的不足之处是耐热性差,力学性能不如金属材料。塑料的性质主要取决于树脂的结构和性质。

1. 塑料的类型

塑料分为热塑塑料和热固塑料两大类。

热塑塑料受热时会变软并变柔韧,这时可进行模压成形。当它冷却后,会保持已成形的形状。只要不超过规定的加热范围,这个过程可重复多次而不会使材料受到损坏。

热固塑料一旦被模压成形并冷却后,再怎样加热也不会使它变柔软,也不能再加工成其他形状。也就是说,一旦成形,它就只能保持这个形状直到破坏。

2. 有机玻璃(航空透明件)

航空用的有机玻璃材料又叫做明胶玻璃,它是飞机上应用较多的一种透明塑料。常用来制造飞机驾驶舱风挡玻璃件、座舱盖及机身两侧观察窗玻璃件。这些透明件的安全可靠性直接影响到飞机的使用和安全,是飞机上的关键部件。

1）有机玻璃材料

用于飞机风挡和机身两侧窗口的透明塑料有两种：一种是醋酸纤维素；另一种是丙烯酸塑料。它们都属于热塑塑料。

（1）醋酸纤维素。醋酸纤维素由于重量轻、透光性能好，早期飞机上多用它来做透明件。但由于它的制成件尺寸不稳定，使用一段时间后会变黄，后来逐渐被丙烯酸塑料代替。

（2）丙烯酸塑料。目前，航空用的有机玻璃材料大多采用丙烯酸塑料。它是由聚甲基丙烯酸甲酯和增塑剂组成的，不含有填料。由它制成的构件尺寸比较稳定，刚度大大高于醋酸纤维素，透光性能好，边缘的颜色几乎是无色透明的。

2）有机玻璃的性能

（1）对飞机有机玻璃材料的性能要求。

① 透明性。飞机透明塑料材料应具有与优质玻璃一样好的透光性能，这对于用作飞机风挡玻璃和窗口玻璃的透明塑料材料来说十分重要。

② 热膨胀系数小，热稳定性好。在飞机使用过程中，透明件要承受地面上严寒气候和在高空低速巡航时的低温作用，也要承受地面太阳辐射和低空高速飞行气动加热造成的高温作用，同时还要承受由于下降、爬升、加速和减速造成的瞬时温度急剧变化。因此，飞机透明塑料材料的热膨胀系数必须小于技术条件要求的规定值。以保证透明材料制件尺寸的稳定性。

热稳定性是指保证透明塑料在温度变化时，不产生气泡、银纹或其他因热稳定性不好而产生的缺陷。

③ 良好的成形性。风挡玻璃和窗口玻璃都是机体的外表面，应保持与机体外形相吻合的流线形，特别是风挡玻璃的形状更为复杂。因此，飞机透明塑料材料应满足技术条件中对成形性的要求，能容易地模压成所需要的流线形，并且不能有任何透明失真的现象。

④ 具有一定的拉伸强度和延伸率。在使用过程中，透明件要承受局部气动载荷和鸟撞产生的冲击载荷，所以飞机透明塑料材料的拉伸强度不应低于技术条件中的要求值。而且，在断裂前延伸率不能低于要求值。

⑤ 便于维护和修理。

（2）有机玻璃的性能介绍。

在飞机上使用的透明塑料——醋酸纤维素和丙烯酸塑料基本能满足以上的要求，特别是丙烯酸塑料透光性更好，制件的尺寸稳定性也比醋酸纤维素要好，强度和延伸率也满足要求，并能容易地模压成所需要的流线形，不产生透明失真的现象。

有机玻璃还具有一些比玻璃好的特性：透明塑料被打破后，会产生大而钝边的碎片，比玻璃安全；它们具有较低的吸水能力；而且振动不容易在透明塑料中引起的疲劳裂纹。

有机玻璃也有一些不足之处。首先，它没有玻璃硬，表面极容易擦伤、划伤以致影响视线。它不导电，受摩擦后，会变成高静电体。有机玻璃在常温下为玻璃态，强度、硬度较大，塑性较小。温度的升高不仅使有机玻璃的强度、硬度降低，还会使分子发生裂变。裂变后会在玻璃表面鼓胀起泡，颜色变白，通常把这种现象称为"发雾"。"发雾"会使玻璃的透明度大大下降。有机玻璃的导热性差，不均匀受热时，会在表面和内部之间引起热应力，在表面生成裂纹。这些裂纹很细小，呈现银白色光泽，也称做"银纹"。当温度降低时，有机玻璃的强度和硬度增大，脆性也增大。

有些溶剂比如香蕉水、丙酮、甲苯等对有机玻璃的侵蚀作用很大,其次是酒精、汽油、滑油。有机玻璃会在香蕉水、丙酮、甲苯等这些溶剂中溶解,如果沾上这些溶剂,很快表面就会溶解而变得不光滑、不平整,使其"发雾"失去透明性。酒精会使有机玻璃溶胀,然后在空气中收缩时开裂,形成银纹。

飞机上使用的透明塑料的供应形式有单层和多层形式。单层塑料是一种简单实心匀质的板材,多层塑料则是由几层塑料板之间夹以内层材料粘接而制成。用多层透明塑料制成的透明件与单层塑料件相比具有较高的抗粉碎性能,对快速减压也有较大的阻抗,可用在现代民用飞机的增压座舱内。

3. 酚醛塑料

酚醛塑料又称为胶木,是一种以酚醛树脂为主要成分的热固性塑料。在酚醛塑料中,除了酚醛树脂、固化剂外,还用木粉、纸、布等充当填料。

航空上常用的酚醛塑料有木粉胶木、夹纸胶木、夹玻璃布胶木和石棉胶木等。这几种胶木具有比较大的强度、良好的绝缘性,并不易受溶剂的侵蚀。在飞机上用来制造齿轮、滑轮、雷达罩、整流罩以及电气设备上的绝缘零件等。石棉胶木还有很好的耐热性、耐磨性和很大的摩擦系数,常用来制造刹车片、摩擦盘等零件。

4. 环氧树脂塑料

环氧树脂塑料是以环氧树脂为主制成的一种热固性塑料。环氧树脂塑料的特点是强度高,绝缘性好,不易受溶剂的侵蚀,成形收缩率小,但耐湿热性差。在飞机上主要用作树脂基玻璃纤维复合材料的基体材料。

环氧树脂具有良好的黏合力,它能将金属、木材、玻璃纤维等牢固地黏结在一起,是一种很好的黏合剂。

1.4.3　橡胶材料

橡胶是制造飞机上广泛使用的橡皮材料的主要原料。按其来源可分为天然橡胶和合成橡胶两类。天然橡胶主要是从橡胶树等植物中取得的。合成橡胶是用煤、石油、天然气等为原料合成的。

1. 天然橡胶

天然橡胶有良好的弹性、绝缘性和密封性。但它的弹性受温度的影响很大,温度升高会使它的塑性变形部分增大,逐渐失去弹性变成塑性物质;温度过低,也会使它变硬、变脆。另外,它的强度小,在煤油、汽油中易溶胀和溶解,还容易老化。因此,天然橡胶不适合直接用来制造零件,主要用于制造橡皮的原料。

2. 合成橡胶

合成橡胶是用化学方法,把低分子化合物聚合而制成的一种高分子化合物。它不仅弥补了天然橡胶的不足,而且还具有天然橡胶所没有的特性,例如在矿物油中不溶解或不易老化等,所以合成橡胶在航空工业中得到广泛的应用。

合成橡胶有很多种,比如,丁苯橡胶性质与天然橡胶接近,所有用天然橡胶制作的零件都可以用它来制造;丁腈橡胶在汽油、煤油中非常稳定,不会溶解;氯丁橡胶强度较大,不易老化,也不溶于矿物油中;等等。

3. 橡皮材料

在飞机中使用的橡胶制品,很少直接采用橡胶,绝大多数都是橡皮做成的。橡皮的主要原料是橡胶,为了改善橡胶的性质又加入了如硫化剂、防老剂、添加剂等各种配合剂。橡胶和各种配合剂均匀的混合物叫做生橡皮,再经过一定时间的加温和加压就成为橡皮。橡皮的性质主要决定于橡胶的种类,例如天然橡胶制造的橡皮仍不耐油,而丁腈橡胶、氯丁橡胶制造的橡皮就很耐油。

橡皮材料的性质比橡胶有很大改善,它除了具有良好的绝缘性和密封性外,还能在很大的温度范围内保持弹性。同时它的强度和抵抗老化的能力也有所提高。

航空工业中常用的橡皮材料有:天然橡胶制造的橡皮可用来制造飞机的轮胎、飞机冷气系统中的软管、与植物基液压油配合使用的密封件、软导管等。丁腈橡胶或氯丁橡胶制造的橡皮可用来制造耐油制品,比如与矿物油接触的各种零件、密封件、软油箱、软导管等,氯丁橡胶的黏性大,还可用来制作黏合剂,黏合橡胶与金属等。

4. 外界因素对橡胶制品性能的影响

橡胶制品可以和空气中的氧气发生反应而被氧化,使橡皮的弹性降低,变形时容易产生裂纹。温度对橡胶制品的影响主要是使橡皮的柔顺性发生变化并使橡皮的老化速度加快。在维护橡胶制品时,要防止它们的温度过高,储存时要远离热源,放在较阴凉的地方。对于工作中容易受到高温的橡胶制品,如轮胎等,应加强检查,尽量避免连续不断地使用刹车。当温度很低时,应注意检查使用橡胶垫的密封处是否有渗漏现象。对于用丁腈橡胶制作的油箱,拆装时应进行加温等。

橡胶制品长时间受到日光直接照射,会加速老化:强度变小,透气性增大,表面硬化,变形时出现裂纹。因此,维护工作中应尽量避免橡胶制品受到阳光的直接照射,待用的或拆下的橡胶零件要放在阴凉处,飞机停放时要盖好轮胎罩布等。

外力会使橡皮变形而加速橡皮的老化。安装有内胎的轮胎时,要防止内胎出现折痕。如果在内胎上出现折痕,容易在折痕处发生爆破。保管内胎和其他橡胶制品时,一般不允许折叠或迭压。安装橡皮导管时,应防止导管的弯曲角度过大。长期停放的飞机,要经常变动轮胎的位置,以免轮胎因受压过久而产生变形和裂纹。进行维护工作时,应注意检查轮胎的冲气压力是否符合要求:压力过低,会使轮胎在滑行时反复变形严重,胎内的空气运动速度加大,从而产生较多的热量使轮胎产生鼓包、脱层和爆胎等现象;压力过高,会使轮胎的负荷加大,减少轮胎的寿命。另外,轮胎的减振性能变差,降低刹车的效果并产生不均匀的磨损。

汽油、煤油等溶剂会使橡皮分子间的距离加大而造成橡胶制品的溶胀,弹性和强度下降。不同橡皮材料制成的橡胶制品具有不同的抗油性。例如,在汽油、煤油中,天然橡胶的溶胀率最高,丁腈橡胶的溶胀率较低。在维护工作中,应严格按规定使用密封件、软导管等各种橡皮制件,不能任意调换。

1.4.4　密封剂

现代高速民用运输机利用密封剂进行密封的部位(见图 1-23)大致有以下几个方面:

(1) 由于高速飞行的气动外形要求,机翼表面蒙皮边缘处要进行气动密封,保持表面光滑气动外形,减小阻力。

(2) 气密增压座舱蒙皮对缝密封,气密隔框上通过钢索、管道、电线的开口要求用塑料导环和密封剂密封,以使气密座舱达到要求的气密性。

(3) 机翼上的结构整体油箱接缝和每个铆钉连接都要求密封,以防止油箱渗漏。

(4) 电线插头也都是装在一个密封筒里,防止水分进入,引起接头锈蚀,造成电路不通,等等。

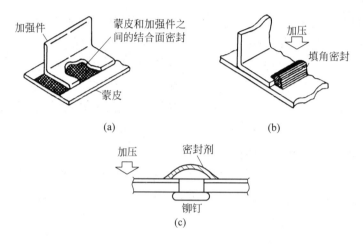

图 1-23　结构的密封措施

1. 密封剂材料

航空上使用的密封剂材料有单组分密封剂和双组分密封剂。

单组分密封由生产厂家封装好,直接可以拿来进行密封使用。可以根据使用的需要,用密封剂生产厂家指定的稀释剂进行稀释,达到所要求的稀稠度。

双组分密封剂其中一种组分是密封剂的基本组分,另一组分是催化剂。密封剂生产厂家是将这两组分材料分别包装,在使用前要进行混合配制。混合配制时应注意以下几点:

(1) 双组分密封剂的混合比例会影响混合配制后密封剂的质量,任何混合比例的偏差都会使密封剂的质量下降,达不到要求。所以必须严格按照生产厂家要求的比例进行配制。

(2) 两组分密封剂的混合比例通常是按照质量来要求,所以在混合配制前应按照厂家的要求对两组分材料进精确的称重。要使用平衡式磅秤和称重的专用砝码。

(3) 在称重前要对密封剂的基本组分和催化剂分别进行彻底的搅拌,若在催化剂中发现有片状或颗粒状的物体,说明催化剂已失去水分,不能再使用了。

(4) 对于厂家已预先进行了称重并分别包装的两组分材料在混合配制前不需要重新称重,但两包装的材料必须全部进行混合配制。

(5) 配制时要将催化剂加入到密封剂的基本组分中去,并立刻进行彻底的搅拌以使两组分材料充分混合。不要进行过分剧烈和过长时间的搅拌,否则会产生热量,缩短密封剂的施用时间(适用期限)。另外,也要防止搅拌时将空气裹入密封剂中。

(6) 搅拌后应在干净的平板金属或玻璃上涂上一小块进行实验,如果出现斑点或块状物,就必须继续搅拌,直到这些现象消失。如果通过搅拌不能消除斑点或块状物,这次配料就不能使用了。

2. 密封剂的施用

（1）密封剂在混合配制好以后，应尽快使用或放在低温处保存。不同的密封剂具有不同的施用期限和低温保存的温度、时间要求，必须要遵照执行。

（2）密封剂的固化处理时间随着周围环境的温度和湿度而变化。如果温度低于60℉，固化处理将进行得特别慢，对于大多数的密封剂来说，温度在77℉，相对湿度在50％是最理想的固化环境。

（3）为了加速密封剂的固化处理，可以用红外线灯照射或热空气吹的方法进行加热，但温度不可以超过120℉。用来加热的空气必须经过过滤，除掉空气中的水分和灰尘。

（4）在搭界面上进行涂抹密封剂安装时，必须用永久的或临时的夹具使搭界面在密封剂固化处理过程中保持紧密接触，并且不允许在固化过程中进行加热。

（5）在施用表面保护层之前，必须保证密封剂已经完成固化处理，没有黏性。

（6）在飞机结构中不同型号的密封剂有不同的用途，应根据用途选用合适型号的密封剂，否则会影响密封的质量。

第2章

金属腐蚀和机体防腐措施

2.1 金属腐蚀

金属和它所处环境中的介质之间发生化学、电化学或物理作用,引起金属的变质和破坏称为金属腐蚀。

金属腐蚀会使金属表面锈蚀、粗糙、侵蚀或形成蚀坑,并且会侵蚀到表面保护层的里面,不同金属层之间和金属晶界处,破坏金属内部晶体结构,使金属丧失原有的物理性能和力学性能,降低结构的承载能力,造成结构破坏,带来极其严重的后果。在飞机维修工作中,采取正确的措施防止飞机结构件发生腐蚀,并能在检查中及时发现腐蚀,进行适当处理,防止腐蚀进一步发展,就显得十分重要了。

金属腐蚀按其腐蚀的过程可以分为化学腐蚀和电化学腐蚀;按其腐蚀的形式可分为全面腐蚀和局部腐蚀;按其产生腐蚀的环境又可分为应力腐蚀、工业介质腐蚀、大气腐蚀、海水腐蚀和微生物腐蚀等。

2.1.1 化学腐蚀

化学腐蚀是指金属表面和非电解质发生纯化学反应而引起的损坏。通常是在一些干燥气体及非电解质溶液中进行。反应过程的特点是金属表面的原子与非电解质中的氧化剂直接发生氧化还原反应,生成腐蚀产物。在腐蚀过程中没有电流产生。金属化学腐蚀主要是指金属的高温氧化。

1. 高温氧化

在大多数条件下,我们使用的金属相对于周围的气态介质都是热不稳定的。根据气体成分和反应条件不同,金属将与之发生化学反应,生成氧化物、硫化物、碳化物和氮化物等,或者生成这些化合物的混合物。在室温或在温度较低的干燥空气中,这些反应的速度很低,金属的这种不稳定性对许多金属来讲并没有太大的影响。但随着温度的升高,反应速度急剧增加。这种在高温条件下,金属与周围气态介质发生化学反应而遭到破坏的过程,称为高温氧化。比如飞机发动机燃烧室的火焰筒,在高温燃气中的烧蚀就属于高温氧化。

2. 氧化膜及其保护作用

金属在干燥的氧化性介质中被氧化时,也就是发生化学腐蚀时,最终会在金属表面形成一层或致密或疏松的氧化膜,通常称为锈皮或氧化皮。这层氧化膜在不同程度上阻挡了金属与环境介质的接触,阻滞了它们之间物质的传递,对金属表面有一定的保护作用。

氧化膜若能真正具有保护作用,还应满足以下的条件:致密、完整的才能把金属表面遮盖住;与基体金属之间有较强的附着力,有一定的塑性和强度;具有与基体金属相近的热膨胀系数;在介质中稳定性好,熔点高。金属铝(Al)、铬(Cr)、钛(Ti)等,生成的氧化膜都具有上述的特点,所以具有较好的保护作用。而金属钠(Na)、钾(K)、钙(Ca)等生成的氧化物不完整,不能起保护作用。金属铁(Fe)生成的氧化膜在基体上的附着力差,易脱落,也不能起保护作用。

2.1.2　电化学腐蚀

金属在电解质溶液中的腐蚀是一种电化学腐蚀过程。在电化学腐蚀过程中,存在着由于电子流过金属而产生的电流。电化学腐蚀比高温氧化更为普遍。飞机机体金属结构件在潮湿的含有有害物质空气中产生的腐蚀,都属于电化学腐蚀。

1. 电化学腐蚀原理和发生条件

1) 电化学腐蚀原理

图 2-1 所示为把大小相等的锌(Zn)片和铜(Cu)片同时置入盛有稀硫酸(H_2SO_4)的容器里,并用导线通过毫安表连接起来而形成的原电池装置。观察毫安表,可以看到指针偏转,表明有电流沿导线通过。产生这种现象的原因是:铜的电位比锌的电位高。锌片上的电子通过导线向铜片运动,从而产生了电流。电流方向与电子运动方向相反,由铜片到锌片。在原电池装置中,铜片为正极,锌片为负极。在腐蚀学里,通常规定电位较低的金属为阳极,电位较高的金属为阴极。在这里,Zn 片为阳极,Cu 片为阴极。

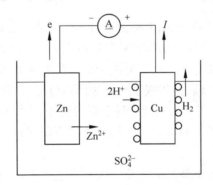

图 2-1　锌与铜在稀硫酸溶液中构成的腐蚀电池

产生电流的同时,在电池中发生的电化学反应如下。

阳极反应:$Zn - 2e \longrightarrow Zn^{2+}$。锌原子失去电子,变成带正电的离子游离到溶液里。

阴极反应:$2H^+ + 2e \longrightarrow H_2$。从阳极通过导线运动过来的电子,被溶液中的氢离子吸收,生成氢气。

通过阳极反应、阴极反应和电子通过导线的流动,整个电池反应的结果是:

$$Zn + 2H^+ \longrightarrow Zn^{2+} + H_2 \uparrow, \quad Zn^{2+} + SO_4^{2-} \Longrightarrow ZnSO_4$$

从以上反应式可以看出:在电化学反应中,电位较低的阳极金属原子会失去电子,成为带正电的离子,游离到溶液中去,并生成腐蚀沉淀物。电解液中的氢离子得到电子,生成氢气从电池中跑出。所以,在电化学反应中,阳极金属会逐渐溶解受到腐蚀。

如果把铜片和锌片两块金属直接接触,并浸入到稀硫酸溶液中,同样也会观察到,在锌表面被逐渐溶解的同时,在铜表面有大量氢气析出。因为两金属直接接触,形成短路,也为电子由锌运动到铜提供了通路。类似这样的电池称为腐蚀电池。它的特点就是只能导致金属材料的破坏,而不能对外做有用功的短路电池,如图 2-2 所示。

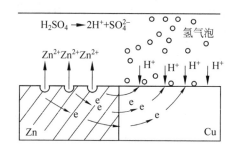

图 2-2　与铜接触的锌在稀硫酸中的溶解示意图

2) 电化学腐蚀发生的条件

一个腐蚀电池必须具备以下三个条件:两个电位不同的金属形成阳极、阴极;存在电解质溶液;在阳极和阴极之间形成电子通路。否则,就不能构成腐蚀电池,也就不会发生电化学腐蚀了。防止金属产生电化学腐蚀的措施,也就是破坏三个条件中的任何一个,来阻止电化学腐蚀的产生。

2. 宏观与微观腐蚀电池

1) 宏观腐蚀电池

用肉眼可见的电极构成的腐蚀电池称为宏观腐蚀电池。宏观腐蚀电池有以下两种。

① 电偶腐蚀电池:图 2-2 所示的电池就是这种电池。一块锌金属和一块铜金属相互接触并处于电解液中,构成腐蚀电池。电位低的金属(锌)不断遭到腐蚀而溶解,电位较高的金属(铜)得到保护。金属锌和金属铜构成了电池中肉眼可见的两个电极。

② 浓差电池:同一种金属浸入到同一种电解溶液中,当电解溶液局部的浓度(或温度)不同时,构成的腐蚀电池称为浓差电池。电解液浓度不同区域中的金属构成了电池中肉眼可见的两个电极。

实际中,最有意义的浓差电池是氧浓差电池。这是由于金属与含氧量不同的溶液接触而形成的。在含氧量较高的部位,金属电极电位较高是阴极,在含氧量较低的部位,金属电极电位较低是阳极,这部位的金属将会受到腐蚀。

2) 微观腐蚀电池

由于金属表面的电化学不均匀性,在电解溶液中,金属表面形成微小区域之间的电位差,结果造成电位低的部位金属受到腐蚀,这种腐蚀电池叫微观腐蚀电池,其特点是电池的电极无法用肉眼辨认。

造成金属表面电化学不均匀性的原因有以下几种:

① 金属化学成分不均匀。比如,碳钢和铸铁,由于含有 Fe_3C 和石墨、硫等杂质,在与电解质溶液接触时,这些杂质与基体金属之间形成微观腐蚀电池。这些杂质的电极电位比基体金属高,从而加速了基体金属的腐蚀。

图 2-3 所示为工业用锌在硫酸中的溶解情况。

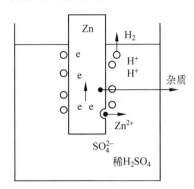

图 2-3　工业锌在硫酸中的腐蚀

② 金属组织的不均匀。如金属或合金的晶粒与晶界间存在着电位差异。一般晶界比晶粒内更为活泼,能量高,具有较低的电极电位,所以晶界成为微电池的阳极,腐蚀首先从晶界开始。

③ 金属表面的物理状态不均匀。在机械加工过程中,或在金属构件使用过程中,承受载荷或发生变形,常会造成金属某些部位的变形或应力状态不均匀。一般情况下,变形较大和应力集中的部位,电极电位较低为阳极,腐蚀首先从这些部位开始。

④ 金属表面膜不完整。金属与空气中某种成分起反应生成的表面膜不致密,有孔隙或裂纹,如果没有被表面膜覆盖的金属与表面膜相比,具有较低的电极电位,就会成为微观电池的阳极而遭受腐蚀。

2.1.3　金属腐蚀的形式

1. 全面腐蚀

全面腐蚀是指金属表面均发生腐蚀。金属构件变薄,最后破坏。全面腐蚀的速率常以失重或变薄法表示。

在工程结构中,发生的腐蚀破坏事故,全面腐蚀占较小的比例。而且全面腐蚀虽然会导致金属的大量损伤,但不会造成突然破坏事故,与局部腐蚀相比危险性小些。

在大气中,铁生锈或钢失泽以及金属的高温氧化均属于全面腐蚀。

2. 局部腐蚀

如果腐蚀只集中在金属表面特定部位进行,其余大部分几乎不发生腐蚀,这种腐蚀称为局部腐蚀。

局部腐蚀的特点是阳极区和阴极区截然分开,腐蚀电池中的阳极反应和腐蚀剂的还原反应可以在不同的区域发生。通常阳极区域较小,阴极区域较大,从而加剧了局部腐蚀中阳极区的溶解损伤速度。在工程结构中,由于局部腐蚀造成的事故远比全面腐蚀的事故多,危害性也较大。

局部腐蚀类型主要有点腐蚀、缝隙腐蚀、丝状腐蚀、晶间腐蚀、层离腐蚀、电偶腐蚀等。

1）点腐蚀

金属表面大部分不发生腐蚀或腐蚀很轻微,但局部地区出现腐蚀小孔并向深处发展的现象称为点腐蚀或小孔腐蚀。点腐蚀是破坏性和隐患较大的腐蚀形态之一,它在失重很小的情况下,就会导致构件发生穿孔破坏。由于点腐蚀是向深度方向迅速发展,因此给腐蚀物的清除和修复也带来一定的困难。此外,在承受应力的情况下,点腐蚀会成为应力腐蚀源,诱发构件腐蚀开裂。

点腐蚀多发生在表面生成钝化膜的金属或合金上,如不锈钢、铝及铝合金等。金属或合金表面某区域的钝化膜受到破坏,未受破坏的钝化膜和受到破坏已裸露出来的基体金属形成两个电极,若周围环境有电解液存在,就形成了腐蚀电池。钝化表面为阴极,并且面积比钝化膜遭到破坏的阳极区大得多,腐蚀就会发生并向深处发展,形成点腐蚀。

点腐蚀形成的小孔形状是各种各样的,如图 2-4 所示。在金属表面分布有些是分散的,也有的较集中,形成一些"麻坑"。多数的腐蚀坑被腐蚀产物覆盖,表面可以看到一小撮一小撮的白色粉末,也有的腐蚀小孔是开口的。

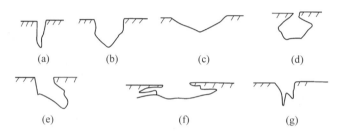

图 2-4　各种蚀孔形貌示意图

(a)窄深;(b)椭圆形;(c)宽浅;(d)在表面下面;(e)底切型;(f)水平型;(g)垂直型

2) 缝隙腐蚀

金属表面由于存在异物或结构上的原因形成了缝隙,其宽度足以使介质进入缝隙而又使与腐蚀有关的物质流动困难,从而引起缝内金属腐蚀加速的现象,称为缝隙腐蚀。由于缝隙中存在着腐蚀介质,而氧通过缝隙的窄口进入缝隙,并均匀扩散到介质中就十分困难,从而在缝隙中形成氧浓差电池,加上缝口常有腐蚀产物覆盖,又形成闭塞电池,加快了腐蚀过程,最后造成了缝隙腐蚀。

从图 2-5 可以看到,在结构中不可避免会出现缝隙,如法兰盘对接面、螺母压紧面、铆钉头底面、焊渣、锈层、污垢等。若形成的缝隙宽度为 0.025~0.1mm,就会产生缝隙腐蚀。不论是同一种金属,或者是不同金属连接,还是金属和非金属之间的连接都会引起缝隙腐蚀,特别是依赖表面钝化而耐蚀的合金更容易发生。而且几乎所有腐蚀介质(包括淡水)都可以引起缝隙腐蚀,如果腐蚀介质中含有氯离子,缝隙腐蚀就更容易发生。与点腐蚀相比,同种金属更易发生缝隙腐蚀,一旦发生,就会不断发展。由此可见,它是一种比点腐蚀更为普遍的局部腐蚀。

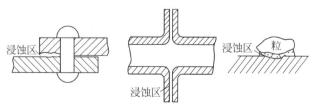

图 2-5　缝隙腐蚀示意图

3）丝状腐蚀

丝状腐蚀被认为是缝隙腐蚀的一种特殊形式。在有涂层的钢、锌、铝、镁等金属表面上经常可以看到。金属表面由于涂层渗透水分和空气而引起腐蚀，腐蚀产物呈细丝状纤维网的样子，这种腐蚀称为丝状腐蚀。又因多发生在涂层下面，又称作膜下腐蚀。

引起丝状腐蚀的主要因素是大气的湿度。丝状腐蚀主要发生在 65％～90％的相对湿度之间。如果相对湿度低于 65％，金属就不会发生丝状腐蚀。相对湿度达到 65％～80％时，生成的丝状腐蚀丝纹比较细；相对湿度达到 80％～95％时，丝纹变宽；而相对湿度高于95％时，丝纹变得很宽，以致形成腐蚀鼓包。

在飞机结构上，首先观察到丝状腐蚀的常常是在铆钉头部的周围和沿着蒙皮的搭接缝处。一旦表面涂层破裂，就可以看到由于丝状腐蚀生成的腐蚀产物——白色粉末引起的隆起。在飞机铝合金结构件表面涂聚氨酯瓷釉涂层时，如果底层涂料处理不当，就会在表面涂层和铝合金之间存在水分，引起丝状腐蚀。图 2-6 示出的就是在致密的聚氨酯涂层下面产生的丝状腐蚀。从图中可以看到由于丝状腐蚀引起涂层隆起的很多小包。

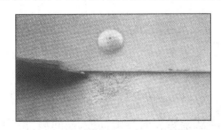

图 2-6　在致密的聚氨酯涂层下面产生的丝状腐蚀

4）晶间腐蚀

晶间腐蚀是金属材料在特定的腐蚀介质中，沿材料晶界发生的一种局部腐蚀。这种腐蚀是在金属表面无任何变化的情况下，使晶粒间失去结合力，金属强度完全丧失，导致构件发生突发性破坏。如果有应力存在，会以晶间腐蚀为起源，转变为晶间型应力腐蚀，从而导致结构件破坏。所以晶间腐蚀也是危害性较大的腐蚀形式之一。

金属晶界与晶粒内物理、化学状态及化学成分不同，造成了电化学性质的不均匀性，加上外界腐蚀介质的存在，导致了金属材料晶间腐蚀的产生。易发生晶间腐蚀的金属有不锈钢、镍基合金、铝合金以及铜合金。

奥氏体不锈钢，尤其是 1Cr18Ni9 不锈钢，在氧化性或弱氧化性介质中产生晶间腐蚀，多数是由于热处理不当而造成的。当不锈钢在 450～850℃受热时（例如焊接时，钢材的受热影响区），过饱合的碳从奥氏体中析出，形成铬的碳化物，分布在晶界上，结果使晶界附近区域含铬量大大下降，形成贫铬区（见图 2-7）。当晶界附近贫铬区的含铬量低于形成钝化所需要的铬元素的含量时，就会造成晶间腐蚀。

铝合金的晶间腐蚀，也是由于热处理不当而造成的。当对铝合金加热进行固溶处理时，在要求的温度下保温热透后，从炉中取出，应立即进行淬火处理，从而得到细化的晶粒。若没有及时处理，哪怕只推迟几分钟，铝合金晶粒也会长大，并在晶界形成铜化物，使晶粒边缘处含铜量下降，形成贫铜区。贫铜区的电位较低，在外界腐蚀介质作用下，导致晶间腐蚀的发生。图 2-8 示出的就是和钢接触的 7075-T6 铝合金件上出现的晶间腐蚀。

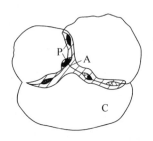

图 2-7　敏化的 18-8 不锈钢晶界示意图
A—贫铬区；C—18Cr-8Ni 不锈钢晶粒；P—碳化铬沉淀相(Cr23C6)

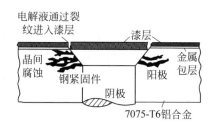

图 2-8　发生在 7075-T6 铝合金件上的晶间腐蚀

5）层离腐蚀

层离腐蚀是晶间腐蚀的一种特殊情况，主要发生在锻造、挤压型材上。锻造、挤压型材拉长的晶粒成层形排列，腐蚀从金属表面开始，进入晶间后，沿锻压平面的晶界继续进行，造成金属内部产生分层，或称为层离。

当金属发生层离腐蚀时，会引起金属构件表面的隆起，用目视或用手触摸会发现层离腐蚀的迹象。一旦从表面可以看出层离腐蚀的发生，层离腐蚀造成的损伤就已经超过了可修理的范围，只能对构件进行加强，或重换构件。

6）电偶腐蚀

两种不同的金属在同一介质中接触时，两金属之间若存在电位差，在两金属接触部位会产生电偶电流，使电位较低的金属遭到腐蚀，电位较高的金属得到保护，这种腐蚀叫电偶腐蚀，或称为接触腐蚀。这也是一种常见的局部腐蚀的类型。它的腐蚀原理就是腐蚀电池的作用。因此，电偶腐蚀是一种电化学腐蚀。两种金属的电位差是发生电偶腐蚀的条件之一，两种金属电位差越大，电偶腐蚀越严重。

在图 2-9 所示的飞机结构中，铝合金结构中使用钢螺栓，两者之间又没有进行有效的隔离，在电解液存在的情况下，电位比较低的活泼的金属铝合金将受到腐蚀。

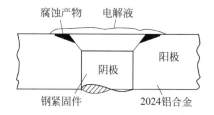

图 2-9　与钢紧固件接触的 2024 铝合金发生电偶腐蚀

表 2-1 是一些金属在某种腐蚀介质中的电位。将它们按电位由低到高排列起来,得到电化排序表,也称为电偶序。利用金属电化排序表,可以定性地比较金属腐蚀的倾向:排在前面的金属电位比较低,在电偶腐蚀中通常作为阳极受到腐蚀;而排在后面的金属电位比较高,在电偶腐蚀中通常作为阴极不会受到腐蚀。两种金属在表中排列的位置相距越远,电位差越大,在它们之间发生的电偶腐蚀越严重,电位低的金属往往被快速地腐蚀。但应注意的是,在不同腐蚀介质中,金属的电位会有所变化。

表 2-1 某些金属电化排序表

电位较低	镁
	锌
	包覆铝 7075 铝合金
	工业纯铝(1100)
	包覆铝 2024 铝合金
	镉
	7075-T6 铝合金
	2024-T3 铝合金
	低碳钢
	铅
	锡
	铜
	不锈钢
	银
	镍
	铬
电位较高	金

从表 2-1 中可以看到,如果硬铝合金(2024)蒙皮表面包覆的纯铝保护层,或钢螺栓表面的镀镉或镀锌保护层受到损坏,基体金属裸露出来,在电解质溶液中发生电化学腐蚀时,保护层金属的电位比基体金属低,将遭到腐蚀,基体金属得到保护,这种电偶腐蚀也称为牺牲性腐蚀。而表面镀镍或铬的钢螺栓,若镀层破坏,发生电化学腐蚀时,受腐蚀的则是钢螺栓。因为镍、铬比钢的电位要高。所以,虽然镉、锌镀层和镍、铬镀层都对基体金属钢起保护作用。但一旦保护层受到损坏,基体金属被腐蚀的情况就完全不同了。

发生电偶腐蚀时,阳极金属的腐蚀速度与组成电偶的阳极、阴极面积比有很大关系。图 2-10所示为铝合金板使用钢铆钉(图 2-10(a))和铝合金板使用镁铆钉(图 2-10(b))的电偶腐蚀情况。图 2-10(a)中铝合金板是阳极,构成的电偶是大阳极小阴极,铝合金板腐蚀不严重。而图 2-10(b)中,镁铆钉是阳极,构成的电偶是小阳极大阴极,镁铆钉腐蚀很严重。从图 2-10(c)可以看出,随着阴极对阳极面积比值的增大,阳极的腐蚀速度呈直线上升。

为了防止电偶腐蚀的发生,在结构设计中,应尽量避免不同金属相互接触,特别是避免形成小阳极大阴极面积比的组合。

3. 应力腐蚀

金属在应力和环境共同作用下产生的腐蚀,由于承受应力的形式不同一般可分为应力

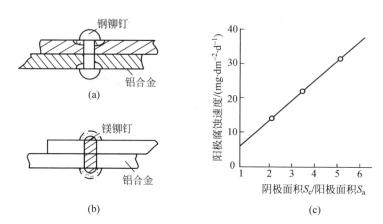

图 2-10　电极面积比对阳极腐蚀速度的影响

(a) 铝合金腐蚀不严重；(b) 镁铆钉腐蚀严重；(c) 阳极腐蚀速度与阴、阳极面积比关系

腐蚀、疲劳腐蚀和磨损腐蚀等。其中以应力腐蚀造成的结构件发生脆性断裂破坏的情况最为突出。

应力腐蚀是指金属材料在特定腐蚀介质和拉应力共同作用下，产生的电化学腐蚀。在结构件承受载荷过程中，处于拉应力状态的金属，在电解质中有比较大的溶解趋势，这部分金属与周围金属相比电位比较低，在电解质中容易受到腐蚀；另外，受拉变形部位的金属表面的保护层也容易破裂，电位低的金属暴露在电解质中也容易发生腐蚀。这种腐蚀损坏呈现出脆性断裂的特征，使材料在没有明显预兆的情况下突然断裂，所以是危险性最大的局部腐蚀之一。

1) 应力腐蚀发生的三个必要条件

(1) 敏感材料：合金比纯金属更容易发生应力腐蚀开裂。奥氏体不锈钢、钛合金、超高强度钢和高强度铝合金等对应力腐蚀都很敏感。

(2) 特定的腐蚀介质：对于某种金属，只有在特定的腐蚀介质中才能发生应力腐蚀断裂，而且介质中能引起应力腐蚀的物质浓度一般都很低。比如铝合金在氯化钠水溶液、海水、水蒸气等介质中可能发生应力腐蚀断裂。

(3) 拉伸应力：只有拉伸应力能引起应力腐蚀断裂，而且拉应力值越大，应力腐蚀断裂时间越短。金属构件中的拉应力来源于冶炼、装配、焊接等加工过程中形成的残余应力，还有结构承受载荷时产生的拉应力。一般以残余应力为主。产生应力腐蚀的应力值比较低，在大多数应力腐蚀系统中，存在一个临界应力值，当应力低于这个临界值时，不会发生应力腐蚀断裂，这个临界应力值被称为应力腐蚀断裂门槛值。

2) 应力腐蚀的特点

(1) 在无裂纹、无缺陷的金属件上，应力腐蚀断裂过程可分为三个阶段：裂纹生成、裂纹扩展和失稳断裂阶段。第一个阶段时间长，占总时间的 90%。如果金属件中已存在裂纹，那么，发生应力腐蚀过程只有后两个阶段，大约只要经过腐蚀过程总时间的 10%，腐蚀断裂就发生了。

(2) 应力腐蚀都发生在微小的局部，产生的腐蚀产物很少。

(3) 表面有钝化膜和防护膜的合金结构件往往容易发生应力腐蚀。承受拉应力使合金结构件发生变形，结构件表面防护膜破裂，基体金属暴露在腐蚀介质中。如果基体金属的电位低于保护膜,就形成了小阳极大阴极的腐蚀电池。基体金属会在腐蚀介质中很快溶解,产生应力腐蚀。

（4）应力腐蚀造成的断裂宏观上都是脆性断裂。在宏观上看,裂纹方向和拉应力的方向垂直。从金属晶粒组织照片来看,应力腐蚀产生的裂纹有晶间型、穿晶型和混合型,如图 2-11 所示。铝合金、高强度钢容易产生晶间型的应力腐蚀裂纹,奥氏体不锈钢产生的应力腐蚀裂纹是穿晶型的,钛合金多是复合型的。

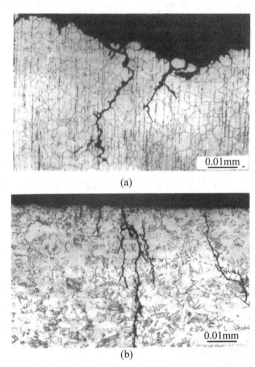

图 2-11　不锈钢应力腐蚀裂纹形貌

(a) 晶间型裂纹；(b) 穿晶型裂纹

3）防止应力腐蚀的措施

（1）正确选择材料。对于某种金属,只有在特定的腐蚀介质中才会发生应力腐蚀断裂。在已知结构件的工作环境情况下,应尽可能选择在此工作环境中不会发生应力腐蚀的材料制造结构件。

表 2-2 给出了对应力腐蚀敏感的材料易发生应力腐蚀的环境。

表 2-2　常用合金易发生应力腐蚀的环境

合　　金	环　　境
低碳钢	氢氧化钠水溶液
低合金钢	海洋大气、工业大气、浓硝酸、硝酸和硫酸混合液等
高强度钢	蒸馏水、潮湿的空气、硫化氢和含有氯离子的溶液等
奥氏体不锈钢	海水、硫化氢、含有氯化物的潮湿空气等
硬铝（铝铜镁合金）	海水、氯化钠水溶液、水蒸气等
超硬铝（铝锌镁铜合金）	海水、氯化钠溶液、水蒸气等
钛和钛合金	含有氯离子的水溶液、海水、甲醇、三氯乙烯等

（2）降低或消除应力。在结构设计中应尽力避免或减少应力集中，消除加工或装配过程中产生的残余应力。对于加工以后有残余应力的零件，必须进行消除应力的退火处理。对于热处理的铝合金零件，可以在其表面进行喷丸处理。喷丸处理会在零件的表面形成一层均匀的压应力。这层压应力的作用是：当构件承受载荷时，在构件表面产生的拉应力必须先克服表面已存在的压应力，这样就降低了表面的拉应力，防止应力腐蚀的发生。

（3）控制环境。改善使用环境条件，减少和控制有害物质，如除去介质中的氧和氯化物等。

（4）涂覆保护涂层。在金属构件表面涂以保护涂层或镀层，使金属表面与环境中的危害性介质隔离开，避免应力腐蚀产生。

4. 工业介质的腐蚀

1）飞机上发生的酸碱溶液腐蚀

在飞机上，最容易发生工业介质腐蚀的部位是电瓶舱和排放口。目前飞机上使用的电瓶有铅-酸电瓶和镍-镉电瓶。电瓶中的电解质溶液和蒸气都会对电瓶舱及排放口的金属造成腐蚀。为了防止腐蚀，铅-酸电瓶区域必须用耐硫酸蒸气腐蚀的材料进行防护，而镍-镉电瓶区域，必须用耐碱侵蚀的涂层进行保护，最好是使用聚氨酯涂层。

2）汞（水银）

水银对铝合金有很强的腐蚀作用，它会与铝合金进行化学反应，也就是产生汞齐化作用。在这个过程中，汞会沿着铝合金晶界进行腐蚀，在很短时间内，使铝合金破坏。

如果在工作中，不小心将水银洒到飞机结构上，水银会散成很光滑的小圆粒，沿细小缝隙进入里面结构，并在结构里面散开，造成大面积损伤。因此，在处理时要格外小心，可以用带有水银收集袋的真空吸尘器吸收。绝不能用压缩空气把洒在结构上的水银吹掉，否则会使水银扩散开，造成受损面积的进一步扩大。

水银对黄铜材料的钢索松紧螺套筒体的腐蚀最严重。如果发现筒体上有由于水银侵蚀而产生的褪色痕迹，就必须把受损零件更换下来。

5. 大气腐蚀

飞机在大气环境中工作，产生的腐蚀基本上属于电化学腐蚀的范畴，但又与浸在电解质溶液中所产生的电化学腐蚀有所不同。通常说的大气腐蚀是指在常温下、潮湿空气中发生的腐蚀。也就是金属在表面存在有薄层电解液膜情况下发生的腐蚀过程，其腐蚀规律符合电化学腐蚀的一般规律。

1）影响大气腐蚀的因素

（1）大气相对湿度。空气中含有水蒸气的程度称为大气的湿度。大气的湿度对金属在大气中的腐蚀有着重要的影响。当相对湿度大于某一数值时，金属的腐蚀速度突然上升，并随着相对湿度的增加而加速。这一个相对湿度称为该金属在大气中的临界相对湿度。不同的金属在含有不同污染物大气中的临界相对湿度都不相同，通常都在70%左右。当大气相对湿度超过临界相对湿度，就会在金属表面产生一层电解液膜，使金属腐蚀由化学腐蚀变为电化学腐蚀，腐蚀速度大大加快。

同一种金属的临界相对湿度与大气中所含污染物质，以及金属表面状态有关。如果空气中含有大量工业气体、易吸湿的盐类、灰尘等会使临界相对湿度降低很多。此外，金属表面粗糙,小孔和裂缝增多,也会使临界相对湿度降低。

从图 2-12 可以看出,大多数金属都存在着两个临界相对湿度:第一个临界相对湿度,是前面讲述的,由于空气的相对湿度达到了临界相对湿度,在金属表面形成薄层电解液水膜,使腐蚀速度突然增加;第二个临界相对湿度,则是由于金属表面已生成腐蚀产物,造成腐蚀速度加快,这个临界相对湿度取决于金属生成的腐蚀产物吸收和保持水分的性能。由此可知,由于金属表面已生成的腐蚀产物对水分的吸取和保持,会使空气湿度达到第二临界相对湿度时,腐蚀又一次加快速度。

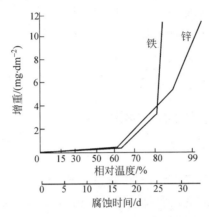

图 2-12　铁和锌存在着两个临界相对湿度(空气中 SO_2 为 0.01%)

(2) 大气的温度和温差。空气的温度和温差对大气腐蚀速度有一定的影响,尤其是温差影响比温度影响大。因为温差不但影响水分的凝聚,而且还影响着水膜中气体和盐类的溶解度,一般随温度的升高,腐蚀加快。

(3) 大气的成分。

① 大气中的有害气体。表 2-3 列出了大气中的主要污染成分。其中 SO_2 对大气腐蚀影响很大。HCl 也是腐蚀性较强的一种气体,溶于水膜中,生成盐酸,对金属的腐蚀破坏很大。

表 2-3　大气污染物质的主要成分

气　体	固　体
含硫化合物:SO_2、SO_3、H_2S	灰尘
含氮化合物:NO、NO_2、NH_3、HNO_3	ZnO 金属粉末
氯和含氯化合物:Cl_2、HCl	NaCl、$CaCO_3$
含碳化合物:CO、CO_2	氧化物粉,煤粉
其他:有机化合物	

② 空气中的粉尘、颗粒。空气中的粉尘、颗粒对金属大气腐蚀的影响主要有以下三种形式。

- 颗粒本身具有腐蚀性:如铵盐颗粒,溶于金属表面水膜内,提高了导电率或酸度,促进了金属的腐蚀。
- 颗粒本身没有腐蚀性,但能吸收空气中的水分,或吸附腐蚀性物质,间接地加速腐蚀。

- 既无腐蚀性又不具有吸附性,但落在金属表面,与金属表面之间形成缝隙,提供了氧浓差腐蚀条件,也会加速金属腐蚀(见图 2-6)。

2)防止大气腐蚀的措施

(1)提高金属材料的耐蚀能力。通过合金化的方法,加入适量的合金元素,提高金属材料的耐蚀能力。

(2)降低大气的湿度。当大气湿度低于临界湿度时,金属腐蚀速度是很缓慢的。因此,应采用干燥空气封存法来对仓储的金属制件进行保护。

(3)在金属构件表面采用保护性覆盖层。保护性覆盖层可以将金属与外界腐蚀物质分隔开,使它们之间不能发生作用。

长期的覆盖层,如电镀、喷镀、涂层、氧化等。在维修和使用中,应小心保护这些覆盖层,防止覆盖层受到破坏。

暂时性覆盖层,如防锈油、防锈脂、可剥性塑料薄膜等。

(4)保持金属表面干燥和清洁。在金属表面形成电解质溶液薄膜后,金属的大气腐蚀速度会突然加快;散落在金属表面的灰尘、颗粒等杂质又以三种形式加速大气对金属的腐蚀,所以,保持金属表面的干燥和清洁,对于防止大气腐蚀是极其重要的。

(5)保持金属表面的光洁度。金属构件表面粗糙,会使金属大气腐蚀的临界湿度显著降低,从而加速大气腐蚀的发生。

(6)及时处理腐蚀产物。如果金属构件表面已发生腐蚀,应及时进行处理,按照要求,清除腐蚀产物,进行表面防护处理。否则,金属构件表面的腐蚀产物会使大气腐蚀加速。

6. 微生物腐蚀

1)燃油箱中发生的微生物腐蚀

在飞机上发生微生物腐蚀的部位主要是燃油箱。喷气式飞机使用的燃油具有较高的黏性,燃油中常夹裹着悬浮的小水滴。在高空飞行时,温度下降,这些小水滴会从燃油中冷凝出来,并聚集在油箱的底部。水滴中含有的一些微生物,在燃油箱黑暗潮湿环境里,迅速繁殖,成倍增长,这些微生物新陈代谢分泌的黏液与金属腐蚀的产物、燃油中的杂质等混合,形成黏泥式的沉积物(见图 2-13)。

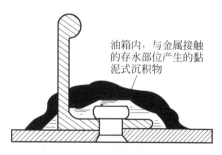

油箱内,与金属接触的存水部位产生的黏泥式沉积物

图 2-13　燃油箱中微生物腐蚀生成的黏泥式沉淀物

微生物分泌的黏液形成的沉积物如果聚集在整体油箱的缝隙上,会使缝隙上的密封剂脱落,造成油箱渗漏,如果沉淀物聚集在油箱底部,会造成浓差电池腐蚀,损坏整体油箱的金属材料。另外,这些沉积物还会损坏油滤、油泵、管道等,造成油滤、管道堵塞。

2）微生物腐蚀的特征

从以上微生物腐蚀形成过程的分析中可以看出，微生物腐蚀有以下几个特征：

（1）微生物腐蚀是指在微生物生命活动参与下所发生的腐蚀。微生物本身并不会对金属产生侵蚀作用，但它新陈代谢的分泌物却对金属的电化学腐蚀过程产生了影响。

（2）产生微生物腐蚀时，金属表面总有黏泥式的沉积物。从黏泥沉积物的数量往往可以判断金属遭受微生物腐蚀的严重程度。

（3）发生微生物腐蚀部位的金属，总是带有点腐蚀的迹象。这是因为微生物形成的沉积物聚集，使金属局部环境的氧浓度、盐浓度等发生变化，形成浓差电池腐蚀的缘故。

3）防止微生物腐蚀的措施

为了防止燃油箱中发生微生物腐蚀，应注意控制燃油中的水分，在燃油中加入抑制微生物生长的添加剂，并定期提取油样，进行分析，以决定是否对油箱内部进行目视检查和清洗。

防腐维护过程中要每天对燃油箱的污物、水沉淀池进行排放，避免污物和水在燃油箱底部的沉积，滋生微生物腐蚀。

2.2　腐蚀的处理和机体的防腐措施

2.2.1　机体表面的清洁工作

飞机表面的污垢、灰尘、油渍等会掩盖机体结构表面的裂纹、损伤等，使之无法对机体表面进行彻底的检查；各种污渍还会夹裹水分、腐蚀液体等，加重机体的腐蚀；机体表面的污物积累过多，甚至会减少飞机的有效载重量，降低飞机的飞行效率。所以在对飞机进行定期的维护检查工作和腐蚀检查及处理之前，第一步也是非常重要的一步就是要彻底清洁机体的表面，要将机体表面上的污垢、灰尘、排气管的残余物以及滑油、润滑脂沉积物等全部清除掉。

1. 彻底清洁机体表面

清洁机体表面时，应把飞机停在能用软管进行冲洗，又没有强烈太阳照射的地方。使用符合技术条件要求的乳胶型清洁剂，用水按照一定比例稀释，用刷子或喷洒的方法将已稀释的清洁剂溶液涂到机体的外表面，并让清洁液保持湿润在机体表面上停留几分钟，以便让清洁液渗透到各种污渍中去，最后用高压的温水将清洁液以及洗掉的污物全部冲掉。

对于顽固的难以清除掉的污渍，上述的清洁过程可以反复进行，直到把污渍清除掉。

2. 清洁机体表面时的注意事项

（1）一定要使用飞机制造商推荐的清洁剂并按照飞机制造商推荐的程序对飞机机体进行清洁工作。在使用一些有特殊用途的清洁剂时，一定要遵守清洁剂生产厂家提供的使用规则。

（2）清洁前应将飞机上一些特定部位，比如空速管的总压口和静压口保护起来，防止喷洒水时，水被吸入管内，一旦结冰影响空速管的工作。清洁工作完成后，一定要将空速管上的遮盖物去掉，使其恢复正常的状态。

（3）清洁飞机前，特别是使用可燃的清洁液前，一定将飞机上的所有电源断开。所有清洁剂都要远离火焰、电火花等明火。要使用天然材料的抹布,如棉布抹布,不要使用化学纤维的抹布。

(4) 为了防止水和清洁液积存在机体内部,在清洁机体表面之前,应将排放孔和止回阀门全部打开,保持排放状态。

(5) 要防止高强度钢、铝和不锈钢材料的零部件和可以引起材料发生氢脆的溶剂,比如酸性的油漆清除剂、电镀溶液、某些碱性溶剂等接触。否则,这些溶剂会在金属表面发生化学反应生成氢气,生成的氢气会弥散到金属的晶界间,导致金属构件在很低的载荷应力,甚至在残余内应力的作用下发生脆断。发生脆断时的应力仅有正常拉伸应力的15%。这就是氢脆现象。氢脆会使结构件在毫无征兆的情况下发生断裂,造成灾难性的后果。所以在用这些清洁液清洁飞机之前,必须将高强度钢、铝和不锈钢材料的制件遮盖起来,防止它们和这些溶剂接触。

(6) 在清洁操纵钢索时,可以用干净的抹布蘸着清洁剂擦抹,而不要使用毛刷或喷涂的方法将清洁液施用到钢索上。否则,会有清洁液浸入钢索的钢丝缝隙中,将钢丝上的防腐剂清除掉,造成钢索的内部腐蚀。

(7) 使用铵氢氧化物时,注意保护自己的安全。不要呼吸铵氢氧化物的蒸气,避免皮肤和这种溶剂接触,一旦接触,应立即用水冲洗。另外还应注意不要让铵氢氧化物喷溅到飞机的导线上,若喷溅到导线上,应立即清理掉。

3. 清洁非金属材料结构件的表面

(1) 不要用干布擦拭塑料或有机玻璃观察窗的表面。这样做会导致观察窗上的一些砂粒划伤玻璃的表面,并且会产生静电,吸引更多的灰尘。清洁这些部位应用水冲洗,将玻璃窗表面上的灰尘、砂粒冲走,玻璃窗表面冲洗干净,再用软布将其擦干。

(2) 因为所有石油基的清洁液都对橡胶制品有损害,所以要使用肥皂水清洁橡胶制品,比如起落架机轮轮胎。要防止滑油、液压油喷溅到轮胎上,如果发生这种情况,应先用干布将滑油、液压油擦掉,然后再用肥皂水冲洗。

(3) 橡胶防冰靴表面有一层导电镀层用来消散静电荷;用复合材料制成的雷达罩表面涂有一种特殊材料,帮助透射无线电信号。对这些部位进行清洁工作时,动作要轻,要柔和,不要损伤其表面有特殊用途的涂层。不能使用研磨剂和硬毛刷。关于使用什么型号的清洁剂,应参考制造厂商的技术规范。

4. 清洁动力装置

定期对动力装置进行清洁是保证动力装置正常工作的重要环节。

在清洁动力装置之前,要检查滑油量,以确定滑油系统是否有渗漏故障;要将动力装置舱内的电子组件遮挡起来,比如要把磁电机包敷起来,防止清洁液和肥皂水的浸入。特别是用高压水清洁时更要注意,一定要防止喷射到点火装置、交流发电机、进气管等部件。如果动力装置位于起落架的上方,在清洁动力装置之前,要将起落架机轮组件、刹车组件用塑料布遮盖起来。

清洁时用肥皂水或有溶解油渍能力的溶液涂在要清洁部位的表面,并让它们在表面保持湿润地停留几分钟,对于污渍较重的部位,可以用硬的棕毛刷反复刷洗,直到油渍松动,然后用高压水冲洗,并让它干燥。

发动机罩和起落架舱部位经常有一些润滑油和润滑脂的残留物,清洁起来比较困难。为了清除这些污渍,必须用稀释的清洁液进行浸泡,然后用软毛刷刷洗,使污渍从表面脱掉,最后用高压温水冲洗,将清洁液及已刷下的污物冲掉。

排气口的一些污物比较顽固,清除起来比较困难。可以在乳胶状溶剂中加入清洁剂和煤油,并把这个混合物施加到要清洁的表面上,对顽固的污渍进行浸泡,然后再用毛刷刷洗,最后用高压温水进行冲洗。

清洁工作结束后启动发动机之前有几点要注意:要取下在电子组件上放置的保护罩;所有操纵系统、传动杆端等都要重新进行润滑;如果使用了挥发性溶剂,一定要等干燥以后,才能启动发动机,以防止火灾的发生。

5. 清除油漆保护层

为了检查漆层下面是否发生了腐蚀,必须先将漆层清除掉。

清除机体表面的油漆保护层要使用一种可用水冲洗掉的、黏稠状的漆层清除剂。用刷子将它涂抹到要清除漆层的表面,保持较厚的一层,并让它在表面停留一段时间直到漆层鼓起、卷曲起来,表明漆层已和金属脱开,就可以用热水冲洗了。有时可能要重复施用油漆清除剂,这时可以用塑料或铝制的刮削器刮削漆层,然后再施用第二层油漆清除剂,使它能浸到油漆层的底层。在清除铆钉头或沿缝隙的油漆层时,可以使用较硬的刷子,以便刷掉这些部位上的漆层。

使用油漆清除剂清除漆层时应注意以下几个方面:

(1) 使用不熟悉的油漆清除剂时,应先在与要清除漆层金属相类似的金属上进行试验,如果对金属没有产生有害的作用才能在机体表面上使用。

(2) 必须用较厚的铝箔将不要清除漆层的部位遮盖住,防止油漆清除剂与这些部位接触。

(3) 油漆清除剂对橡胶和合成橡胶都有侵蚀作用,必须对机轮轮胎、软管、密封剂等进行保护,防止油漆清除剂与它们接触。

(4) 油漆清除剂对风挡和观察窗的透明塑料件有较强的侵蚀作用,清除机体表面漆层时必须严格按照要求对透明塑料件进行保护。

(5) 油漆清除剂有毒,对人有害。因此使用时必须小心,不要将清除剂弄到皮肤上或眼睛里。一旦碰到,应立即用水冲洗,并找医生进行及时处理。

在完成机体表面的清洁工作之后,要进行的一个重要工作是对全机进行全面检查,以确定是否有腐蚀发生,并评估腐蚀对机体结构造成的损伤程度。

2.2.2　腐蚀的处理

腐蚀处理主要分为以下三个步骤。

第一步:彻底清除腐蚀产物,并对腐蚀损伤等级进行评估。

第二步:中和清除腐蚀产物后的残留物。

第三步:对表面进行防腐处理。

1. 清除腐蚀产物

1) 铝合金腐蚀产物的清除

一旦发现铝合金产生腐蚀,应将腐蚀产物,灰色或白色粉末全部清除掉。采用的方法看腐蚀轻重而定。

轻微的腐蚀可以采用研磨剂或尼龙擦垫来清除,研磨剂中不能含有氯成分。

中等腐蚀可以采用铝棉或铝丝刷来清除,也可以采用尺寸小于500筛号的小玻璃珠对表面喷丸来清除凹陷处的腐蚀产物。不能使用钢丝棉或钢丝刷清除铝合金表面的腐蚀产物,因为钢材的微粒会留在铝合金中引起更严重的腐蚀。在用研磨剂、铝刷、喷丸等方法清除掉腐蚀产物之后,要用放大5~10倍的放大镜进行仔细检查,以确保所有腐蚀的痕迹都已被清除掉。

对于已发生严重腐蚀的铝合金可以采用锉刀锉掉腐蚀产物,或浸沾铝氧化物对腐蚀部位进行打磨。在清除腐蚀产物操作时,应注意进行目视检查,争取在去掉最少材料的情况下,把所有腐蚀产物清除掉。清除后用5~10倍的放大镜仔细检查,看是否还残留腐蚀的痕迹,如果确定腐蚀产物已被彻底清除掉,就再多打磨掉2/1 000in[①]的金属材料,这样做的目的是保证借助放大镜肉眼也观察不到的晶间裂纹的末梢,也能被清除掉。

腐蚀产物清除以后,先用280粒度,再用400粒度研磨纸将表面打磨光滑,用清洁剂溶液清洗,再用5%铬酸溶液进行中和处理。

2) 钢及合金钢腐蚀产物的清除

清除钢或合金钢部件表面锈斑的方法是用研磨砂纸或刷子进行手工和动力的打磨。对于没有电镀层的钢件最好的方法是用细砂、铝氧化物、玻璃珠进行喷砂去掉腐蚀产物,特别是凹坑底部的腐蚀产物。如果钢件有镉或铬镀层,进行喷砂时应小心保护镀层,防止镀层受到损伤。

对于高强度合金钢件,比如起落架、发动机受力构件,清除时要极小心操作使清除腐蚀造成结构件材料损失最少。清除的方法可以使用细油石,细研磨砂纸进行打磨,也可以使用很细的玻璃珠、研磨料进行喷砂去除。但绝不能用钢丝刷来清除,因为刷子会在钢件表面留下划痕,高强度钢对这些划痕非常敏感,很浅的划痕就会产生应力集中,大大削弱钢件的疲劳性能。

钢及合金钢件上的腐蚀产物清除掉以后,用400粒度的研磨纸将表面打磨光滑,然后清洗干净。表面干燥后应尽可能快地涂上铬酸锌底漆,保护表面防止再生锈。

3) 镁合金腐蚀产物的清除

因为镁合金非常活泼,所以清除镁合金腐蚀产物只能用非金属材料的硬毛刷或尼龙擦布,不能使用金属工具。否则金属颗粒残留在镁合金中会造成更大的损伤。对于深凹陷里的腐蚀产物可以用钢或硬质合金刀具、刮削工具来清除。不能使用金刚砂轮或金刚砂纸打磨,以防止电化学腐蚀。如果使用喷砂方法来清除镁合金的腐蚀产物,只能使用玻璃珠进行喷砂操作。

2. 化学方法中和腐蚀产物的残留物质

按照上述方法将腐蚀产物清除之后,应用5%浓度的铬酸溶液中和残留的腐蚀产物盐类,让溶液在清理腐蚀的表面至少停留5min后,再用水将溶液冲掉,然后让表面彻底干燥,为表面的防腐处理做好准备。

① 1in=25.4mm。

3. 表面防腐处理

1）铝合金件

由于清除腐蚀产物而被损坏的铝合金件表面的保护层可以采用化学处理的方法进行修复。最常用的方法是在表面涂阿洛丁(Alodine)。先将已清除完腐蚀产物的表面彻底清洁，是否达到要求可用水膜试验进行鉴定。在表面还保持湿润状态下，用刷子或喷涂方法涂一层充足的阿洛丁涂层，让它在表面停留 2～5min。在阿洛丁成形期间一定保持表面湿润，不能让表面干燥，否则形成的保护层会出现条纹而失去保护作用。然后再用水进行冲洗。保护层未干之前很软容易受到损坏，这时要十分小心，不要损伤阿洛丁生成的保护层。用水冲洗后让表面干燥。如果涂阿洛丁操作成功，在干燥后，铝合金表面就形成一层均匀的淡黄色或透明无色的闪光薄膜。

在清洁后的铝合金表面涂阿洛丁不但能形成保护层，而且阿洛丁涂料也有中和作用，可以中和表面残留的盐类腐蚀产物。另外，在铝合金表面形成的阿洛丁涂层还为油漆涂层提供了很好的粘接底层。

2）钢及合金钢

腐蚀产物被清除，表面清洁以后，应尽可能快地在钢或合金钢件表面涂上铬酸锌底漆，否则光滑而清洁的钢件表面很容易产生锈蚀。铬酸锌底漆不但保护清洁的表面不产生锈蚀，而且也为油漆涂层提供了很好的黏结基础。铬酸锌底漆涂好后，让它干燥，通常在 1h 后即可以在铬酸锌底漆涂层上施加油漆涂层了。

3）镁合金

表面腐蚀产物清除以后，对表面可用铬酸盐溶液进行处理。用擦拭材料将这种溶液涂在表面，让它停留 10～15min，然后用热水彻底冲洗。也可以采用重铬酸盐进行变换处理，形成更具保护作用的涂层。在表面施加重铬酸盐溶液，让它停留在表面直到形成均匀的金褐色氧化膜，用冷水冲洗表面并吹风让表面干燥。在干燥形成坚硬的氧化膜之前，不要过分地擦拭或触摸，也防止氧化膜受到损坏。

4. 腐蚀损伤的等级

中国民用航空总局综合考虑已发生的腐蚀对结构件承受载荷能力的影响，已发生腐蚀的影响范围及代表性和腐蚀在相继腐蚀检查过程中的出现情况，在咨询通告 AC-121-65 中对机体腐蚀的级别给出定义。

评估已发生的腐蚀对结构件承载能力的影响是根据清除腐蚀时所除去的材料量是否超出容许极限来确定。容许极限指在不影响结构件极限设计强度条件下可以除去的材料的最大量(通常用材料厚度表示)。容许极限由型号合格证或补充型号合格证持有人确定。

评估已发生腐蚀的影响范围由腐蚀属于局部腐蚀还是蔓延腐蚀来确定。

局部腐蚀是指不超过一个隔框、桁条或加强杆的蒙皮或腹板格子(机翼、机身、尾翼或吊架)内的腐蚀。一般局限在单个隔框、桁条或加强杆，或者是一个以上的隔框、桁条或加强杆，但腐蚀构件每边的相邻件上不存在腐蚀。

蔓延腐蚀指两个或者两个以上相邻蒙皮或腹板格子上的腐蚀，或者说是指一个隔框、翼肋、桁条或加强杆与相邻蒙皮或腹板格子上同时发生的腐蚀。

腐蚀损伤分为以下三个等级。

1级腐蚀：指以下一种或几种情况：

(1) 发生在相继两次腐蚀检查任务之间的局部腐蚀，并可以在容许极限内清除。

(2) 超过了容许极限的局部腐蚀，但不是运营人同一机队其他航空器可能发生的典型腐蚀情况(例如水银溢出引起的腐蚀)。

(3) 以往相继腐蚀检查之间都只有轻微腐蚀，最近一次腐蚀检查任务发现腐蚀，清除腐蚀后超出容许极限。

2级腐蚀：任何两次相继的腐蚀检查任务之间超出容许极限的腐蚀。2级腐蚀需要进行修理、加强、全部或部分替换相应结构。

3级腐蚀：指在第一次或以后各次腐蚀检查任务中，运营人认为是严重危及适航性的腐蚀情况。

2.2.3 机体防腐措施

1. 在金属构件表面建防蚀保护层

为了防止腐蚀发生，在飞机结构中使用的金属构件表面都包覆有防腐蚀保护层。

1) 飞机结构上的铝合金

(1) 包覆纯铝。用滚轧工艺将纯铝轧制在飞机铝合金钣表面，纯铝和铝合金紧密结合在一起，形成一个整体，这个工艺叫包覆纯铝。纯铝和氧有较强的亲和力，很快与氧发生作用，生成 Al_2O_3 薄膜，这种薄膜不但有着银灰色光滑外表，而且具有保护性氧化膜所应具有的一切特点，保护铝合金不被氧化。对于 7075 超硬铝应在外表面包复含 1% 锌的铝锌合金，而不能包覆纯铝。因为在电解液中，7075 超硬铝的电极位比纯铝还要低。

(2) 表面生成氧化膜。在铝合金表面生成氧化膜的方法有两种：一种是通过电解法，也就是阳极化；另一种是化学处理方法，也就是施用阿洛丁。

① 电解法：将要处理的铝合金件作为阳极放入铬酸电解液里，经过电解处理，在铝合金件表面形成一层氧化膜。

无色阳极化生成的氧化膜是浅灰色的，也可以进行着色阳极化，生成不同颜色的氧化膜，作为零件的标志颜色。阳极化生成的氧化膜是不导电的，如果要进行电路连接，必须将表面氧化膜清除掉。

② 化学处理方法：铝合金表面氧化膜破损或被清除，修复可以采用化学处理方法，就是在氧化膜受损的表面上施用阿洛丁。

(3) 涂漆层。在金属表面形成保护层的各种方法中，使用最多的是在金属表面涂漆层。在图 2-14 给出波音 767 机体金属表面的防腐控制措施。在涂漆之前必须对金属表面进行处理，以使金属表面粗糙，为漆层提供牢固的粘接面。如果涂漆前的表面处理工作做得不好，会使漆层破裂、脱落，起不到保护作用。对于铝合金，可以用弱铬酸溶液蚀洗表面，为漆层提供粘接面，用电解法生成的氧化膜和用化学方法在表面生成的阿洛丁涂层也能为漆层提供粘接面。如果表面涂层使用清漆或瓷釉漆，应使用黄绿色的铬酸锌作为底层涂料。它可以在表面涂层和金属之间起到很好的粘接作用，并且在透水气的同时，使铬离子达到涂层表面，起到很好的防腐性作用。如果使用聚氨酯瓷釉作为表面涂层，就必须使用环氧树脂作为底层涂料。其他要求有较强抗蚀能力的表面涂层，也可以使用环氧树脂作为底层涂料。

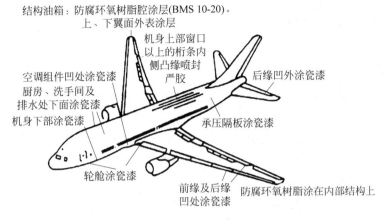

结构油箱：防腐环氧树脂腔涂层(BMS 10-20)。
上、下翼面外表涂层
机身上部窗口
以上的桁条内
侧凸缘喷封
严胶
空调组件凹处涂瓷漆
厨房、洗手间及
排水处下面涂瓷漆
机身下部涂瓷漆
后缘凹外涂瓷漆
承压隔板涂瓷漆
轮舱涂瓷漆
前缘及后缘
凹处涂瓷漆
防腐环氧树脂涂在内部结构上

图 2-14　波音 767 飞机的防腐控制

2）飞机结构上的钢构件

（1）电镀金属保护层：在钢件表面镀镍或镀铬，也可以在钢件表面镀镉。这些镀层在钢件表面形成致密的保护层，将基体金属与空气、水等腐蚀介质隔离开，防止基体金属发生腐蚀。一些的特殊部位，例如防火墙，是用镀锌的方法形成保护层，镀锌层对基体金属的防蚀机理与镀镉层一样。

（2）金属喷涂法：飞机发动机上一些钢件常采用金属喷涂法在零件表面形成保护层。比如利用乙炔焰将铝烧化，并借助焊嘴喷出的气体，将铝喷涂到钢件表面，形成防蚀保护层。这种铝保护层的防蚀机理也与镀镉层一样。

（3）涂漆层：涂漆层也被广泛用来作为钢件表面保护层。但在涂漆层之前，必须对要涂漆的金属表面作处理：首先要彻底清洗表面，去掉钢件表面所有氧化膜，并使表面有一些粗糙度，以便为漆层提供粘接基础；对于已镀镉的钢件应使用弱铬酸蚀洗。

因为防腐保护层对金属构件起着重要的防腐保护作用，所以在做飞机维修工作时，特别要注意保护金属表面保护层，不要擦伤、划伤保护层。如果由于打铆钉孔、修理蒙皮边缘或不小心使保护层受到损伤，应及时采取措施进行修补。

3）电瓶舱的防蚀保护

为了防止飞机上电瓶中的化学电解液和电解液的蒸气对电瓶舱结构造成侵蚀，使用铅酸电池的电瓶箱体用抗硫酸腐蚀的材料进行表面涂层保护，并在电瓶储液槽出口的壳体中放一块用碳酸氢钠浸湿的吸收垫对电解液的蒸气进行中和作用；使用碱性电池的飞机上，电瓶区域内要用抗碱侵蚀的涂层进行保护，并在电瓶储液槽出口的壳体中放一块用硼酸浸湿的吸收垫对电解液的蒸气进行中和作用。

2. 避免不同金属接触

在飞机结构中很难完全避免不同金属相互接触，这时就必须在不同金属之间采取隔离措施。比如，在铝合金结构中，如果使用钢螺栓，应该在螺栓孔内涂阿洛丁表面涂层，再涂铬酸锌底层涂料，螺栓上也应涂上铬酸锌涂料，并在涂料潮湿时进行安装。不同金属的蒙皮钣进行搭接时，应特别注意，在它们之间要形成绝缘隔离。在每个搭接配合面上，至少要涂一层铬酸锌底层涂料，让涂层完全干燥后，装配在一起，并用铆钉蘸着铬酸锌涂料进行湿铆接。如果其中一块蒙皮钣是用镁合金材料制成，那么，在每个搭接配合面上至少要涂两层铬酸锌底层涂料,并在搭接面之间加上0.003in厚的乙烯树脂薄膜,然后,用铆钉蘸着铬酸锌涂料进行湿铆接。如果因为某些原因,不能使用乙烯树脂薄膜,搭接配合面上的铬酸锌底层涂料的施加层数应加倍。

3. 进行密封处理

使用密封剂对飞机结构进行防水密封是机体防腐的重要措施。当原有的密封剂受到损伤需要修理时,首先要将密封缝处所有旧密封剂彻底清除掉,使用推荐的清洁剂清洁要修理的表面,清除掉所有污垢、燃油、滑油等污渍,然后严格按照推荐的方法用新密封剂进行密封,在密封缝边缘形成倾斜的斜边。

进行密封修理时要特别注意的是:

(1)飞机上使用密封剂的地方很多,用途也各不相同。用于不同目的的密封剂应满足不同的要求,绝不能互相代替使用。必须使用与原密封剂完全相同的材料或使用飞机制造厂家批准的材料进行密封修理。

(2)飞机上使用的密封剂通常都是两组分型的。当用两组分材料混制密封剂时,混制的比例、顺序、时间和温度都要严格按照说明进行,否则密封剂与金属之间粘接不牢,起不到密封的作用。

(3)施用密封剂的方法也应严格按照制造厂推荐的方法进行,否则会影响密封的效果。

4. 进行有效的防腐维护工作

防腐维护工作应包括以下几项内容:

(1)定期、仔细地进行机体的清洁工作,保持机体表面的干燥、清洁和光滑。

采用推荐的乳胶型清洁剂清洗表面,可以清除灰尘、污垢、油渍及一些工业废物,必要时要在机体表面打蜡。保持机体内部的清洁也非常重要。要特别注意容易积水的地方,所有的排水口应打开,并能顺利排水,防止机体内部积水。还有发动机排气装置、起落架舱等容易积存污垢的地方都应及时进行清洁。

(2)对飞机进行定期仔细检查,及时发现腐蚀迹象和防护系统的损伤情况。检查的重点是:

① 发动机进气道和尾部排气区域。高速气流和气流中夹裹的污物会损坏进气道表面的防护层,虽然沿进气道前缘的抗磨带有一定的保护作用,但检查和维护进气道区域的防护层仍然十分重要。发动机排放的高温并含有腐蚀金属物质的空气会对尾部排气区域产生腐蚀。排放空气所经途中的缝隙处、短舱整流罩、合叶、检查口盖的螺栓等处都是要重点检查的地方。

② 电瓶舱和电瓶排气口:要仔细检查电瓶四周和下面区域;确定储液槽通气口内浸湿中和溶液的吸收垫完好,没有渗漏现象;电瓶箱通气口干净通畅。

如果在使用过程中,电瓶中的电解液飞溅出来,要立即擦拭干净,并对沾上电解液的部位进行中和处理。直到用试纸进行测试显示中性为止。

③ 卫生间和配餐区。有机物比如食品等对铝合金有很强的腐蚀性,所以飞机上的食品服务区和卫生间也是腐蚀检查中重点关注的部位。

④ 起落架和轮舱区域。起落架和轮舱的工作环境比较脏,特别是在冬季,跑道上喷洒防冰液的情况下。含有化学成分的水、泥等溅到结构的表面,冲掉润滑剂,磨损表面保护层,对结

构造成损伤。另外,在这部位有许多形状比较复杂的装配件,如管道、撑杆、接头等,使用防腐剂覆盖所有结构表面比较困难。由于刹车产生大量热,有一些防腐剂在主起落架机轮部件上不能使用。在这个区域还有一些电子设备组件。在防腐检查中对这个区域应重点注意。

- 镁金属机轮部位:镁合金机轮上的螺栓头和螺母是易发生电化学腐蚀的部位,应特别注意检查;还要特别注意,在机轮辐板、凸缘部位是否夹裹水分和发生腐蚀。
- 暴露在外面的金属管:铝金属管上的识别带和金属环圈的下面是否夹裹水分和发生腐蚀。
- 加强件、肋板、下蒙皮表面等处的缝隙容易存水和污物的地方都是重点检查的地方。
- 另外,外露的位置指示电门、防滞传感器、限动电门等电子组件也要给予充分的注意。
- 起落架支撑的盒式结构:一些配置固定起落架的飞机,起落架通过一个高强度铝合金盒式结构支撑在机身结构上。在起飞和着陆过程中,这个盒式结构要承受很大的冲击载荷。这个盒式结构位于机身的地板下面,平时只能通过较小的检查孔对其进行目视检查。维护时应注意保持盒式结构排水孔的通畅,大量喷射排水润滑剂在此部位的表面形成保护膜。

飞机制造厂维护手册给出起落架易发生腐蚀和重点检查的部位如图 2-15 所示。

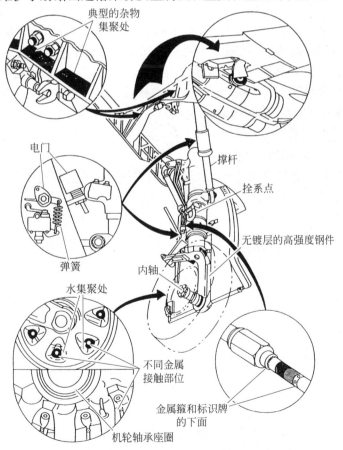

图 2-15　飞机起落架容易发生腐蚀损伤的部位

⑤ 外露蒙皮区域。最早的腐蚀迹象可能出现在飞机的外蒙皮上。包覆纯铝的金属蒙皮的边缘和搭接接头处、镁金属蒙皮的边缘、紧固件的周围、裂纹缝隙处都容易发生腐蚀,检查时都应给予重点的关注。

⑥ 舱底区域。机身底部,地板的下面区域容易积聚水、灰尘等脏物,以及液压油、滑油等废弃物,从而导致腐蚀的发生。由于可接近性不好,腐蚀刚发生时不容易被发现。检查时一定要注意:保持这些部位排水孔的通畅,用吸尘器清除污物、灰尘,并在结构表面涂保护层防止和水的接触。

⑦ 操纵面收起的凹槽处。操纵面收进固定翼面的凹槽内,轴承铰链等被掩盖在凹槽内,不容易进行定期的润滑,也容易发生腐蚀。

⑧ 燃油箱。由于燃油中水分夹裹微生物的繁殖,导致燃油箱内产生微生物腐蚀,而在密封剂下面发生的腐蚀检查起来很困难,通常要借助 X 射线等无损检测方法进行检查。

⑨ 操纵钢索。飞机操纵系统的操纵钢索,特别使用碳钢制成的钢索,在各股钢丝之间可能发生腐蚀。如果怀疑有腐蚀发生就应将钢索的张力卸掉,反拧钢索,检查钢丝之间是否有腐蚀产生。

⑩ 焊接区域。进行电弧焊接操作时,使用的焊剂含有很多对铝有腐蚀作用的物质,焊接后,应用热水和毛刷将焊剂的所用痕迹清除掉,否则,会对金属产生腐蚀作用。因此,所有的焊接区域也是重点检查的部位。

(3) 对发现的腐蚀损伤要及时处理,对损伤的保护层、密封剂涂层要及时修补。

(4) 对于需要润滑的部位要定期进行彻底的润滑。特别是长铰链要定期加润滑油。用防水的润滑油喷涂操纵钢索。在蒙皮缝隙和搭界处涂抹防水润滑剂薄膜等。

(5) 保持各种排放管口的通畅。机身底舱的排放口、电瓶舱排气口等凡是容易积水和污物的地方,其排放管口都应保持干净和通畅。

(6) 每天排放燃油箱的沉积物。

(7) 每天清洁机体外露的关键部位。

(8) 风雨天气应注意机体的防水,温暖潮湿的天气要注意适当通风。

(9) 对于停放的飞机要用防护罩进行保护。

第3章

航空紧固件

飞机机体是由成千上万个零部件组成,紧固件的作用就是将这些零部件连接在一起组成一个完整的机体,并在承受载荷时,在零部件之间传递载荷、协调变形。飞机上使用的紧固件主要有铆钉、螺栓和螺钉等。

3.1 带螺纹的紧固件

飞机上带螺纹的紧固件是指螺栓和螺钉,还有垫圈和螺母。这些紧固件也是起到将不同零件组合到一起的作用,但与铆钉、销钉等不同,它们的组合可以经过多次的拆卸和重新装配。

3.1.1 螺纹类型、配合等级和标识符号

1. 螺纹类型

螺栓(包括螺钉、螺母)的螺纹分别有粗螺纹和细螺纹两种。美国的标准分别是American National Coarse(NC),American Standard United Coarse(UNC)和American National Fine(NF),American Standard United Fine (UNF)。

NC、NF 分别是美国国家标准的粗螺纹和细螺纹;UNC、UNF 分别是美国统一标准的粗螺纹和细螺纹。国家标准系列和统一标准系列的区别是每英寸长螺杆上国家标准的螺纹比较多。比如,在直径为 1in 的螺栓上,按照 NF 要求每英寸有 14 条螺纹,而按照 UNF 要求有 12 条螺纹。

2. 配合等级

螺纹的配合有 1～5 级五个等级。等级 1 螺纹是松配合,等级 2 螺纹是自由配合,等级 3 螺纹是中级配合,等级 4 螺纹是紧配合,等级 5 螺纹也是紧配合。

等级 1 的松配合是用手指就可以将螺母拧到底。等级 4 和等级 5 紧配合是从开始到最后都要借助扳手将螺母拧动。飞机上使用的螺栓一般都是 3 级配合的细螺纹,而螺钉是 2 级或 3 级配合。

3. 标识符号

螺栓的直径、长度等信息,可以从零件的标识符号中获得。如没有特别说明,直径的间隔为 1/16in,长度的间隔为 1/8in。比如,AN4-7 表示螺栓的直径为 1/4in,长度为 7/8in。当螺栓长度等于 1in 时,短横后面的数字不是 8,而是 10。当长度大于 1 时,在短横后面用

两位数字：第一位数字表示长度的整英寸数，第二位数字则表示长度的分数是八分之几英寸。比如，螺栓长度为 1-1/2in，在螺栓标识符号中用－14 表示。AN5-22 表示螺栓的直径为 5/16in，长度为 2-1/4in。

表 3-1 给出按照国家细螺纹标准，中级配合紧固件的直径，每英寸的螺纹数以及钻孔所需要的钻头和螺纹钻头的尺寸。比如，5 号细螺纹紧固件每英寸有 44 条螺纹，直径为 0.125in，钻孔用 25 号钻头，钻螺纹孔用 38 号钻头。

直径等于或小于 1/4in 的带有螺纹的紧固件属于螺钉系列。表 3-1 中的 0～12 号表示的是螺钉。螺钉直径的间隔不再是 1/16in。

表 3-1 国家标准细螺纹系列 3 级中级配合(NF)

尺寸和螺纹	直径/in	孔钻头(钻头号码)	螺纹钻头(钻头号码)
0-80	0.060	52	3/64
1-72	0.073	47	♯53
2-64	0.086	42	♯50
3-56	0.099	37	♯46
4-48	0.112	31	♯42
5-44	0.125	25	♯38
6-40	0.138	27	♯33
8-36	0.164	18	♯29
10-32	0.190	10	♯21
12-28	0.216	2	♯15
1/4-28	0.250	F	♯3
5/16-24	0.312 5	5/16	I
3/8-24	0.375	3/8	Q
7/16-20	0.437 5	7/16	W
1/2-20	0.500	1/2	7/16
9/16-18	0.562 5	9/16	1/2
5/8-18	0.625	5/8	9/16
3/4-16	0.750	3/4	11/16
7/8-14	0.875	7/8	51/64
1-14	1.000	1.0	49/64

3.1.2 带螺纹紧固件的类型和应用

在飞机结构中使用的带螺纹的紧固件有螺栓、螺钉、螺母和垫圈等。螺栓依靠螺栓杆与螺栓孔孔壁之间的紧密配合及螺栓头、螺母底面与连接件表面之间的挤压来传递剪切和拉伸载荷。螺栓可以采用强度较高的材料来制造，直径也可以做得较大。所以，在飞机结构上，需要传递较大集中载荷或需要拆卸的部位，一般选用螺栓作为紧固件。比如各段机翼之间的对接连接、发动机支撑构架与机体接头的连接、起落架支撑杆件与机体接头的连接等。根据传递载荷形式不同，螺栓又可分为以受拉为主的螺栓和以受剪为主的螺栓，这两种螺栓无论从选材、结构形式和安装要求上都有所不同。

1. 标准航空螺栓

1）通用螺栓

AN3～AN20 系列螺栓是在飞机结构上使用较多的通用螺栓（见图 3-1）。螺栓头为六角形，螺栓材料有镀镉镍钢、不锈钢和铝合金（2024）等。有些 AN 结构螺栓在靠近螺杆尾端处，钻有一个通孔，孔的作用是穿进开口销，把螺母紧固在螺栓上，防止松动和脱落。

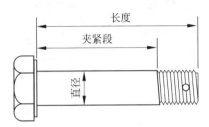

图 3-1 AN3～AN20 结构螺栓

AN3～AN20 通用螺栓适用于各种用途，既可以承受拉伸载荷，也可以承受剪切载荷。

由于承载能力的限制，FAA 不允许在飞机结构件上使用小于 AN3 的铝合金和合金钢螺栓。另外，在维护和检查需要经常拆卸的部位，不使用铝合金螺栓和螺母。

通用螺栓的标识符号和上面讲述的基本一致。螺栓直径表示无螺纹螺杆的直径，螺栓长度表示从螺栓头底部到螺栓端头的长度，夹紧长度表示无螺纹螺杆的长度，如图 3-1 所示。在表示直径和长度的数字之间加入字母表示螺栓的材料。不加特别说明的螺栓材料是镀镉镍钢，加入字母"C"说明材料是不锈钢，加入字母"DD"说明材料是 2024 铝合金。标识符号最后的字母"A"，表示螺杆尾端处没有钻通孔。

比如，螺栓编号为 AN4DD14A。

"AN"——表示这个螺栓是美国空军-海军标准螺栓。

"4"——表示螺栓直径为 $\frac{4}{16}$in。

"DD"——表示螺栓材料是铝合金（2024）。

"14"——表示螺栓长度是 $1\frac{1}{2}$in。螺栓长度的第一个数字表示几英寸，第二个数字表示八分之几英寸。

"A"——表示螺杆尾端处没有钻通孔。

螺栓编号为 AN5C36，表示的是用不锈钢材料制成（字母 C 表示）、直径为 $\frac{5}{16}$in、长度为 $3\frac{3}{4}$in、螺栓尾端带有通孔的 AN 系列螺栓。

有些 AN 系列螺栓用来将螺旋桨叶固定在法兰盘轴上，在螺栓编号中用直径数字后面的字母"H"表示。比如，螺栓编号为 AN6H34A，表示螺栓直径为 3/8in，长度为 3½in，螺栓尾端没有通孔的 AN 系列螺栓。字母 H 表示这是一种用来将螺旋桨叶固定在法兰盘轴上的螺栓，用镍钢制成，在头部钻有孔，可以用保险丝进行保险。

AN 系列螺栓用打印在螺栓头上的标记表明螺栓的生产厂、材料和是否是专用螺栓等信息，如图 3-2 所示。

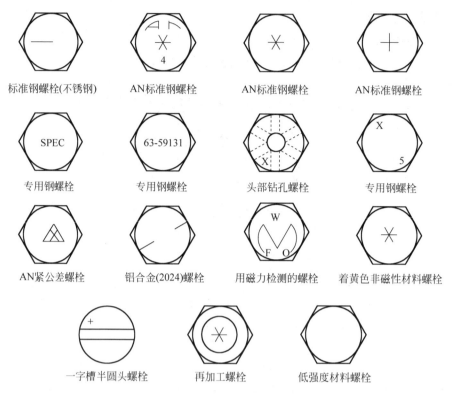

图 3-2　螺栓头部的符号表示制作螺栓所用的材料

2）头部钻孔的发动机螺栓（drilled-head engine bolts）

AN73～AN81 六角头螺栓是用镍钢制成的，外形与 AN 系列结构螺栓非常相似，只是螺栓头比较高，并在上面钻有沿螺栓径向的交叉的通孔（见图 3-3）。在螺栓安装好以后，可以用保险丝穿过小孔给螺栓打保险。这种螺栓主要用在发动机上，比如，将螺旋桨叶安装在法兰接合头上。使用保险丝紧固，可以防止在振动载荷作用下产生松动。

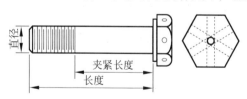

图 3-3　AN73～AN81 发动机螺栓

这种螺栓的直径用螺栓编号的第二位数字表示，长度用短横后面的数字表示。短横若被字母"A"代替，表示螺栓的螺纹为粗螺纹，否则就为细螺纹。比如，AN75-7 表示直径为 5/16in，长度为 7/8in 的细螺纹头部钻孔发动机螺栓。AN75A7 则表示同样直径和长度的粗螺纹头部钻孔发动机螺栓。

在 MS 标准中，AN73～AN81 系列头部钻孔发动机螺栓用 MS20073 和 MS20074 来代替。MS20073 表示细螺纹，而 MS20074 表示粗螺纹。螺栓的直径用短横后面的数字表示。比如，MS20073-05 表示直径为 5/16in 的细螺纹头部钻孔发动机螺栓，MS20074-05 则表示同样直径的粗螺纹螺栓。这种螺栓的长度在图表中标明。

3）紧公差螺栓（closed-tolerance bolts）

AN173～AN186 和 NAS80～NAS86 系列螺栓是加工十分精确的紧公差螺栓。经研磨后，螺栓直径可达到＋0.000in，－0.0005in 的配合公差。

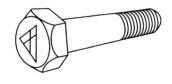

这比 AN3～AN20 螺栓的配合公差小很多。紧公差螺栓都在螺栓的头部有三角形标记，如图 3-2 所示。AN 系列螺栓的头部是六角形的（见图 3-4），NAS 系列螺栓是 100°埋头形的。

图 3-4　AN173～AN186 紧公差螺栓

在承受撞击载荷作用的连接部位，或结构连接中，铆钉连接和螺栓连接同时使用的部位，必须使用这种紧公差螺栓。因为配合公差太小，不可能再镀镉保护层。为了进行防腐保护，在安装时，通常要在螺杆上涂抹很薄一层润滑剂。

紧公差螺栓的编号方法和 AN 系列的螺栓一样。比如，AN175-26A 表示直径为 5/16in，长度为 2¾in，螺杆没有钻孔的紧公差螺栓。

4）内六角螺栓（internal wrenching bolts）

MS20004～MS20024 系列和 NAS-495 型号的螺栓是内六角头螺栓。这种螺栓是用高强度合金钢制成，在螺栓头顶部开有六角形凹槽（见图 3-5），可以放入内扳手安装或拆卸螺栓。

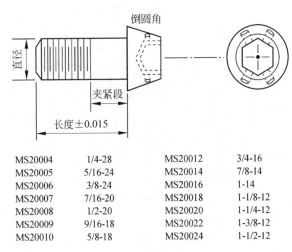

MS20004	1/4-28	MS20012	3/4-16
MS20005	5/16-24	MS20014	7/8-14
MS20006	3/8-24	MS20016	1-14
MS20007	7/16-20	MS20018	1-1/8-12
MS20008	1/2-20	MS20020	1-1/4-12
MS20009	9/16-18	MS20022	1-3/8-12
MS20010	5/8-18	MS20024	1-1/2-12

图 3-5　MS20004～MS20024 高强度内六角头螺栓

这种螺栓强度很高，以承受拉伸载荷为主，也可以承受剪切载荷。

使用这种高强度螺栓应注意以下几点：

① 由于螺栓材料的强度很高，螺栓又承受较大的拉伸载荷，所以，在螺栓头与螺栓杆的相接部位，采用了较大的圆弧角过渡，避免尖角连接，以提高螺栓的疲劳寿命（见图 3-6）。如果在钢结构件上使用这种螺栓，与螺栓头接触的一面结构上的螺栓孔周围必须加工出倒角或用特殊垫圈，以便与螺栓头下面的过渡圆弧相吻合。

② 如果在铝合金结构上使用这种螺栓，在螺栓头和螺母下面，必须使用专用垫圈（MS20002C），与螺栓头下面的过渡圆弧相吻合并加大螺栓头和铝合金件之间的接触面积，提高铝合金件表面的承压能力。

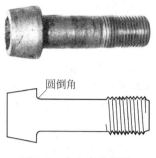

图 3-6　内六角头螺栓

③ 内六角头螺栓必须与专用的高强度螺母搭配使用,并且只能用内六角头螺栓来替换。不能用 AN 系列结构螺栓代替内六角头螺栓,因为它们的强度达不到要求。

5) 带槽扁圆头螺栓(clevis bolts)

AN21～AN36 系列的螺栓是带槽扁圆头螺栓(见图 3-7)。这种螺栓的螺栓头是半圆形的,螺栓头顶部带有一个一字形凹槽,以便使用螺钉旋具进行安装和拆卸。

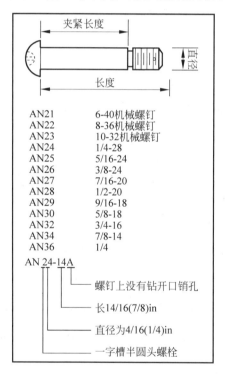

图 3-7　AN21～AN36 带槽扁圆头螺栓

　　这种螺栓只能用在承受剪切作用的部位,比如,操纵钢索与操纵摇臂之间相连就使用这种螺栓。在这个部位不但螺栓只承受剪力作用,而且螺栓与孔的配合要保持一定的松紧程度,以便在操纵面运动时,钢索可以绕转轴自由地转动。正因为这种特定的使用情况,这种螺栓的螺杆上只有靠近尾端比较短的一部分上刻有螺纹,光杆与螺纹杆之间有一圈凹槽。这样可以使螺栓有较长的夹紧长度,增加螺栓的剪切强度,以弥补螺栓与孔配合较松而带来的剪切强度的损失。

由于对这种螺栓的螺杆长度要求比较严格一些,所以不但它的直径是以 $\frac{1}{16}$ in 为间隔,长度也是以 $\frac{1}{16}$ in 为间隔单位。比如,AN29-20 表示直径为 9/16in、长度为 20/16(1 1/4)in、螺杆上钻孔的带槽扁圆头螺栓。

这种螺栓要求与之配合的剪切螺母与螺栓螺纹紧密配合,并用开口销进行保险。所以,大多数带槽扁圆头螺栓的螺杆上都是钻孔的。但也可以用自锁螺母进行保险,这种带槽扁圆头螺栓的螺杆上就可以不用钻孔。

2. 螺母

1) 标准航空螺母

图 3-8 所示为在飞机上使用的标准螺母。

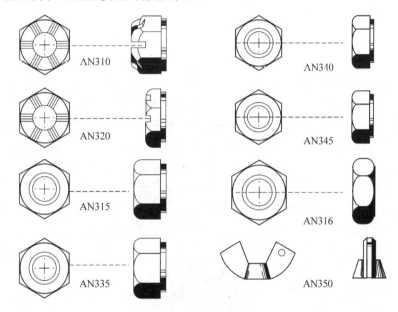

图 3-8　标准航空螺母

AN310 槽顶螺母。这是与 AN3～AN20 结构螺栓配合使用的细螺纹槽顶螺母,用等级 3 中级配合。使用这种螺母,螺栓可以承受剪力载荷,也可以承受拉伸载荷。螺母的材料可以是镀镉镍钢、不锈钢或 2024 铝合金。零件标识符号中没有说明表示材料是镀镉镍钢,有字母"C"表示材料是不锈钢,有字母"D"表示材料是铝合金。零件标识符号中短横后面的数字表示与之配合使用的螺栓号。比如,AN310C6,表示与 AN6 螺栓配合使用的不锈钢材料的槽顶螺母。

AN320 剪切槽顶螺母。这种螺母比 AN310 螺母薄,只能与 AN21～AN36 系列的带槽扁圆头螺栓配合使用,螺栓只承受剪切载荷。制造材料和零件标识符号表示方法与 AN310 相同。

AN315 普通螺母。这是一种没有槽顶的细螺纹螺母。使用这种螺母,螺栓可以承受剪力载荷,也可以承受拉伸载荷。因为螺母没有槽顶不能使用开口销进行保险,必须使用自锁螺母或弹簧垫圈等方法将螺母锁紧。这种螺母有左螺纹和右螺纹,比如,AN315-7R 表示带有右螺纹的镍钢普通螺母,和 AN7 螺栓配合使用。

AN316 锁紧螺母。这种螺母是拧在没有自锁能力的螺母上面,对主要螺母进行锁紧作用的螺母。它也有左螺纹和右螺纹两种螺母,可分别对右螺纹、左螺纹的普通螺母进行锁紧保险。

AN340 机械螺钉螺母。这种螺母具有粗螺纹,它可以和从 2 号到 1/4in(见表 3-1)的机械螺钉配合使用。材料有不锈钢(C)、铜(B)、2024 铝合金(DD)等。

AN345 机械螺钉螺母。这种螺母和 AN340 相似,只是螺纹为细螺纹。

AN350 蝶形螺母,在不用工具的情况下,可以很方便地拧紧或拧松,用在需要频繁拆卸的部件上。

这些螺母都没有自锁功能,只能借助在孔中或凹槽中插入开口销,或使用自锁螺母、弹簧垫圈等方法进行锁定,防止振动引起松弛。

2) 自锁螺母

(1) 自锁原理。

① 低温自锁螺母。图 3-9(a)、(b)所示螺母分别是型号为 AN365 和 AN364 的低温自锁螺母。低温自锁螺母在螺纹中插入一个用纤维或塑料制成的弹性环,内径比与之相配合的螺纹略小一些。当将螺母拧进螺栓时,必须使用扳手才能将螺母上的弹性环拧进螺杆的螺纹上。当螺栓拧进弹性环时,它会迫使弹性环向外扩张,充满螺栓和螺母螺纹之间的径向间隙,产生足够大的摩擦力,使螺栓不会因振动而松动。

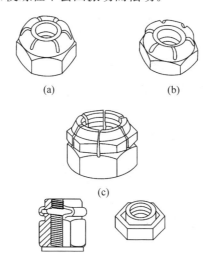

图 3-9　自锁螺母

AN364 低温自锁螺母与 AN365 相比,厚度较薄,只能和承受剪切载荷的螺栓配合使用。比如,用于带槽扁圆头螺栓。

② 高温自锁螺母。图 3-9(c)是 AN363 型高温自锁螺母。高温自锁螺母的自锁方法是将螺母顶部开凹槽,并向中心挤压,使这段螺母的直径略微变小,或者是将螺母顶部挤压成椭圆形。这样,当螺母拧进螺栓时,一旦螺栓进入螺母顶部的变形部位,螺栓必定使螺母向外扩张,以使孔变大或变圆,从而在螺母和螺栓的螺纹之间产生较大的摩擦力,防止螺母由于振动而松脱。

（2）自锁螺母的应用。自锁螺母由于自身的结构特点在螺母与螺栓的螺纹之间提供紧密的结合,保证在振动环境下工作,螺母、螺栓也不会发生松脱。一般自锁螺母用来固定减摩轴承、操纵系统的滑轮、发动机摇臂箱的口盖、排气管等。在使用自锁螺母时应注意:

① 自锁螺母制造厂家的使用手册中对自锁螺母所适用的飞机做出一些限制,自锁螺母只适用于符合其制造厂家限制条件的飞机。

② 低温自锁螺母的弹性环圈是用纤维材料或塑性材料制成,在高温下,这些材料的弹性性能会发生变化,影响锁紧能力,所以,低温自锁螺母只能在 250℉ 以下的温度环境中使用,而高温自锁螺母可以在 250℉ 以上的温度环境中使用。

③ 将自锁螺母拧进螺栓时,要有足够的深度,要使螺栓杆带有倒角的端头露到螺母的外面。对于端头没有倒角的螺栓,至少有一个螺纹但不能多于三个螺纹露到螺母的外面。

④ 低温自锁螺母和直径大于 $\frac{5}{16}$ in、在螺杆尾端钻有安置开口销孔的螺栓配合使用时,必须注意,螺栓杆上孔的边缘必须光滑没有毛刺。否则,毛刺会划伤自锁螺母里的弹性环圈,使之丧失锁紧能力。

⑤ 在承受转动力矩作用的螺栓上,不能使用自锁螺母。

3. 垫圈

图 3-10 示出在飞机结构上常用的几种垫圈。

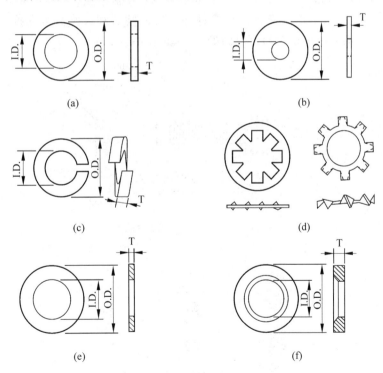

图 3-10 垫圈

图 3-10(a)——AN960 普通垫圈是在飞机结构上使用得最多的垫圈。按照制造所用材料,可分为镀镉钢垫圈、工业黄铜垫圈和 2024 铝合金垫圈。轻系列 AN960 垫圈的厚度只有正规系列垫圈的一半,可以用来代替正规系列的垫圈,调整厚度,以使开口销可以插入螺栓

杆上的孔中。

图 3-10(b)——AN970 是大面积垫圈,用在木结构中,钢螺栓的螺栓头下面,加大木结构与螺栓头接触面的承压面积。

图 3-10(c)和(d)分别是 AN935 和 AN936 型自锁垫圈,在不适合使用自锁螺母或开口销的非关键的结构部位,就可以使用图 3-10(c)或(d)自锁垫圈。

图 3-10(e)和(f)是 MS20002 型高强度垫圈,与内六角高强度钢螺栓(MS20004~MS20024)配合使用,在螺栓头下面应使用图 3-10(f)带有埋头倒角的高强度垫圈,以便和螺栓头下面的过渡圆弧相吻合,而在螺母下面则使用图 3-10(e)高强度普通垫圈。

4. 螺钉

螺钉是在飞机上使用较为广泛的另外一种带螺纹的紧固件。一般情况下,它与螺栓的区别是:制作的材料强度比较低;螺纹的配合是松配合;夹紧长度不确定;螺钉顶部有凹槽适合用螺钉旋具或扳手将螺钉拧紧。在飞机上使用的螺钉一般分为三大类:机械螺钉、结构螺钉和自攻螺钉。

1) 机械螺钉

机械螺钉通常用在非结构件上,比如固定整流罩、检查口盖、燃油管的卡夹等比较轻巧的小部件。一般都是用低强度材料制成,有低碳钢、黄铜、不锈钢和铝合金。它的螺纹有国家标准粗螺纹和国家标准细螺纹两种,一般都是等级 2 或自由配合。螺纹布满整个螺杆,没有明确的夹紧长度。头部形式有带凹槽圆柱头、平头、圆头和大圆头等几种。它顶部有凹槽,可以使用一字形或十字形螺钉旋具将螺钉拧紧(见图 3-11)。

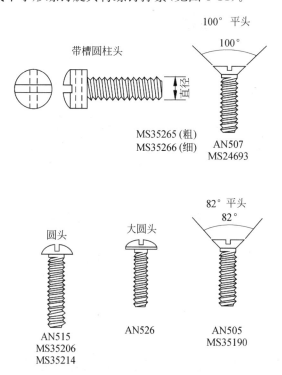

图 3-11 机械螺钉

图 3-11 中所示 MS(军用标准)36265(AN500)是粗螺纹的带凹槽圆柱头螺钉,MS36266 (AN501)是细螺纹的带凹槽圆柱头螺钉。这些螺钉头部有通孔,用来打保险丝。AN507、AN505 是平头螺钉(埋头),也有粗螺纹和细螺纹两种。AN515 是圆头螺钉,AN526 是大圆头螺钉。

2) 结构螺钉

图 3-12 所示 AN509 和 AN525 是结构螺钉。它们是用经过适当热处理的合金钢制造的,强度比较高,剪切强度和同样尺寸的螺栓相等,可以用在结构上。它有明确的夹紧长度,螺杆的配合公差和 AN 六角头螺栓近似。

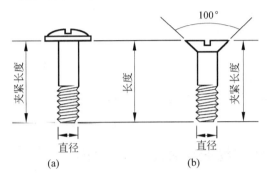

图 3-12 结构螺钉

AN509 螺钉是 100°平头结构螺钉,它的材料是镀镉热处理碳钢。为了和低强度的 100°平头机械螺钉(AN507)区别,在 AN509 螺钉的头部刻有"×"记号。AN525 螺钉是带有垫圈头的结构螺钉,它的材料是镀镉高强度钢。它的头部提供了比较大的挤压面积。

3) 自攻螺钉

图 3-13 所示为自攻螺钉。这些螺钉一般用来将薄金属板、塑料板、层板等连接在一起,如名称牌子等,这些连接一般都是可拆卸的。连接件内的螺纹是在螺钉拧进时形成的。

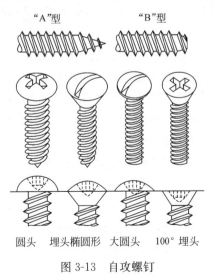

图 3-13 自攻螺钉

自攻螺钉有 A、B 两种形式,如图 3-13 所示。A 型螺钉螺杆的顶端是尖头的,而 B 型是平头的。B 型的螺纹比 A 型的螺纹细。自攻螺钉的头部形式有四种,如图 3-13 所示。AN530 和 AN531 都是 B 型螺钉,AN530 是圆头自攻螺钉,AN531 平头的埋头螺钉。

　　在飞机结构中,不能用自攻螺钉代替标准螺钉、螺栓和铆钉。

　　4) 螺钉的标识符号

　　螺钉的标识符号与螺栓的标识符号近似。

　　例如:AN501B-416-7。

　　AN——螺栓是美国空军-海军标准螺栓;

　　501——带凹槽圆柱头,细螺纹;

　　B——材料为黄铜;

　　416——直径为 4/16in;

　　7——长度为 7/16in。

　　如果"B"改为"C",表示材料为不锈钢,改为"D",表示材料为 2024-T 铝合金。如果在表示材料的字母前面加一个字母"A",则表示在螺钉的头部钻有通孔,以便用保险丝打保险。

3.1.3　带螺纹紧固件的安装和保险方法

1. 带螺纹紧固件的安装

1) 螺栓孔

(1) 螺栓孔一定要垂直于连接件,以保证螺栓头和螺母底部完全压在被连接件的表面上。螺栓孔尺寸不能超差,也不能呈椭圆形,否则会影响螺栓的剪切强度。

(2) 主要连接部件上的螺栓孔大多采用紧公差配合。特别是采用轻压配合的 AN 系列六角头螺栓、NAS 系列紧公差螺栓和 AN 系列带槽扁圆头螺栓。

(3) 螺栓与螺栓孔之间的配合情况可以由螺栓进入孔时摩擦力的大小来判断。轻压配合是用锤子的手柄对准螺栓头一压就可使螺栓进入孔内。紧压配合是用 12～14 英两[①]重的手锤一击就可使螺栓进入孔内。如果需要用手锤重击才能使螺栓进入孔内,这样的配合就被认为太紧了。

(4) 在修理中,螺栓和螺栓孔可采用轻压配合(修理图纸上规定螺栓和孔之间间隙最大为 0.0015in)。如果在关键的零部件上螺栓孔尺寸超差,在处理之前要与飞机或发动机生产厂家商量。处理时一般应考虑螺栓的边距、间隔和螺栓承受的载荷等因素。对于一般零部件上螺栓孔尺寸超差,可以用钻孔、铰孔到大一号孔的尺寸,使用大一号的螺栓来处理。

(5) 对于只承受拉伸载荷的螺栓,在螺栓和孔壁之间允许有一定的间隙。在一些特殊的使用场合,螺栓孔壁与螺栓有一定的间隙是允许的。比如,滑轮支架、导线盒、配平的衬垫和各种支架托架等。

　　2) 螺栓的选择和安装

(1) 参考相应的维修说明手册和零件分类图,选择与原螺栓完全相同的螺栓,并检查螺栓头部的标记,以确定螺栓的制造材料是否正确。

---

① 　1 英两＝31.103 5g。

（2）选择螺栓的夹紧长度等于被连接件的厚度。如果大于被连接件的厚度，必须使用垫圈，以保证拧紧后螺母在被连接件的表面产生一定的压紧力。螺栓的夹紧长度不能小于被连接件的厚度，否则会使螺栓的螺纹部分进入螺栓孔，从而削弱螺栓的剪切强度，特别是降低构件的疲劳强度。

（3）如果没有特别说明，安装螺栓时要在螺栓头和螺母的下面使用垫圈。这样可以保护被连接件不被磨损，也可以避免不同金属接触，防止腐蚀。当用钢螺栓连接铝合金件和镁合金件时，要使用铝垫圈。这样可使发生腐蚀时，首先受到侵蚀的是垫圈，基本部件的金属受到保护。而用钢螺栓连接钢构件时，要使用钢垫圈。

（4）如果没有特别说明，将螺栓放入螺孔时应使螺栓头向上或向前，这样可以防止万一螺母松动，螺栓自动脱落。

3）应用扭力扳手将螺母拧紧到要求的扭矩值

安装螺栓时应该使用扭力扳手将螺母拧紧到要求的扭力值。这样做的目的是：使传递载荷的各个螺栓连接的松紧程度一致，载荷在各个螺栓之间均匀分配，防止某个螺栓受力过大，而某个螺栓受力过小；另外，将螺母拧紧到一定的程度，可以使螺栓在不受力时也承受一定的拉应力，这样在拉伸载荷反复作用过程中，螺栓承受的交变应力的应力幅度减小，可以提高螺栓的疲劳寿命。所以，必须使用扭力扳手将紧固件拧紧到要求的扭矩值。

使用扭力扳手施加的扭矩值就等于手柄上所加力的大小和加力点到驱动头之间距离的乘积。

计算扭力值的基本公式：

$$T_{扭} = F \times L$$

式中：$T_{扭}$ 为施加的扭矩值；F 为在扭力扳手手柄上作用的力；L 为从作用力中心线到驱动头中心线的距离，力 F 应垂直于力臂 L，如图 3-14 所示。

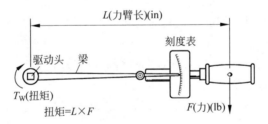

图 3-14 偏转梁式扭力扳手施加扭矩示意图

对于比较简单的偏转梁式扭力扳手，扭力扳手施加的扭力值可以从安装在扳手上的表盘中直接读出。

如果在偏转梁式的扭力扳手上使用转接接头的话（见图 3-15），必须用表盘上的读数经过计算才能得出对螺母施加的扭矩值。计算公式如下：

$$T_A = T_W \times (L + A)/L$$

式中：T_W 为表盘上的读出的扭矩值；T_A 为对螺母真正施加的扭矩值；A 为转接接头的长度。

利用上述公式也可以从拧紧螺母所要求的扭矩值求出表盘上的扭矩读数。

$$T_W = T_A \times L/(L + A)$$

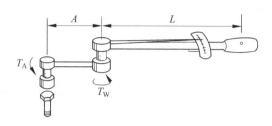

图 3-15　转接器施加扭矩示意图

使用扭力扳手安装紧固件时应注意以下几点：

① 安装螺栓、螺钉或螺桩时，拧紧螺母所要求的扭矩值可以从维护工序中查出，也可以使用相应的标准扭矩表。使用前一定要清楚标准扭矩表的使用规则。对于有特别要求的紧固件可以从维护手册中查到要求的扭矩值。

② 在可能的情况下，安装时一定用扭力扳手拧动螺母来安装螺栓。如果条件不允许，只能拧动螺栓的话，拧紧螺栓的扭矩值可以取要求的扭矩值，再加上克服螺栓杆和螺栓孔壁之间摩擦力的扭矩。有些标准扭矩表规定，在这种情况下，拧紧螺栓的扭矩值可以取要求扭矩值范围中的最大值，但不能超过最大值。用扭力扳手对自锁螺母进行安装时，先要用扭力扳手将螺母拧到接近垫圈的位置，测出拧动螺母所需要的扭矩值，将这个数值加到扭矩表要求的扭矩值中，就得到了安装自锁螺母要求的扭矩值，最后按照这个扭矩值拧紧自锁螺母。

③ 除非另有说明，扭矩表给定的扭矩值是用于没有润滑的干螺纹的。但有些发动机大修手册要求所有紧固件都要用滑油或润滑剂进行润滑，扭矩表规定的扭矩值就是针对已润滑螺纹要求的。

④ 使用扭力扳手安装螺母时，应该使螺母的转动平稳而均匀，这样才能保证所施加扭矩测量的精确性。

⑤ 如果不小心对螺母施加的扭矩超过了要求值，应将螺母松开，再将螺母拧紧到要求的扭矩值。

⑥ 扭力扳手是精密测量工具，必须定期进行标定和检查。

4）给螺栓和螺母打保险

除了自锁螺母外，在紧固件安装好之后，一定要用开口销、保险丝等方法给紧固件打保险。

2. 常用的保险方法

为紧固件打保险是用一些方法将螺栓、螺母、螺钉和其他一些紧固件紧固在安装位置上，防止紧固件在使用中因为振动而松脱，不能正常地工作。

为紧固件打保险的方法很多，使用比较多的有：保险丝、开口销、自锁垫圈、弹性环和一些特型螺母，如自锁螺母、单线螺纹锁紧螺母和防松螺母等。自锁螺母、自锁垫圈等在前面已经介绍过了，下面主要讲述用保险丝打保险。用保险丝给带头的螺栓、螺母、螺钉、螺桩等打保险丝是最可靠、最满意的保险方法。

1）用保险丝打保险

（1）螺母、螺栓和螺钉。给螺母、螺栓、螺钉等打保险可以用单股保险丝也可以用双股保险丝。最常用的是用双股保险丝打保险。单股保险丝一般用在电气系统中，封闭几何形状里间距比较近的小型紧固件，或很不容易达到的地方。

图 3-16 中示出一些打保险的正确方法。可以把两个或三个相邻的紧固件分为一组，用一根保险丝打保险，而不是给每个紧固件单独打保险。每一组中紧固件的数量主要由紧固件的使用情况决定。一般情况下，每组里的紧固件不要超过三个。如果紧固件分布的间距比较大，用来给一组紧固件打保险的保险丝长度不能超过一定的长度(有些规定不能超过 24in)。

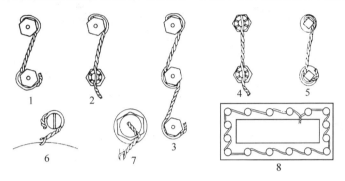

图 3-16　打保险丝的方法

对一组紧固件打保险的方法是：用保险丝依次将两个或两个以上的紧固件缠绕在一起，保险丝都以紧固的方向将每个紧固件拉紧，这样任何一个紧固件松动的趋势都会迫使它和它相邻紧固件之间的保险丝拉得更紧，增大保险丝的拉力自然就会制止部件的松动趋势。

在打保险丝之前，一定要把紧固件拧紧到要求的扭矩值，并且把保险丝孔对准。不允许把紧固件拧得过紧或拧松来调整保险丝孔的位置。

当保险丝穿过最后一个紧固件的保险丝孔后，要把保险丝拧 3～6 下，然后再将保险丝切断并将保险丝的断头向后弯，这样可以防止断头划伤维修人员的手。

(2) 滑油口盖、排放口管闩和阀门。图 3-17 所示为这些部件打保险丝的方法。这些方法适用于用保险丝单独给一个部件打保险。从图中可以看到给滑油口盖和排放口管闩打保险的保险丝都拴紧在邻近的带凹槽圆柱头螺钉上。如果邻近没有这样的紧固件，也可以拴紧到邻近的一些装配件的零件上。

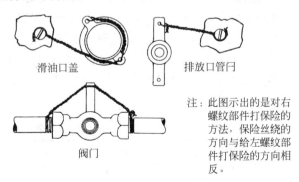

滑油口盖　　　　　　排放口管闩

注：此图示出的是对右
螺纹部件打保险的
方法，保险丝绕的
方向与给左螺纹部
件打保险的方向相
反。

阀门

图 3-17　给滑油口盖、排放管口管闩、阀门打保险的方法

(3) 电气插座。在严重振动条件下，电气插座上的连接螺母可能被振松，导致插头脱开，造成断路。为了防止这种现象的发生，必须给插座上的连接螺母打保险。方法如图 3-18所示。保险丝应该在实际可用的情况下尽量短，并且沿着将插头上的连接螺母拉紧

的方向拴紧保险丝。

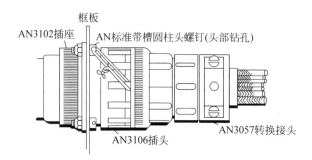

图 3-18　用保险丝为插头座打保险

（4）给带螺纹紧固件打保险丝的一些基本原则。

① 在保险丝穿过最后一个紧固件的保险丝孔之后，要把保险丝拧 3～6 下，然后再将保险丝剪断，形成一个长度为 1/4～1/2in 的尾端。为了不给下面的工作带来不便，必须把保险丝的尾端向后或向下弯。

② 每次都必须用新保险丝打保险。也就是说保险丝绝不能重复使用。

③ 当用保险丝给槽顶螺母打保险时，如果没有特别说明，应按照扭矩表要求的拧紧扭矩值范围的最低值将螺母拧紧，如果螺母的切口不能对准保险丝孔，就可以将螺母再拧紧一些，直到切口和孔对准，但拧紧扭矩不能超过要求扭矩值的最大值。

④ 打完保险后，保险丝应处于拉紧的状态，但不能拉得太紧，以防止正常操作或遇到振动时保险丝断裂。

⑤ 打保险丝的基本方法是使保险丝产生的拉力总是力图将紧固件拧紧。

⑥ 将两股保险丝拧到一起时，要拧得紧而且均匀。两个紧固件之间的保险丝要尽量绷紧，但不能拧得过分。

⑦ 保险丝要拧紧并安装好，使绕过紧固件头部的环圈停靠在下面。环圈不能有到紧固件头上面来的趋势，否则会形成一个松环。

（5）松紧螺套。在利用松紧螺套将操纵钢索的张力调整正确之后，必须给松紧螺套打保险。图 3-19、图 3-20 示出了打保险的两种方法。图 3-19 中示出的是以前使用比较多的用保险丝打保险的方法。图 3-20 示出的是卡夹-锁定方法，这种方法在现代飞机上使用比较多。

用保险丝给松紧螺套打保险，可以采用单线缠绕方式（见图 3-19(c)、(d)）或双线缠绕方式（见图 3-19(a)、(b)），使用的保险丝的材料和直径也有很多种。表 3-2 列出了给松紧螺套打保险可选用的方式、保险丝的材料和直径。

表 3-2　用于松紧螺套打保险的保险丝的技术条件

钢索尺寸/in	缠绕的方式	保险丝的直径/in	保险丝的材料
1/16	单线缠绕	0.040	黄铜
1/8	单线缠绕	0.040	不锈钢
1/8	双线缠绕	0.040	黄铜
5/32	单线缠绕	0.057(最小)	不锈钢
5/32	双线缠绕	0.051	黄铜

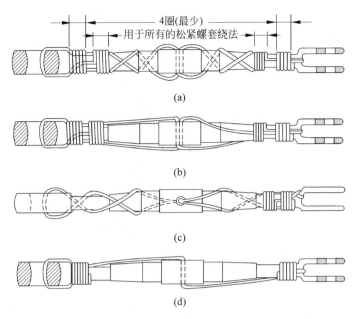

图 3-19 用保险丝给送进螺套打保险

(a) 双股缠绕(螺旋式);(b) 双股缠绕;(c) 单股缠绕(螺旋式);(d) 单股缠绕

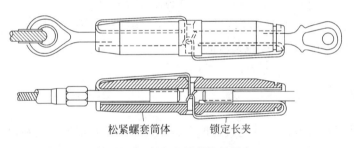

图 3-20 用卡夹锁定松紧螺套

如果钢索的直径为 1/16in 或 3/32in,松紧螺套可以用 0.040in 直径的铜或黄铜保险丝,单线缠绕方式打保险。如果钢索的直径为 1/8in,松紧螺套可以用 0.040in 直径的不锈钢保险丝单线缠绕或 0.040in 直径的黄铜双线缠绕方式打保险。如果钢索的直径为 5/32in,松紧螺套可以用 0.057in 直径的不锈钢保险丝单线缠绕或 0.051in 直径的黄铜保险丝双线缠绕方式打保险。

用保险丝给松紧螺套打保险应注意以下几点:

① 在打保险之前,一定先将钢索的张力调整正确,并检查保证螺杆在松紧螺套两端露出的螺纹不能超过三条。

② 以图 3-19 示出的方式,将保险丝缠绕在松紧螺套上。缠绕完成后,将保险丝在松紧螺套杆上至少绕四圈,再将保险丝剪断。

使用卡夹锁定松紧螺套的方法如图 3-20 所示。当松紧螺套钻有容纳卡夹的孔时,就可以用卡夹代替保险丝将松紧螺套锁定。

2) 用开口销保险

槽顶螺母可以使用开口销打保险。使用这种保险方法时,与槽顶螺母配合使用的螺栓必须有容纳开口销的通孔。槽顶螺母的切口与通孔对准,开口销从中通过,然后将尾端分叉股弯曲贴靠在螺母上,从而将螺母紧固在螺栓上,不会产生松动。开口销尾端叉股弯曲贴靠的方式有两种:可选用的和优先选用的,如图 3-21 所示。

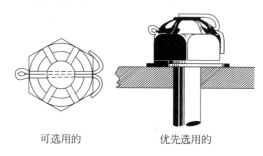

可选用的   优先选用的

图 3-21   用开口销给槽顶螺母打保险

用开口销打保险要遵守以下一些基本原则:

(1) 对于优先选用的方式,开口销尾端弯曲到螺栓顶上的叉股不能超过螺栓的直径。如果叉股过长,可将叉股剪短。

(2) 对于优先选用的方式,开口销向下弯曲的叉股不能接触到垫圈,必要时,也可以将叉股剪短。

(3) 对于可选用的方式,开口销尾端叉股弯曲后要紧贴在螺母上,不能向外伸出来。

(4) 使开口销尾端叉股弯曲的最好方法是用手锤轻轻敲击。叉股弯曲要有一定的弯曲半径,半径太小的尖角弯曲会导致叉股的断裂。

3.2 铆钉

铆钉主要依靠钉杆和铆钉孔的过盈配合承受剪切来传递载荷。飞机结构上需要传递分布剪切载荷,并且不需要拆卸的部位,通常用铆钉作为紧固件,比如蒙皮和桁条、大梁缘条和大梁腹板,梁腹板与肋腹板之间的连接角材等,都是采用铆钉作为紧固件。

3.2.1 实心铆钉

1. 铆钉钉头形式

图 3-22 示出了实心铆钉钉头的四种形式。

AN426(MS20426)——埋头铆钉,主要用于对气动外形要求严格的机体外表面,如机翼前缘、机翼上表面等部位。

AN470(MS20470)——普通头铆钉,强度高,阻力也较小,主要用于受力较大、气动外形要求不太严格的机体外表面。

AN430——半圆头铆钉,强度高,阻力较大,主要用于机体内部受力较大的部位。

AN442——平头铆钉,与半圆头铆钉一样,也是用于机体内部受力较大的部位。

2. 铆钉的材料和标识

铆钉所用材料可以从铆钉头部的材料标识来判断,见表 3-3。

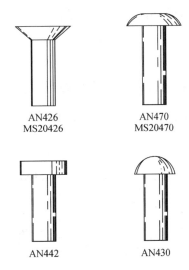

图 3-22 螺钉头形式

A 铆钉——用纯铝制成,强度低,但防蚀性能好。只能用于一般标牌等铆接上,不能用在结构上。

AD 铆钉——用 2117 铝合金制成,它的强度低于 D 和 DD 铆钉,见表 3-3。但这种铆钉即使是在淬火时效后,仍具有足够的塑性完成对铆钉的铆打。所以,它的热处理已在制造厂完成,铆接前无须再进行热处理,使用非常方便,适合用于外场修理,也称为外场铆钉。另外,2117 铝合金具有较高的抗蚀能力,能与很多类型的金属一起使用。因此,这种铆钉在飞机结构上得到广泛的应用。

表 3-3 铆钉头部识别标志

图形	⊙	⊙	‖	✚	○	◎	○
图案说明	凹点	凸点	凸出双条	凸出十字	无图案	凸出圆圈	无图案
铆钉材料	2117(AD)	2017(D)	2024(DD)	5056(B)	1100(A)	7050(KE)	蒙乃尔(M)
剪切强度(≈)/MPa	2.1	2.4	2.9	1.9	0.7		
备注		BACR15CED 铆钉头无标志			软铝铆钉		BACR15FV 圆圈标志在铆钉杆端部

D、DD 铆钉——分别用 2017 和 2024 铝合金制成,强度比 AD 铆钉高,其中 DD 铆钉强度最高。但这两种铆钉在铆打前必须进行淬火处理,并在时效的孕育期内完成铆打。生产中,经常将铆钉集中进行热处理,然后放到冰盒里,需要铆打时,才从冰盒中取出,并在时效孕育期内铆打完毕,所以这两种铆钉也称为冰盒铆钉。

B 铆钉——用 5056 铝镁合金制成,可以在室温下储存和使用。主要用来铆接镁合金件,防止电化学腐蚀。

M 铆钉——用镍—铜合金制成,称蒙乃尔铆钉,可以在室温下储存和使用。

KE 铆钉——用 7050 铝锌镁铜合金制成,可以在室温下储存和使用。在结构修理中,可以用来代替 DD 铆钉。

3. 铆钉尺寸及标识符号

铆钉的件号标识应表明铆钉的钉头形式、铆钉材料、直径和长度。

比如:AN430AD4-8 铆钉,表示是用 2117 材料制成的直径为 $\frac{4}{32}$in、长度为 $\frac{8}{16}$in 的半圆头铆钉。

又比如:MS20470AD4-4 件号标识表示用 2117 材料制成的直径为 $\frac{4}{32}$in、长度为 $\frac{4}{16}$in 的普通头铆钉。

用在飞机结构件上的受力铆钉直径在 $\frac{3}{32}$~$\frac{3}{8}$in 之间,直径小于 $\frac{3}{32}$in 的铆钉不能用作受力铆钉。

4. 铆钉的主要破坏形式

铆钉是以承受剪切载荷为主的紧固件。当铆钉承受剪切传递载荷时,可能产生的破坏形式有四种:铆钉剪切破坏(图 3-23(b));连接件在铆钉孔处被挤压破坏(图 3-23(c));连接件在被铆钉孔削弱的截面处拉断破坏(图 3-23(d));铆钉孔到连接件边缘处的材料剪切破坏(图 3-23(e))。在飞机受力结构中常见的破坏形式是第 1 种和第 2 种。

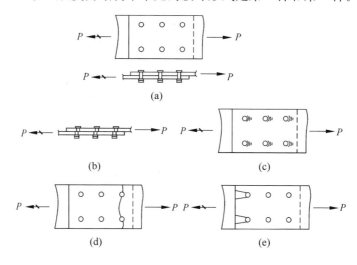

图 3-23　铆钉承受剪切传递载荷时,可能发生的破坏形式
(a) 正常连接;(b) 紧固件剪切时效;(c) 紧固件孔壁挤压失效;(d) 结构件拉伸失效;(e) 结构件剪切失效

5. 铆钉排列布置

1) 铆钉排列方式

铆钉排列方式有平行排列(图 3-24(a))和交错排列(图 3-24(b))。交错排列一般用于需要进行液体或气体密封的结构,例如油箱边界结构。这是因为铆钉的交错排列可以增加油箱的密封性。

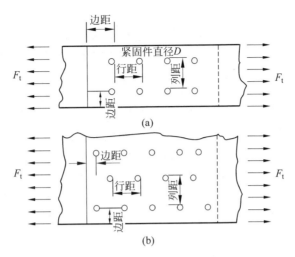

图 3-24　铆钉的排列形式

（a）紧固件平行排列示意图；（b）紧固件交错排列示意图

2）铆钉间的距离布置——间距和边距

铆钉间距是相邻铆钉中心之间的距离。铆钉间距又分为行距和列距（图 3-24）。

（1）行距——垂直载荷方向的两行铆钉之间的间距叫行距（图 3-24）。

一般情况下，铆钉的行距在 $4D\sim6D$（D 为铆钉直径）之间，可以满足铆钉连接的强度要求。

铆钉行距过大，结构承受挤压载荷时，可能导致铆钉间的连接件发生失稳变形。铆钉行距过小，可能导致铆钉之间连接件材料剪切破坏，平行排列铆钉的最小行距为 $3D$，交错排列铆钉的最小行距为 $2D$。

（2）列距——平行载荷方向的两列铆钉之间的间距叫列距（图 3-24）。

一般情况下，铆钉的列距在 $4D\sim6D$ 之间，可以满足铆钉连接的强度要求。

铆钉列距过大，同样会在结构承受压缩载荷时，导致铆钉间连接件失稳变形。铆钉列距过小，可能导致连接件拉断破坏，还会降低结构的疲劳寿命。对于疲劳敏感区，例如机身舱门等大开口周围结构，机翼下表面蒙皮壁板等结构，铆钉的列距不能小于 $4D$。

（3）边距——边缘铆钉孔中心到连接件边缘的距离（图 3-24）。

一般情况下，铆钉的边距应在 $2D\sim2.5D$ 之间。边距过小会造成连接件在边缘铆钉孔处剪切破坏。

6. 实心铆钉的安装及质量要求

1）实心铆钉的安装

（1）钻孔。钻孔在铆接过程中是很重要的一道工序，最后铆接质量的好坏很大程度上取决于预制孔的质量。对铆钉孔的质量要求是：钉孔直径大小应与所用铆钉直径相匹配，孔应是垂直于板平面的圆孔，既不能倾斜，也不能有椭圆度；孔壁应光洁，不能有棱角、毛刺、压伤、划伤等；孔口边缘应光洁无毛刺。

用于飞机结构上的铆钉直径范围在 $3/32\sim3/8\text{in}$。直径小于 $3/32\text{in}$ 的铆钉承载能力过小，不能用在飞机结构上；而当直径大于 $3/8\text{in}$，一般都采用其他形式的紧固件，而不再采用铆钉。

铆钉孔的导孔可以用冲压法冲压制得,然后再用钻孔方法将导孔扩钻到所需终孔的尺寸。不能用冲压法直接冲压出最后的终孔,因为用冲压法制出的铆钉孔有很多缺陷,比如材料硬化、孔边缘粗糙、有裂缝等,这些都会降低连接钣件的疲劳强度。

一般安装铆钉的终孔直径要比铆钉钉杆直径大 $\frac{3}{1\,000} \sim \frac{4}{1\,000}$ in。终孔直径太小会在将铆钉放入孔中时划伤铆钉杆表面的氧化膜保护层;终孔直径太大,在铆钉铆打完成之后,会造成铆钉杆不能充满铆钉孔,从而降低铆钉挤压强度,达不到连接强度要求。

孔钻好以后,要用锉刀或划窝钻将孔边缘的毛刺去掉,才能使用。

(2) 加工埋头窝。若使用埋头铆钉进行铆接修理,在钣料上钻完孔以后,还要在钉孔四周形成一个可容纳铆钉头部的埋头窝,这样才能使铆钉头坐到窝内,铆钉头表面与钣件表面取平,得到光滑的气动外形。

埋头窝的制作方法有两种:划窝法和压窝成形。用划窝法制作埋头窝的原则是:不能在制作埋头窝的钣件中形成刀刃边缘(图 3-25(c)),否则会大大降低钣件的疲劳寿命。图 3-25(a)是最好的埋头窝结构形式。

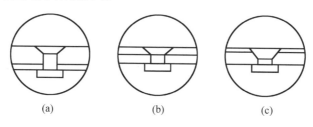

(a)   (b)   (c)

图 3-25 　埋头窝的制作方法

压窝成形有精制压窝和圆角压窝两种。精制压窝效果较好,在可能情况下应采用精制压窝法来预制铆钉窝。

对硬度较高的金属,例如 7075,不能采用冷压窝成形工艺。因为这些材料较脆,韧性差,在室温下变形能力有限,如果采用冷压窝成形,会造成裂纹、破边或钉窝形状不正确。因此,这些材料压窝成形时,其变形区域应预先加热,也就是采用热压窝成形。进行热压窝成形时,加热的温度和加热时间应严格控制,以防止加热过高破坏材料的原有热处理状态及性能。

(3) 打铆钉。打铆钉时注意事项如下:

① 铆打之前应选用合适的铆枪冲头。首先冲头形状应和要铆打的铆钉钉头形状相适合,如果铆钉为半圆头铆钉或普通头铆钉(426 或 470 型铆钉)时,冲头凹处半径应比钉头半径略大一些,以保证铆打时,冲头施加到钉头上的力能集中作用到钉杆中心处(图 3-26)。若凹处半径过小,会使力作用到钉头边缘上,将钉头边缘打偏;若凹处半径过大,冲头会触到被铆接钣件的表面,使钉头周围的钣件受到损伤。

② 铆打之前应选择质量合适的顶铁。在形成铆钉

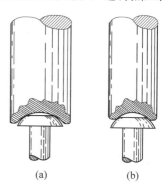

(a)   (b)

图 3-26 　铆枪冲头凹面半径应略
大于铆钉头半径

(a) 合适的配合;(b) 不合适的配合

镦头过程中,顶铁起到关键的作用。如果顶铁质量过大,会在铆钉上施加过大的载荷,形成过大过扁不合格的镦头;如果顶铁质量太小,不能牢牢地顶住铆钉时会使钣件受到损伤。

③ 为了得到铆打合格的铆钉,铆枪上的冲头必须沿铆钉轴线和顶铁互相对准,以使铆打施加的压力沿铆钉轴线作用。铆打时,使用的气动压力要适当,气动压力过大,会将铆钉镦头打得过扁,当气动压力过低,铆打铆钉的次数过多,会引起铆钉材料冷作硬化,造成镦头开裂。

2) 实心铆钉安装的质量要求

(1) 铆打合格的铆钉应使钉杆镦粗充满钉孔。并在外面形成合格的镦头。为了使铆钉有足够材料填充钉孔并形成足够大的镦头,应按照被铆接钣件厚度之和再加上铆钉直径1.5 倍的原则确定铆钉长度。

(2) 钉杆应与钣件表面垂直,不能产生扭曲,铆钉头、钉杆和镦头中心要对正,不能产生扭曲和错位。

(3) 合格的铆钉镦头是平坦周正的圆饼形,厚度为铆钉直径的 0.5 倍,直径为铆钉直径的 1.5 倍,无裂纹,无缺损(图 3-27)。

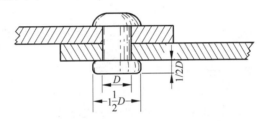

图 3-27　合格的铆钉镦头尺寸

(4) 铆钉头与钣件、镦头与钣件以及被连接钣件之间不能有夹杂物。

(5) 被铆接的钣件应紧密贴合,不能隆起分离。在铆打过程中也不能使钣件受到损伤。

3.2.2　专用铆钉

1. 盲铆钉

盲铆钉只需要一位工作人员在结构件一侧进行操作就可以完成铆钉的安装工作。

1) 拉塞式摩擦锁定铆钉

(1) 构造。这种铆钉由两部分组成:一个是带有铆钉头的空心杆体,另一个是铆茎(图 3-28)。铆茎穿过杆体,下面露在杆体外面的一段铆茎上有两个台肩,上面露在杆体外面的铆茎是带有齿纹的杆子。拉塞式铆钉头部有半圆头和埋头两种形式。

(2) 安装。将铆钉塞入钉孔内,然后用专用拉具夹紧铆茎带齿纹的部分向外拉。当铆茎上的第一个台肩进入杆体时,使杆体膨胀,充满铆钉孔。当铆茎上第二个台肩进入杆体时,使杆体在钣件外面的部分进一步扩张,在板件外面

图 3-28　拉塞式摩擦锁定铆钉

形成了一个镦头。此时,铆茎也因受力过大,在铆钉头外部断掉,最后,将铆茎在铆钉头外的断面修理平整。这种铆钉是依靠空心杆体膨胀与铆钉孔壁之间产生摩擦力而锁定的,所以称为拉塞式摩擦锁定铆钉。

2)拉塞式机械锁定铆钉

(1)构造。与摩擦锁定铆钉非常相似,只不过在铆茎下面有一个剪切环,中间一定位置处有一个凹槽,上面套一个机械锁紧环(图3-29)。

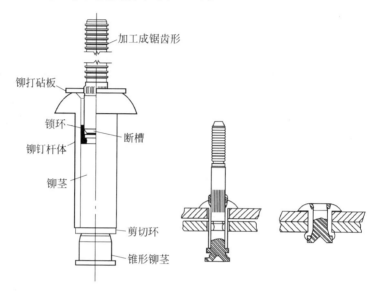

图3-29　拉塞式机械锁定铆钉

(2)安装。用专用工具夹紧铆茎齿纹部分向外拉,当剪切环与杆体之间作用力达到一定值时,剪切环破坏,使凸肩以一定的挤压力进入杆体,形成镦头;与此同时,拉具通过操作砧板顶住机械锁紧环,并继续把铆茎向外拉,直到把机械锁紧环牢牢地顶入铆茎的凹槽内为止。此时,铆茎也因受力过大而从铆钉头部断掉。机械锁紧环被压入凹槽后,将铆钉牢牢锁定在位,即使承受振动也不会松动或脱落。

3)盲铆钉的应用

(1)在无法到达结构件两侧,进行正规实心铆钉安装操作的部位。

(2)在非结构件中,不需要使用实心铆钉进行费时安装操作的部位。比如,飞机的舱内设施、舱内地板、防冰罩等。

(3)在做临时修理时,可以代替实心铆钉进行连接。

4)使用盲铆钉的注意事项

(1)铆钉杆体长度与连接件需要夹紧的厚度之间应有较严格的搭配关系,以保证拉塞式铆钉的铆接强度。要求铆钉塞入铆钉孔中,在另一侧面,杆体的伸出量为$\frac{3}{64}\sim\frac{1}{8}$in,不能过大也不能过小。拉塞铆钉的牌号中都有一项标明此种铆钉的夹紧厚度。比如9SP-B-A 6-3拉塞铆钉牌号中,最后一位数字3,表示此铆钉夹紧厚度为$\frac{3}{16}$in。所以在使用拉塞式铆钉进行铆接时,一定要确切知道连接件需要夹紧的厚度,以便选用合适的铆钉。

（2）摩擦锁定的拉塞式铆钉强度比实心铆钉差，修理中用来代替实心铆钉时，要取大一号的；而机械锁定的拉塞式铆钉，强度性能完全达到实心铆钉的要求，可以代替同样大小的实心铆钉。

2. 高强度销式铆钉

1）高剪铆钉(hi-shear rivets)

（1）构造与安装。高剪铆钉由两部分组成：一个是带有铆钉头的销柱，销的另一头呈圆头形，圆形头的下面是沿销柱一圈的凹槽。另一个是金属套环(图3-30)。使用顶铁和专用气动铆枪进行安装，将销柱塞入铆钉孔，用顶铁顶住铆钉头，在另一边将金属套环套到圆形头上，用铆枪将它锻入圆形头下面的凹槽内，形成牢固的装配。

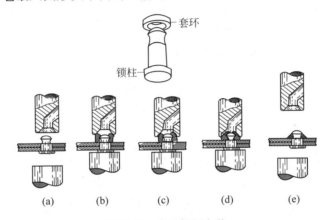

图 3-30 高剪铆钉安装

（2）应用。高剪铆钉的剪切强度和等直径的螺栓相同。而质量比螺栓轻，安装加工量少，安装效率高。常用来代替承剪切的螺柱。比如，飞机起落架上，承受剪切的紧固件可采用高剪铆钉。

（3）注意事项。

① 选用高剪铆钉时，应注意销柱长度应与连接件被夹紧的厚度相匹配。将销柱插入钉孔后，销柱的直杆部分伸出连接件表面之外的部分不能超过 $\frac{1}{16}$in。高剪铆钉零件号最后一位数字表示连接件最大夹紧厚度。比如 NAS177-14-17，17 表示连接件最大夹紧厚度，以 $\frac{1}{16}$in为单位。

② 安装时，应铆打充分，直到把金属套环锻轧好，充满凹槽，并把多余的金属套环材料修整好。

③ 在连接件夹紧厚度小于高剪铆钉销柱直径的部位不能使用高剪铆钉。

2）锁紧螺栓(lock bolt)

通常使用的锁紧螺栓有三种形式：拉式、桩式和盲式锁紧螺栓，如图3-31 所示。

图 3-31 锁紧螺栓

(a) 拉式锁紧螺栓；(b) 桩式锁紧螺栓；
(c) 盲式锁紧螺栓

　　这三种形式的锁紧螺栓都有一个带有一圈锁槽的销子和一个锁紧套环(图 3-31)。安装时,都是将锁紧套环锻轧进销子的锁槽里,形成牢固的锁定。拉式和盲式锁紧螺栓都需要用专用工具,在结构件的一侧进行操作就可以了,而桩式锁紧螺栓则要用铆枪和顶铁在结构两侧进行操作。与螺栓和铆钉相比,锁紧螺栓质量较轻,安装简单,速度快,效率高。

　　合金钢材料的锁紧螺栓可用来代替相同直径、相同头型的高剪钢铆钉、实心钢铆钉或 AN 系列螺栓。铝合金材料的锁紧螺栓可以用来代替相同直径和头型的铝合金实心铆钉及 2024 铝合金螺栓。盲式锁紧螺栓可以用来代替相同直径的实心铝铆钉、不锈钢铆钉和盲铆钉。

3. Hi-Loks 紧固件

　　Hi-Loks 紧固件是由一个螺栓和一个固定套环组成。螺栓头有平头和埋头两种形式,螺杆端头带有一段螺纹,螺纹的类型能与 AN 系列的螺栓、螺母配合。固定套环由锁紧螺母、剪切环和拧动装置三部分组成(见图 3-32)。

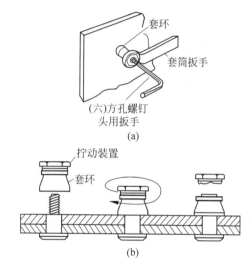

图 3-32　Hi-Loks 紧固件

　　制作 Hi-Loks 紧固件的材料有钛合金、铝合金、不锈钢等。Hi-Loks 紧固件有足够的剪切和挤压强度,可以和实心铆钉一样依靠铆钉杆和钉孔之间的挤压以及铆钉杆的剪切传递载荷。

　　Hi-Loks 紧固件的安装:

　　(1) 在被连接件上钻孔。孔和螺栓杆的配合是干涉配合。

　　(2) 将 Hi-Loks 的螺栓用轻击方法放进已准备好的孔内,再在螺栓上装上固定套圈。

　　(3) 使用专用工具或方孔螺钉头扳手和套筒扳手将固定套圈安装到位。当用扳手将固定套圈拧紧到要求的力矩值时,剪切环剪断,拧动装置掉下来,而锁紧螺母不动并将 Hi-Loks 的螺栓杆锁紧。

第4章

弹簧、轴承和传动

4.1 弹簧的类型、材料、性能及其应用

弹簧是机械设备中常用的弹性零件,应用时要求弹簧具有适当的刚度,在受外力后能有相当大的弹性变形;而随着外载荷的卸除,变形消失而恢复原状。弹簧的主要功用有:控制机构的运动或零件的位置,例如凸轮机构、离合器、活门以及各种调速器中的弹簧;缓冲及吸振,例如各种缓冲器及联轴器中的弹簧;储存能量,例如仪表及仪器中的弹簧;测量力的大小,例如弹簧秤和测力器中的弹簧。

4.1.1 弹簧的类型

根据弹簧形状、载荷种类和用途的不同,弹簧可分为多种类型。其基本类型如下:

1. 螺旋弹簧

由于螺旋弹簧制造简单,成本低廉,因此广泛应用在各种精密机械中。用高质量材料制成的螺旋弹簧,弹性滞后和后效很小,特性稳定,可以作为测量弹簧使用。螺旋弹簧也常用于完成结构的力封闭,使零件间保持一定的压紧力。在某些精密机械中,螺旋弹簧用作机构的能源。

螺旋弹簧是用金属丝(条)按螺旋线卷绕而成,按其形状可分为圆柱形、圆锥形等;按受载情况可分为拉伸弹簧、压缩弹簧和扭转弹簧。拉伸弹簧和压缩弹簧,从载荷的作用方式来看,其轴向力的作用方向相反,因此这两种弹簧结构有所不同。压缩弹簧通常绕制成开圈弹簧,各圈应留有足够的间距,以使弹簧在载荷作用下得到所需的变形量。拉伸弹簧与此相反,各圈的间距很小或没有间距。图 4-1(a)为圆柱螺旋拉伸弹簧,图 4-1(b)为圆柱螺旋压缩弹簧,图 4-1(c)为圆锥螺旋压缩弹簧,图 4-1(d)为圆柱螺旋扭转弹簧。

对于压缩弹簧,为了避免工作时产生横向弯曲(失稳),通常高径比(弹簧长度与弹簧中径之比)≤3,当高径比较大时,可将其安放在心轴上进行工作。对于拉伸弹簧和扭转弹簧,高径比没有严格的限制。

2. 其他弹簧

碟形弹簧:如图 4-1(e)所示,由碟形钢板叠成,用来承受压缩载荷,主要用于载荷很大、轴向尺寸受限制的重型缓冲减振装置。

环形弹簧:如图 4-1(f)所示,由弹性的钢环组成,属于压缩弹簧。环间有摩擦作用,能

吸收较多能量,缓冲和吸振能力大,故多用于重型机械的缓冲装置。

盘簧:如图 4-1(g)所示,由钢丝或钢带卷成,属扭转弹簧。由于尺寸很小,故常用于仪器和仪表中的储能装置。

板簧:如图 4-1(h)所示,由几层钢板叠成,属于弯曲弹簧,主要用于车辆减振。

片簧:如图 4-1(i)所示,片簧主要用于弹簧工作行程和作用力均不大的情况,例如,用作电接触点、棘轮机构的棘爪、定位器等接触弹簧。

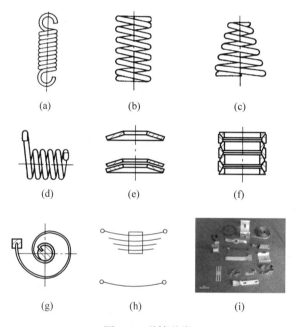

图 4-1　弹簧种类

(a) 圆柱螺旋拉伸弹簧;(b) 圆柱螺旋压缩弹簧;(c) 圆锥螺旋压缩弹簧;(d) 圆柱螺旋扭转弹簧;(e) 碟形弹簧;(f) 环形弹簧;(g) 盘簧;(h) 板簧;(i) 片簧

4.1.2　弹簧材料及性能

弹簧常在交变载荷或冲击载荷下工作,因此要求弹簧材料具有高的弹性极限、高的疲劳强度,具有一定的塑性和韧性、良好的热处理性能。

选择弹簧材料时,主要应考虑弹簧的工作条件(如载荷的大小和性质、周围介质的特性、工作温度等)、重要性以及加工和热处理条件等因素。常用的弹簧材料有优质碳素钢、合金钢和有色金属合金。

1. 碳素弹簧钢

含碳量在 0.6%～0.9%之间,如 65、70、85 等碳素弹簧钢。这类钢价廉易得,热处理后具有较高的强度、适宜的韧性和塑性,但当弹簧丝直径大于 12mm 时,不易淬透,故仅适用于做小尺寸的弹簧。

2. 合金弹簧钢

常用的有硅锰钢和铬钒钢等,如 60Si2Mn、50CrV。这类弹簧材料具有弹性好、淬透性好、回火稳定性好及抗疲劳性好等特点,因此常用于制作承受交变载荷、冲击载荷或工作温度较高的弹簧。

3. 有色金属合金

在潮湿、酸性或其他腐蚀性介质中工作的弹簧,宜采用有色金属合金作为弹簧材料,如钛合金、硅青铜、锡青铜等。

4.1.3　弹簧在飞机上的应用

弹簧是机械装置中广泛应用的零件之一,在飞机机械部件中也应用很多,举例说明如下。

压簧被广泛应用于各种机械控制活门中,用于限定活门位置、压力控制与调节。如图4-2所示,空调系统的组件流量控制活门通常是由弹簧使其保持在关断位,液压系统中的各种压力控制活门大多是用弹簧来辅助实现压力控制与调节的。拉簧常被用于操纵系统,用于提供感觉力及限定位置。如图4-3 所示为副翼操纵系统感觉定中机构使用的感觉定中弹簧。

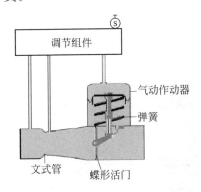

图 4-2　流量控制活门上的压簧

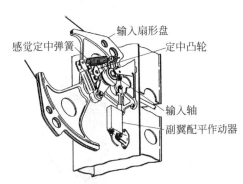

图 4-3　感觉定中机构中的拉簧

扭力弹簧常在需要扭力限制或复位时使用。如图4-4 所示,操纵杆上的扭力限制弹簧用于在正常操作时能够保持正副驾驶盘同步,克服弹簧扭力可以使正副驾驶盘脱开。

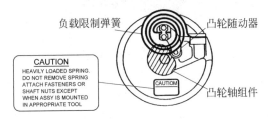

图 4-4　操纵杆上的扭力限制弹簧

4.2　轴承的种类、材料、构造和应用

轴承的功用主要是支撑轴及轴上零件并保持轴的旋转精度,同时也减少转轴与支承间的摩擦和磨损。在飞机和发动机系统中,轴承不仅数量多,而且它的工作好坏直接影响系统的工作性能,很多部件和系统的检修,都是由于轴承发生故障。由此可见,轴承是飞机和发

动机部件和系统的重要组成部分。

4.2.1 轴承种类

根据轴承工作的摩擦性质,轴承分为滚动轴承和滑动轴承两大类。按照承受载荷的方向,滚动轴承可分为向心轴承(承受径向载荷)、推力轴承(承受轴向载荷)和向心推力轴承(承受径向、轴向联合载荷)。

1. 滚动轴承

1)构造

典型的滚动轴承由内圈、外圈、滚动体和保持架组成,如图 4-5 所示。内圈、外圈分别与轴颈及轴承座孔装配在一起,多数情况是内圈随轴回转,外圈不动,但也有外圈回转、内圈不转或内、外圈分别按不同转速回转等使用情况。滚动体是滚动轴承中的核心元件,它使相对运动表面间的滑动摩擦变为滚动摩擦,根据不同轴承结构的要求,滚动体有滚珠、滚柱、圆锥等,滚动体的大小和数量直接影响轴承的承载能力。在滚动轴承的内、外圈上都有凹槽滚道,它起着降低接触应力和限制滚动体轴向移动的作用。保持架使滚动体等距离分布并减少滚动体间的摩擦和磨损,如果没有保持架,相邻滚动体将直接接触,且相对摩擦速度是表面速度的两倍,发热和磨损都较大。

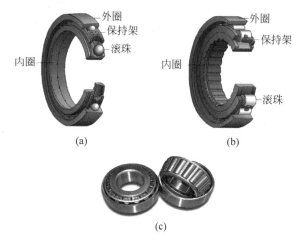

图 4-5 滚动轴承构造

(a)滚珠轴承;(b)滚柱轴承;(c)圆锥轴承

2)材料

滚动轴承的内、外圈和滚动体用强度高、耐磨性好的铬锰高碳钢制造,常用的牌号如 GCr15、GCr15SiMn 等。保持架选用较软材料制造,常用低碳钢板冲压后铆接或焊接而成,整体保持架则选用铜合金、铝合金、酚醛层压布板或工程塑料等材料。

3)特点

在一般工作条件下,滚动轴承的效率为 $0.98\sim0.99$,采用滚动轴承支撑的装置启动力矩小;径向游隙比较小,运转精度高;对于同尺寸的轴颈,滚动轴承的宽度比滑动轴承小,可使机构的轴向结构紧凑;大多数滚动轴承能同时承受径向和轴向载荷,故轴承组合结构较简单;消耗润滑剂少,便于密封,易于维护;标准化程度高,成批生产,成本较低。

滚动轴承承受冲击载荷能力较差；高速重载荷下轴承寿命较低；振动及噪声较大；径向尺寸比滑动轴承大。

滚动轴承因由专门工厂大量生产，能保证质量，在使用、安装、更换等方面又很方便，故在中速、中载和一般工作条件下运转的机器中应用非常普遍。在特殊工作条件下如高速、重载、精密、高温、低温、防腐、防磁、微型、特大型等场合，也可以采用滚动轴承，但需要在结构、材料、加工工艺、热处理等方面采取一些特殊的技术措施。

2. 滑动轴承

1）构造

常用的径向滑动轴承如图 4-6 所示，有整体式和剖分式两大类。

图 4-6(a)是一种常见的整体式径向滑动轴承。轴承座用螺栓与机座连接，顶部设有装油杯的螺纹孔，轴承孔内压入用减摩材料制成的轴套，轴套上开有油孔，并在内表面上开油沟以输送润滑油。

图 4-6(b)是剖分式轴承，由轴承座、轴承盖、剖分轴瓦、轴承盖螺柱等组成。轴瓦是轴承直接和轴颈相接触的零件，为了节省贵金属或其他需要，常在轴瓦内表面上贴附一层轴承衬，不重要的轴承也可以不装轴瓦。剖分面最好与载荷方向近于垂直，多数轴承的剖分面是水平的，也有倾斜的。轴承盖和轴承座的剖分面常做成阶梯形，以便定位和防止工作时错动。

轴承宽度与轴颈直径之比(B/d)称为宽径比，对于 $B/d > 1.5$ 的轴承，可以采用自动调心轴承(图 4-6(c))，其特点是轴瓦外表面做成球面形状，与轴承盖及轴承座的球状内表互相配合，轴瓦可以自动调位以适应轴颈在轴弯曲时所产生的偏斜。

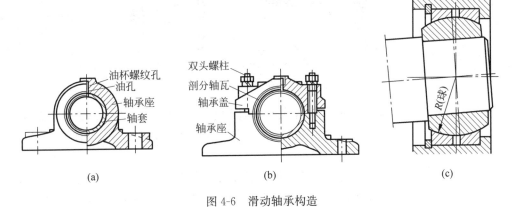

图 4-6　滑动轴承构造

(a) 整体式径向滑动轴承；(b) 剖分式径向滑动轴承；(c) 自动调心轴承

2）材料

对于轴瓦材料的要求是：有足够的强度，对油的吸附能力强，摩擦系数小，耐磨性好，导热性好且易于加工。轴瓦可以由一种材料制造，也可以在高强度材料的轴瓦内表面浇注一层金属衬，称为轴承衬。

常用的轴瓦和轴承材料有以下几种：

（1）轴承合金：除强度外其他各方面性能都比较好，是制造轴瓦的理想材料。但其价格昂贵，强度低。所以通常是将它浇注在铸铁、钢或青铜轴瓦的内表面上作为轴承衬。轴承合金适用于重载、高速的轴承。

（2）青铜：其强度较高，其他性能不如轴承合金，但价格便宜，适用于重载、中速的轴承。

（3）铸铁：它的各种性能虽都不如轴承合金和青铜，但价格便宜，适用于轻载、低速的轴承。

除了上述几种常用的轴承材料外，还有塑料、尼龙及粉末冶金等也可作为轴瓦材料。

3）特点

滑动轴承工作平稳、可靠，噪声较滚动轴承低。如果能够保证液体摩擦润滑，滑动表面被润滑油分开而不发生直接接触，则可以大大减小摩擦损失和表面磨损，且油膜具有一定的吸振能力。普通滑动轴承的启动摩擦阻力较滚动轴承大得多。

4.2.2　轴承在飞机上的应用

轴承在飞机发动机上的典型应用如图4-7所示。发动机上多采用滚动轴承，其轴承系统由向心推力轴承和向心轴承组成，这样既可以承受各方向的载荷又可以保证当发动机机匣热膨胀变形时不会造成发动机转子轴承受巨大的应力。

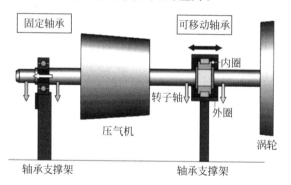

图 4-7　发动机双轴承系统

向心推力轴承也称为固定轴承，通常使用滚珠轴承，这种轴承可以承受轴向和径向两个方向的载荷。在大型燃气涡轮发动机中主要用于低压转子轴处，其外圈固定在轴承支架上，内圈固定在转子轴上。

向心轴承也称为可移动轴承，通常使用滚柱轴承，其外圈固定在轴承支架上，内圈固定在转子轴上。滚柱随内圈可相对外圈在轴向自由移动，其最大移动量由外圈宽度决定。由于滚柱可相对外圈在轴向自由移动，因此这种轴承只能承受径向力。在大型燃气涡轮发动机中，滚动轴承多用于低压和高压转子轴的后轴承，这样，当轴受热膨胀后，向后端伸长。

一般转子轴由两个轴承支撑，但也可以使用三个轴承支撑。三轴承系统可以使轴端膨胀更小，这种轴承系统通常有一个固定轴承安装在转子轴中间，两个可移动轴承安装在转子轴两端，如图4-8所示。

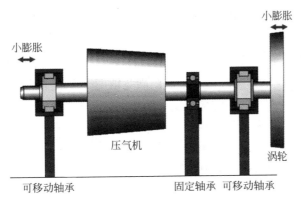

图 4-8 发动机三轴承系统

4.2.3 轴承的拆装和维护

滚动轴承在轴系部件中与轴、轴承座、润滑及密封装置等互相联系,组成一个有机的整体。

在轴承的拆装和维护工作中要考虑下列几方面的问题:轴承的组合和固定;轴承的配合和拆装;轴承的润滑和密封等。

1. 轴承的组合和固定

如果轴承同时受轴向和径向载荷,则一般采用向心推力轴承。但是当轴向载荷远比径向载荷大时,用向心轴承和推力轴承组合起来,分别承受径向载荷和轴向载荷的方法较好。

为了使轴和轴上零件在机壳内有确定的位置,以及承受轴向力,轴承组合必须固定。工作时,轴因温度升高而伸长,所以轴向要留有间隙,否则轴承受压过紧,会提前损坏。

轴承组合的固定是靠把轴承的内圈和外圈分别在其轴上和轴承孔中进行固定而实现的。对于向心推力轴承而言,发动机转子上的径向力通过轴承传递到轴承支架上,轴向力通过固定挡圈传给轴承内圈,再通过滚珠传递到外圈,最终传递到固定在发动机结构上的轴承支架上,如图 4-9 所示。向心轴承的径向载荷可以通过内圈、滚柱和外圈传递给轴承支架,如图 4-10 所示。

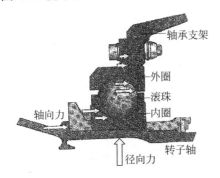

图 4-9 向心推力轴承的力传递

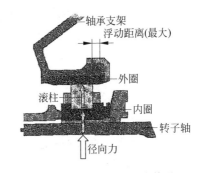

图 4-10 向心轴承的力传递

对于工作环境温度变化较大的长轴(如发动机轴),一个支点使用向心推力轴承,另一支点使用向心轴承,轴承随轴的伸缩做自由移动,即滚柱随内圈可相对外圈在轴向自由移动。

2. 轴承的配合和拆装

由于滚动轴承是标准件,所以滚动轴承内圈与轴的配合采用基孔制,外圈与轴承座的配合采用基轴制。滚动轴承的公差配合制度与一般圆柱公差配合制度不同,应从相关资料中的滚动轴承配合表中选择配合和公差。

由于轴承内圈往往与轴颈配合很紧,设计轴承组合时必须考虑轴承的安装与拆卸。在装配轴承之前,应对轴的配合表面的尺寸、形状和表面粗糙度进行检查,用煤油或汽油洗净配合表面,然后涂上一层薄薄的润滑脂,以便轴承容易安装。安装时为了不损伤轴承精度,一般用压力机在内圈上施加压力,将轴承压入到轴颈上,有时为了便于安装轴承,特别是大尺寸轴承,可以用热油(80～100℃)预热轴承。中小型轴承可用手锤和套筒安装。为便于拆卸,在设计时内圈在轴肩上应露出足够的高度,或在轴肩上开沟以便放入拆卸工具的钩头。拆卸轴承需用专用的拆卸工具。

3. 轴承的润滑和密封

由于轴承承受大负载、高转速和高温(温度可达200～260℃),因此必须要有良好的润滑。润滑的目的主要是减小摩擦和磨损,降低功率损耗,同时润滑剂还可起冷却、防尘、防锈和吸振等作用,因此必须合理选用润滑剂、润滑方法,并用密封的方法防止灰尘、水分、杂质等侵入轴承,同时阻止润滑剂流失。

1) 润滑剂

润滑剂有润滑油、润滑脂、固体润滑剂(如石墨、二硫化钼等)和气体润滑剂(如空气),对非金属轴承还可以用水润滑。这里只简单介绍最常用的前三种。

(1) 润滑油。润滑油是一种液体润滑剂,其主要指标是黏度。选择润滑油的原则是低速、高温和重载下工作时,选用黏度大的油;反之,高速、低温和轻载下工作时,选用黏度低的油。

(2) 润滑脂。润滑脂是润滑油和稠化剂在高温下混合而成的胶状润滑材料,用在重载、低速和间歇运动以及避免润滑油流失和不易加润滑油的地方。它有密封简单和不必经常加油的优点,但也有摩擦损失大的缺点。润滑脂种类较多,但工业上常用的是钙基润滑脂和钠基润滑脂。钙基润滑脂,熔点低、耐热能力差而且不吸水,钠基润滑脂耐热但吸水。

(3) 固体润滑剂。常用的有石墨和二硫化钼(MoS_2),往往与润滑油或润滑脂合用。在高温、高速、重载情况下二硫化钼优点显著。

2) 润滑方法

在润滑设计中,不仅需要正确选择润滑油或润滑脂的牌号,还必须把它们及时地送到润滑点去。一般润滑方法可分为两大类:连续供油和间歇供油。连续供油用于重要的轴承,间歇供油用于相对不重要的轴承。下面介绍几种常用的润滑方法。

(1) 滴油润滑。采用针阀式油杯,当需要加油时,将针阀提起,油自动通过油孔流入轴承。可用螺母调节供油量。

(2) 油环润滑。在轴颈上空套一个轴环,环的下部浸到油池中,当轴颈旋转时靠摩擦力将环带转,把油带入轴承。其特点是结构简单、可靠,但只适用于水平轴,转速在 $100\sim300\mathrm{r/min}$ 范围内的情况。

(3) 飞溅润滑。靠浸在润滑油中的旋转件(如齿轮等)把油溅到轴承中去。

(4) 压力润滑。使用油泵将一定压力的润滑油输送到轴承中进行润滑,适用于高速、重载、要求连续供油的轴承,缺点是设备复杂。这种方法可以用油泵把压力油同时打到多个润滑点实现集中润滑。

在压力润滑中,有两种方法用于提供足够的润滑油给轴承:一种是直接润滑法;另一种是间接润滑法。

直接润滑法是将润滑油通过喷嘴直接喷到轴承上,如图 4-11 所示,这种方法通常用于低负载轴承。间接润滑法是将润滑油喷射在转子轴内壁上,如图 4-12 所示,由于离心力的作用润滑油贴附在转子轴内壁上,通过转子上的孔经轴承内圈到滚珠或滚柱,然后从保持架流出轴承。由于润滑油可以到达轴承的内部表面并与轴承接触时间长,这种方法比直接润滑法可以散掉更多的热量,从而提高润滑和冷却效果。

图 4-11 直接润滑法

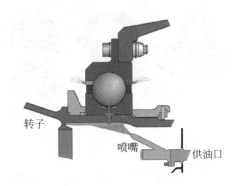

图 4-12 间接润滑法

3) 密封

密封的作用是防止灰尘、水分、杂质等侵入轴承,并阻止润滑剂流失。

密封装置的种类很多,常用形式为毡圈式,主要用于润滑脂润滑,外界灰尘很少,密封处的圆周速度一般小于 $4\mathrm{m/s}$;皮碗式,可用于润滑脂或润滑油润滑,密封性能较好,圆周速度一般小于 $10\mathrm{m/s}$;油沟间隙式,可用于润滑脂及润滑油润滑,外界很清洁,圆周速度不限,但效果差;迷宫式,主要用于润滑油润滑,间隙曲折层次多,密封性能好,如在间隙中注满润滑脂,还可以防止水气浸入,圆周速度不限。

4.3　齿轮传动

4.3.1　齿轮传动特点与类型

齿轮传动作为目前机械传动中应用最为广泛的一种传动形式之一,在飞机上也得到广泛应用。其主要优点是:传动平稳,效率较高,工作可靠性较高,寿命较长,可实现多角度的传动等。但要求较高的制造和安装精度,成本较高,不能远距离传动。

按照两传动轴之间的相对位置和齿向,齿轮机构的分类如图 4-13 所示。

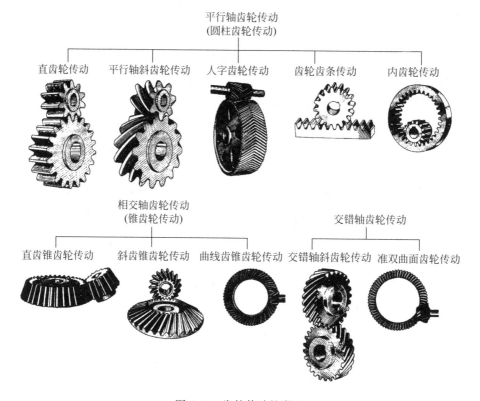

图 4-13　齿轮传动的类型

很多机械设备中,齿轮传动的工作质量和寿命直接影响着整个机器的工作情况和检修期,通常对齿轮传动提出以下两项基本要求:①传动要平稳,即要求在传动过程中,每个瞬时的传动比恒定不变,以减少冲击、振动和噪声。②承载能力强,即要求齿轮的尺寸小、质量轻,而能承受的载荷大、寿命长,也就是强度高,耐磨性好,不易损坏。

1. 圆柱齿轮传动

如图 4-14(a)所示,两直齿圆柱齿轮的齿廓在任何啮合位置,其接触线都是与轴线相平行的直线,若接触则接触线长度就等于齿宽,一对直齿的齿廓进入和脱离接触都是沿着齿宽突然发生的,故其噪声较大,不适于高速传动。斜齿轮的接触线都是与轴线不相平行的斜线,如图 4-14(b)所示,而且在不同位置接触的接触线又时长时短,从两齿开始啮合时起,接触线长度由零逐渐增大,到某一位置后,又逐渐减小,直到脱离啮合,因此,轮齿的接触是逐渐进入啮合和逐渐分开的,故工作平稳。另外,由于斜齿轮的轮齿是斜的,所以同时啮合的齿数比直齿轮多,即重合度大,故承载能力较高。

斜齿轮具有比直齿轮传动平稳、噪声小和承载能力高的优点,但其缺点是传动中存在轴向分力,故在轴系设计时,需要安装推力轴承。

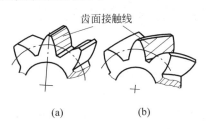

图 4-14　圆柱齿轮的接触线

(a) 直齿轮;(b) 斜齿轮

2. 锥齿轮传动

锥齿轮传动用于传递两相交轴之间的运动和动力,通常两轴交角为 90°。锥齿轮由于制造及安装较为困难,因此除非布置及其他原因,应尽量避免采用。在飞机机械传动系统中锥齿轮传动应用较多,如从发动机转子轴到附件齿轮箱的传动即使用了锥齿轮传动。

4.3.2　齿轮传动的传动比

在一对齿轮的啮合传动中,先转动的叫主动轮,被主动轮带动的叫被动轮或从动轮。

如图 4-15 所示,在相同的时间里,主动轮转过几个齿,被动轮也一定转过相同的齿数。假如 n_1 和 n_2 分别代表主动轮与被动轮的每分钟转速,z_1 和 z_2 分别代表主动轮与被动轮的齿数,则每分钟主动轮转过的齿数为 $z_1 n_1$,被动轮转过的齿数为 $z_2 n_2$,可得

$$z_1 n_1 = z_2 n_2$$

$$\frac{n_1}{n_2} = \frac{z_2}{z_1}$$

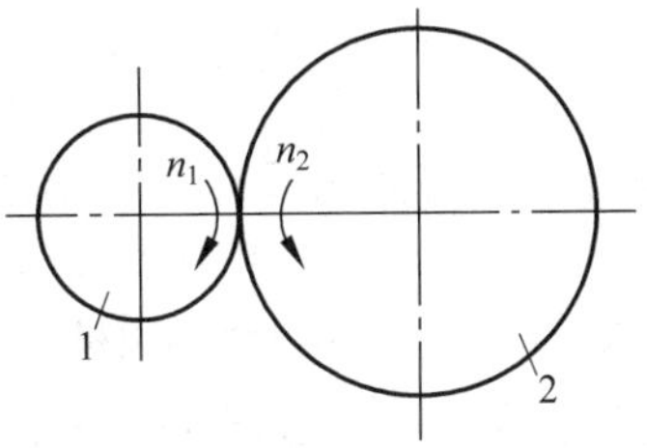

图 4-15　一对齿轮的啮合传动

主动轮的转速与被动轮的转速之比称为齿轮传动的传动比,并以 i 表示。由上可知,传动比 i 又等于两个齿轮齿数的反比,即

$$i = \frac{n_1}{n_2} = \frac{z_2}{z_1}$$

齿轮的齿数 z 是一定的,因此齿轮传动的传动比 i 也是定值。

当两个齿轮之间再加一个齿轮时,此齿轮称为惰轮或介轮,其作用是改变传动方向,但不改变传动比。

常采用几对相互啮合的齿轮传动将主动轴与被动轴连接起来,以实现需要的传动比,这种由若干对相互啮合的齿轮所组成的传动系统称为齿轮系。按齿轮的几何轴线是否固定,轮系可以分为定轴轮系和周转轮系,所有齿轮的几何轴线均为固定的轮系称为定轴轮系,有一个以上的齿轮几何轴线是不固定的,而是绕其他齿轮的固定轴线转动,这样的轮系称为周转轮系。

定轴轮系的传动比计算方法为:

$$i = \frac{从动轮齿数连乘积}{主动轮齿数连乘积}$$

为实现减速传动(即传动比大于1)的齿轮系称为减速齿轮系,为实现加速传动(即传动比小于1)的齿轮系称为加速齿轮系。

4.3.3　齿轮轮齿的失效形式

齿轮传动的失效主要是齿轮轮齿的失效。齿轮在传动过程中,轮齿上受外力的作用,齿面间又有相对滑动,这些都会促使轮齿的失效破坏,轮齿必须依靠自身的一定尺寸、材料的力学性能及外加润滑等来抵抗破坏。轮齿的失效形式主要有以下几种。

1. 轮齿折断

如图 4-16 所示,轮齿如同一个悬臂梁,当载荷作用在齿上时,在齿根部分产生相当大的应力,在该处又有应力集中,当轮齿重复受载后,齿根处就会产生疲劳裂纹,裂纹逐渐扩展,最后引起轮齿折断。轮齿受到突然过载,或严重磨损使齿厚变薄,也会发生断齿现象。

图 4-16　齿轮轮齿受力

由上述分析可知,提高轮齿抗折断能力的途径是增大齿根过渡圆角的曲率半径,消除过渡圆角处的刀痕,降低应力集中。强化齿根处的表面,如采取滚压、喷丸和淬火等。采用使轮齿芯部具有足够韧性的材料。避免使齿轮承受过大的冲击载荷。

2. 轮齿工作表面的破坏

1) 齿面磨损

相互啮合的轮齿间有外力的作用,齿面间又存在相对滑动,当落入铁屑和砂粒等物质时,轮齿工作表面即被逐渐磨损,使齿廓失去了原来的形状,工作中就会产生冲击振动,磨损严重时又会引起轮齿的折断。当然,齿面磨损的快慢,还与齿面抗磨性和工作条件有关,对于润滑充分和防护完善的闭式传动,固然也要磨损,但比较慢,这不是齿轮报废的主要原因。对于开式传动和防护不完善,并在恶劣环境下工作的闭式传动,磨损往往是齿轮报废的主要原因。因此,加强防护或把开式传动变为闭式传动是避免轮齿磨损最有效的办法。

2) 齿面点蚀

齿面点蚀是润滑良好的闭式齿轮传动常见的齿面破坏形式。点蚀的产生是由于轮齿的传动是通过很小的面积进行的,因而在齿面接触表层产生数值很大的接触应力,而且这个应力是循环变化的,由于这个应力的多次重复作用,在齿面上就会产生疲劳裂纹,这个裂纹的不断扩展,造成齿面金属的剥落,使齿面形成麻斑,这种现象称为点蚀,如图 4-17 所示。齿面产生点蚀以后,剥落下来的金属进入齿面间,会引起强烈的磨损,这些都会使轮齿失去正确的形状,影响传动的平稳性。

点蚀有两种:一种为扩展性点蚀,齿面麻斑逐渐增多加大,使齿廓失去正确形状,最后导致齿轮的报废;另一种是非扩展性点蚀,也叫早期点蚀,多发生在工作初期,由于制造精度低,接触情况不好,使齿面局部载荷过大,造成局部点蚀,但经过一定时间的运转,载荷沿齿宽分布均匀后,点蚀即停止。这种点蚀不至于引起齿轮报废,但应及时换油,否则将加快齿面磨损。提高齿面硬度、减少表面粗糙度、增大润滑油的黏度均可提高抗点蚀能力。

接触应力越大,越容易产生点蚀,为防止点蚀,应限制接触应力,使其不能太大。开式传动不产生点蚀破坏,因为点蚀的产生是外力多次重复作用的结果,而开式传动齿面磨损快,齿面还未产生点蚀而表层金属已磨下去了。

3) 齿面胶合

对于速度高、载荷大的齿轮传动,齿面间压力大,由于摩擦引起发热量大,润滑油随之变稀而降低了润滑效果,油膜破坏,使金属齿面直接接触。在高温高压下,一齿面的金属会熔焊在与之相啮合的另一齿面上,当两齿面相对滑动时,粘住的地方即被撕破,于是在齿面上沿相对滑动的方向形成划痕,这就是胶合破坏。胶合一经发生,齿轮很快报废。因为胶合的齿面布满了胶合线,齿面严重变态。这时齿面工作极不平稳,产生很大的振动与噪声,油温和箱体温度显著升高,原动机输出功率剧增。

采用黏度大的润滑油(适于低速重载传动)或硫化的润滑油(适用于高速重载传动),提高齿面硬度及减少表面粗糙度均可防止或减缓胶合破坏。

4) 塑性变形

低速重载的软齿面齿轮,齿面上的压力和摩擦力都很大,轮齿在啮合过程中,齿面表层的材料就会沿着摩擦力方向发生塑性变形,如图 4-18 所示。提高齿面硬度及采用黏度较高的润滑油,都有助于防止齿面产生塑性变形。

图 4-17　齿面点蚀

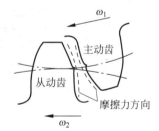

图 4-18　齿面塑性变形

4.3.4　齿轮传动的维护与润滑

为了保证齿轮传动的正常工作,首先必须正确地安装齿轮。在安装齿轮传动时,必须保证两轴的相对位置和中心距安装得正确并保证必要的齿侧间隙。

当齿轮传动正确安装以后,其使用寿命的长短,将取决于日常的维护工作。在日常的维护工作中,保证传动良好的润滑条件,是一项很重要的工作,齿轮传动往往因润滑不充分或润滑油选得不合适,而造成传动件提前损坏。

对开式传动润滑方法比较简单,一般是人工将润滑脂或黏度很大的润滑油定期地刷在轮齿上即可。对重要的低速开式传动($v<1.5\mathrm{m/s}$),若条件许可,可采用油槽润滑,即把一个齿轮的一部分浸入特制的油槽中而得到润滑。

对闭式传动,一般常用浸油润滑和喷油润滑。浸油润滑适用于齿轮的圆周速度小于$12\mathrm{m/s}$的传动。为了减小齿轮的运动阻力和油的温升,齿轮浸入油中的深度以1~2个齿高为宜。速度高时还应该浅些,在0.7倍齿高上下,但至少为10mm。锥齿轮要把整个齿长浸入油中。对多级传动,应尽量使各级传动浸入油中的深度相等,如果低速级及高速级齿轮半径相差很大,可在高速级大齿轮下边装上打油轮。油池应保持一定深度,一般齿顶到油池底面的距离不应小于30~50mm,以免太浅时激起沉积在箱底的油泥。油池中应保持一定的油量,油量可按0.35~0.5L/马力①计算。

当齿轮圆周速度大于12~15m/s时,宜采用喷油润滑。喷油润滑可以在压力2~2.5atm②下直接把油喷到要啮合的齿隙中去。喷油润滑也常用于速度并不很高而工作条件相当繁重的重型减速器中。

4.4　带传动

4.4.1　带传动的组成与种类

简单的带传动是由小带轮1、大带轮2及紧套在带轮上的皮带3组成的,如图4-19所示。带的剖面形状有长方形(图4-19(b))、梯形(图4-19(c))和圆形(图4-19(d))三种,分别称为平带、三角带和圆带。三角带与平带相比,具有传动平稳、结构尺寸小等优点,因此应用较广泛;圆带只用于传递很小的功率。

近年来又研制出同步齿形带,如图4-19(e)所示。这种带内侧有齿,与带轮面上的凹槽相啮合,所以还兼有链传动的优点,传动比准确,轴上压力小,但对制造安装要求较高。

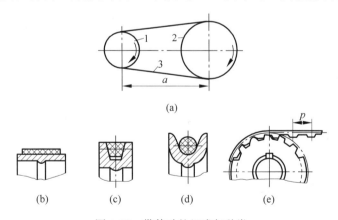

(a)

(b)　(c)　(d)　(e)

图4-19　带传动的组成与种类

---

① 1马力=0.735 498 7kW。

② 1atm≈10^5Pa。

4.4.2　带传动的工作原理与特点

带呈封闭的环形,并以一定的拉力(称为张紧力)套在两带轮上,使带与带轮相互压紧,当装于主动轴上的主动轮回转时,靠带与带轮间的摩擦力拖动带运动。同样的道理,带又拖动装于从动轴上的从动轮回转,这样就把主动轴上的动力和运动传给了从动轴。

由于带本身是具有一定弹性的挠性件,因此带传动是借助于中间挠性件(带)的摩擦传动,而同步齿形带是借助于中间挠性件(同步齿形带)的啮合传动。

由上述特点,便可看出带传动的优缺点与应用范围。

带传动的优点:能缓和冲击与振动;过载时将引起带在带轮上打滑,因而可防止其他零件的损坏(同步齿形带无此优点);工作平稳、无噪声;可用于中心距较大的地方,中心距可达十几米;结构简单、维护方便,制造和安装精度不像齿轮、蜗杆传动那样严格。

带传动的缺点:由于带与带轮间有一定的相对滑动,因而不能保证准确的传动比;结构的紧凑性差,尤其是传递功率较大时,其尺寸常常较大;带的寿命较短,一般为 2 000～3 000h;效率较低;不宜用于高温、易燃、易爆的场合。

带传动的应用范围很广泛,但由于效率低和结构的紧凑性差,因此大功率的带传动比较少用,通常不超过 50kW;带的工作速度一般为 5～25m/s。使用特殊带的高速带传动,速度可达 60～100m/s。

4.5　链传动

4.5.1　链传动的组成、特点与应用

简单的链传动是由两个装于平行轴上的链轮 1、2 和连接它们的链条 3 所组成,如图 4-20 所示。链轮上具有特形齿形的轮齿,与带传动相似,链传动也是用可挠曲的零件(链条)来传动的,所不同的是链传动不是靠摩擦力,而是靠链条与链轮轮齿相啮合进行传动的。因此,链传动的特点,是借助于中间挠性件——链条的啮合传动。

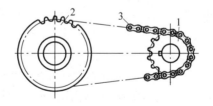

图 4-20　链传动的组成
1,2—链轮；3—链条

与其他传动相比,链传动具有以下优点:与带传动相比,其平均传动比能保持准确;与齿轮传动相比,中心距可较大,最大可达 5～6m;链条具有一定的弹性,可吸收一定的冲击振动,但不如带传动;能在较高温度的环境中工作,且不怕油污;与带传动相比,轴与轴承的受力小,因为是啮合传动,不需很大的初拉力。

但链传动也有一些缺点:由于瞬时传动比不恒定,故传动的平稳性较差,噪声大;磨损

快,寿命短;仅能用于平行轴间的传动。

链传动主要用于要求平均传动比准确及中心距较大、工作条件恶劣(如温度高、灰尘多、有水、有油等)的场合。在飞机上主要应用于货物装载系统,在个别飞机的某些控制系统中也有应用,如在 B747-200 飞机上,应用于自动油门杆控制。

4.5.2 链传动的种类与构造

在链传动中,最常用的是套筒滚子链和齿形链。

1. 套筒滚子链

单列套筒滚子链的构造如图 4-21 所示,它是由外链板 1、销轴 2、内链板 3、套筒 4 及滚子 5 所组成。内链板 3 压配于套筒 4 的端部,销轴自由地穿过套筒 4,外链板 1 再压配于销轴的端部上。为了减轻链条与链轮啮合时的磨损,在套筒外还套上可以自由转动的滚子 5,用它把滑动摩擦变为滚动摩擦。相邻两销轴间的中心距称为链节距,简称链节,以 t 表示,它是链条的主要参数。这样,当链节屈伸时,套筒可绕销轴自由转动。内外链板均制成"8"字形,使链板各截面的抗拉强度近于相等,并减轻质量。

当速度较低、载荷不大时,也可不用滚子,这种链叫套筒链。当单排套筒滚子链承载能力不够或所选用的链节太大时,可采用小链节的多排套筒滚子链,如图 4-22 所示。但多排链由于加工精度的影响,作用力分布不易均匀,因此不推荐采用四排以上。

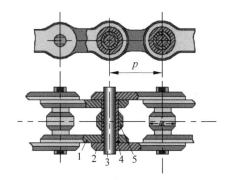

图 4-21 套筒滚子链的构造

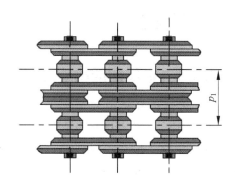

图 4-22 双排套筒滚子链

2. 齿形链

齿形链(也叫无声链)是由一组齿形链板并列铰接而成,如图 4-23 所示。工作时通过链板侧面的两直边与链轮齿相啮合。与套筒滚子链相比,其传动平稳,噪声小,承受冲击性能较好,工作可靠。但质量较大,结构复杂,价格较贵,多用于高速或运动精度较高的传动中。

图 4-23 齿形链

4.5.3　链传动的维护与润滑

1. 链传动的使用与维护

为保证链传动的正常工作,在链传动的使用过程中应注意如下问题:

(1) 为保证链条与链轮的正确啮合,链传动装置要精确安装,以保持两轴相互平行及两轮位于同一平面内,否则将引起脱链或不正常的磨损。

(2) 在链条安装时,无须给链条以初拉力,由其自重通常已足能保证它与轮齿的正常啮合。但为了便于安装和调整以及消除因磨损而使链条伸长所引起的过度松弛,在链传动中应设置张紧装置。其张紧方法与带传动类似,常用的方法是把两轮之一装在滑轨的机座上,以便调节中心距;或设张紧轮;也可以从链条中去掉两节链节重新接头。

(3) 为了人员的安全,防止灰尘侵入,减小噪声以及便于采用最完善的润滑方法等目的,通常把链传动封闭在特制的护罩中。

2. 链传动的润滑

为提高链传动的工作能力及延长寿命,对链传动应进行润滑。润滑方法有下列四种:

(1) 人工定期润滑:每隔 $15\sim25h$,用油壶或油刷在链条松边加润滑油一次。适用于功率小、速度低或不重要的开式链传动。

(2) 滴油润滑:用油杯或注油器通过油管将润滑油滴于松边内外链板间隙处,每分钟滴油 $5\sim20$ 滴,适用于速度小于 $3m/s$ 时。

(3) 油池润滑:将主动或从动链轮之一浸入油池中连续润滑,链轮浸于油中的深度 $6\sim12mm$,适用于速度 $3\sim8m/s$ 时。

(4) 压力润滑:当速度大于 $8m/s$ 时,可用油泵循环供油,循环油起润滑和冷却作用。

常用的润滑油为机械油 HJ20~HJ40。若用润滑脂润滑,则在潮湿环境中工作时,可用钙基润滑脂;在温度高于 $100℃$ 的环境中工作时,可用钢基润滑脂或用含 $10\%\sim20\%$ 石墨的润滑脂。

第5章

飞机图纸规范与识图

　　航空器维修人员在维修工作中需要使用各种手册,在手册中有大量的工程图、图表和标准规范用于帮助维修人员快速准确理解维修工作。所有的航空器制造厂都有自己的工程图手册,详细描述了使用在图纸上的所有的线、符号和规范等。以前每个航空器制造厂都按照自己的标准绘制工程图,近年来航空器工程图逐步趋向标准化。

5.1　投影及识图

5.1.1　投影及投影图

1. 投影

　　物体在光线照射下,会在地面或墙上产生影子,根据这种自然现象人们创造了投影的方法,即投影线通过物体向选定的投影图投影,并在该投影图上得到图形的方法。工程上常用的投影法分为两类:中心投影法和平行投影法。

　　1) 中心投影法

　　如图 5-1 所示,设 S 为投射中心,SA、SB、SC 为投射线,平面 P 为投影面。延长 SA、SB、SC 与投影面 P 相交,交点 a、b、c 即为三角形顶点 A、B、C 在 P 面上的投影。由于投射线均从投射中心出发,所以这种投影法称为中心投影法。在日常生活中,照相、放映电影等均为中心投影的实例。

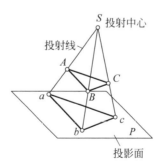

图 5-1　中心投影法

　　2) 平行投影法

　　假设投射中心移到无限远处时,所有投射线互相平行,这种投影法称为平行投影法。根

据投射线对投影面 P 的倾角不同,平行投影法又分为斜投影法和正投影法两种。

斜投影法:投射线与投影面倾斜的平行投影法,如图 5-2 所示。

正投影法:投射线与投影面垂直的平行投影法,如图 5-3 所示。

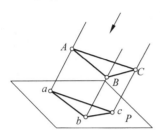

图 5-2　斜投影法

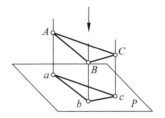

图 5-3　正投影法

2. 投影图

1)透视图

用中心投影法将物体投射到单一投影面上得到的图形称为透视图,如图 5-4 所示。透视图与人的视觉习惯相符,能体现近大远小的效果,所以形象逼真,具有强烈的立体感,但作图比较麻烦,且度量性差,如图 5-5 所示。

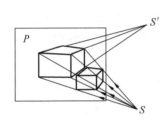

图 5-4　透视图

图 5-5　透视图效果图

2)轴测图

用平行投影法将物体连同确定其空间位置的笛卡儿坐标系投射到某单一投影面上得到的图形称为轴测图,如图 5-6 所示。物体上互相平行且长度相等的线段,在轴测图上仍互相平行、长度相等。轴测图虽然不符合近大远小的视觉习惯,但仍然具有很强的直观性,如图 5-7 所示为轴测图效果图。

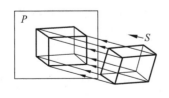

图 5-6　轴测图

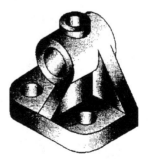

图 5-7　轴测图效果图

① 正等轴测图。将物体放置成使它的三个坐标轴与轴测投影面具有相同的夹角(三个坐标轴的夹角都是120°),然后用正投影方法向轴测投影面投影,就可得到该物体的正等轴测投影图。

如图 5-8 所示,正等轴测图的三个轴间角相等,都是120°;三个轴向变化率(轴测图上的投影长度与实物长度之比)也相等,都是0.82。为作图方便,常取轴向变化率为1(即 $p=q=r=1$),称为简化轴向变化率。采用简化轴向变化率画成的正等轴测图比实际投影的尺寸约大 22%,但是并不影响立体感,作图却简便多了。

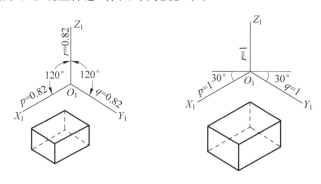

图 5-8   正等轴测图

② 斜二等轴测图。将物体放置成使它的一个坐标面平行于轴测投影面,然后用斜投影的方法向轴测投影面投影,用这种方法画出来的轴测图称为斜二等轴测图。

斜二等轴测图的两根坐标轴 O_1X_1 与 O_1Z_1 互相垂直,轴向变化率为 $p=r=1$,第三个坐标轴 O_1Y_1 与 O_1Z_1 轴成 135°的轴间角,轴向变化率 $q=0.5$,如图 5-9 所示。

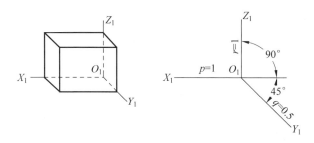

图 5-9   斜二等轴测图

在斜二等轴测图中,轴向变化率和轴间角的大小无关。斜二等轴测图的正面形状能反映形体的正面真实形状,特别是当形体正面有圆和圆弧时,画图简单方便。

3) 多面正投影图

用正投影法将物体分别投射到相互垂直的几个投影面上,如 V、H、W 面,得到三个投影,然后将 H、W 面旋转,使其与 V 面在一个平面内。这种用一组投影表达物体形状的图,称为多面正投影图,如图 5-10 所示。

多面正投影图直观性不强,但能正确反映物体的形状和大小,而且作图方便,度量性好,在工程上得到广泛应用。

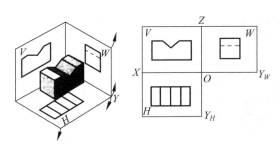

图 5-10　多面正投影图

5.1.2　投影规律及基本视图

1. 投影规律

如图 5-11 所示,三个互相垂直相交的投影面将空间分为八个部分,每部分为一个分角,依次为Ⅰ～Ⅷ分角。

将物体放在第一分角内(H 面之上、V 面之前、W 面之左)而得到的多面正投影称为第一角画法,如图 5-12(a)所示;将物体放在第三分角内(H 面之下、V 面之后、W 面之左)而得到的多面正投影称为第三角画法,如图 5-12(b)所示。第一角画法是将物体置于观察者与投影面之间进行投射,它们之间的关系是:人、物、图;第三角画法是将投影面置于观察者与物体之间进行投射,它们之间的关系是:人、图、物(把投影面看作透明的)。

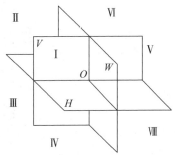

图 5-11　投影面

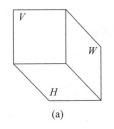 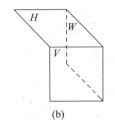

(a)　　　　　　　　　(b)

图 5-12　第一角画法和第三角画法的投射位置比较

国际标准化组织(ISO)规定国际间的技术交流可以采用第一角画法,也可以采用第三角画法。中国工程图纸采用正投影法绘制,并优先采用第一角画法。但有些国家采用第三角画法(如波音工程图),因此了解第三角画法也是十分必要的。

2. 基本视图

第一角画法和第三角画法均有六个基本视图。在第一角画法中将物体向正六面体的六个平面(基本投影面)进行投射,然后按图 5-13 所示的方法展开,即得到第一角画法的六个基本视图。在第三角画法中将物体向正六面体的六个平面(基本投影面)进行投射,然后按图 5-14 所示的方法展开,即得到第三角画法的六个基本视图。

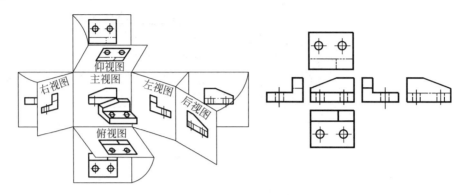

图 5-13　第一角画法的投影展开方法和六个基本视图

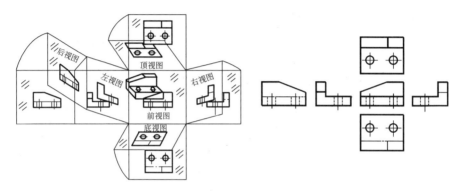

图 5-14　第三角画法的投影展开方法和六个基本视图

　　第三角画法与第一角画法一样,除六个基本视图外,也有局部视图、斜视图,断裂画法、局部放大、各种剖视和剖面等。ISO 规定了第一角画法和第三角画法的识别符号,如图 5-15 所示。采用第一角画法时一般不必画第一角投影的识别符号,采用第三角画法时,必须在图纸中画出第三角投影的识别符号,读图时应加以注意。波音飞机图纸采用的是第三角画法,但没有画出第三角画法的识别符号。

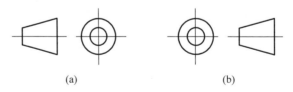

(a)　　　　　　　　　(b)

图 5-15　第一角画法和第三角画法的识别符号
（a）第一角画法；（b）第三角画法

5.1.3　图纸上的字体和线条

1. 字体

　　对于飞机图纸来说,需要借助一些字体和线条来简洁明了地反映出设计者的意图。所有飞机图纸上的字体都是大写黑体字,可以使用正体和斜体,如下所示:

ABCDEFGHIJKLMNOPQRSTUVWXYZ　1234567890

ABCDEFGHIJKLMNOPQRSTUVWXYZ　1234567890

2. 线条

图纸上的线条就像文章中的文字一样是非常重要的。图纸上的每种线条都有其特殊的意义和作用,如图 5-16 和表 5-1 所示。

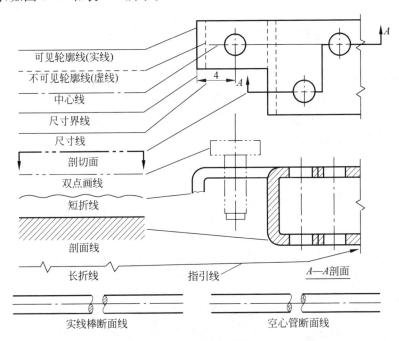

图 5-16　图纸上的线条

表 5-1　图纸上的线条种类及其含义

线条种类	说　明
实线	粗实线用作零件的可见轮廓线;细实线用作尺寸线、尺寸界线、剖面线、引出线等
虚线	零件的不可见轮廓线、不可见过渡线
点画线	表示轴线和对称中心线
尺寸界线	用细实线绘制,由图形的轮廓线、轴线或对称中心线引出
尺寸线	用细实线绘制,尺寸线应与尺寸界线垂直,其末端画上箭头,指到零件的尺寸界线上
剖切符号	为了表示零件的断面或内部形状,表示剖切位置的符号,用粗实线或粗虚线绘制,并且用箭头表示投射方向,在箭头附近标上字母方便识别
双点画线	表示与图示零件相邻、仅供参考零件的轮廓线,或一个零件的另一个极限位置的轮廓线
双折线	画图时零件过长、过高受到图幅的限制,或者只需要画出零件的局部形状时使用
引出线	带箭头的细实线,箭头指向要注释的地方,引出线不能穿过任何图线
剖面符号	用细实线均匀画在被剖切的平面内,不同的剖面符号表示不同的材料,剖面符号相同但剖面线的方向不同表示相同材料的两个零件

5.1.4 尺寸标注和公差

对于一张完整的飞机图纸,不仅要给出正确的图形,而且也要准确地给出所需的全部尺寸和公差。

1. 尺寸标注

用特定单位表示长度值的数字称为尺寸。尺寸由数字和特定单位两部分组成,如30mm(毫米)、1/4in(英寸)等。被表示的"长度"是较广泛的概念,它包括一般的长度、宽度和高度,还包括直径、半径和中心距等。

飞机图纸尺寸标注的方法与中国标准基本相同,大多数飞机图纸使用一个基准边或基准面作为标注尺寸的参考基准。如图 5-17 所示,图纸上三个孔的定位尺寸为零件的左边和下边,其特点是定位容易且没有积累误差。

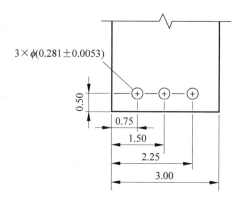

图 5-17　典型的尺寸标注图

在图纸上有两种标注尺寸的方法:一种是所有的尺寸都垂直于尺寸线标注;另一种是所有的尺寸都水平标注,在飞机图纸上多采用第二种标注方法,如图 5-18 所示。

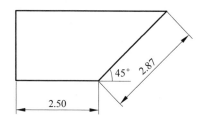

图 5-18　水平标注尺寸的方法

2. 公差

设计时给定的尺寸称为基本尺寸,通过测量得到的尺寸称为实际尺寸,由于存在制造和测量误差,实际尺寸并非尺寸的真值。允许尺寸变化的两个界限值称为极限尺寸,两个界限值中较大的称为最大极限尺寸,较小的称为最小极限尺寸。

公差是指允许尺寸的变动量,在数值上等于最大极限尺寸与最小极限尺寸代数差的绝对值。如图 5-19 所示圆孔的直径为(0.312 5±0.000 5)mm,最大极限尺寸是 0.313 0in,最小极限尺寸是 0.312 0in,公差是 0.001in。

图纸上的尺寸以英寸为单位时,可以使用分数或小数表示。对于用小数表示的尺寸,小数点后面的零是有意义的。如1in写成1.00,表示是以1%精度标注的;2.500表示是以1‰精度标注的,如图5-20所示。

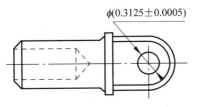

图5-19 尺寸公差的表示

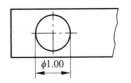

图5-20 尺寸精度的表示

在飞机图纸中,以英寸为单位的尺寸,一般采用对称公差,具体的公差数值与尺寸精度有关。飞机上常用的公差表示在表5-2中。

表5-2 飞机上常用的公差　　　　　　　(in)

	基本尺寸(举例)	尺 寸 精 度	公 差 数 值	尺 寸 表 示
分数	$\frac{1}{2}$	—	$\frac{1}{32}$	$\frac{1}{2}\pm\frac{1}{64}$
小数	2.5	1/10	0.2	2.5 ± 0.1
	2.50	1%	0.08	2.50 ± 0.04
	2.500	0.1%	0.020	2.500 ± 0.010

表5-2只是通常使用的公差,精度更高的尺寸也可以不按照以上规律,如$2.500^{+0.005}_{-0.000}$。

5.2 飞机图纸的类型

航空器维修人员在进行飞机维修工作时,将会接触到许多种图纸,每一种图纸都包含一些具体要说明的信息,因此必须熟悉最常用的图纸类型。当设计一架飞机时,每个独立的零件都绘成零件图,而这些具体零件必须装配在一起,因此要为飞机制造和维修的工作者提供必要的装配图。

最常使用的图纸是工作图,工作图包括零件图、装配图、安装图、原理图、简图和线路连接图解等;其他类型的图包括部件分解图、分解/装配图、剖面图、方框图、逻辑关系图、排故流程图、配线图和电气形象示意图等。

5.2.1 零件图

当设计零件时,必须绘出该零件的工作图——零件图。一张零件图提供了这个零件的全部信息数据和资料,如图5-21所示。

当绘制一张零件图时,要有一个严格的制图比例和尺寸,但是由于绘图时的误差,图纸上的零件尺寸并不与实物的尺寸一样,因此绝对不能丈量图纸上的尺寸,而总是要以所标注的尺寸为准。每张零件图都有一个图纸编号,即件号。这个件号贯穿该零件的制造、装配、安装及维护手册中的零件清单等全过程。一个零件图可以用多个视图表示,但只能画在一张图纸上,一张图纸可以画多个零件图。在零件图的标题栏中有"detail"字样。

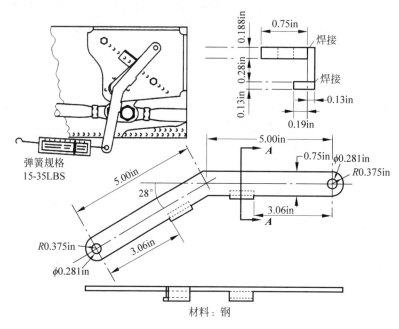

图 5-21   典型的零件图

5.2.2   装配图

当所有的零件制作完成后,根据装配图装配成各种部件。装配图是表示部件中零件间的相对位置、连接方式、装配关系的图纸。如图 5-22 所示,装配图给出了多个零件、组合件或装配件中的装配关系以形成部件。

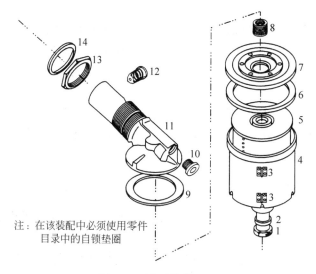

图 5-22   典型的装配图

1—空心螺栓;2—金属垫圈;3—安全线卡;4—外筒;5—滤芯;6—垫圈;7—盖子;8—插入螺纹;9—上垫圈;10—螺栓;11—连接器;12—旁通活门;13—螺母;14—O 形圈

一个装配图中可能包括一些或全部这个装配图中的零件图。如果零件图画在装配图纸上，这个零件在装配图上可以用符号表示或只给出零件的位置，而不画出实形。在装配图的标题栏中有"assembly"（装配件）字样。

5.2.3 安装图

安装图用于描述部件安装在飞机上或飞机某一区段上的确切位置和方式，如图5-23所示。

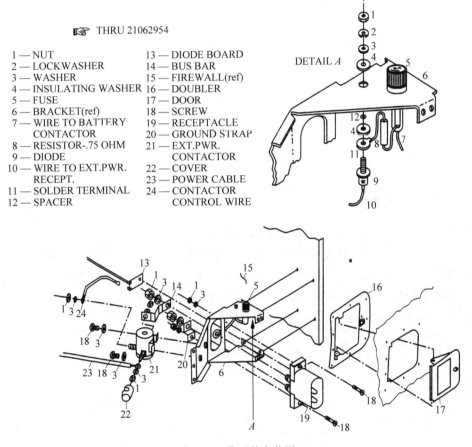

图5-23 典型的安装图

很多时候安装图、装配图和零件图是画在一起的，这样一个安装图实际上是零件-装配-安装图。在安装图的标题栏中有"installation"字样。通常与实际安装不相关的飞机部分也在图中以参考线显示出来，以帮助正确定位所安装的零件。

5.2.4 分解图

带有图示的零件清单上经常利用分解图显示出一个装配图中的每个零件，并在延长线外给出了所有零件的相关位置，以便于根据每个零件的外形和名称或零件清单上的参考号来辨认每个零件，如图5-24所示。

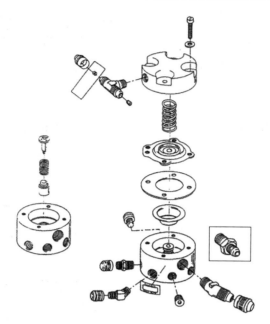

图 5-24　典型的分解图

5.2.5　方框图

随着电气和电子系统及元件的日趋复杂,用来帮助维修人员确定故障的各种手段方法也得到了发展。这些系统的大部分维修是由识别和替换失效部件这两个步骤组成的,维修人员通过用方框图分析某个系统的工作原理,可以更方便快捷地检查系统故障、确定故障位置及正确地更换模块,更快地排除某个系统的故障,保证飞行安全。

如图 5-25 所示,该图里的每一个方块代表一个组件,其中包含许多元件,通常是一块电路板或其他的可更换单元。

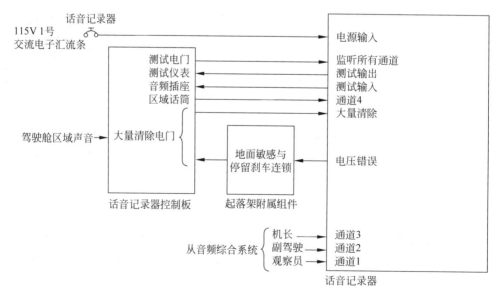

图 5-25　典型的方框图

5.2.6 排故流程图

排故(即排除故障)流程图是维修人员利用流程图形式进行排故工作的指南,一个排故流程图指出了用流程跟踪的方法进行排故的步骤,通过利用排故流程图可以缩短排故时间。

排故流程图通常表示一个工作程序,沿箭头方向对系统进行排故。如图 5-26 所示,矩形框是任务框,告诉做什么;而菱形框是条件判断框,需要维护人员作出判断,每一个菱形框有一个输入和两个输出,与条件判断框相匹配的是紧随其后的矩形框内的任务。

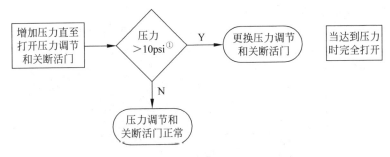

图 5-26 典型的排故流程图

5.2.7 电气形象示意图

在飞机各种维修手册中,经常有电气形象示意简图。在形象示意简图中,用各种符号形象地表示元件,而不是使用国际上通用的标准符号。如图 5-27 所示,电源形象示意简图能帮助维修人员方便快捷地了解飞机电源系统的操作。

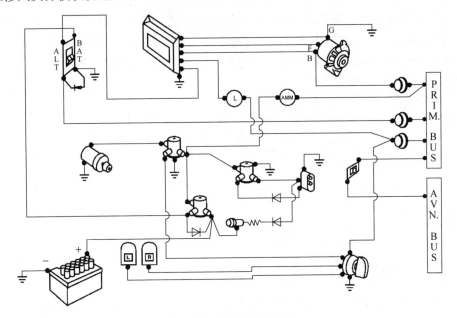

图 5-27 电气形象示意图

----

① 1psi=6.894 757kPa。

5.2.8 机械工作原理图

机械工作原理图用来解释航空器的某个机械系统或部件的工作原理,不给出这些部件的实际形状,维修人员可以通过原理图查找故障,对排故工作的帮助是非常大的。如图5-28所示的工作原理图用来帮助维修人员理解一个恒速螺旋桨的工作原理,并没有给出其结构及安装的详细情况。

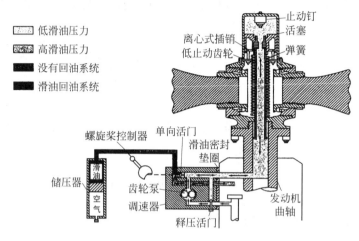

图 5-28　机械工作原理图

5.2.9 电气工作原理图

电气工作原理图用来解释航空器的某个电气系统或部件的工作原理,不给出这些部件的形状,维修人员在排故时可以通过电气原理图进行系统分析和故障隔离。如图5-29所示的电气原理图用来帮助维修人员理解一个指示灯组件的工作原理,并没有给出其结构及安装的详细情况。

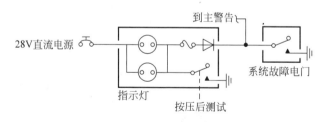

图 5-29　电气工作原理图

5.2.10 逻辑关系图

航空器逻辑关系图是主要介绍某个飞机系统或子系统部件内部之间逻辑控制关系的简图,主要用于维修人员了解系统的功能和故障隔离。如图5-30所示为起飞警告逻辑关系简图。

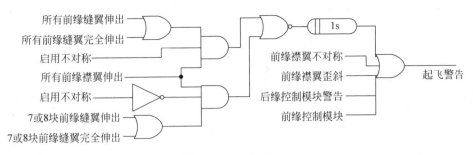

图 5-30　逻辑关系图

5.2.11　机械系统简图

机械系统简图是飞机某个系统的油路或气路与其系统航线可更换件(LRU)的连接简图,通过系统简图可以了解系统功能、系统部件和部件的连接关系,便于维修人员进行系统分析和故障隔离。如图 5-31 所示为某型号发动机滑油系统简图。

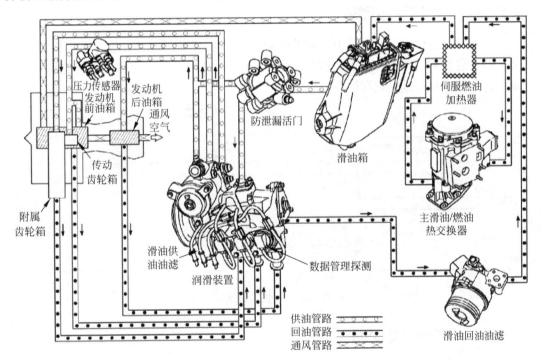

图 5-31　机械系统简图

5.2.12　电气系统简图

电气系统简图显示飞机某个系统的完全功能,通过系统简图可以了解系统功能和执行功能的部件之间的关系,飞机部件的参考位置,为航线可更换件(LRU)的故障隔离,提供了一个详细的功能、部件、连接线路和接口图。如图 5-32 所示为交流汇流条简图。

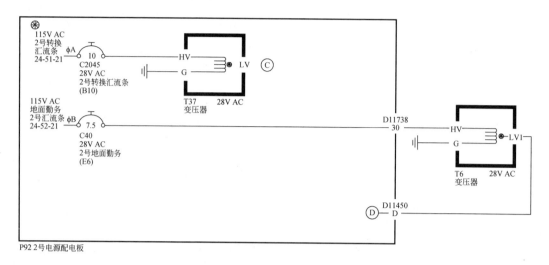

图 5-32　电气系统简图

5.2.13　线路连接图解

线路连接图解是记录航空器上所有系统的设备、终端设备和连接导线的相关图纸,用于维修人员系统维护、故障隔离、更换设备和修理导线,如图 5-33 所示为数字飞行控制系统的数据汇流条输出接口线路连接图解。

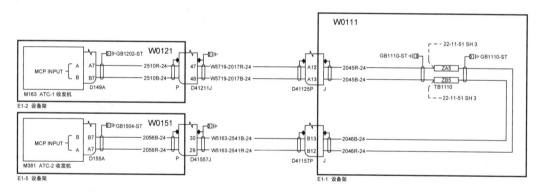

图 5-33　线路连接图解

5.2.14　分解/装配图

分解/装配图是航空器上某个终端设备的分解/装配图,维修人员根据分解/装配图对某个终端设备进行分解/装配工作,还可以用于终端设备的修理、检查和维护等相关工作,如图 5-34所示为航空器电瓶连接插头的分解/装配图。

5.2.15　剖面图

剖面图是航空器上某个终端设备的内部结构图,维修人员根据终端设备的内部结构图进行系统分析和判断故障,如图 5-35 所示为航空器发电机的内部结构剖面图。

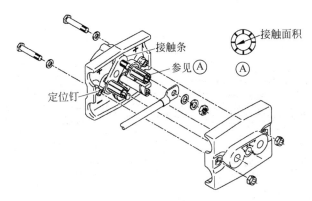

图 5-34　分解/装配图

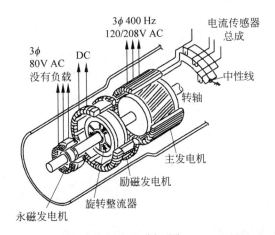

图 5-35　剖面图

5.2.16　配线图

航空器上的线路配线图又称为导线束走线图,是航空器生产厂商安装导线束的安装图纸,也是维修人员进行线路改装、排故修理导线、对导线束进行清洁、检查维护工作需要参照的依据。如图 5-36 所示为航空器主导线束配线图,如图 5-37 所示为航空器局部导线束配线图,如图 5-38 所示为航空器详细导线束配线图。

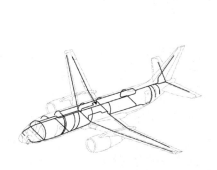

图 5-36　主导线束配线图

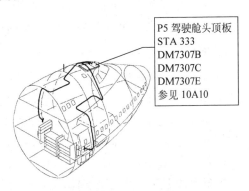

图 5-37　局部导线束配线图

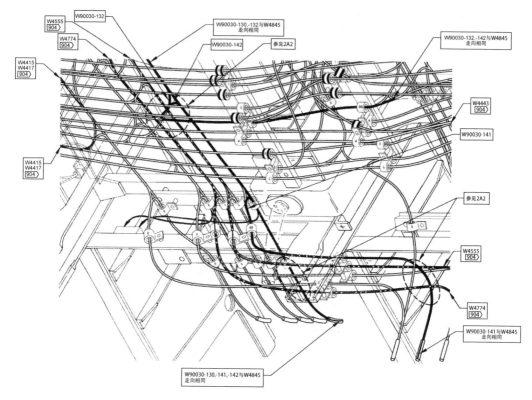

图 5-38　详细导线束配线图

5.3　飞机图纸的标题栏与相关信息

每个飞机制造厂商在制造飞机时使用自己的手册图纸,不同的飞机制造厂商有不同的制图标准,但图纸内容是比较相似的。根据 FAA 法规程序要求,飞机制造厂商使用的制造用图纸必须与维修单位使用的维修用图纸内容相同,只不过在标题区域辅助内容有所不同。

5.3.1　飞机生产图纸

每个飞机制造厂都有自己的制图手册,用于绘制所有生产图的标准。以下给出的是典型的内容,可能会与一些飞机制造厂的制图标准不同,但有些内容是相似的。

1. 图纸的分区

当图纸的图幅较大且包含很多不同的图形时,要想迅速找到某一视图,或者该视图的所示位置,究竟在图纸的哪一页,在图纸的什么位置,就比较困难了。将图纸进行分区并标上编码,就解决了这个问题。如图 5-39 所示,以标题栏右下角的水平线和铅垂线的交点为零,水平方向向左每 12in 用阿拉伯数字依此标出 1、2、3、…,垂直方向向上每 12in 用英文字母依此标出 A、B、C、…。

如图 5-40 所示,C5 表示剖切位置所处的区域,B3 表示剖视图所处的区域,Sect C5 表示此图的剖切位置在 C5 区。

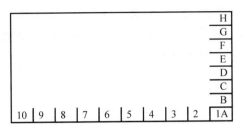

图 5-39   图纸的分区

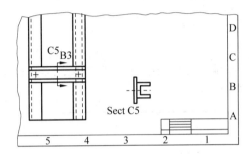

图 5-40   剖切位置表示法

图 5-41 给出了如果在同一个区域有多个剖切位置需要表示的方法。1C4 表示 C4 区有多个剖切位置,"1"表示 C4 区的第一个剖切位置。B5 表示 C4 区的第一个剖切位置的视图在 B5 区。2C4 表示 C4 区有多个剖切位置,"2"表示 C4 区的第二个剖切位置。B2 表示 C4 区的第二个剖切位置的视图在 B2 区。Sect 2C4 表示此图的剖切位置在 C4 区是第二个剖切位置。

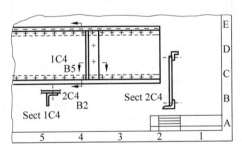

图 5-41   多个剖切位置表示法

2. 图纸包括的区域

通常一张飞机生产图纸包括 6 个区域:

① 标题栏;

② 材料目录;

③ 技术说明;

④ 更改说明栏;

⑤ 应用说明;

⑥ 视图。

通常这 6 个区域在一张图纸上的位置如图 5-42 所示。标题栏和更改说明栏的位置在所有图纸上都是一样的,标题栏在右下角,更改说明栏在右上角,其他区域的位置可以由工程师自行确定。图纸中可以有全部6个部分的信息,如果不需要也可以只包括部分信息。

图 5-42　图纸的 6 个区域

如果一张图纸不够用,可以使用多张图纸来完成。如图5-43是把6个部分分配在2张图纸上,如一张图纸上有一些地方损坏或字迹不清楚,使用者可以从与之相关的另一张图纸的同一区域找到相关的信息。

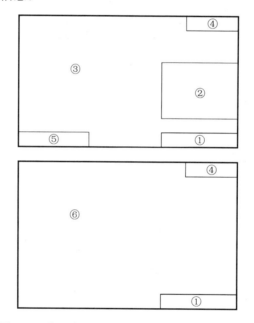

图 5-43　分配在 2 张图纸上的生产图纸的 6 个区域

5.3.2　标题栏

标题栏总是在图纸的右下角,正确折叠后标题栏应露在外面,以便参考查阅。在生产图第一页的标题栏中包括标题、尺寸、图号、比例、页码、签署栏、制造公差标准、材料单和应用栏等内容。特殊或附加的信息可以在标题栏的左边应用说明中规定,如图5-44所示为一个典型的标题栏内容,下面将介绍这个标题栏中所包含的内容。

1. 标题

标题框中包括一个基本名称和补充说明,之间用横线分开,补充说明的不同内容之间用逗号分开,零件图可以不需要有后面的补充说明。

例：WING RIB-STA 111.9

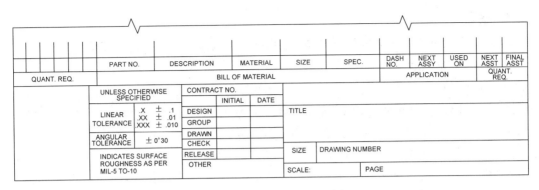

图 5-44 飞机生产图标题栏

翼肋-站位 111.9

LINING INSTL-LEFT SIDE WALL, AFT CARGO COMPARTMENT

衬板安装-左侧壁, 后货舱

或直接使用文字说明, 如果是一张自动驾驶仪伺服器架, 它的标题是: 架, 自动驾驶仪伺服器。

2. 尺寸栏

用字母表示标准图幅的大小, A 号图纸是 8.5in×11in, B 号图纸是 11in×17in, C 号图纸是 17in×22in, D 号图纸是 22in×34in, 较大的图是绘制在 36~42in 宽的卷纸上并规定为 R 号图纸。

3. 图号栏

图号包括两组数字, 中间用横线分开, 如果一架飞机有两个相同的零件, 一个在左, 一个在右, 那么它们的零件号通常是相同的, 左边零件编号在零件号后加−1, 右边零件编号在零件号后加−2。注意如果是用横线分开的三组数字, 则表示的是件号。如:

图号: 69-16330

件号: 69-16330-45

图号中数字的含义: 第一个数字表示原始绘图部门代号(如 6 代表商用飞机制造部门), 第二个数字表示图纸尺寸或类型。横线后面的数字是序号, 从 000 01 开始到 999 99。有时在第一组数字后跟字母则表示系列名称号。

4. 比例栏

比例确定图形尺寸与实际尺寸的比值, 标在标题栏比例项中。常用的比例有 1∶1、1∶2、1∶4、1∶10、1∶20 或 1in∶1ft 等。

如果需要详细清楚地表达一个很小的零件可以采用 2∶1 或 4∶1 的比例, 这时比例通常标注在图的下方。

如果一张图纸上有多个比例不同的图形, 比例分别标注在相应图形的下方, 此时标题栏的比例栏中标注"比例见注释"。如果一张图纸上基本是 1∶1 比例, 但有一些详图是按另一个比例绘制的, 则在标题栏的比例栏中标注"比例 1∶1 除注释外"。

5. 页码栏

在这一栏中要填上该套图纸共有多少页, 这张图是这套图纸的第几页。

6. 签署栏

在这一栏相应格内有绘图者、校对者、工程师、批准者等签名,并签上日期。

7. 制造公差标准

在"除另行规定外"一栏里,填写使用的制造公差标准,包括线性尺寸和角度的尺寸公差、表面粗糙度要求。尺寸单位说明如"DIMENSIONS ARE IN INCHES"表明图中尺寸是以英寸为单位的,公差的大小取决于各自的要求,如线性尺寸为. $\times$ 则公差为 ± 0.1 ,如尺寸是. $\times \times$ 则公差为 ± 0.04 ,如尺寸是. $\times \times \times$ 则公差为 ± 0.010 ,角度公差为 $\pm 0.5°$ 等,表面粗糙度用 MILSPEC-10 公差等标准做出注释。特殊尺寸公差不在标题栏中给出,而是在图中标注。

8. 材料单

从标题栏开始由下往上至所需要的空间列出与每一个零件有关的信息,如数量、件号、说明、材料、尺寸及规范号等都填写在相应的空格内。

1) 数量栏

在数量栏中给出相应零件的要求数量。如 24 个垫片、12 个螺栓等。

2) 件号栏

件号栏中件号是按一定顺序(从下到上)排列的,顺序如下:

工程设计件号按安装、装配、零件的顺序排列,件号栏中的件号应与相应图纸的一致。

标准件件号按字母顺序排列,如 AN 标准、BAC 标准、MS 标准、NAS 标准。

商家件号,名称或说明栏给出件号所对应的零件名称或说明。

3) 材料栏

飞机上的产品使用多种不同的材料,在图纸材料栏内,通过给出的材料名称、描述和规格来尽可能精确地区别这些材料。材料一般用编码来标识,如 2024、7075 等。

4) 规范栏

在飞机制造中使用的规范,如 NAS(美国国家航空规范),MS(美国军用规范)等。

9. 应用栏

没有一张图能够完全反映如何制造整架飞机,一张图纸只能反映如何制造飞机的一个部分,如零件、一个装配组件或一个安装组件。这些零件、组件又是更大的组件的一部分。

应用栏提供图示零件或组件应用到更高一级的装配或安装组件的信息。应用栏通常包括:使用这个零件的飞机型号、下一个装配的零件号、段位号和应用的图纸页号、下一个装配和全机最后装配所需这些零件的数量。

1) 用带"-"的数字标注(DASH-NUMBER)

当在同一张图中,既有装配图又有安装图的情况下,对于用于装配件的零件则用 DASH-NUMBER 标注。如件-1 隔框(BULKHEAD)安装组件包括件-2 隔框装配组件,其中 8 个螺栓和 8 个螺母及由其他零件组装成的件-2 隔框集成件-1 安装件。

2) 下一级装配栏(next assembly column)

这一列标注本图用到的高一级装配图的图号,下一级装配图可以是一个装配、初级或主要的安装、一个段的安装或一架飞机的最终组装图。

3) 使用栏(used on column)

许多部件用于两个或更多型号的飞机上。在这一栏至少要列出应用机型的一种。

4）段位号栏（section number column）

为了便于飞机的制造，一架飞机被分成很多段，每一段都是用数字编号的。在这一栏要标注本图的零件或组件所应用的段位号。

5）序列号栏（serial number column）

一种机型生产很多架飞机，为了区别每一架飞机，提供给用户的飞机都有一个序列号。

5.3.3　更改说明栏

更改说明栏在图纸的右上角，由于客户的要求、错误的改正、新的设计和新的材料、新的程序的使用等都要更改图纸或说明，所有这些变更都必须记录在更改说明栏中，如图 5-45 所示。

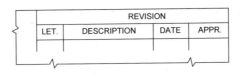

图 5-45　更改说明栏

对于设计者来讲，如果在图纸上有一个小的变动，每次都对成千上万张图纸重画，将是非常费时和昂贵的，更改说明栏用于描述将要更改的图纸内容。

字母栏下的"A"表示是第一次更改，第二次用"B"，第三次用"C"等，从而可以看出是第几次更改。具体更改的说明填写在描述栏下，接着填写签发的更改日期及更改批准人的签字。

5.4　ATA100 规范和 ATA2200 规范

美国航空运输协会（Air Transport Association of America，ATA），在 1956 年 6 月 1 日的《制造厂技术数据》上颁布了 ATA 第 100 号规范。ATA100 规范规定对航空维修使用的各种资料、文件、函电、报告、目录索引中的编号实行标准化管理，所有出版物必须统一资料编排方法。航空公司维修人员和其他相关专业人员使用的由航空器制造厂商提供的各种技术手册中的数据必须与航空器制造厂商的制造数据完全一致。波音飞机和空客飞机的各种手册都是根据 ATA100 编排的。

随着信息技术的发展，手册由纸版变为电子版，美国航空运输协会发布了"数字化数据规范 ATA2200"，包括 SGML、图解、数据的检索、数据模式等。ATA2200 详细规定了飞机制造商技术资料的标准和指导原则，包括手册结构、内容划分、页面编排、出版、改版服务、打印、页面编制及尺寸的标准化。

5.4.1　改版和临时改版服务

航空器各种维修技术手册是由航空器制造厂商提供的，改版服务分为正常改版服务和临时改版服务，改版的目的是让航空器与各种技术手册处于完全吻合的状态。波音系列飞机在每年的 3 月、7 月和 11 月的 15 日定期改版，空客系列飞机在每年的 3 月、6 月和 12 月定期改版，改版记录单如图 5-46 所示。临时改版服务是在两次正式改版之间，对于威胁到航空器飞行安全的标牌和程序随时进行的改版,临时改版记录单如图5-47所示。

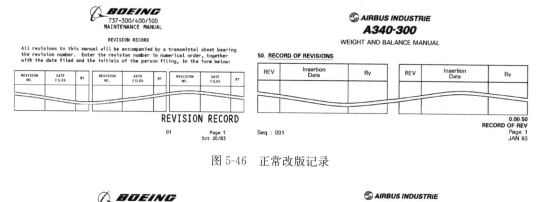

图 5-46　正常改版记录

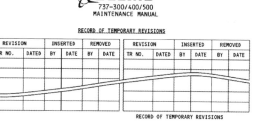

图 5-47　临时改版记录

5.4.2　有效页清单

有效页清单 LEP(list of effective pages)列出了手册中每一页的最新有效状态,本次改版受影响页由下列代码表示: A 或 N 增加页、R 改版页、D 删除页、F 拆分页和 O 覆盖页,如图 5-48 所示。

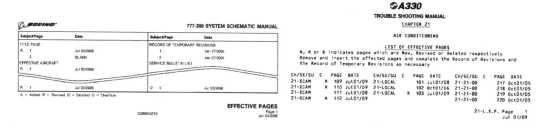

图 5-48　有效页清单

5.4.3　航空器维修手册章节

航空器生产厂商免费为航空公司维修单位提供各种维修技术手册。维修技术手册早期采用纸板手册和成卷微缩影片格式手册或成卷微缩胶片格式手册,目前航空器生产厂商一般采用 PDF 格式或电子版档案格式向航空公司维修单位提供维修技术手册。航空公司维修单位把电子版的维修技术手册复制到网络计算机服务器或计算机上即可使用,一些大型航空公司维修单位目前采用通过互联网直接到航空器生产厂商网站服务器上阅读维修技术手册,这样可以保证航空器与各种技术手册处于完全吻合的状态。

飞机系统章节的内容是按照 ATA100 规范和 ATA2200 规范进行编写的,航空器各种技术手册的 5~12 章属于飞机维护程序通用部分,20~49 章属于飞机系统部分,51~57 章属于飞机结构部分,61~67 章属于螺旋桨部分,70~80 章属于动力装置部分。航空器 ATA100 章节系统/部件通用代码如表 5-3 所示。

表 5-3 ATA 章节

章	标　题		飞机维护程序通用部分
5	时限/维护检查	46	信息系统
6	尺寸及区域划分	49	机载辅助动力系统
7	顶起与支撑飞机		飞机结构部分
8	水平测量与称重	51	标准施工-结构
9	牵引与滑行	52	舱门
10	停放和系留	53	机身
11	标牌及标志	54	吊仓/吊架
12	勤务	55	安定面
14	设备使用	56	窗户
15	训练大纲	57	机翼
16	地面支援设备		螺旋桨/旋翼部分
17	设施与设备	60	标准施工-螺旋桨
18	直升机振动	61	螺旋桨/推进器
	飞机系统部分	62	主旋翼
20	飞机标准施工	63	主旋翼传动
21	空调系统	64	尾桨
22	自动飞行系统	65	尾桨传动
23	通信系统	67	旋翼飞行操纵
24	电源系统		动力装置部分
25	机舱设备/装饰	70	发动机标准施工
26	防火系统	71	动力装置
27	飞行操纵系统	72	涡轮/涡桨发动机
28	燃油系统	73	发动机燃油和控制系统
29	液压动力系统	74	点火系统
30	防冰和排雨系统	75	空气系统
31	仪表系统	76	发动机控制系统
32	起落架系统	77	发动机指示系统
33	灯光系统	78	发动机排气系统
34	导航系统	79	发动机滑油系统
35	氧气系统	80	启动系统
36	气源系统	81	涡轮增压
37	真空系统	82	喷水
38	水/废水系统	83	附件齿轮箱
39	电气/电子零部件和多功能组件	85	活塞发动机
45	中央维护计算机系统	91	位置与图表

5.4.4　航空标准

国际标准化组织(International Organization for Standardization)简称 ISO,成立于 1946 年,其宗旨是在世界范围内促进标准化工作的发展,以利于国际物资交流和互助,并扩大知识、科学、技术和经济方面的合作。其主要任务是制定国际标准,协调世界范围内的标准化工作,与其他国际性组织合作研究有关标准化问题。

(美国)国家航空航天标准(National Aerospace Standards)简称 NAS。

(美国)军用标准(Military Standards)简称 MS,是在第二次世界大战后产生的,是当前国际公认的先进技术标准。它具有体系完整、内容丰富、结构严谨、技术先进等特点,因而在国际上得到了广泛的应用。美国军用标准按其技术内容,主要分为军用规范(Military Specification,MIL)、军用标准(Standard)、军用手册(Handbook)、军用图纸(MS)、合格产品目录(Qualified Product List)。

(美国)海空军航空标准(Air Force-Navy Aeronautical Standard)简称 AN,AN 原意是指"陆军(Army)/海军(Navy)标准",因为美国空军部组建时间较晚,启用这个标准时还只有陆军部和海军部,所以"AN"就涵盖了"军用"的范畴。现在,"AN"的含义已扩大到指美国所有经国防部命名的军用系统了。

波音公司标准(BOEING AIRCRAFT COMPANY)简称 BAC,在波音商用飞机上,越来越多地采用波音公司企业标准(BAC 标准),即使采用了其他标准,一般都可以在波音标准里面有等效件或者替代件。

5.5　飞机手册中各种图表的使用

5.5.1　波音系列飞机系统原理图和线路连接图

1. 波音系列飞机系统原理图

波音系列飞机的飞机维护手册(AMM)和系统简图手册(SSM)中包含所有飞机系统的原理图和简图,系统原理图和简图需要配合飞机维护手册(AMM)相应系统的概述部分内容进行阅读理解,用于维修人员了解飞机系统功能、系统各个部件之间的控制关系和故障隔离。看懂飞机系统原理图需要 3 个步骤:

步骤 1:认识原理图中的所有符号。

步骤 2:清楚原理图中所有符号表示的部件内部的工作原理或工作方式。

步骤 3:把图中的所有符号连在一起,分析整个系统的工作原理。

1) 波音系列飞机系统原理图符号举例(见图 5-49)

2) 波音系列飞机系统原理图符号的工作原理

请参照图 5-49 中的线路跳开关符号,线路跳开关是一个线路保护器件,当控制线路出现过载和短路时自动断开,如果需要维修人员也可以使用手控方法断开,C×××× 是跳开关的设备编号,CIRCUIT BREAKER TITLE 是线路跳开关的标题,标明是哪个系统的线路跳开关,VOL TAGE BUS NAME SCHEN REF 代表连接汇流条的名称,G×× 标注这个线路跳开关在配电板安装的具体位置,字母后面加数字,例如:G10 说明这个线路跳开关安装在配电板的 G 这行、10 这列交叉的位置。

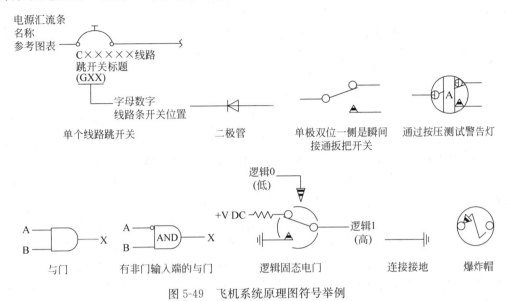

图 5-49 飞机系统原理图符号举例

请参照图 5-49 中的二极管的符号,二极管具有单向导电性,给二极管阳极加上正电压,给二极管阴极加上负电压,二极管此时导通,否则二极管截止;二极管在图 5-50 中主要起保护作用,预防某个系统突然出现危险电压导致汇流条上连接的所有系统这个被高压烧毁失效。

请参照图 5-49 中的单极双位一侧是瞬间接通扳把开关符号,有三角一端是瞬间接通端,平时电门位置处于图中的连接状态,当扳动电门瞬间接通有三角一端,当松开电门时电门自动回到图中的位置。

请参照图 5-49 中的通过按压测试警告灯符号,如果按压警告灯灯罩,警告灯自测试灯亮,松手警告灯灯灭,目的就是为了检查警告灯灯泡的好坏,如果系统出现故障警告灯亮,警告灯符号字母 A 代表是琥珀色警告灯,R 代表是红色警告灯,G 和 W 代表正在工作的指示灯,B 代表正在工作转换指示灯。

请参照图 5-49 中的与门符号,与门的 A 端和 B 端是输入端,与门的 X 是输出端;如果在 A 端和 B 端同时输入低电位,X 输出端输出低电位;如果在 A 端输入低电位,B 端输入高电位,X 输出端输出低电位;如果在 A 端输入高电位,B 端输入低电位,X 输出端输出低电位;如果在 A 端和 B 端同时输入高电位,X 输出端输出高电位。

请参照图 5-49 中的有非门输入端的与门符号,和与门符号不同点就是在 A 输入端增加一个非门,工作原理如下,如果在 A 端输入低电位,B 端输入低电位,X 输出端输出低电位;如果在 A 端输入低电位,B 端输入高电位,X 输出端输出高电位;如果在 A 端输入高电位,B 端输入低电位,X 输出端输出低电位;如果在 A 端和 B 端同时输入高电位,X 输出端输出低电位。

请参照图 5-49 中的逻辑固态电门符号,逻辑固态电门的 LOGIC 0 端是信号输入端,LOGIC 1 是输出端,如果逻辑固态电门的 LOGIC 0 端输入 0,LOGIC 1 是输出端输出高电位,如果逻辑固态电门的 LOGIC 0 端输入 1,LOGIC 1 是输出端输出低电位。

请参照图 5-49 中的连接接地符号,连接接地就是电路通过这个接地点为某个系统构成闭合回路。

请参照图 5-49 中的爆炸帽符号,爆炸帽属于 3 类管制爆炸物品,如果爆炸帽两个接线端提供足够的电压,爆炸帽工作爆炸,这个爆炸力可以将灭火瓶的易碎盘炸开,释放灭火瓶里的灭火剂进行灭火工作。

3) 波音系列飞机系统原理图

我们以 B737-800 飞机发动机灭火瓶爆炸帽测试原理图为例说明飞机系统原理图的工作原理,由于发动机左灭火瓶和右灭火瓶爆炸帽测试原理图线路相同,我们只分析发动机左灭火瓶爆炸帽测试工作原理。如图 5-50 所示,由 28V DC 热电瓶汇流条为系统提供电源,28V DC 的正极经过左灭火瓶火警释放保护跳开关的汇流条接线端,跳开关的负载接线端与保护二极管的阳极相连,保护二极管的阴极与灭火瓶释放测试电门相连,将 28V DC 电源的正极送到灭火瓶释放测试电门的接线端等待电门操作;当向上扳动灭火瓶释放测试电门,此时给 1 号三端与门的 1 号输入端提供一个高电位,由于左灭火瓶的 1 号两个爆炸同时处于完好状态,同时为 1 号三端与门的 2 号输入端和 3 号输入端提供两个低电位,此时 1 号三端与门输出高电位,这个来自 1 号三端与门的高电位直接做动 1 号逻辑固态电门闭合,1 号逻辑固态电门闭合后给左灭火瓶爆炸帽指示灯接地,来自主明暗跳开关来自 28V/16V DC 电源为左灭火瓶爆炸帽指示灯提供电源并形成闭合回路,左灭火瓶爆炸帽指示灯亮完成测试工作,松开灭火瓶释放测试电门所有电路复位。

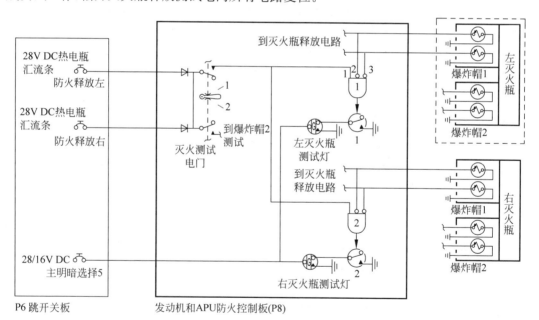

图 5-50　发动机灭火瓶爆炸帽测试原理图

2. 波音系列飞机系统线路连接图

波音系列飞机的线路图解手册(WDM)是所有系统的线路图汇合,线路图解手册(WDM)包含所有飞机系统的线路图解,用于记录航线可更换件(LRU)之间的导线、终端的连接细节,配合各种清单和线路标准施工手册(SWPM)使用,用于航线可更换件(LRU)的更换、修理线路、更换终端、测量导线和排除系统线路故障。由于飞机系统线路图极为复杂，我们只将图5-50中的虚线爆炸帽区域进行介绍。识别飞机系统线路图也需要按照一定的步骤：

步骤1：认识线路图中的所有符号。

步骤2：找到图中把所有符号连在一起的导线准确的连接位置。

1）波音系列飞机系统线路图符号举例（见图5-51）

图5-51 飞机系统线路图符号举例

请参照图5-51符号举例，连接器不完全画法符号代表这个连接器没有画全，只是连接器的一部分；标准接地符号说明这个接地端是通过接线片使用螺栓与接地点接地，线路接地符号代表这个接地是一个重要回路接地，压力操作电门符号代表管路压力达到一定值后电门打开，如果压力不够电门闭合，机架接地符号代表静电防护接地。

2）波音系列飞机系统线路图（见图5-52）

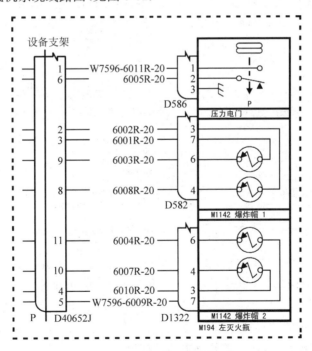

图5-52 飞机系统线路图识别

我们以B737-800飞机发动机左侧灭火瓶1号爆炸帽与连接器D40652的连接线路为例说明飞机系统线路图的连接情况，如图5-52所示，左侧灭火瓶1号爆炸帽的设备号是M1143，M1143爆炸帽通过D582插头上终端与连接器D40652J插座终端共有4根连接导线；插座D40652J的2号终端通过导线束编号W7596-6002R-20导线与D582插头的3号终端相连接,插座 D40652J 的 3 号终端通过导线束编号 W7596-6001R-20 导线与 D582 插头的 7 号终端相连接,插座 D40652J 的 9 号终端通过导线束编号 W7596-6003R-20 导线与 D582 插头的 6 号终端相连接,插座 D40652J 的 8 号终端通过导线束编号 W7596-6008R-20 导线与 D582 插头的 4 号终端相连接,以此方法对其他终端设备进行分析,直至将飞机某个系统所有航线可更换件(LRU)之间连接导线、终端和连接情况进行全面分析,这是一个积少成多的过程。

5.5.2　空客系列飞机系统原理图与线路图

1. 空客系列飞机系统原理图

空客系列飞机的飞机维护手册(AMM)和飞机简图手册(ASM)中包含所有飞机系统的原理图和简图,系统原理图和简图需要配合飞机维护手册(AMM)相应系统的概述部分内容进行阅读理解,用于维修人员了解飞机系统功能、系统各个部件之间的控制关系和故障隔离。空客系列飞机系统原理图的学习训练方法与波音系列飞机相同。

1) 空客系列飞机系统原理图符号举例

2) 空客系列飞机系统原理图符号的工作原理

请参照图 5-53 中的汇流条符号是给线路跳开关的送电的接线端,请参照图 5-53 中的线路跳开关符号,线路跳开关是一个线路保护器,当控制线路出现过载和短路时自动断开,如果需要维修人员也可以使用手控方法断开。

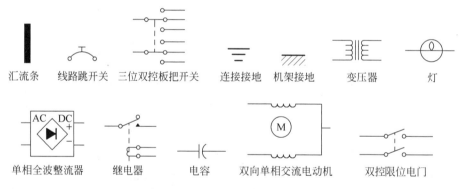

图 5-53　飞机系统原理图符号举例

请参照图 5-53 中的三位双控扳把开关符号,三位双控扳把开关正常时在中间位置,可以向上或向下扳动电门,向上接通开关上面的触点,向下接通开关下面的触点,电门手柄同时可以控制两路电门。

请参照图 5-53 中的连接接地符号,连接接地将电路在此与地连接构成回路。请参照图 5-52 中的机架接地符号,代表就是静电防护接地。

请参照图 5-53 中的变压器符号,变压器是将交流电压通过变压器之后按照比例变成高电压或低电压,但变压器的输入输出功率保持不变。

请参照图 5-53 中灯的符号,灯通电灯亮,断电灯亮。

请参照图 5-53 中的单项全波镇流器符号,单项全波镇流器将单项交流电转换成直流电的设备。

请参照图 5-53 中的继电器符号,给继电器线圈接通电源,继电器触点闭合,给继电器线圈断开电源,继电器触点打开。

请参照图 5-53 中的电容符号,根据电容的连接位置不同,它的功能也有所不同,一般用于灭弧、滤波、分频、给交流电动机换向或启动等功能。

请参照图 5-53 中的双向单项交流电动机符号,单项交流电动机需要加装电容才能产生2 个不同角度的旋转磁场,通过给两个方向的绕组通电完成电动机换向的目的。

请参照图 5-53 中的双控限位电门符号,双控限位电门一般装在电动机带动传动机构上,传动机构转到位置时,触发电门给电动机断电或改变电动机的转动方向。

3) 空客系列飞机系统原理图

下面以 A320 飞机的左侧着陆灯控制原理图为例说明飞机系统原理图的工作原理,如图 5-54 所示,来自辅助交流电源设备 103 的 A 相(103XP. A)电源与汇流条相连,汇流条是115V AC 汇流条来自于 24-58-02,汇流条上的火线通过线路跳开关(线路跳开关的额定电流 3A 安培,功能识别编码是 3LB,它是左侧着陆灯控制的线路跳开关,安装在 122VU212的配电板上)与左侧着陆灯控制电门(左侧着陆灯控制电门的功能识别编码是 5LB,安装在25VU210 控制板上)的 1 号终端和 5 号终端相连;如果左侧着陆灯控制电门处于图中的位置(RETRACT),左侧着陆灯和舱门处于收上位置,舱门传动机构带动双控限位电门处于收上位(RETRACTED),单相交流电动机和单相全波整流器没有交流电源供给,电动机和着陆灯都不工作;当将左侧着陆灯控制电门搬到 OFF 位置时,单相交流电的火线经过电门连接到 7 号终端,左侧着陆灯控制电门的 7 号终端为着陆灯组件(着陆灯组件的功能识别编码是 7LB,站位是 571)的插头 A 终端提供电源,7LB 插头的 A 终端通过双控限位电门(RETRACTED)接线端为单相交流电动机的伸出绕组提供电源并接地构成回路,由于启动电容的关系单相交流电动机开始旋转,将灯组件伸出舱门达到止位时,舱门传动机构带动将双控限位电门转换到伸出位(EXTENDED),当将侧着陆灯控制电门搬到 ON 位置时,单相交流电的火线经过电门 1 号终端连接到 7 号终端,左侧着陆灯控制电门的 7 号终端为着陆灯组件 7LB 插头 C 终端提供电源,7LB 插头的 C 终端通过双控限位电门(EXTENDED)接线端为单相全波整流器提供电源并接地构成回路,单相全波整流器工作为继电器线圈提供电源,继电器工作接通继电器触点,来自于辅助交流电源设备 103 的 A 相(103XP. A)电源与汇流条相连,汇流条上的火线通过线路跳开关(线路跳开关的额定电流 7.5A 安培,功能识别编码是 1LB,它是左侧着陆灯的线路跳开关,安装在 122VU212 的配电板上)与左侧陆灯组件(着陆灯组件的功能识别编码是 7LB,站位是 571)的插头 L 终端提供电源,插头 L终端经过闭合的继电器触点为变压器提供电源并接地构成回路,变压器工作点亮着陆灯。如果要关闭左侧着陆灯,将功能识别编码 5LB 的左侧着陆灯控制电门搬到 OFF 位置,断开左侧着陆灯的电源,着陆灯停止工作,由于灯组件伸出舱门达到止位,双控限位电门处于伸出位(EXTENDED)导致单相交流电动机无法得到电源,处于停止工作状态。将功能识别编码 5LB 的左侧着陆灯控制电门扳到收回(RETRACT)位置,来自于辅助交流电源设备103 的 A 相电源与汇流条相连,汇流条上的火线通过线路跳开关与功能识别编码 5LB 左侧着陆灯控制电门的 1 号终端和 5 号终端相连,单相交流电的火线经过电门连接到 8 号终端,左侧着陆灯控制电门的 8 号终端为功能识别编码是 7LB 着陆灯组件的插头 B 终端提供电源,7LB 插头的 B 终端通过双控限位电门(EXTENDED)接线端为单相交流电动机的收回

(RETRACT)绕组提供电源并接地构成回路,单相交流电动机处于收回工作状态,当舱门传动机构带动着陆灯舱门回到完全收上止位时,舱门传动机构带动双控限位电门转换到收上(RETRACTED)位置,切断单相交流电动机供电线路,导致单相交流电动机自动断电,至此完成左侧着陆灯控制伸出、工作和收回的工作原理。

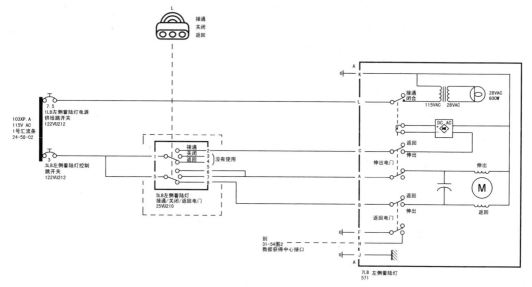

图 5-54　左侧着陆灯控制原理图

2. 空客系列飞机系统线路图

空客系列飞机的线路图手册(AWM)是所有系统的线路图汇合,飞机线路图手册(AWM)包含所有飞机系统的线路图解,用于记录航线可更换件(LRU)之间的导线、终端的连接细节,配合飞机线路清单(AWL)和电气标准施工手册(ESPM)使用,用于航线可更换件(LRU)的更换、修理线路、更换终端、测量导线和排除系统线路故障;由于飞机系统线路图极为复杂,我们只将图 5-54 中的着陆灯控制电门线路图进行介绍;空客系列飞机系统原理图学习训练方法与波音系列飞机相同。

1) 空客系列飞机系统线路图符号举例(见图 5-55)

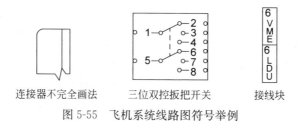

图 5-55　飞机系统线路图符号举例

请参考图 5-55 飞机系统线路图符号举例,连接器不完全画法符号是指这张图只是连接器的一部分接线,其他部分没有画出来;三位双控板把开关符号是指三位双控板把开关正常时在中间位置,可以向上或向下扳动电门,向上接通开关上面的触点,向下接通开关下面的触点,电门手柄同时可以控制两路电门;接线块符号有多种画法,不同的画法代表不同的含义,图中的这种画法代表接线块分为两组接线,每组可以连接 3 根导线,3 根导线可以同时连接一个接线端。

2）空客系列飞机系统线路图

如图 5-56 所示为着陆灯控制电路线路图中的着陆灯控制电门部分的线路图,陆灯控制电路线路图属于 33-42-01,我们仅以左侧着陆灯控制电门为例说明飞机系统线路图的线路连接情况。连接器的插座 2425VC 的 A 终端通过 3342-0010 BF24 导线与接线块 2405VT 的 D 终端相连,接线块 2405VT 的 D 终端与 L 终端和 U 终端相连;接线块 2405VT 的 L 终端通过 3342-0019 与左侧着陆灯控制电门 5LB 的 1 终端相连,接线块 2405VT 的 U 终端通过 3342-0020 与左侧着陆灯控制电门 5LB 的 5 终端相连;左侧着陆灯控制电门 5LB 的 8 终端与连接器的插座 2425VC 的 D 终端通过 3342-0024 导线相连,左侧着陆灯控制电门 5LB 的 2 终端与连接器的插座 2425VC 的 C 终端通过 3342-0023 导线相连,左侧着陆灯控制电门 5LB 的 6 终端与接线块 2405VT 的 M 终端通过 3342-0018 相连,左侧着陆灯控制电门 5LB 的 7 终端与接线块 2405VT 的 V 终端通过 3342-0017 相连;接线块 2405VT 的 E 终端与连接器的插座 2425VC 的 B 终端通过 3342-0016 BF24 导线相连。

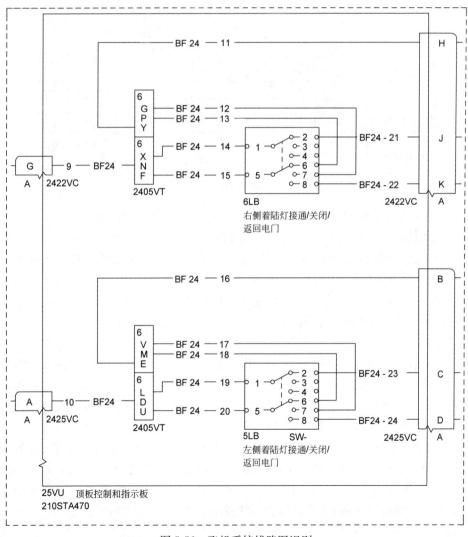

图 5-56 飞机系统线路图识别

5.5.3 导线负载能力图表

如图 5-57 所示,该图的横坐标是在不同电压下允许的导线长度,纵坐标是飞机标准AWG(美国导线规格)的导线规格(线号),水平线代表在允许的导线长度条件下可允许的导线电压损耗,主图表左侧的单独表格是不同导线所允许的电压损耗值,斜穿表格的一系列平行线代表导线的负载电流,维修人员可以根据负载电流和允许的电压损耗值找到所需的导线规格(线号)。

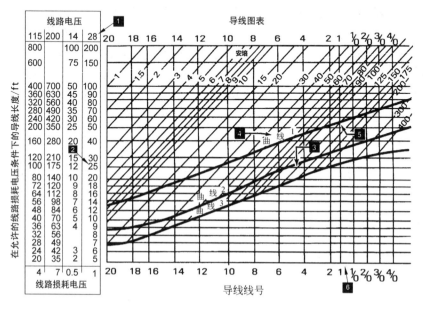

图 5-57 导线负载能力图表

左侧表格的最下面的 4 个数据表示不同工作电压在允许的导线长度条件下的导线电压损耗,在工作电压分别为 115V、200V、14V 和 28V 时,系统连续工作允许导线的电压损耗分别为 4V、7V、0.5V 和 1V。如选择 8 号导线传送 15A 的电流,根据图表找到代表 8 号线的竖线和代表 15A 的斜线的交点,水平向左找到相关的数据(400ft、700ft、50ft、100ft),即为保证电压降数值不超过标准,在 115V 系统中可使用不超过 400ft 的 8 号导线,在 200V 系统中可使用不超过 700ft 的 8 号导线,在 14V 系统中可使用不超过 50ft 的 8 号导线,在 28V 系统中可使用不超过 100ft 的 8 号导线。

在图表中有三条从左下角斜向上方的粗曲线,分别表示在不同安装条件下导线负载能力。如果负载电流和允许线路电压损耗的导线长度在交点在曲线 1 的上部,则表明导线束或电缆在任何工作条件下通过这个连续电流时不会超载。如果负载电流和允许线路电压损耗的导线长度在交点在曲线 1 和曲线 2 之间,则表明导线必须在通风良好的条件下才能正常工作,但如果是在穿线管里或导线槽里的导线束或电缆,则会产生过热超载而使导线或电缆损坏。如果负载电流和电压的交点在曲线 2 和曲线 3 之间,则表明导线只能允许瞬间工作,导线承载的工作电流必须限制在 2min 之内。如果负载电流和允许线路电压损耗的导线长度在交点在曲线 3 下面,这个区域的导线或电缆无法承载工作电流,这个区域属于禁止选择区域。

例如某系统要求导线的工作电压是 28V,导线连续通过负载电流是 125A,导线长度是 25ft。在 28V 栏里找到代表 25ft 的水平线,并找到该水平线与代表 125A 的斜线的交点,这个相交点在 AWG 4 号线和 AWG 6 号线的垂直线之间。因为这根导线需要在连续工作方式工作,所以必须沿着 125A 的斜线向上至曲线 1 以上的区域,该点则落在 AWG 1 号线和 AWG 1/0 号线的垂直线之间,应选择负载能力强的导线,因此选用 AWG 1/0 号线,通常称零号线。如果导线安装在通风良好的条件下工作,该点则落在 AWG 4 号线和 AWG 2 号线的垂直线之间,则选用 AWG 2 号线就可以充分安全承载负载。如果导线只需要瞬间工作,该点则落在 AWG 6 号线和 AWG 4 号线的垂直线之间,则选用 AWG 4 号线就可以充分安全承载负载。

5.5.4 勤务工作图

在飞机的日常勤务工作中经常需要使用各种图表,为了方便维修人员的使用,这些图表直接张贴在工作区域,维修人员通过查图表很快就可以得到结果。

如图 5-58 所示,是波音 737-600/700/800 飞机主起落架减振器内灌充的油液和充气的简要说明标牌。标牌上标明了该减振器所使用的油液和气体的标准规格,并提示维修人员按照标准方法进行减振器的灌充。下面是灌充的基本程序:

(1) 拆下充气活门盖,缓慢释放气体压力。

(2) 气压完全释放后,拆下充气活门。

(3) 透明软管一端接在充气口上,另一端放入干净的油桶中。

(4) 将充油管接在减振器下部的充油口上,用油泵将油液充灌到减振器内。

(5) 当发现充气口所接软管内流动的油液中完全没有气泡时,停止充油。

(6) 关闭充油活门,卸下充油软管,在充油嘴上安装防尘帽。

(7) 卸下充气软管,安装充气活门。

(8) 按照勤务工作图中的充气曲线给减振器充气到规定的压力,用压力表测量充灌压力,然后用直尺测量镜面高度(图 5-58 中的 X 值)。

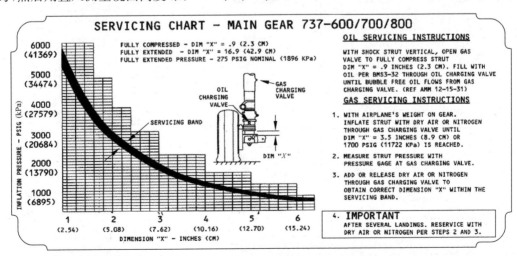

图 5-58 波音 737-600/700/800 飞机主起落架减振器勤务工作图

（9）根据需要,充气(或放气)使镜面高度值处于充气曲线的勤务带内。

注：以上充灌程序仅供参考,具体工作时应严格按所工作机型的充灌程序进行。

5.5.5 紧固件力矩值表

航空器上的任何构件都必须分担按设计计算所赋予的负荷和强度要求,既不能过载也不能过小。因此,螺栓、螺母、螺钉类的紧固件,必须严格按照规定的紧固力矩拧紧,不同场合及不同规格紧固件的拧紧力矩是不一样的,可以通过查阅飞机维护手册确定。如表 5-4 所示为某一型号波音飞机的紧固力矩值表,根据这个紧固力矩值表可以查出该型飞机的部分螺栓、螺母在不同尺寸和不同安装形式时的要求紧固力矩值。

表 5-4　某一型号波音飞机的紧固力矩值

NUT PART NO. 螺母件号	BACN10HC、BACN10HR、 BACN10JG		BACN10B、BACN10GW、BACN10JA、 BACN10JD、BACN10RM、BACN10JB NAS577、(7/16 THRU 1-1/4 ONLY)	
BOLT PART NO. 螺栓件号	BACB30MT、BACB30NG、 BACB30NH、BACB30TR、BACB30US		BACB30EM、BACB30FD、BACB30LE、 BACB30PN、BACB30NE、BACB30LM、 BACB30NM、BACB30LN、BACB30NS、 BACB30EM、BACB30LP、BACB30LU、 BACB30LR、BACB30MS、BACB30NN、 NAS6603 到 NAS6620、NAS6703 到 NAS6720	
FASTENER DIAMETER AND THREAD SIZE 紧固件直径和螺纹尺寸	NUT TIGHENING TORQUE RANGE(POUND-INCH) 螺母拧紧力矩值/(in·lb)			
	DRY BOLT 干螺栓	LUBRICATED BOLT 润滑螺栓	DRY BOLT 干螺栓	LUBRICATED BOLT 润滑螺栓
10～23			30～33	20～25
1/4～28	90～125	70～80	65～100	50～75
5/16～24	180～250	145～180	130～200	90～125
3/8～24	300～500	275～330	220～410	150～250
7/16～20	510～840	370～440	370～690	260～425
1/2～20	870～1 300	500～575	630～1 070	440～650
9/16～18	1 300～1 800	800～1 000	1 000～1 470	700～920
5/8～18	1 900～2 300	1 350～1 650	1 400～1 900	1 000～1 200
3/4～16	3 300～4 300	2 800～3 300	2 400～3 500	1 700～2 150
7/8～140	5 100～6 700	3 900～4 500	3 700～5 500	2 600～3 400
1～12 或 1～14	7 000～10 900	6 200～7 000	5 100～6 900	3 600～5 500
1～1/8～12	9 500～13 000	8 300～9 400	6 900～1 070	4 900～6 700
1～1/4～12	15 800～19 200	11 000～12 000	11 500～15 700	7 500～9 700
1～3/8～12	20 000～24 000	16 000～17 000		
1～1/2～12				

　　如 BACB30MT 螺栓和 BACN10HC 螺母配合,螺栓规格为 1/2～20,润滑螺栓,则根据图表可以查得紧固力矩值为 500～575(in·lb)[①]。

5.5.6　公差配合表

　　在飞机制造和维修中,除在图纸中对尺寸及配合的公差标注外,还常会在各种手册中利用图表的形式列出公差与配合的要求来指导修理和装配工作,下面通过几个例子来说明其基本内容和使用。

　　如表 5-5 所示,为某一型号波音飞机结构修理手册(SRM)51-30-01 中的关于不同板材厚度公差的图表。在这个表中列出了三类不同材料的修理板材规定的厚度公差,表中的数值单位均为英寸。表 5-5(Ⅰ)是关于铝合金板材的厚度公差表,表中给出了不同厚度的板材在各种宽度下的厚度公差值,如 0.063～0.079in 厚、47.24～55.12in 宽的铝合金板材,其容许的厚度尺寸偏差为±0.003 0in。表 5-5(Ⅱ)是合金钢板材不同厚度不同宽度的厚度公差表,如 0.063 0in 厚、28.00in 宽的合金钢板材的容许厚度尺寸偏差为±0.006in。表 5-5(Ⅲ)是钛合金板材不同厚度不同宽度的厚度公差表。

表 5-5(Ⅰ)　铝合金板材厚度公差　　　　　　　　　　　　(in)

SPECIFIED THICKNESS	SPECIFIED WIDTH-INCHES										
	UP	OVER 39.37	OVER 47.24	OVER 55.12	OVER 59.06	OVER 70.87	OVER 78.74	OVER 86.61	OVER 96.43	OVER 118.11	OVER 137.80	OVER 157.48
	THRU 39.37	THRU 47.24	THRU 55.12	THRU 59.06	THRU 70.87	THRU 78.74	THRU 86.61	THRU 96.43	THRU 118.11	THRU 137.80	THRU 157.48	THRU 177.17
OVER / THRU	TOLERANCE-INCHES PLUS AND MINUS										
0.047 / 0.063	0.002 0	0.002 0	0.003 0	0.003 0	0.003 5	0.003 5	0.003 5	0.009	0.011	0.013	—	—
0.063 / 0.079	0.002 0	0.002 0	0.003 0	0.003 5	0.003 5	0.003 5	0.003 5	0.010	0.013	0.015	—	—
0.079 / 0.096	0.002 5	0.002 5	0.003 5	0.004 0	0.004 0	0.004 5	0.004 5	0.011	0.015	0.018	—	—

表 5-5(Ⅱ)　合金钢板材厚度公差　　　　　　　　　　　　(in)

SPECIFIED THICKNESS INCH	OVER 24.00 THRU 32.00	OVER 32.00 THRU 40.00	OVER 40.00 THRU 48.00	OVER 50.00 THRU 60.00	OVER 60.00 THRU 70.00	OVER 70.00 THRU 80.00	OVER 80.00 THRU 90.00
0.052 8 THRU 0.071 0	0.006	0.006	0.006	0.007	0.007	—	—
OVER 0.071 0 THRU 0.082 1	0.007	0.007	0.007	0.007	0.008	0.008	—

---

① 1in·lb=0.113N·m。

表 5-5（Ⅲ）　钛合金板材厚度公差　　　　　　　　　　　　　　　　（in）

SPECIFIED THICKNESS INCH	SPECIFIED WIDTH-INCH	
	OVER 24.00 THRU 48.00	OVER 48.00
OVER 0.040 THRU 0.058	0.004	0.005
OVER 0.058 THRU 0.072	0.005	0.006
OVER 0.072 THRU 0.083	0.005	0.007

　　在螺栓连接中有受拉和受剪两种情况，对于孔的要求也不一样。受拉螺栓连接时允许螺栓在孔内有少许间隙（间隙配合），对于孔的精度要求相对也比较低；受剪螺栓连接时，其横向受力是靠螺栓受剪和螺栓与连接件相互挤压来传递的，因此螺栓在其孔内不能有间隙（过盈配合），螺栓孔不允许有尺寸超差或椭圆等孔形缺陷，因为螺栓在这样的孔里不能传递剪切应力。

　　修理施工时，所有螺栓孔的加工必须按照修理手册中给定的公差进行。如表 5-6 所示为某一型号波音飞机 SRM 中给出的螺栓孔尺寸表，表中给出了各种螺栓不同直径及加大级的孔径极限尺寸。如型号为 BACB30EG，公称直径为 3/16 的 1/64 加大级的螺栓，其孔的最大极限尺寸是 0.203 6in，最小极限尺寸是 0.202 6in。

表 5-6　某一型号波音飞机 SRM 中的螺栓孔尺寸公差　　　　　　　　　（in）

OVERSIZE FASTENER	NOMINAL OVERSIZE	LIMIT	3/16 (0.190 0)	1/4 (0.250 0)	5/16 (0.312 5)	3/8 (0.375 0)	7/16 (0.437 5)
CLOSE REAM HOLE							
—	INITIAL HOLE SIZE	MAX	0.190 5	0.250 5	0.313 0	0.375 5	0.438 0
		MIN	0.189 5	0.249 5	0.312 0	0.374 5	0.437 0
BACB30G	1/64 (0.015 6)	MAX	—	—	—	—	—
		MIN	—	—	—	—	—
BACB30AC	1/64 (0.015 6)	MAX	—	—	—	—	—
		MIN	—	—	—	—	—
BACB30J	1/32 (0.031 2)	MAX	—	—	—	—	—
		MIN	—	—	—	—	—
BACB30AJ	1/32 (0.031 2)	MAX	—	0.281 4	0.343 9	0.406 4	0.468 9
		MIN	—	0.280 4	0.342 9	0.405 4	0.467 9
BACB30DK	1/32 (0.031 2)	MAX	—	—	—	—	—
		MIN	—	—	—	—	—
BACB30EG NAS2903 THRU 2920 NAS1243 THRU 1250 NAS1703 THRU 1710	1/64 (0.0156)	MAX	0.203 6	0.266 1	0.328 6	0.391 1	0.453 6
		MIN	0.202 6	0.265 1	0.327 6	0.390 1	0.452 6

续表

OVERSIZE FASTENER	NOMINAL OVERSIZE	LIMIT	3/16 (0. 190 0)	1/4 (0. 250 0)	5/16 (0. 312 5)	3/8 (0. 375 0)	7/16 (0. 437 5)
BACB30EH NAS3003 THRU 3020 NAS1253 THRU 1260 NAS1603 THRU 1620	1/32 (0. 0312)	MAX	0. 219 2	0. 281 7	0. 344 2	0. 406 7	0. 469 2
		MIN	0. 218 2	0. 280 7	0. 343 2	0. 405 7	0. 468 2
X CODE	1/64 (0. 015 6)	MAX	0. 203 6	0. 266 1	0. 328 6	0. 391 1	0. 453 6
		MIN	0. 202 6	0. 265 1	0. 327 6	0. 390 1	0. 452 6
X CODE	1/32 (0. 031 2)	MAX	0. 219 2	0. 281 7	0. 344 2	0. 406 7	0. 469 2
		MIN	0. 218 2	0. 280 7	0. 343 2	0. 405 7	0. 468 2
BACB30TL	4/64 (0. 062 5)	MAX	—	—	—	—	—
		MIN	—	—	—	—	—
	5/64 (0. 078 1)	MAX	—	—	—	—	—
		MIN	—	—	—	—	—

第6章

飞机的称重与平衡

6.1 飞机称重与平衡的目的和基本知识

6.1.1 飞机称重与平衡的目的

飞机的重量是它本身重量及它内部包含的所有重物的重量之和。它是飞机设计时首先要确定的最重要的原始数据之一。根据飞机重量和要求达到的飞行性能进行飞机结构的强度设计并配置动力装置。一旦飞机投入使用,飞机的重量就成为飞机使用的限制条件。飞机的重量若超过允许的最大重量,会使飞机在起飞、飞行和着陆过程中承受载荷过大,损伤机体受力构件,甚至造成机毁人亡的飞行事故。

飞机的平衡则是通过飞机上各种载重的配置,使飞机重心保持在要求的范围内。飞机的重心位置对飞机的纵向稳定性和操纵性有着重要的影响,重心超出要求范围,会降低飞机的纵向稳定性,甚至变成纵向不稳定的;或者使纵向平衡和操纵达不到要求。这样的飞机飞行是不安全的,甚至无法飞行。

飞机制造厂在飞机出厂时应提供飞机空机称重及平衡报告和标准的载重配置方案,它满足此类型飞机鉴定合格时所确定的条件。在以后的飞机运行过程中,由于污物污染,结构损伤修理及设备安装或拆卸等,都会使飞机空机重量及重心发生变化。所以,定期对飞机空机重量及重心位置进行称重和校验就是飞机维修工作中一个非常重要的工作。飞机装载以后,还应对飞机的重量和实用重心位置进行计算,保证在允许范围内。航线飞机的营运人必须按照有关规定出示说明飞机在运行过程中,飞机的重量和平衡均未超出允许的重量和平衡限制,以确保飞机飞行安全。

由此可见,飞机的称重和平衡的主要目的是保证飞机飞行安全,其次是保证飞机的飞行性能和达到最高的飞行效率。

6.1.2 飞机称重与平衡的基本知识

1. 飞机的重量和重心

飞机的重量包括飞机机体结构、安装在飞机上的机械系统、各种设备、动力装置、液压油、燃油、滑油、压舱物以及空勤组、乘客、货物、生活用水等等的重量。飞机重心是飞机重量合力的作用点。由于飞机结构及装载左右基本对称,飞机的重心是在机体对称面内。其纵向位置常用重心沿弦向到机翼平均气动弦（MAC）前缘的距离和平均气动弦弦长之比的百分数来表示。平均气动力弦是对飞机进行气动特性计算和飞机载重平衡时都要用到的一种基准弦长。

1) 空机重量和重心

CCAR-25 部规定：空重与相应的重心必须用飞机称重的方法确定。确定空重时的飞机状态必须是明确定义的并易于再现。

(1) 空机重量。空机重量在飞机飞行手册中有具体说明，一般是指生产厂的飞机空重加上标准项目的重量。生产厂的飞机空重包括：结构、动力装置、设备、内设和其他项目的重量。它基本是一个"净"重量，仅包括那些含在封闭系统里的液体。

称重时应装载的标准项目有：

① 固定配重。

② 不可用燃油（见注）。

③ 全部工作流体，包括：滑油、液压油、机上系统正常工作所需的其他流体，但饮用水、厕所预注水和发动机用的喷液除外。

注：根据 CCAR-25 部规定，不可用燃油量：每个燃油箱及其燃油系统附件的不可用燃油量必须制定为不小于下述油量：对于需由该油箱供油的所有预定运行和机动飞行，在最不利供油条件下，发动机工作开始出现不正常时该油箱内的油量。不必考虑燃油系统部件的失效。

(2) 空机重心及空机重心范围。空机重心是飞机空机重量合力的作用点。空机重心范围是由对空机重心位置限制形成的一个范围，在此范围内空机重心移动是允许的。注意：只有当飞机按照标准技术条件装载，给定的空机重心范围才是有效的。如果不包括在技术条件中的项目被安装在飞机上，就不允许使用这个空机重心范围，因为，它可能使空机重心落到了空机重心范围之外。空机重心位置可以在对空机称重求出空机重量时用公式计算得出。

(3) 确定空机重量和重心的意义。空机重量和重心是飞机称重与平衡资料中的必备数据，计算飞机实用重量和重心位置时必须用到这些数据。只要空机重量和重心在允许范围内，则按技术规范给出的各种装载方案装载，都能保证飞机实用重量和重心不超出飞机安全运行的重量和重心范围。

2) 飞机实用重量和重心

飞机实用重量和重心是飞机装载后全机的实际重量和重心。

(1) 最大重量限制。最大重量限制是对在不同装载情况、不同的环境条件、不同运行状态下，飞机实用重量所能达到的最大值的限制，在飞机技术规范中有明确的规定。

CCAR-25 部规定：必须制定对应于飞机运行状态（如在机坪、地面或水面滑行、起飞、航路和着陆时），环境条件（例如高度和温度）及载重状态（例如无油重量、重心位置和重量分布）的最大重量，使之不超过：

① 申请人针对该特定条件选定的最重的重量；

② 表明符合每项适用的结构载荷要求和飞行要求的最重的重量（对装有助推火箭发动机的飞机另有规定）。

(2) 实用重心范围。实用重心范围是飞机技术规范或型号合格证数据单上给出的重心前限与重心后限之间的距离。重心前限和重心后限是在设计飞机时,根据飞机纵向稳定性和操纵性要求而确定下来的允许飞机重心最靠前的位置和最靠后的位置。为了飞机飞行安全,在任何时候装载飞机的重心都必须保持在实用重心的范围之内。

(3) 重心前限、重心后限。飞机实用重心前限和重心后限的位置是用它们沿弦向到平均气动力弦(MAC)前缘距离与平均气动力弦长之比的百分数表示出来。飞机机翼平均气动力弦长是由飞机制造商确定,并在飞机型号合格证数据单和维修手册中给出。

某型飞机平均气动力弦的前缘(LEMAC)机身站位数为 860.2in,后缘(TEMAC)机身站位数为 1 040.9in。平均气动力弦长为 180.7in,如图 6-1 所示。

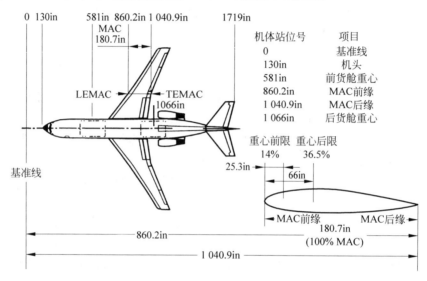

图 6-1　飞机各项目的机体站位号,MAC 长度为 180.7in

在起落架和襟翼放下的着陆状态,飞机的重心前限为 14%MAC,重心后限为 36.5%MAC。由此可知,在着陆状态下飞机重心前限在 LEMAC 后面 25.3in,重心后限在 LEMAC 后面 66in。因为知道 LEMAC 的机身站位数为 860.2in,由此可得飞机重心前限的机身站位数为 885.5in,飞机重心后限的机身站位数为 926.2in。也就是重心前限在基准面后面 885.5in,飞机重心后限在基准面后面 926.2in。

3) 影响飞机实用重心位置的因素

(1) 行李、货物、邮件等在货舱的装载位置和重量。

(2) 旅客的座位及其在机上的移动。

(3) 燃油量及耗用情况。

(4) 飞机的构型:起落架、襟翼等的收、放。

2. 飞机称重与平衡所需数据资料的来源

(1) 飞机技术规范;

(2) 型号合格证数据单;

(3) 飞机飞行手册;

(4) 飞机制造商的维修手册。

从以上资料可以获得对飞机进行称重计算的重要信息:

① 重心范围；

② 空机重心范围；

③ 最大质量；

④ 将飞机机体调至水平的方法；

⑤ 座位数及放置位置；

⑥ 行李的载重量；

⑦ 燃油载重量；

⑧ 基准面的位置。

3. 进行飞机称重与平衡操作应熟悉的术语

1）基准面

这是一个为了对飞机进行称重测量和平衡计算而建立的一个假想平面。飞机处于水平姿态，基准面垂直于飞机机体纵轴。基准面的作用是，在对飞机进行称重与平衡操作时，飞机上所有重量重心的位置和全机重心的位置都表示为到此平面水平距离的英寸数。

基准面的位置由飞机制造厂选择和确定，并明确地表示在飞机的技术规范中。在大多数情况下，基准面位于飞机头部，也可能在飞机头部前一定距离的某处，或机体上的某处，比如机翼前缘等，如图 6-2 所示。

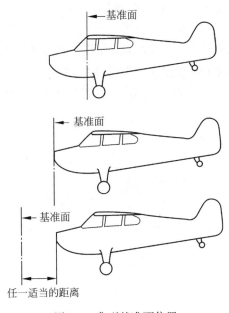

图 6-2　典型基准面位置

2）力臂

飞机上所安装重物的重心到基准面的水平距离称为该重物的力臂。力臂是代数值，位于基准面之前各种重物的力臂为负值；位于基准面之后重物的力臂为正值。每个重物的力臂值连同前面的正负号用一个括号括起来，放在此重物名称的后面。重物力臂和基准面如图 6-1 所示。

图 6-1 中：O——基准面；

130in——飞机机头的机身站位数,即机头在基准面后面130in;

581in——飞机前货舱载重重心至基准面为581in,即前货舱载重量臂为581in;

1066in——飞机后货舱载重重心至基准面为1066in,即后货舱载重量臂为1066in。

3) 力矩

飞机上安装的某重物对基准面的力矩。这个力矩应等于该重物的重量与该重物力臂的乘积。无论在基准面的哪一边,只要是增加的重量就为正,减去的重量就为负。力矩等于重量和力臂的乘积,所以力矩的正负取决于重量和力臂的正负,重量和力臂正负号相同,力矩为正;重量和力臂正负号相反,力矩为负。

4) 称重点

对飞机进行称重时,放在磅秤上的支撑点称为称重点。飞机的称重点一般有三个。两个主要的分别放在机身的两侧,为左右两称重点,还有一个在机头或机尾,为机头称重点或机尾称重点。三点支撑的支撑力可以平衡飞机机体的重量又可以较容易调整飞机机身的水平姿态。因为只有三个称重点支撑飞机,每个点承受的载荷较大。在称重点处,机体内部结构应有足够的强度承受称重时,此称重点承受的机体重量。所以,称重点不能随意选定,它是由飞机制造商给出的特定的点。在型号合格证数据单或飞机称重记录表上都有清楚的说明。

小型飞机通常是将主起落架和前落架(或尾轮)的机轮放在磅秤上进行飞机称重,那么,从机轮轴中心引下垂线与秤盘的交点就是称重点。

大型飞机通常是用千斤顶将飞机顶起称重,千斤顶顶杆与机体上的千斤顶垫座的接触点就是称重点。机身两侧的千斤顶垫座一般都在机翼主梁的下面,前(或后)千斤顶垫座一般都在机身龙骨梁的下面,以保证飞机结构有足够的能力承受称重时承受的载荷(见图6-3)。

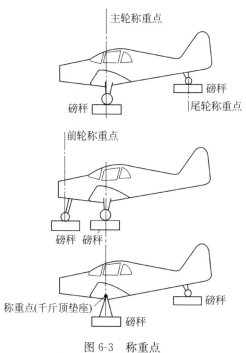

图6-3 称重点

4. 飞机称重与平衡的基本原理

飞机的称重与平衡的目的是确定飞机的重量和飞机重心的位置。飞机的重量等于飞机机体重量和它装载的所有重物重量的代数和。也就是飞机称重时,各称重点称出的重量之和。

$$P = \sum P_i \tag{6-1}$$

式中:P 为飞机重量;P_i 为飞机称重时,各称重点称得的重量(是各称重点的净重,见 6.2.3 节)。

飞机重心是飞机重量合力的作用点。根据合力矩定理,可知飞机重量 P 对某轴的力矩等于飞机称重时,各称重点称得的重量 P_i 对同一轴力矩($P_i \times L_i$)的代数和。

$$P \times L_{重心} = \sum P_i \times L_i$$

$$L_{重心} = \frac{\sum \Delta P_i \cdot L_i}{P} \tag{6-2}$$

式中:$L_{重心}$ 为飞机重心到取矩轴的距离;L_i 为飞机称重时,各称重点到取矩轴的距离。

利用式(6-1)、式(6-2)通过测量和计算就可以求出飞机的重量及飞机重心位置。

在利用以上基本原理进行飞机称重与平衡计算时,以飞机基准面上的水平线为取矩轴,L_i 就是飞机称重点到基准面的水平距离,即各称重点的力臂,那么求得飞机重心位置就以飞机重心到基准面的水平距离表示出来。

6.2 飞机称重操作

6.2.1 称重前的准备工作

1. 飞机称重的目的

飞机称重的目的是按照飞机技术规范、型号合格证数据单等飞机载重与平衡有关的技术文件要求,通过称重、测量和计算,确定飞机的空机重量和空机重心位置。

飞机出厂投入运行后,由于一些设备的拆卸、安装,或飞机修理、改装,使飞机的空机重量和重心位置发生变化。对于重量及平衡状况发生变化的飞机,维修人员必须重新确定飞机的空机重量和重心位置,并对该机重量及平衡的数据资料进行及时的修正,从而确保飞机使用的重量及平衡资料是正确的、不过时的。对飞机进行称重是重新确定飞机的空机重量和重心位置的重要方法之一。

2. 称重需要的设备

(1)称重用的磅秤。用于飞机称重的磅秤一般有两种:地磅和电子测压传感器。

(2)磅秤吊挂设备、千斤顶和水平顶升设备。

(3)用来将飞机停放在磅秤盘上的垫块、轮挡或沙袋。

(4)标尺、气泡水准仪、铅垂、白粉线和测量卷尺。

(5)有关的飞机技术规范和称重平衡计算表格。

3. 称重前飞机的准备工作

（1）首先要对飞机进行彻底清洁。清除机体表面灰尘、污垢、滑油油脂、水汽等，飞机的里外都要清洁干净。

（2）彻底检查飞机，以确定型号合格证上空机重量中所包含的所有项目都已安装到位，并且飞机上没有空机重量所包含项目以外的设备、部件等。还要检查行李舱，确定行李舱是空的。

（3）排放出燃油，保留不可用燃油。在某些情况下，如果能确切地知道燃油的重量，也可以进行满油称重，但须按照飞机制造厂的技术文告来进行，将滑油装满。

（4）除非在飞机技术规范或飞机制造厂的技术文告中另有规定，液压系统的油箱和系统应装满液压油；饮用水和生活用水水箱以及卫生间水箱应排空。

（5）按照飞机制造厂的技术文告，把扰流板、缝翼、襟翼等等对飞机称重有影响的部件放置到正确的位置。

（6）将所有检查口盖、滑油和燃油箱口盖、联轴器罩、整流罩、舱门、应急出口以及已被拆动的部分全要重新安置到位。所有舱门、窗口和滑动式座舱盖全应放置到正常飞行中的位置上。

（7）从型号合格证数据单或飞机称重的表格中正确地确定称重点的位置。这些点是对飞机进行称重时磅秤安装的特定点。

6.2.2 称重和测量

（1）将飞机各称重点平稳地放在磅秤上。小飞机一般用地磅给飞机称重。先用千斤顶将飞机平稳升起，然后再缓慢放下，使飞机主起和前起（或尾起）称重点稳妥地坐落在各自的地磅上，并立即用垫块、沙袋、轮挡等抵住机轮，防止机轮滚转滑落，否则会造成飞机结构的损坏。另外，应释放刹车，以减小秤盘上侧向载荷对称重读数的影响。

大飞机一般用电子测压传感器进行称重。在特定称重点用千斤顶将飞机顶起前，把电子测压传感器的应变计膜盒放置在千斤顶头和机体上千斤顶垫座之间。应变计膜盒电阻变化量和承受的载荷成正比，然后再通过电桥电路将这个电阻变化值转变为飞机称重的读数。

（2）按照型号合格证数据单说明的方法将飞机的姿态调水平。如果飞机是通过起落架停放在地磅上，可以通过改变减振支柱或机轮轮胎的充气量将机体调至水平；如果飞机是在千斤顶上称重，可以通过改变千斤顶的伸缩量将机体调至水平。不管用哪一种方法，都必须严格按照飞机制造商推荐的方法进行。

飞机的水平姿态可以用气泡水准仪放在机体指定的部位进行测量，也可以用在指定点下吊铅锤的方法，如图 6-4 所示。

总之，在飞机称重前，应把机体的纵向和横向的水平姿态调好，并在称重过程中一直保持。

（3）读出各称重点磅秤上的重量读数，并做下记录。注意：这些重量称为毛重。因为它可能包括机体上一些不包含在空机重量中的物品：比如，无法放掉的可用燃油，一些称重时使用的物品：防止机轮滑动的沙袋、轮挡、垫块等。这些都是飞机毛重量中的一部分，从毛重中减去这部分毛重才能得出飞机的净重。

（4）从主称重点、前起（或尾轮）称重点及基准面吊铅垂，并在铅垂与地面接触点用粉笔

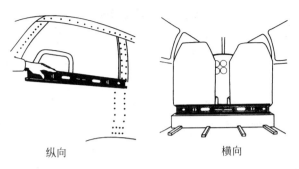

纵向　　　　　　　　　横向

图 6-4　飞机型号合格证数据单中规定的调整飞机水平姿态的方法

作好记号。然后测量主称重点至基准面,前起(或尾轮)称重点至基准面之间的水平距离并作记录(见图 6-5)。这些水平距离就是各称重点到基准面的力臂值。这里应注意:称重点在基准面之后力臂为正,称重点在基准面之前力臂为负。比如图 6-5 中,主起称重点力臂为(+68in),前起称重点力臂为(−26in)。

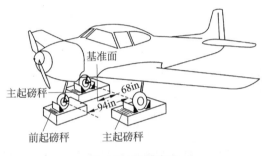

基准面

主起磅秤　　　　68in

94in

前起磅秤　　主起磅秤

图 6-5　飞机称重

(5) 在测量并作好记录后,将飞机从磅秤上移开,然后测量飞机移走后,留在秤盘上用来稳定称重点的各种垫块、轮挡、沙袋等的重量并作好记录,这个重量是毛重的一部分。

6.2.3　求出空机重量及空机重心位置

(1) 将各称重点测出的重量减去各自称出的毛重就是各称重点的净重,将各称重点的净重相加得出空机重量,见式(6-1)。

(2) 将各称重点的净重乘以称重点至基准面的距离(力臂)得出各称重点净重对基准面的力矩,相加之后得总力矩,总力矩值除以空机重量得出空机重心相对基准面的位置距离,见式(6-2)。

(3) 通过称重、测量、计算,可以得到空机重量——各称重点净重的总和;空机重量相对基准面的力矩——各称重点净重对基准面力矩相加的总力矩;空机重心位置——总力矩除以空机重量。正值表示空机重心在基准面之后的英寸数,负值表示空机重心在基准面之前的英寸数。在确定飞机装载后实用重心的计算中,经常用到空机重量和空机重量相对基准面的力矩这两个技术数值。

(4) 如果称重的飞机中包括不在空机重量内的项目,比如可用燃油。必须对上述的计算结果进行进一步的处理,才能得出空机的重量和重心位置。

在称重操作中经常用称重表格对称重操作得出的数据进行系统的记录和计算,见表 6-1。

表 6-1　称重记录表

制造_____　　　型号_____　　　系列号_____　　　序号_____

基准面位置_____

称重参数：

主称重点位置_____

尾称重点或前称重点位置_____

称重点	磅秤读数	毛重	净重	力臂	力矩
左主称重点					
右主称重点					
前或尾称重点					
总和					

当飞机中包括不在空机重量内的项目时：

项目	净重	力臂	力矩
进行称重的飞机			
燃油/加仑[①],温度			
飞机空机重量和重心			

最大允许值：

总重量_____　　　　计算者_____

　　　　　　　　　　　A&P序号_____

有用载重_____　　　日期_____

表 6-1 列举的称重飞机是在已知可用燃油重量和重心位置的条件下,装满燃油进行称重的记录表。记录表的上半部分得到的不是空机的重量和重心位置,必须利用记录表下半部分表格进行进一步的处理：已知被称重飞机的重量减去可用燃油的重量得出飞机的空机重量,被称重飞机的总力矩减去可用燃油的力矩得出飞机空机的总力矩,空机总力矩除以空机总重量得出空机重心位置。

这里应注意：燃油的密度随温度变化,在表格中应记录称重时环境温度,以备对重量进行修整用。另外,计算时应注意将燃油的计量单位由加仑转换为磅。

表中还有最大允许总重,这个数据可以从型号合格证数据单中得到。由这个重量减去所称出的空机重量就等于飞机的有用载重。

6.2.4　飞机称重的注意事项

(1) 称重前,参与飞机称重工作的维修技术人员必须熟悉与所称重飞机有关的各种称重平衡的数据资料。

(2) 如果可能的话,最好在厂房内进行飞机称重,以避免风影响磅秤读数的准确性。

(3) 称重前,应对要使用的磅秤进行正确的校准、定准零点,并按生产厂家说明掌握正确的操作方法。

(4) 在称重过程中应使飞机保持水平姿态。

---

① 　1加仑=3.785 411 8L。

（5）在称重过程中应小心操作，将称重点稳妥地放置在磅秤盘上或千斤顶上，防止滑动滚落，否则会造成飞机和设备的损坏。

（6）称重时使用的称重点应清楚地记录在飞机的称重平衡报告中。如果以起落架机轮为称重点，应释放刹车，以减少秤盘上侧向载荷对称重读数的影响。

（7）一定要清楚地了解称重所得飞机的重量中是否包括空机重量以外的项目，比如，没有放掉的可用燃油，稳定机轮的沙袋、轮挡等物件。如果有空机重量以外的项目，必须进行进一步的计算处理，以便得出正确的空机重量和重心位置。

（8）如果对飞机进行满燃油称重，应记录称重环境的温度，以便修整燃油重量。

6.3　装载后飞机重量和实用重心位置

6.3.1　装载后飞机重量和实用重心位置

（1）已知空机重量及空机重心位置。

（2）列出装载到飞机上的燃油、乘客、行李、货物、空勤组、饮用水、生活用水等各项的重量、各项重量重心到飞机基准面的距离——力臂，空机重量及空机重量对基准面力矩也作为一项列在其中。

（3）各项重量之和是飞机装载后的总重。若飞机总重超过最大允许重量，以上各项重量，除空机重量外，应适当减少，以满足飞机总重不超过最大允许重量的要求。

（4）各项重量乘以相应力臂，求出各项对飞机基准面的力矩，相加得出总力矩。总力矩除以第三项中求出的总重量，得出装载后飞机实用重心到飞机基准面的距离。检查是否在实用重心范围内，如果不在实用重心范围内，应适当调整装载或在不超过最大允许重量条件下，加临时压舱物，将重心调到实用重心范围内。

6.3.2　装载后飞机实用重心范围

飞机实用重心范围是在重心前限和重心后限之间给定的一个范围。飞机在不同的飞行阶段，比如起飞、着陆和巡航飞行，由于飞机的构型不同，飞机的实用重心范围也不相同。另外，对于大型飞机，实际装载量不同；或执行不同飞行任务，装载的可用燃油量不同，飞机的实用重心范围也会变化。所以一般大型飞机的实用重心范围是用实用重心范围曲线图给出。

图 6-6 是在某型运输机型号合格证数据单中给出的起落架放下状态的实用重心范围图。此重心范围图绘制的技术依据是：

飞机的最大质量：6 725lb；

滑行质量：6 819lb；

飞机质量为 6 725lb 时，重心前限为 134.2in；重心后限为 139.2in。

飞机质量为 5 150lb 或以下时，重心前限为 128in；重心后限为 139.2in。

以实用重心到基准面水平距离的英寸数为横坐标，以飞机装载后的实际质量为纵坐标，直到最大质量重心后限均为 139.2in；质量在 5 150lb 以下，重心前限为 128in；质量为 6 725lb，重心前限为 134.2in。质量在 5 150～6 725lb 之间，重心前限用直线连接。画出实

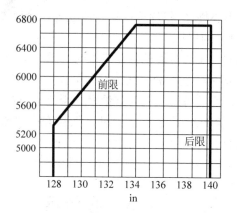

图 6-6   飞机重心范围图(起落架放下状态)

最大质量:6 725lb;滑行质量:6 918lb

用重心范围图。

从图 6-6 可以看出,对于不同的装载质量,重心后限均为 139.2in。这是由于飞机纵向稳定性要求:为了保证纵向静稳定裕量,重心不能再向后退。载重量在 5 150lb 以下,重心前限为 128in,然后随着飞机载重量的增加,由于飞机纵向操纵性和为保持飞机纵向平衡操纵面偏转角的限制,重心前限逐渐后移,由 128in 后移到 134.2in。

装载后飞机的最大质量可达 6 725lb,在这种情况下,可以再加入 15.7 加仑即 94lb 燃油,使飞机达到最大滑行质量 6 819lb。在起飞前的滑行中这部分燃油就被消耗掉了。

6.3.3   利用图表确定装载后飞机的重心位置

在飞机的飞行手册中,通常都有"载重量和平衡装载图"和"力矩包线图"。在飞行前,驾驶员可以利用这些图表对飞机载重平衡情况进行检查,以确定飞机的载重方案是安全的。

图 6-7 就是一张在飞行手册中给出的某小型飞机载重力矩计算图表。

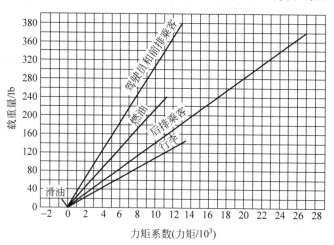

图 6-7   飞机载重项目的力矩系数

纵坐标是各载重项目的载重量(lb),横坐标是各载重项目的力矩系数(lb·in)。力矩系数是为了计算简捷,将各载重项目的力矩值除以 1 000 得到的系数。因为各载重项目重心的力臂值不变,力矩系数随载重项目质量的增加而线性增加,所以各载重项目的重量—力矩系数曲线是一条通过坐标原点的直线。直线的倾斜率与载重项目重心的力臂值有关:力臂值越大,直线的倾斜率越小。比如看"驾驶员与前排乘客"和"燃油"两条直线,"燃油"直线的斜率小,说明燃油重心的力臂值比驾驶员与前排乘客重心的力臂值大。在同样的载重量情况下,燃油载重产生的力矩系数大。滑油载重重心在基准面的前面,力臂为负值,滑油载重—力矩系数直线向横坐标的负方向倾斜。

已知某次飞行任务飞机装载情况,我们可以利用图 6-7 计算载重后飞机的重量和力矩系数。将计算结果列在表 6-2 中。

表 6-2　飞机载重后重量和力矩系数计算

项　　目	重量/lb	力矩系数/(lb·in)
空机	1 340	51.6
滑油	15	−1.0
前排座	340	11.8
后排座	340	24.3
行李	80	7.3
燃油	240	11.5
总和	2 355	105.5
限制	2 400	见图 6-8

表 6-2 中第三列的数值是根据各载重项目的载重量,在图 6-7 中查出的力矩系数值。装载后飞机的重量为 2 355lb,在最大允许重量 2 400lb 以内,满足要求。

装载后飞机的重心位置是否在允许的范围内,可以利用图 6-8 中标准型飞机实用重心包线来确定。从纵坐标重量 2 355lb 点向右画水平线,从横坐标力矩系数 105.5 点向上画垂直线,两线交点在标准型实用重心包线内,说明装载后飞机的实用重心在允许的范围内。重心的位置比较靠近实用重心的后限。

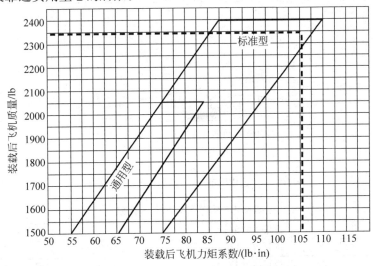

图 6-8　载重后飞机实用重心范围

6.3.4 极限状态的载重与平衡

极限状态的载重与平衡是以一种造成最极限平衡状态的方式为飞机装载,然后进行载重与平衡检查,看飞机重心是否仍保持在实用重心范围内。它是一种确保飞机上空勤组、乘客、行李货物和消耗质量增加或减少时,飞机重心也不会落到实用重心范围以外的一种检查。

当飞机的空机重心在空机重心范围内,只要按照标准的装载和乘客座位布置,就不必进行极限状态的载重和平衡检查。

当由于修理、改装等原因使飞机的质量发生变化,必须通过称重或计算等方法确定新空机的重量和平衡状态。如果新空机的重心落到空机重心范围之外,为了防止不安全的装载情况出现,有必要进行极限状态的载重和平衡检查。

极限状态的载重与平衡检查有前重心载重平衡检查、后重心载重平衡检查和最大总重量检查。

1. 前重心载重平衡检查

(1) 已知空机重量及重心位置。

(2) 飞机上装载的其他各种有用载重(飞机的有用载重等于飞机最大飞行重量减去飞机的空重,包括:飞机驾驶员、空勤组成员、乘客、行李和货物、滑油、燃油等),凡是位于重心前限之前的,重量和力臂都取最大值;凡是位于重心前限之后的,重量和力臂都取最小值。比如,位于重心前限前面的燃油箱的燃油量应取装满油箱的燃油量,而位于重心前限后面的燃油箱燃油量应取最少燃油量。对于涡轮发动机飞机,用于飞机极限状态载重平衡检查的最少燃油量由飞机制造厂规定;而活塞发动机飞机的最少燃油量则根据发动机功率进行计算。

(3) 按照6.3.1节中第(2)、(3)、(4)项进行计算,得出前重心极限状态的载重及重心位置。检查载重和重心位置是否超出飞机技术规范所规定的最大允许重量和重心前限的限制范围。

我们以图6-9中的飞机为例子,这是一架四座、活塞式发动机为动力的飞机。飞机的技术参数列在表6-3中。

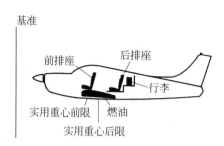

图 6-9　飞机极限状态的载重与平衡计算方法

表 6-3　举例飞机的技术参数

燃油	重量 300lb	力臂 +57in
前排座位	重量 2×170lb(标准重量)	力臂 +53in
后排座位	重量 2×170lb	力臂 +71in

续表

行李	重量 120lb	力臂+86in
实用重心前限	+52in	
实用重心后限	+58in	
空机重量	2 024lb	空机重心位置+52.5in
动力装置	230METO H. P(除起飞外的最大马力)	
允许最大的总重量	3 150lb	

前重心载重平衡计算列在表 6-4 中。

表 6-4 前重心载重平衡计算

项 目	重量/lb	力臂/in	力矩/(lb·in)
空机	2 024	52.5	106 260
燃油(最小)	115	57	6 555
前排座位(最小)	170	53	9 010
装载后飞机	2 309	52.76	121 825

因为进行前重心载重平衡计算,所以在重心前限之前的各种载重项目重量应取最大值,在重心前限之后的各种载重项目重量应取最小值。表 6-3 中所有项目都在重心前限之后,所以重量都取最小值:

燃油:活塞发动机 230METO H. P,经计算最少燃油量为 115lb;

前排座位:驾驶员是必要的,所以最小重量为一个人的标准重量 170lb;

后排座位和行李:最小重量为零。

从表 6-4 中的结果可以看出,按前重心检查装载后,飞机重心位置是 52.76in。在实用重心前限的后面。

2. 后重心载重平衡检查

(1) 已知空机重量和空机重心位置。

(2) 其他飞机上装载的各种有用载重,凡位于重心后限之前的,重量和力臂均取最小值;凡位于重心后限之后的,重量和力臂均取最大值。

(3) 按照 6.3.1 节中的第(2)、(3)、(4)项进行计算,求出后重心极限状态的载重及重心位置,检查是否超出飞机技术规范所规定的最大允许重量和重心后限的限制范围。

仍以表 6-3 中的飞机为例子进行后重心载重平衡检查,计算结果列在表 6-5 中。

表 6-5 后重心载重平衡计算

项 目	重量/lb	力臂/in	力矩/(lb·in)
空机	2 024	52.5	106 260
燃油(最小)	115	57	6 555
前排座位(最小)	170	53	9 010
后排座位(最大)	340	71	24 140
行李(最大)	120	86	10 320
装载后飞机	2 769	56.44	156 285

因为进行后重心载重平衡检查,在实用重心后限之前的载重项目重量取最小值:燃油和前排座位都取最小值;在实用重心后限之后的载重项目都取最大值:后排座位和行李重量都取最大值。

计算结果按后重心检查装载飞机的重心位置在 56.44in,在飞机实用重心后限之前。

3. 最大总重量检查

我们仍以表 6-3 中的飞机为例子进行最大总重量检查,计算结果列在表 6-6 中。

表 6-6　最大总重量检查

项　　目	重量/lb	力臂/in	力矩/(lb·in)
空机	2 024	52.5	106 260
燃油	300	57	17 100
前排座位	340	53	18 020
后排座位	340	71	24 140
行李	120	86	10 320
装载后飞机	3 124	56.29	175 840

因为进行最大总重量检查,所以各项载重项目的重量都取最大值。检查结果:飞机的总重小于允许的最大总重量 3 150lb,重心位置也在实用重心范围内。

极限状态的载重平衡的检查结果:

前重心载重平衡检查结果:飞机的重心在实用重心前限的后面。

后重心载重平衡检查结果:飞机的重心在实用重心后限的前面。

最大重量检查结果:飞机的总重量小于允许的最大总重量 3 150lb,重心位置也在实用重心范围内。

所以,这架飞机(空机重心在+52.5;重量 2 024lb)按规定方案装载,重量和重心都在允许的范围内,不会出现不安全的状况。

6.4　调整装载后飞机重心的位置

如果,装载后飞机的重心位置不在要求的实用重心范围内,必须采取措施调整飞机的重心位置,使装载后飞机的重心落在实用重心范围内。

6.4.1　调整飞机装载物的位置

大型飞机一般都有前后两个行李舱,如果载重后,飞机的重心不在实用重心范围内,可以用适当调整前后货舱行李的放置位置,将飞机的重心拉回到实用重心的范围内。

图 6-10(a)给出的大型飞机有位于 26in 的前货舱和位于 246in 的后货舱。装载后,飞机重量为 8 200lb,飞机的重心位于 175in,在实用重心前限的前面 1.5in。为了使飞机的重心向后移 1.5in,进入实用重心范围内,应将部分行李从前货舱移到后货舱。

需要移动行李的重量 ΔW_1 可以用图 6-10(b)来进行计算。装载后飞机的重心在 175in 站位点,此点是飞机上所有重量合力的作用点,所有重量对此点力矩之和必定等于零。如果想把飞机重心从 175in 站位点向后移动 1.5in,使 176.5in 站位点成为飞机的重心,就必须将飞机重量对新重心产生的低头力矩,由前货舱将行李 ΔW_1 移到后货舱,产生抬头力矩来平衡。这样,飞机上所有载重对 176.5in 站位点的合力矩等于零,176.5in 站位点就成为行李重心移到后货舱后,飞机所有重量合力的作用点,也就是飞机的重心。由此得出以下公式。

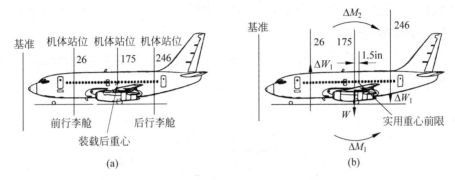

图 6-10　调整飞机实用重心位置

飞机重量对新重心产生的低头力矩:
$$\Delta M_1 = 飞机重量 \times 移动的距离$$

ΔW_1 从前货舱移到后货舱产生的抬头力矩:
$$\Delta M_2 = \Delta W_1 \times (后货舱站位号 - 前货舱站位号)$$

两力矩相等,即
$$\Delta M_2 = \Delta M_1$$

得出
$$\Delta W_1 \times (后货舱站位号 - 前货舱站位号) = 飞机重量 \times 移动的距离$$
$$\Delta W_1 = 飞机重量 \times 移动的距离 / (后货舱站位号 - 前货舱站位号)$$

在这个例子中,有
$$\Delta W_1 = 8\,200 \times 1.5 / (246 - 26) = 55.9 (\text{lb})$$

应注意:这个重量是使飞机重心移到实用重心范围内,需要移动的最少行李重量。为了使飞机重心落到实用重心范围内,从前货舱移到后货舱货物的重量必须略大于 55.9lb。

6.4.2　安装压舱物

1. 压舱物的作用

设置在飞机上的压舱物是用来调整飞机重心的,使它落到要求的实用重心范围内。通常压舱物都放在最前面或最后面的位置,以便用较小重量的压舱物就可以达到调整重心的目的。

2. 固定压舱物和临时压舱物

(1) 固定压舱物:为了补偿拆卸或安装设备对飞机重心的影响而长期装在飞机上的压舱物。通常是用铅棒或铅板制成,用螺栓固定在飞机结构上,涂成红色并写上"固定压舱物,请不要移动"的告知说明。固定压舱物通常会增加飞机的空机重量。

（2）临时压舱物：是为了满足某一次载重情况平衡要求而安装的可拆卸的压舱物。通常用铅弹袋、沙袋或其他重物。对于临时压舱物也要出示"压舱物××磅，要经载重和平衡检查才能取走"的告知说明。临时压舱物通常放在货舱内。

飞机使用手册必须对各种装载情况，需要使用临时压舱物的放置位置给出说明。放置压舱物的地方要做适当的设计、安装并简单地作下记号。

3. 压舱物重量的计算

（1）已知某载重情况下飞机的重量为 W，飞机实际重心距要求重心的距离为 D，如图 6-11 所示。

图 6-11　用压舱物调整飞机重心位置

（2）确定放置压舱物的位置。如果飞机的实际重心在要求重心位置之前，压舱物应放置在要求重心位置之后一定距离的某一位置，如图 6-11 所示；如果飞机的实际重心在要求重心位置之后，压舱物就应放置在要求重心位置之前一定距离的某一位置。确定放置压舱物的位置后，测出它到要求重心位置的距离，设为 S（图 6-11）。

（3）求出压舱物的重量 $W_压$：

$$W_压 = \frac{W \times D}{S}$$

（4）如果要求的重心位置是飞机重心前限（图 6-11）或重心后限，按上述方法求得的压舱物重量 $W_压$ 就是将重心调整到要求重心范围内所需要的最小压舱物重量。

第7章

无损检测方法

7.1　目视检查

目视检查是指仅用人的眼睛或眼睛与一些辅助设备,对飞机构件表面做直接观察,发现构件表面损伤,并根据个人的技能和技术规范对损伤做出判断和评价。

目视检查可以借用的简单工具有:照明设备、放大镜、反光镜、测量器具和内窥镜等。

在对飞机进行的维护工作中,目视检查是最基本、最常用的检查方法。在对飞机进行其他的无损检测之前,对能目视到的部位,都应进行必要的目视检查。对飞机的目视检查包括从最粗略的飞行前绕机一周的检查、借助照明设备和放大镜对机体表面的仔细检查、直到借助内窥镜和反光镜对机体内部表面的检查。进行目视检查时,可能要求对被检查的表面做一些准备工作,比如清洗表面,清除表面灰尘、污垢等,去除表面油漆等保护层。有时,还需要打开检查口盖、整流罩等,甚至会要求放掉油箱中的燃油,起落架减振支柱内的油液,进行结构件内表面检查。

7.1.1　飞行前绕飞机一周检查

为了保证飞行安全,在每次执行飞行任务前,驾驶员都必须确保飞机的状态良好。所谓状态良好,就是飞机的状态能保证它圆满地完成所要执行的飞行任务。并且,机务人员要绕飞机一周目视检查飞机的整体情况,以确定飞机完全可以安全顺利地完成预定的飞行任务。

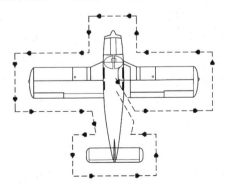

图 7-1　飞行前绕飞机一周检查

7.1.2　对机体表面的目视检查

1. 对机体表面腐蚀损伤的目视检查

（1）目视检查机体表面，若发现表面涂层变色、剥落、隆起或有裂纹，预示着可能有腐蚀发生。

（2）表面有氧化膜保护层的金属构件上，如果发现氧化膜破损，而且在受损处有白色粉末，则可能发生了点腐蚀。

（3）长期在湿度较大的气候环境中使用或停放的飞机，如果在铆钉头周围或蒙皮搭接处，表面涂层出现丝状隆起，在涂层下面可能发生了丝状腐蚀。

（4）金属构件特别是挤压型材，一旦发生变形，表面隆起，预示着型材内部可能发生了层离腐蚀。

（5）铝合金蒙皮表面出现较多的铆钉头凹陷，说明结构内部可能发生了腐蚀。因为内部腐蚀产生的腐蚀产物体积较大，促使蒙皮鼓起，导致较多铆钉钉头凹陷。

2. 对飞机紧固件的目视检查

（1）不是单个铆钉，而是成排铆钉向一个方向倾斜，说明铆钉的连接可能因承受剪切力过大而产生破坏。

（2）埋头铆钉钉头凸到蒙皮外面，并在周边发生卷边，说明铆钉因受拉力过大产生了松动。

（3）用手按铆钉周围蒙皮，如果可以按动，并在铆钉头和蒙皮之间形成可见缝隙，说明铆钉已经松动。

（4）如果发现铆钉周围有黑圈，也表明铆钉已松动。这些黑圈是因为铆钉松动后，钉头与周围蒙皮研磨生成的金属粉末被污染而形成。

（5）在机身气密座舱部位上的铆钉，如果在铆钉头背气流一侧形成黑色尾迹，也说明铆钉已松动。

3. 对表面裂纹的目视检查

如果怀疑结构外表面某处有裂纹，也可以借助照明设备，放大镜等进行目视检查。检查前应将要检查的表面清洁干净，去掉污垢、灰尘，必要时，还应用去漆剂或喷砂、喷丸等方法，去掉表面保护涂层、腐蚀产物等。图7-2示出用手电筒检验表面裂纹损伤时的正确目视角度。手电筒光线应该从检查者对面射来，与检查表面成5°～45°角度，检查者眼睛应在反射光束的上方。

4. 对某些部件的内部进行目视检查

对部件内部进行目视检查，通常要借助内窥镜进行。这种方法用于检查开敞性较差的结构内表面上较长的裂纹和腐蚀破损。在飞机上，常用来检查发动机的涡轮叶片和燃烧室，起落架减振支柱外筒内壁上的损伤。

目视检查的优点是简单、快速、成本低，检查范围广，可以发现较大的裂纹及表面腐蚀、磨损等损伤情况。

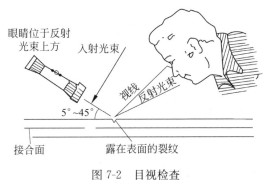

眼睛位于反射光束上方

入射光束

视线 反射光束

5°~45°

接合面 露在表面的裂纹

图 7-2 目视检查

目视检查的缺点是仅能对表面损伤进行检查,很难发现宽度小于 0.01mm 的裂纹,被检查表面需要做一些准备清洁工作。当发现可疑裂纹时,还应使用精确的仪器最后确定。

7.2 超声波检测法

7.2.1 超声波特性和超声波检测法的原理

1. 超声波特性

超声波是超声振动在介质中的传播,其实质是以波动形式在弹性介质中传播的机械振动。机械振动在弹性介质中传播形成机械波。描写机械波的特征量主要有周期、频率、波长和波速。其中周期和频率由振源的振动情况决定,波速由传播介质的性质决定。人的听觉可以接收到的机械波频率在 20Hz~20kHz,在这个频率范围内的机械波也称为声波,而频率高于 20kHz 的机械波称为超声波。探伤所使用的超声波频率一般在 500kHz~10MHz。

超声波具有以下特性:

(1) 超声波传播能量大,对各种材料的穿透力都较强。

(2) 超声波具有良好的指向性,频率越高,指向性越好。

(3) 超声波在介质中传播时,如果传播介质的几何特性、物理特性等发生变化时,都会引起超声波声场特性的变化。

2. 超声波检测法的原理

因为超声波在被测试件中传播时,产生的声场特性反映了试件组织结构、几何特性和物理性能的一些变化。超声波检测法就是搜集并研究被测试件中的声场特性的变化,进而对试件的性能和质量进行评估的一种无损检测方法。

超声波检测法常被用来检测构件表面及内部的缺陷。超声波在传播的路径上,如果遇到细小的缺陷,如气孔、裂纹等,由于缺陷处造成材料声阻抗的变化,部分声能就会在界面上发生反射,检测者分析反射声束声压的大小,评估缺陷的大小,根据反射波到入射波之间的距离确定缺陷的位置,如图 7-3 所示。这是脉冲反射法超声波检测的基本原理。

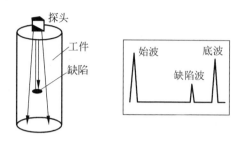

图 7-3　脉冲反射法超声检测的基本原理

7.2.2　超声波的波型

超声波检测中应用的波型主要有纵波、横波、表面波和板波。

1. 纵波

介质质点的振动方向和波的传播方向相同,称为纵波(见图 7-4)。

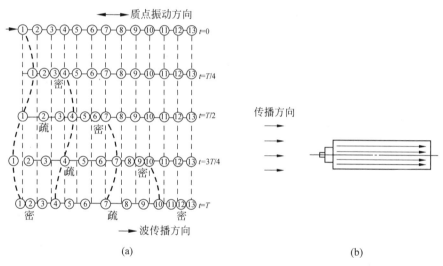

图 7-4　纵波及其传播

（a）纵波振动形式；（b）纵波在被检零件中的传播情况

　　用直探头直接接触或采用水浸法将声束垂直射入工件,在工件中形成纵波传播。如果工件内部没有缺陷,只显示出始波和底波;如果工件内部有缺陷,波束在缺陷界面上产生反射,在始波和底波之间形成一个伤波,图 7-5 示出了纵波探伤示意图。

　　纵波易于探测出与工件探测面平行的缺陷,而对表面及近表面缺陷,探测能力较差。纵波探测法多用于几何形状简单、大面积、大厚度构件的内部缺陷检测。

　　纵波的发射和接收都比较容易实现,在应用其他波型时,常采用纵波声源,再经波型转换得到。在同一介质中,纵波的传播速度大于其他波型,穿透力最强,可测试件的厚度是所有波型中最大的。

2. 横波

介质质点振动方向和波传播方向垂直,称为横波(见图 7-6)。

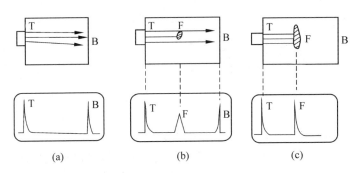

图 7-5 纵波一次反射脉冲法

T—始波；F—缺陷；B—工件底面的底波

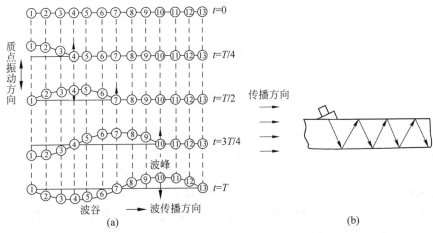

图 7-6 横波及其传播

（a）横波振动形式；（b）横波在被检零件中的传播情况

用直探头通过合适的透声楔块，将波束以一定的倾斜角射入工件表面，在工件中形成横波。

图 7-7 是利用横波探伤示意图。在波传播过程中，遇到缺陷的界面会产生反射，形成伤波。

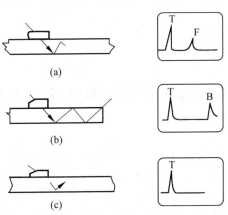

图 7-7 横波探伤示意图

（a）有缺陷时反射波形；（b）端面波反射；（c）探头离端面远时

利用横波探伤,可以通过选择透声楔块的角度,使声束与缺陷的界面垂直,从而使反射波最大,达到检测的目的。而且利用透声楔块,可以提高对工件近表面缺陷的探测能力。

横波检测缺陷的能力比纵波强,波束指向性好,分辨率高,多用于检测管件、杆件和其他几何形状较复杂工件的缺陷。

3. 表面波

沿工件表面传播的波叫表面波。它只在厚度远大于波长的物体表面传播。表面波传播时,介质质点的运动是纵向振动和横向振动的合成。随着深度的增加表面波能量衰减很快,因此,表面波只适用于检测工件表面或近表面的裂纹和缺陷。

4. 板波

板波是在板厚度与波长相当的弹性薄板中传播的一种波。板波传播时,整个板内的质点都发生振动。板波主要用于薄板,薄壁管等形状简单的试件检测。

7.2.3 超声波探测法的适用范围及优缺点

超声波检测法可用于金属、非金属、复合材料制件的损伤探测,既可以检测工件内部的缺陷,也可以检测工件表面的缺陷。可用来检测锻件、型材的裂纹、分层、夹杂,铸件中的气孔、裂纹、疏松等缺陷,焊缝中的裂纹、气孔、未焊透等缺陷,复合材料的分层、脱胶等缺陷,还可以测定工件的厚度。

优点:超声波的指向性好,穿透性强,对平面型缺陷十分敏感。只要声束方向与裂纹方向之间夹角达到一定的要求,即可显示出伤波,探测出缺陷所在位置。所以,超声波对于检测表面或内部缺陷都是一种灵敏度很高的方法。检测使用的超声波对人体和环境无害,设备轻便,便于携带,可进行现场检测。

局限性:不适用于形状复杂或表面粗糙工件的损伤探测;为对工件中缺陷作精确的定性、定量分析,要有参考标准。

在民航维修工作中,超声波检测是常用的一种无损检测方法。多数是在不分解的状态下进行的原位检查。常用这种方法检测发动机叶片、压气机和涡轮盘、起落架等重要金属构件的裂纹损伤;判断构件材料性质;测量构件的厚度,特别是确定打磨掉损伤后构件的剩余厚度;复合材料的内部脱胶,分层损伤和蜂窝材料内部积水的检测。

7.3 X射线检测法

7.3.1 X射线的特性和X射线检测法的基本原理

1. 射线的特性

X射线是一种电磁波,它与无线电波、红外线、紫外线、可见光等本质相同,具有相同的传播速度,但频率和波长不同。X射线波长短、频率高,因此,它具有许多与可见光不同的性质。利用X射线进行无损探测有关的性质有:

(1) 不可见,以直线传播。

(2) 不带电荷,不受电场和磁场的影响。

（3）能够穿透可见光不能透过的物质。

（4）能被物质吸收产生热量。

（5）能使某些物质起光化学作用，使照相胶片感光，又能使某些物质发生荧光。

2. X射线检测方法的原理

X射线检测方法的基本原理是：当X射线透过被检工件时，由于射线光量子和物资原子发生互相作用，导致X射线被吸收，强度产生衰减。X射线衰减的强度不仅与射线能量有关，还受到被检试件的材料性质，厚度和密度等因素的影响。试件材料的任何变化使射线发生不同程度的衰减，从而在感光胶片上留下黑度不同的影像。通过对胶片上影像的分析研究，就可以了解试件材料中存在的缺陷。以金属试件为例：缺陷部位所含空气、非金属夹杂物对X射线的吸收能力，远远低于金属的吸收能力，这样，通过有缺陷部位的射线强度高于无缺陷部位的射线强度。当用感光胶片来检测射线强度时，在内部有缺陷的部位，就会在感光胶片上留下黑度较大的影像（见图7-8）。

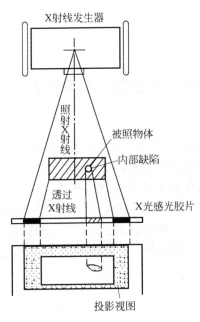

图7-8　射线照相法

7.3.2　X射线检测法的应用及优缺点

1. 优点

（1）几乎适用于所有材料，而且对工件形状及表面情况均无特殊要求，适用于飞机上结构件的原位检查。

（2）不但可检测出材料表面缺陷，还可以检查出材料内部缺陷。对目视可达性差或被其他构件覆盖的结构件，如蒙皮覆盖下的桁条、框、肋等，都可以用X射线检测法来检查损伤情况。

（3）能直观显示缺陷影像，便于对缺陷进行定性、定量分析。

（4）感光胶片能长期存档备查，便于分析事故原因。

（5）对被检工件无破坏、无污染。

2. 局限性

（1）X 射线在穿透物质的过程中，被吸收和散射而衰减，使得用它检测工件的厚度有一定的限制。

（2）X 射线最适宜检测体积型缺陷，即在射线方向有一定厚度的缺陷。对于面积型缺陷，如果选择入射的方向不对，容易发生漏检。

（3）X 射线检测设备一次性投资大，检测费用高。

（4）射线对人体有伤害，检测人员应作特殊防护。

在航空维修工作中，用 X 射线除了可以进行目视检查达不到部位的原位检测之外，还可以进行复合材料内部积水、脱层；蜂窝结构内部积水，芯材损坏等损伤的检查。还可以进行发动机，起落架部件上的裂纹损伤的检测。

7.4　涡流检测法

7.4.1　涡流检测法的基本原理和检测方法

1. 涡流检测法的基本原理

涡流检测法是以电磁感应原理为基础的。在检测线圈上通交变电流（即激励电流），会在线圈的周围产生一个交变的磁场（初级磁场），如果将线圈靠近被检测的导电工件，工件内会感应出交变电流——涡流，并在工件及其周围产生一个附加的交变磁场（次级磁场），如图 7-9 所示。次级磁场与初级磁场方向相反，并会在线圈中感应电动势。这样，通过测量线圈中电流变化量，就可以确定次级磁场的变化情况。如果试件表面（或近表面）有裂纹，势必使涡流的流动发生畸变，影响次级磁场，导致线圈中电流的变化，从而反映出工件中缺陷的情况。

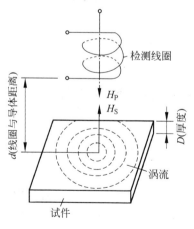

图 7-9　涡流检测法原理示意图

2. 涡流的趋肤效应

由于电磁感应在导体中产生涡流。涡流在导体中的分布规律可以用涡流密度来描述。在航空检测中常用到的涡流检测情况,涡流的分布和半无限大导电试件中的涡流分布相似。在半无限大平面试件中,表面的涡流密度最大,从表面向试件内部深入,涡流密度按指数规律衰减,如图7-10所示。这种现象就叫做涡流的趋肤效应。磁场变化频率越高,试件的导电性能越好,涡流的趋肤效应越显著。因为涡流的趋肤效应,涡流检测只能用来检测试件表面或近表面的缺陷。

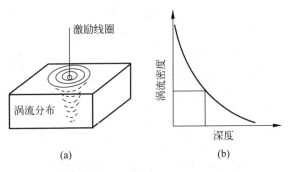

图 7-10　涡流密度随深度的变化

所以涡流检测法是基于电磁感应原理,检测试件表面或近表面缺陷的一种无损检测法。

3. 涡流检测方法

1) 独立检测法

独立检测法主要是由一个电桥式涡流设备和一个探测器组成。当用探测器接触参照材料进行测量时,调节电桥式涡流设备的平衡电阻,使测量表的指示为零。然后再用探测器接触要检测的工件,如果被检测的工件有缺陷,测量表的指针就会偏离零刻度,这个偏离了零的读数就表示了被检测工件的材料和参照材料之间的差异,如图7-11所示。

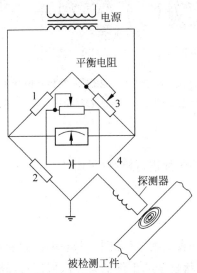

图 7-11　涡流检测法之一：独立检测法

2) 对比检测法

对比检测法是用两个探测器,其中一个接触参照材料进行检测,同时,另一个接触要检测的工件进行检测,如果被检测的工件有缺陷,两个材料的区别就在测量表上指示出来,如图 7-12 所示。

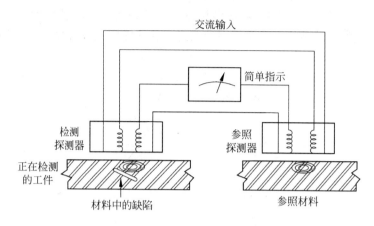

图 7-12　涡流检测法之二:对比检测法

7.4.2　检测线圈放置方法和应用

1. 穿过式线圈

将要检测的工件插入线圈内,并从内部通过(见图 7-13(a))。这种放置方法用于管材、线材和棒材表面质量的检测。

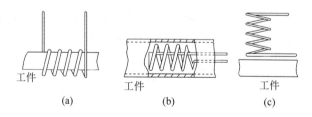

图 7-13　检测时线圈和工件的相互位置关系

(a) 穿过式线圈;(b) 内通过式线圈;(c) 放置式线圈

2. 内通过式线圈

将线圈插入要检测工件的内部进行检测(见图 7-13(b))。这种方法多用于检测紧固件孔壁上的裂纹等损伤。

3. 放置式线圈

将线圈放在要检测的工件表面上方(见图 7-13(c))。这种放置法适用于板材、带材、棒材的表面损伤检测,还能对形状复杂的工件的某一区域进行局部检测。

7.4.3 涡流检测的频率选择和涡流检测法的应用

1. 涡流检测的频率选择

涡流检测所用频率范围在 200Hz～6MHz 或更大。在具体检测中,实际所选用的频率由被检工件的厚度、所希望透入的深度、要求达到的灵敏度或分辨率以及检测目的等所决定。

提高检测频率会使检测灵敏度提高,加快检测速度,但涡流渗透深度会减少,可能会达不到要检测损伤的深度要求;降低频率会使涡流渗透深度加大,可是检测灵敏度和速度却要降低。所以,在能达到所要求的渗透深度的情况下,选择尽可能高的频率,以提高检测的灵敏度和检测速度。特别是只需要检测工件表面缺陷时,可选用高达几兆赫兹的频率。但若需要检测相当深度的缺陷时,只好采用较低的频率,以达到所要求的渗透深度,这样检测的灵敏度会降低,很难发现细小的缺陷。

涡流检测仪分为高频和低频两种。高频涡流检测仪只能用来检测工件表面的缺陷;低频涡流检测仪可以用来检测工件内部的损伤。

2. 涡流检测法的应用

涡流检测法适用于检测导电材料制件的表面或近表面损伤,如裂纹、折叠、气孔、夹杂等的检测。不适用于热处理的碳钢或合金钢等强磁性材料构件的损伤检测,因为强磁性材料不均匀的导电率会影响测量结果。

涡流检测法设备简单、操作方便、成本低、易于实现自动化操作,速度快,无须对检测表面做特殊清洁和准备工作,便于进行现场检测。对导电材料制件表面或近表面的疲劳裂纹、应力腐蚀裂纹有很高的灵敏度。特别适用于飞机结构中的铝合金构件。

7.5 磁粉检测法

7.5.1 磁粉检测的基本原理和方法

1. 磁粉检测的基本原理

当铁磁性工件被磁化后,如果工件表面或近表面存在缺陷,造成局部磁阻增大,磁力线在缺陷附近弯曲,呈绕行趋势,如图 7-14 所示。溢出的磁力线叫缺陷漏磁,形成缺陷漏磁场,此漏磁场将吸引、聚集检测过程中,施加在工件表面上的磁粉,形成缺陷显示。

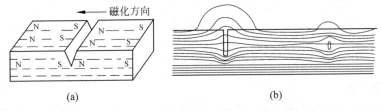

图 7-14 含缺陷工件的磁力线

(a) 缺陷漏磁;(b) 磁力线在缺陷附近弯曲绕行

2. 磁化方法

磁粉检测第一步是要对被检工件进行磁化。当缺陷方向与在工件上建立的磁场磁力线呈 90°夹角时,漏磁最严重,缺陷显示得最清晰;当夹角小于 45°时,灵敏度将明显下降;当方向平行时,缺陷可能不会显示出来。因此,要尽可能选择有利于发现缺陷的方向对工件进行磁化。磁化方法一般分为周向磁化法、轴向(纵向)磁化法和复合磁化法。

1）周向磁化法

如图 7-15(a)、(d)所示,用电流直接通入工件,或在穿过工件芯棒上通电流,使工件磁化,产生的磁力线绕工件轴线呈圆周形。这种磁化法叫周向磁化法,易发现工件表面或近表面的沿工件轴向的纵向缺陷。

2）轴向(纵向)磁化法

如图 7-15 中的(b)、(e)、(g)所示,给工件通电流,或通过线圈通电流,使工件磁化,产生沿工件轴向的磁力线,叫轴向磁化法,易发现与工件轴向垂直的周向裂纹。

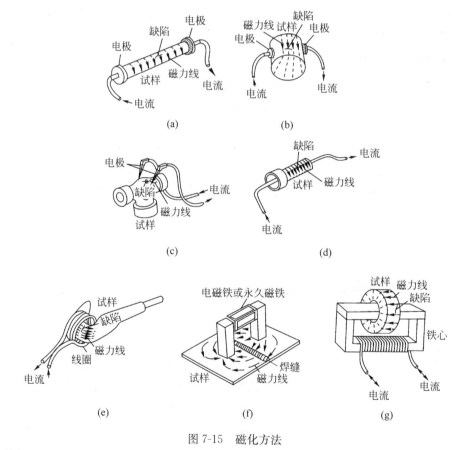

图 7-15　磁化方法

（a）轴向通电法；（b）横向通电法；（c）支杆触头法；（d）中心导体法；（e）线圈法；（f）极间法；（g）感应电流法

3）复合磁化法

在实际中往往不能预料缺陷的方向,这时可以采用互相垂直磁场的复合磁化法。这种磁化法是同时对工件进行周向磁化和轴向磁化。这种情况下,产生的磁场强度,为各方法产生磁场强度的矢量和,利用这种磁化方向法可发现多方向的缺陷。

3. 磁粉检验方法

1) 连续法

在对工件充磁的同时,往工件上喷洒磁粉或磁悬浮液,并进行检查。

这种方法能以较低的磁化电流达到较高的灵敏度,特别适合剩磁磁性低的材料。但操作起来不太方便,检查效率低。

2) 剩磁法

利用工件充磁后的剩磁进行检查。这种方法操作简单方便,效率高,但需要用较大的磁化电流,而且只适用剩磁感应强的材料。

7.5.2　磁粉检测方法的应用和退磁处理

1. 磁粉检测方法的应用

(1) 磁粉检测方法用于检测铁磁性材料,比如碳钢、合金钢工件表面或近表面的裂纹、夹杂等缺陷。磁粉直接吸附在缺陷位置,形成磁痕。缺陷显示直观,能准确地确定缺陷大小、形状和位置。

(2) 这种方法操作简单,速度快,灵敏度高,成本比较低。

(3) 吸附在缺陷上的磁粉形成的磁痕对裂纹缺陷有放大作用,所以检测的灵敏度比较高。

(4) 可以采用多种磁化方法,发现不同位置、不同方向的缺陷。工件的大小和形状都不受限制。

飞机结构上的铁磁性工件表面或近表面的缺陷都可以用磁粉检测法来检测,检测结果直观而可靠。

磁粉检测法不适用于非铁磁性材料,比如铜、铝、镁、钛、奥氏体不锈钢。在检查前必须对被检工件的表面进行清洗,另外,检测后要对探伤工件进行退磁处理。而且,不能检测出缺陷的深度。通常用目视法检查检测结果,这对实验人员的技术和经验要求比较高。

2. 退磁处理

若对经过磁粉检测法探伤的工件不进行退磁处理,工件上的剩磁场会对工件以后的加工或工作带来不利影响。

① 剩磁会影响工件周围某些仪器和仪表的工作精度和功能。

② 剩磁会吸附磁粉,造成工件的磨损。

③ 剩磁会吸附铁屑,破坏工件表面精度,并使刀具钝化。

④ 在工件需要电焊时,剩磁会引起电弧的偏吹和游离。

⑤ 会干扰以后的磁粉检测。

由于以上这些原因,进行磁粉检测后的工件一般都必须进行退磁处理。

退磁时,可以让工件在通交流电的线圈中,缓慢而平稳地通过,进行交流电退磁;也可以通过将直流电流换向,并逐渐将电流减少为零,进行直流电退磁。

工件退磁后,应用磁场计进行剩磁场测量,剩磁场强度小于一定的数值,退磁工作才能完成。

7.6 渗透检测法

7.6.1 渗透检测方法的基本原理和分类

1. 渗透检测方法的基本原理

将溶有荧光染料或着色染料的渗透剂,施加在工件的表面上,由于毛细作用,渗透剂可以渗入到表面各种类型的开口细小缺陷中去。清除附着在工件表面上多余的渗透剂,干燥后,再在工件表面涂一层显像剂,缺陷中的渗透剂在毛细作用下,重新被吸附到工件表面上,从而显示出工件表面上的开口缺陷(见图 7-16)。

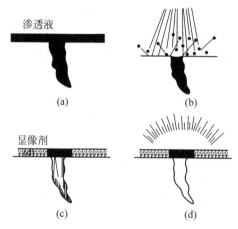

图 7-16 渗透检测的基本程序
(a) 渗透;(b) 清洗;(c) 显像;(d) 观察

从渗透检测过程我们可以看到:渗透剂渗入开口在结构表面的裂纹、缝隙、不连续松孔等缺陷中是利用了毛细作用原理;而由毛细作用的反向实施,显像剂又将保留在缺陷中的渗透剂吸出,形成缺陷的显示。所以,渗透检测是一种以毛细作用为基本原理的无损检测方法。

2. 渗透检测法的分类和特点

(1) 按照渗透检测法所使用的渗透剂中的溶质不同,可将渗透检测法分为着色检测法和荧光检测法:

① 着色检测法:使用的渗透剂含有红色染料,施加显像剂以后,重新被吸附到工件表面上的着色渗透剂在白光源下显示红色痕迹,形成颜色较深、鲜艳、边缘不十分清晰的缺陷图像。

着色检测法不需要暗室和紫外线光源,操作简单、成本低,但与荧光检测法相比,灵敏度较低。

② 荧光检测法:使用的渗透剂含有荧光物质。缺陷观察采用紫外线光源(也称黑光灯)。施加显像剂以后,重新被吸附到工件表面上的荧光渗透剂在紫外线照射下,呈现出黄绿色荧光。

荧光检测法比着色检测法灵敏度高,适用于检测工件表面疲劳等细小裂纹。但需要暗室和紫外线光源,成本较高。

(2)按照所使用的渗透剂的清洗方法,又可分为水洗型渗透检测、溶剂清洗型检测和后乳化型检测。

① 水洗型渗透检测是直接用水将工件表面剩余的渗透剂清洗掉。在这三种检测方法中,它的灵敏度最低,但适用于检测表面粗糙的工件,清洗方便,也适用于中小型工件的批量检测。

② 溶剂清洗型检测要用溶剂清洗掉工件表面剩余的渗透剂。在这三种检测方法中,它的灵敏度较高,可对大型工件进行局部检测,适用于检查疲劳等造成的细小裂纹。但它不易操作,成本较高,不适用于表面粗糙的工件和批量工件的检测。

③ 后乳化型检测要在清洗工件表面剩余渗透剂之前,增加一道乳化工序。采用浸渍等方法,在工件表面施加乳化剂,乳化剂扩散并溶解到渗透剂中,便于用水将工件表面渗透剂和乳化剂混合物冲洗掉。在这三种检测方法中,这种检测方法的灵敏度最高。适用于检测精密工件,能探测出极细微的缺陷和宽而浅的缺陷。不适用于检测表面粗糙的工件,而且多一道乳化的工序,应用也受到设备条件的限制。

(3)按照使用的显像剂的类型,又可以将渗透检测法分为干式显像法、湿式显像法和非水性显像法。

① 干式显像法:干式显像法使用的显像剂是一种松散干粉式的材料。用软毛刷将显像剂刷到要检查的构件表面,或将构件放入盛有干粉显像剂的罐中,使其表面沾上干粉显像剂。

② 湿式显像法:湿式显像法使用的显像剂可以是将显像剂的结晶粉末溶于水中制成的水溶型湿式显像剂,也可以是将显像剂干粉加入水中配置成的水悬浮型湿式显像剂。

③ 非水性显像法:非水性显像法是在维修中使用比较多的一种显像法。它使用的显像剂是将显像剂粉末加入挥发性的有机溶剂中配制而成。

7.6.2 渗透检测法的操作步骤和渗透检测法的应用

1. 渗透检测法的步骤

(1)被检测工件表面的准备和清洗:在检测实施之前应对被检测工件的表面进行彻底清洁,去除表面所有污物。如果对构件进行局部渗透检测,要对被检测的区域并向四周扩展25mm的范围进行彻底的清洁,并将周围不需要检测的部位保护起来,防止受到检测材料的污染。

(2)在被检测工件的表面施加渗透剂并使渗透剂在表面保留规定的时间:可采用浸、涂、喷、静电喷涂等方式施用渗透剂,渗透剂应在工件表面停留一定的时间,使渗透剂能渗入到工件表面的开口缺陷中去。渗透剂在表面保留的时间也称为渗透时间。渗透时间的长短应考虑被检工件的类型、工件表面的状态、采用渗透剂的类型和要检测缺陷的情况等。若检测疲劳裂纹,渗透时间应相对延长。应力腐蚀造成的裂纹更细微,渗透时间要求更长。

(3)去除工件表面多余的渗透剂,可采用水洗、溶剂清洗,对后乳化检测应增加乳化工序后再清洗。在这一过程中要求保留已渗入到缺陷中的渗透剂,而将表面多余的渗透剂冲洗掉,以便为缺陷的显示提供一个清晰的背景。为达到这个目的应特别注意掌握后乳化型渗透剂的乳化处理时间；在用水冲洗时，喷嘴不要垂直于工件表面，而要和表面成 45°角。总之，在这一过程中要特别防止过冲洗，过乳化和过擦洗的情况发生。

(4) 干燥处理。可采用擦干、热风吹干或烘干装置进行干燥处理。

(5) 施加显像剂。可采用浸渍、喷涂、喷粉等方法，若采用湿显像剂还需增加干燥工序。

(6) 检测并评定显示。

(7) 检测后处理工作。

以上各操作程序均应严格控制时间。

2. 渗透检测法的应用

渗透检测法，除了表面多孔性材料外，几乎可以用于各种金属、非金属材料以及磁性和非磁性材料的表面开口缺陷的检测。特点是原理简单、操作容易，而且不受被检工件的几何形状、尺寸大小的影响。一次操作，可同时检测出表面各种开口缺陷，缺陷显示直观，检测灵敏度较高。

这种方法的局限性是不能于多孔材料，只能检测表面开口缺陷，不能测出缺陷的深度、内部的形状和大小，工件表面粗糙度对检测会产生影响。检测前后必须对被检工件表面进行彻底清洁。

目前常用的渗透检测方法有：水洗型检测法、后乳化型检测法、溶剂去除型检测法。

水洗型检测法有水洗型荧光渗透检测和水洗型着色渗透检测两种。适用于检测表面粗糙、形状复杂的零件和检测窄而深的开口缺陷。

后乳化型检测法灵敏度比水洗型检测法高，特别是采用荧光后乳化型检测法可检测浅而宽的开口缺陷，也用来检测疲劳和应力腐蚀裂纹等缺陷。这种检测方法也大量用于机加后表面光洁的零件，比如发动机的压气机叶片、涡轮叶片、压气机盘和涡轮盘等部件。

溶剂去除型检测法也有溶剂去除型荧光检测法和溶剂去除型着色检测法两种。适用于焊接件和表面光洁的零件检测。在去除工件表面多余渗透剂时，可以用抹布蘸着溶剂将表面多余的渗透剂擦拭掉，无须用水冲洗，设备简单，适用于非批量生产的零件和外场原位检查。而且它多采用非水性显像剂提高检测的灵敏度。

第8章

非正常事件

8.1 雷击检查

8.1.1 概述

闪电是在高带电云层间的放电或带电云层与大地之间的放电。如果飞机在飞行中或处于地面靠近这样的云层，就可能遭遇雷击。飞机的外部金属结构是最基本的雷击保护层，在遭到雷击时金属表面如屏蔽板一样，允许大电流通过，以防止飞机内部部件损伤。对于不导电复合材料的外部部件，采用了特殊工艺使复合材料表面形成一层导电的金属箔膜，以减少雷击损伤。

雷击常常被认为是静电放电。这种观点是不正确的，并且会使我们认为装在飞机表面上的静电放电器（放电刷）可以防止雷击。实际上，这些放电刷只能放掉飞机上的静电，而不能达到防闪电功能。放电刷经常被闪电击中而损坏。

当飞机在空中飞行时，由于与空气中的水汽和尘土等互相摩擦碰撞，因而使飞机产生静电。当静电积聚到一定程度时飞机本身就可以把静电释放掉。如果飞机上带有静电，它就会产生噪声干扰无线电的接收工作。放电刷的作用就是释放静电，防止无线电干扰。

雷击至少有一个接触点（或损伤进入点）和一个出口点。飞机不可能存储闪电能量。典型的雷击出入点是飞机的尖端部位，如机头、翼尖、升降舵和安定面尖端、天线和发动机，如图 8-2 区域 1 所示。雷击也可能发生在区域 2 和区域 3。

雷击通常造成一些小圆孔状的烧痕，直径大约 1/8in，见图 8-1。此烧痕或集中于一处或随机地分布于大面积范围内，当雷击强度非常大时，甚至可能造成直径 1/4in 或更大的孔，雷击的其他迹象是蒙皮和铆钉的烧痕或褪色。

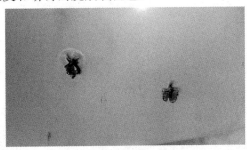

图 8-1 雷击后蒙皮的照片

闪电会使飞机上用铁磁性材料制成的部件严重磁化。雷击发生时,如果有大的电流流过飞机结构,就会产生这种磁化现象。

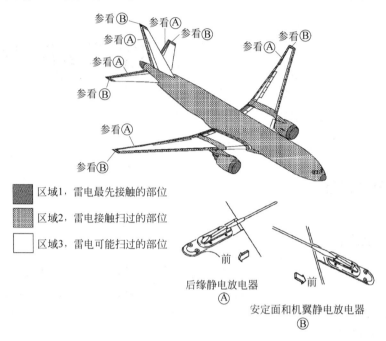

参看Ⓑ 参看Ⓐ
参看Ⓐ 参看Ⓑ
参看Ⓐ 参看Ⓑ
参看Ⓐ
参看Ⓑ
参看Ⓐ
参看Ⓑ

▓ 区域1,雷电最先接触的部位
▒ 区域2,雷电接触扫过的部位
□ 区域3,雷电可能扫过的部位

前

后缘静电放电器
Ⓐ

前

安定面和机翼静电放电器
Ⓑ

图 8-2 外部雷击区域

8.1.2 雷击检查方法

1. 雷击检查的工作项目

(1) 检查飞机外表面是否遭到雷击。

(2) 检查飞机内部部件是否遭到雷击。

(3) 检查并操作检查无线电与导航系统。

2. 如果飞机遭到雷击,进行检查的步骤

(1) 首先环绕飞机进行总的检查以找到雷击和静电放电的区域。

(2) 然后对所发现的损坏迹象进行细致检查,以发现损坏的数据。

3. 雷击检查的主要区域

(1) 飞机外表面。

(2) 静电放电器。

(3) 燃油系统活门。

(4) 综合驱动发电机(IDG)及相关导线。

(5) 飞机尾部的液压接头。

(6) 无线电系统。

(7) 导航系统。

(8) 搭铁带。

8.2 HIRF 穿透后的检查

8.2.1 概述

HIRF 是高能辐射场（或高能辐射区）的英文缩写。HIRF 环境的频率范围是 10kHz～40GHz。

现代飞机的飞行越来越依靠复杂的、高度集成的电子/电气系统。日益增加的电子设备改变了飞机本身的电磁环境，增加了电磁干扰；为了减少飞机质量，使用了大量的非金属复合材料，这就降低了屏蔽外部发射源的辐射能力；而外部发射源无论在数量上和功率上都有了很大的增加，这些发射源包括以地面为基地的军用系统、通信、电视、无线电、雷达和卫星中继发射机，同时还有移动发射源如舰船、其他飞机等。研究表明起关键作用的飞机电子/电气系统很可能经不住 HIRF 产生的电磁环境而发生故障或失效。因此，HIRF 对航空安全构成了威胁。

8.2.2 抑制电磁干扰的几种常用方法

接地、屏蔽、滤波这三种常用方法在电路和系统中都具有独特的作用，但它们有时也相互关联。接地良好，可以降低电子/电气设备对屏蔽的要求；而良好的屏蔽也可使滤波的要求低一些。从对系统考虑接地可以降低干扰频率的能量，屏蔽通过隔离辐射耦合途径降低干扰的辐射能量，而滤波将传导干扰的频率能量进行衰减。

1. 接地

所谓接"地"一般定义为电路或系统的零电位参考点。直流电压里的零电位点或零电位面，不一定为实际的大地，可以是设备的外壳或其他金属板线。

接地是电路或系统正常工作的基本技术要求之一，因为一些电路的电流需经过地线成回路，而地线或接地平面总有一定的阻抗，该公共阻抗使两接地点间形成一定的电压，产生接地干扰，而恰当的接地方式可以给高频干扰信号形成阻抗通路，从而抑制了高频信号对其他电子设备的干扰。

可以说，良好的接地可以提高元器件及设备本身的性能，降低自身的干扰电平、提高自身的抗干扰能力，在设备设计阶段应特别引起重视。

2. 屏蔽

屏蔽有两个目的：一是限制内部辐射的电磁能量泄漏出该内部区域；二是防止外来的辐射干扰进入某一区域。屏蔽可分为电屏蔽、磁屏蔽和电磁屏蔽三种，一般指的是电磁屏蔽，即是指用来防止交变电磁场的影响。

一个屏蔽体所具有的三种衰减作用：一是因为空气与金属交界阻抗的不相同而使得入射能量被屏蔽体表面所反射，称反射损耗 R，其衰减作用与金属厚度无关；二是当入射能量通过屏蔽体时被吸收衰减，称吸收损耗 A；三是当入射能量通过屏蔽体内部，到达屏蔽体另一面，由金属与空气交界阻抗不同引起的反射衰减，称多重反射损耗 B。

屏蔽效率 S 可以用下式表示：

$$S=R+A+B$$

金属的反射损耗不仅与材料本身的特性(电导率、磁导率)有关,而且与金属板所处位置有关。在近区,电场的反射损耗大于磁场的反射损耗;在低频,吸收损耗较小,屏蔽作用以反射损耗为主;到高频端,随着频率的上升,吸收损耗增加得很快,而反射损耗却随着频率的上升而下降,这时屏蔽效能以吸收损耗为主。

在屏蔽体较厚时,由于吸收损耗较大,到达屏蔽层另一面的频率能量很低,这时候多重反射损耗的影响就很小了。在屏蔽体很薄或频率很低时,吸收损耗很小,这时候就必须考虑多重反射损耗。如在现代电子设备中,各种工程塑料机箱逐渐增多,为使之具有电磁屏蔽作用,可采用喷涂、真空沉淀和粘贴等技术在机箱上包覆一层导电薄膜。

另外,屏蔽的同时需要良好的接地。这是因为不接地的屏蔽体,由于高频的趋肤效应,其干扰频率的感应电荷会出现屏蔽体表面,起不到屏蔽作用。屏蔽体接地良好与否,直接影响其屏蔽效率的好坏。一般屏蔽体接地应采用螺接或焊接方式直接与机箱的母地线连接。

3. 滤波

滤波是指从有噪声或干扰的信号中提取有用信号分量的一种方法或技术。即使对于设计很好且具有正确接地良好屏蔽措施的系统,仍然会有干扰能量传导进入该系统,只有通过滤波器才能使干扰信号减少到满意的电平上。

8.2.3　HIRF 防护检查

1. HIRF 防护检查的目的

HIRF 防护检查的目的是检查导线束及其插头是否存在问题。如果发现导线束发生损伤,比如绝缘层褪色、开裂、线芯外露,必须进行彻底的修理或更换。

2. HIRF 防护检查的主要区域

HIRF 防护检查的主要区域如图 8-3 所示。

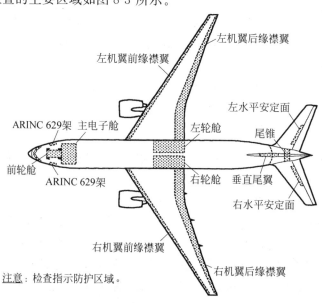

注意:检查指示防护区域。

图 8-3　HIRF 防护检查的主要区域

① 前起落架舱；

② 左起落架舱；

③ 右起落架舱；

④ 左机翼前缘；

⑤ 右机翼前缘；

⑥ 左机翼后缘；

⑦ 右机翼后缘；

⑧ 飞机尾部；

⑨ 主电子舱；

⑩ ARINC 629 架。

8.3 重着陆检查

8.3.1 概述

所谓重着陆一般包括硬着陆、高阻力/侧超荷着陆和超重着陆。

硬着陆：无论何时，虽然飞机本身质量低于最大设计着陆质量（MLW），但飞机在着陆接地时垂直加速度过大，接地载荷超过了该机型给定的限制值，这种类型的着陆就是硬着陆。

高阻力/侧超荷着陆：无论何时，飞机从主跑道刹车滑行或超程滑行到跑道旁草坪地带；提前在草坪上而未在主跑道上着陆；着陆时使两个或更多的轮胎爆裂以及在跑道上因刹车滑行而导致飞机一定程度的损坏，这种着陆就是高阻力/侧超荷着陆。

超重着陆：飞机以最大设计着陆质量（MLW）以上的质量着陆，该种着陆称为超重着陆。

8.3.2 重着陆检查方法

重着陆检查分为第Ⅰ阶段和第Ⅱ阶段，如果按第Ⅰ阶段检查未发现损坏，则不需要进一步的检查。如果第Ⅰ阶段检查中发现了损坏或故障，则必须按相应机型维修手册的第Ⅱ阶段完成检查。

在本状态检查，当要求对某个部件进行"检查"时，均包括对下列状态的检查（按需要进行部件的更换或修理）。

① 裂缝；

② 结构拉脱；

③ 漆层剥落；

④ 部件扭曲；

⑤ 部件弯曲；

⑥ 结构中的皱褶和翘曲；

⑦ 紧固件孔变大变长；

⑧ 紧固件松动；

⑨ 紧固件拉脱或丢失；

⑩ 分层(部件中的一层或多层被拉开)；

⑪ 部件不对中；

⑫ 纤维断裂；

⑬ 不对中；

⑭ 干扰(部件之间的间隙不足)；

⑮ 变色(过热损伤)；

⑯ 划伤；

⑰ 其他的损坏迹象。

8.3.3　重着陆检查的项目

下面是飞机硬着陆、高阻力/侧超荷着陆或超重着陆后第Ⅰ阶段检查的项目。

1. 发动机吊架

检查吊架盖板,门和结构是否弯曲、裂纹、紧固件是否拉脱或丢失。

2. 大翼

(1) 检查前缘整流罩是否错位,紧固件孔是否拉长或撕裂,蒙皮是否裂纹,紧固件是否拉脱或丢失。

(2) 检查后缘后襟翼驱动杆、机构、整流罩后驱动杆是否变形、裂纹或是否有其他的损伤。

3. 主起落架

(1) 检查轮胎是否损坏。

(2) 检查轮子是否裂纹。

① 检查减振支柱是否漏油。

② 检查减振支柱门和连接装置是否变形、裂纹或是否有其他的损坏。

③ 检查轴颈和减振支柱是否裂纹和螺栓是否变形。

④ 检查轴颈附加接头是否变形或裂纹。

⑤ 检查阻力支柱是否变形或裂纹。

⑥ 检查轮轴架位置控制机构及连接装置是否变形、裂纹或是否有其他损坏迹象。

⑦ 检查轮轴架梁是否变形、裂纹或是否有其他损坏迹象。

⑧ 检查起落架及起落架支撑结构是否漆层碎裂或裂纹。

4. 前起落架

① 检查轮胎是否损坏。

② 检查轮子是否裂纹。

③ 检查减振支柱是否漏油。

④ 检查减振支柱是否变形、裂纹及漆层剥落。

⑤ 检查前轮舱是否翘曲、掉漆、裂纹以及特别靠近轴颈和阻力支柱支撑接头的前轮舱腹板紧固件是否拉脱或丢失。

⑥ 检查起落架及起落架支撑结构是否漆层碎裂或裂纹。

5. 机身

检查飞机下后方机身结构是否有触地迹象。

8.4　飞行经过严重紊流区的检查

8.4.1　概述

飞行时的颠簸主要是由于空气的不规则的垂直运动,使飞机上升下沉。热力原因造成的颠簸有午后或太阳辐射最强烈时的强紊流;动力原因造成的颠簸产生在风切变和强烈的气旋流动中。如果飞机飞行经过严重的紊流区,会造成严重颠簸即引起飞机高度(和)或姿态上的大而突然的变化,使飞机在短时间内失去控制,这通常会引起飞机空速上的大变化,系着座椅安全带的旅客和机组人员被剧烈晃动,无束缚的物体会在机内到处移动。严重的紊流可能会造成飞机结构上过度的垂直或横向变形。

8.4.2　检查方法

严重或异常的颠簸状况发生后,驾驶员必须做出是否要进行结构检查的决定。本检查也是用于失速、抖振或速度超过设计极限后的状态检查。

在本状态检查,当要求对某个部件进行"检查"时,均包括对下列状态的检查(按需要进行部件的更换或修理)。

(1) 裂缝。

(2) 结构拉脱。

(3) 漆层剥落。

(4) 部件扭曲。

(5) 部件弯曲。

(6) 结构中的皱褶和翘曲。

(7) 紧固件孔变大变长。

(8) 紧固件松动。

(9) 紧固件拉脱或丢失。

(10) 分层(部件中的一层或多层被拉开)。

(11) 部件不对中。

(12) 纤维断裂。

(13) 不对中。

(14) 干扰(部件之间的间隙不足)。

(15) 变色(过热损伤)。

(16) 划伤。

(17) 其他的损坏迹象。

第9章

飞机地面操作和存放

9.1 飞机地面牵引

在航坪和滑行道上进行推/拖飞机的操作对于航线维护人员来说是经常要做的工作,甚至是一天工作中的主要任务。特别是在航班流量处于高峰的时段,机坪上各类进出港飞机、勤务车辆以及地面人员的活动十分频繁,如果再考虑到机场附近可能出现的恶劣气象条件或突发事件的影响,能否安全有效地执行飞机的推/拖任务,就是对我们航线维护人员专业素养的一次考验。因此,负责飞机地面牵引的人员必须熟练掌握飞机推/拖的操作方法和注意事项。

9.1.1 执行人员的资格

负责拖行任务的地面指挥员和机上人员,应持有维修人员上岗合格证并经过相关机型的拖行培训,熟知牵引飞机的程序,熟知机场内的各种标志(指示灯、各种标志线等)。

9.1.2 执行人员的职责

1. 地面指挥员的职责

地面指挥员由跟随牵引车的维修人员担任。负责指挥牵引车司机开动牵引车或停车,指挥飞机上人员松刹车和使用刹车。在牵引飞机的过程中,指挥员应随时观察周围是否有障碍物,牵引杆连接是否正常。在遇有紧急/危险情况时,应及时通知飞机上人员和拖车司机使用刹车。若发生牵引杆断开而危及飞机安全时,应果断命令飞机上人员操纵刹车并命令牵引车迅速驶离飞机。

2. 机上人员的职责

应熟悉飞机上设备的使用方法。在牵引飞机的过程中必须集中精力,注意观察,始终与指挥员保持联络。在紧急/危险情况时(如牵引杆断开),应及时使用刹车停住飞机。

3. 牵引车司机的职责

按规定线路及地面标志牵引飞机。在正常情况下根据指挥员口令稳步启动牵引车牵引飞机和缓慢减速牵引车以停止牵引飞机。在认为对飞机安全有影响时,可自行停止牵引飞机,与指挥员联络后再行牵引。在紧急/危险情况时应根据实际情况及时刹车停止牵引飞机或迅速驾驶牵引车远离飞机,同时应用对讲机报告指挥人员通知机上人员刹车。

4. 地面监护人员的职责

负责观察飞机有关部位与障碍物之间的距离,保证飞机安全通过障碍物。在紧急/危险情况时,应使用事先约定的有效联络方法通知牵引车司机停止牵引飞机。在推/拖飞机进出机库和复杂区域时,如无滑行线、小于安全距离等,必须派有监护人员。监护人员的数量和位置应根据飞机的牵引路线、区域复杂情况、能见度、飞机停放密度等情况决定。

9.1.3　牵引飞机前的准备工作

(1) 检查飞机两侧对应油箱的油量应平衡,必要时进行导油操作。

(2) 检查飞机刹车压力应在正常范围内。

(3) 检查飞机机轮压力和减振柱压缩量应正常。

(4) 安装起落架地面安全销,并根据要求安装前起落架转弯销。

(5) 关好登机门、货舱门和各种检查门。

(6) 检查飞机上的设备和可能发生移动的物品应放置稳妥。

(7) 打开飞机驾驶舱左侧窗并接通飞机内话系统,保证飞机内外通话清晰。

(8) 检查适用该机型的牵引杆的部件处于正常状态,将牵引杆连接到飞机上。

(9) 检查飞机周围以及行驶路线范围内应无影响牵引的障碍物。

(10) 在大风天气时,只有在符合维修手册规定的风速限制时,方可牵引飞机。

(11) 夜间或能见度较差时应接通航行灯和防撞灯并确认其工作正常。

9.1.4　牵引飞机的速度和转弯角度

在开阔地带牵引飞机的直线行驶速度不应超过 10km/h。通过障碍、复杂区域(无滑行线,小于安全距离和进出机库的区域)、有坡度地带的速度不应超过 5km/h。夜间和特殊天气拖飞机时的速度不得超过 5km/h。转弯时的速度不得超过 3km/h。牵引飞机进入停机位置的速度不得超过 3km/h。推飞机的速度不得超过 5km/h。

拖/推飞机转弯时应缓慢进行,不得超过该型飞机的最大牵引转弯角度。正常拖行的最大转弯极限标识被漆成红色的条带,位于前起落架舱门上。

9.1.5　牵引飞机的程序

维修人员应首先将牵引杆与飞机连接好,再指挥牵引车司机将牵引车与牵引杆连接好。指挥员在确保各项准备工作完成后撤出轮挡,戴好耳机向飞机上人员发出松刹车的指令。此时驾驶舱人员应首先通过内话耳机提醒地面指挥员前轮转弯销是否插好,在得到确认后方可松开刹车并向地面人员发出刹车已松开的信号。地面指挥员接到信号后应观察位于前起落架上的刹车指示灯并确认刹车已松开,插上转弯作动销接通两侧转弯作动筒,释放前轮转弯压力,然后向牵引车司机发出开始牵引飞机的指令。开始牵引飞机时,机轮没有转动前不得转弯。在飞机停止拖动前必须将机轮摆正。

在飞机移动期间,地面指挥员应注意与拖车、牵引杆、前起落架机轮、主起落架机轮之间保持至少 3m 以上的距离,还要注意观察拖行中的飞机与停放的飞机或移动中的障碍物之间的净距(静止或移动的两物体间最近两点间的水平距离):翼展在 24m 以下的飞机的净距不小 3m;翼展在 24～36m 的飞机的净距不小于 4.5m;翼展在 36m 以上的飞机净距不小于 7.5m。

在夜间或能见度较低的情况下牵引飞机时,应打开航行灯和防撞灯,如有故障不能打开时,应加派监护人员为牵引车引导和监护飞机。遇有大雨、大雾、大风、大雪、黄沙等复杂天气情况时,维修人员应采取相应措施以确保从牵引车的驾驶舱至所牵引飞机机翼尖、尾翼尖的视线清晰可辨,要加强地面指挥和引导,加强机头、两机翼尖、机尾等各部位的监护。由于牵引道面存在冰雪使得牵引车打滑时,必须将冰雪清除后方可牵引飞机。

在即将到达指定停机位置时,地面指挥员应命令牵引车司机停车,下车后站在该型飞机前起落架机轮所应停止的黄线标识旁边,指挥牵引车缓缓前行。飞机停稳后,地面指挥员通过内话耳机通知机上人员实施停留刹车,在确认飞机停留刹车已刹好之后,挡好轮挡,再将牵引车与牵引杆的连接端脱开,并指挥牵引车司机驾驶牵引车慢速驶离飞机。最后将牵引杆从飞机上取下并将其挂到牵引车上,牵引杆由牵引车带回并摆放至规定的位置。

推飞机的规定应参照牵引飞机的规定执行,同时飞机尾部还需要增加一名维修人员进行监护防止发生碰撞事故。

9.2 飞机的地面滑行

依据《中华人民共和国民用航空行业标准》(MH3145.33)的规定,飞机的滑行只允许由该飞机的驾驶员执行。对于现代大型商用飞机而言,飞机的地面滑行一般是指飞机落地后沿滑行线行驶并最终进入指定停机位的过程,我们称之为"进港滑行"。此外还包括"出港滑行",即飞机由滑行道上的指定位置沿滑行线驶离站坪直至起飞跑道的过程。因此,在地面维护人员可视范围内的飞机的滑行安全以及与滑行紧密衔接的地面准备工作就显得尤为重要。

9.2.1 飞机出港滑行前的地面操作

在飞机出港时,地面维护人员负责指挥拖车将飞机推至滑行道上的指定位置启动发动机。这个过程与前面论述的飞机牵引过程是有很大区别的,例如:司机操纵拖车沿滑行线倒推飞机的难度大、视野受到限制、不能很好地分配注意力等。负责地面指挥的维护人员也同样存在类似的问题,再加上飞机上的人员换成了驾驶员,如果双方的沟通和配合不够默契就会造成安全隐患。因此,倒推飞机的工作对地面维护人员提出了更高的要求。

首先,地面维护人员必须熟悉该型飞机滑行路线周围区域现时的环境设施情况和间距限制要求,在推飞机过程中应注意观察并能够做出预先判断。在拥挤的或受限制的区域,如:机库附近、机坪外围终端区域、飞机集中停放区域等,夜间以及恶劣天气条件下需要加派更多的地面人员作为观察员来帮助观察大翼的间隔。需要特别提醒的是,在航班运营高峰期间,滑行道附近过往的飞机和勤务车辆/人员十分频繁,负责指挥的地面人员很可能会过于专注前方目标的动态而忽略了拖车、拖把、机轮与自身所处位置之间也正处于动态变化之中这一危险情况,因此地面指挥人员应当有意识地适时调整自己的注意力。

飞机推到位后,地面维护人员应当使用飞行内话指示机组操作停留刹车并确认刹车已保持住,在前起落架机轮前后放置好轮挡。需要注意的是,曾经发生过一架737机组因忙于执行航前的快速检查程序或专心于同塔台进行通信联系而忘记实施停留刹车,险些对地面人员造成伤害。因此,任何掉以轻心、偷懒、不使用轮挡或者没有正确放置轮挡的做法都是不可取的。

在发动机启动前,地面维护人员应观察并确信滑行道周围的道面是清洁的,没有冰、雪、油污或其他外来物,不存在其他可预见的不安全因素,包括过往人员、过往车辆以及自身安全等。为此,负责观察发动机运转情况的地面指挥人员必须熟知该型飞机发动机在地面运行时的危险区域(图 9-1、图 9-2)。在发动机成功启动并稳定运转后,机组应通知地面人员发动机已准备好。地面维护人员摘下内话耳机并盖好盖板、撤除轮挡和前起落架转弯销,站在离机头稍前一点并在左机翼翼尖线上,且能看到驾驶员的眼睛。在机长发出请求滑行的手势后,再次确认滑行道道面清洁,滑行线周围区域没有障碍物后,平伸手臂指向滑行方向,同时挥摆另一个持有转弯销的手臂向机长展示转弯销已取下。

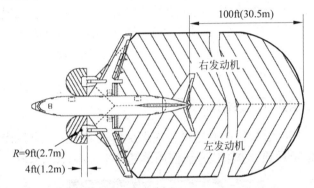

图 9-1　波音 737-300 型飞机地面慢车运行时,发动机进气口和排气口附近的危险区域

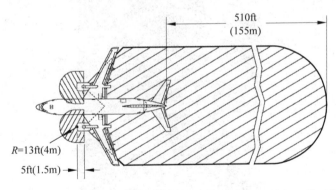

图 9-2　波音 737-300 型飞机地面大车运行时,发动机进气口和排气口附近的危险区域

9.2.2　飞机进港滑行前的地面操作

负责该飞机进港的地面维护人员应提前 15min 到达相应停机位,准备好耳机、转弯销以及所需数量的轮挡并站在该型飞机前起落架机轮的停机黄线旁边等候。在等候期间,地面维护人员应观察滑行线周围道面上有无影响飞机进站滑行的障碍物,如轮挡、冰雪、异物或大片油污等。滑行道面上如果存有大片溢出的燃油,会在周围产生大量危险的油气/空气混合气体,对过往飞机的安全造成严重威胁。还应观察毗邻站位上的飞机、地面勤务车辆/设备的停放状态并对安全间距进行评估。如果发现问题,应与相关部门/人员取得联系,及

时排除安全隐患并将情况告知站坪调度和负责进港滑行指挥的协调员。在大雨或大雾天气条件下,机坪上的能见度较低,飞机驾驶员可能看不清滑行线和停机位,机场地面控制部门应提供引导车引导飞机滑行。

9.3　飞机的顶升

在实施飞机维护和修理时,常常需要将整架飞机或单个轮子顶升到一定的高度。飞机维修人员必须熟悉飞机顶升工作,并能进行正确的操作。在顶升飞机的实施过程中,对于设备的准备、顶升的操作、安全措施等都有一些应共同遵守的要求。特别要注意的是,在顶升一架具体飞机时,飞机维修人员必须熟悉该型飞机制造厂维护手册中有关顶升的程序并严格遵照执行。负责飞机顶升的指挥人员在顶升前应对人员、设备、飞机现状、顶升现场、安全措施等进行检查,确认是否符合顶升要求。顶升过程中,顶升指挥人员应时刻掌握飞机顶升姿态,与操作人员之间保持有效的联系,并能适时发出指令。顶升操作人员应分工明确服从指挥,认真正确地完成分工承担的工作。

9.3.1　顶升前顶升设备的准备

飞机顶升必须使用经过校验的专用设备或满足该机型飞机要求的代用设备。整架飞机的顶升应使用三脚架千斤顶;单轮顶升应使用单基座千斤顶(图 9-3)。

图 9-3　飞机顶升

检查千斤顶状态是否良好,绝不能使用渗漏或损坏了的千斤顶。千斤顶的顶起能力和行程均要满足要求。所有顶升设备在使用前必须进行升缩试验以确保其工作正常。检查安全锁定装置的功能是否正常,顶销是否完好无损。

9.3.2　顶升前飞机的准备工作

检查飞机的质量和重心位置符合该型飞机厂家维护手册中的规定。飞机上的某些设备需要拆下,燃油要放掉,以避免顶升过程中造成严重的结构损伤。飞机机体上的承力板件都要安装到位,避免顶升过程中损伤飞机结构。飞机的构型应允许进行顶升操作。

9.3.3　整架飞机的顶升

1. 顶升点

顶升点应按照该型飞机制造厂家的维护手册中的说明来确定,因为这关系到顶起时,飞机是否能保持平衡和每个顶起点承受的载荷。顶起整架飞机至少需要三个顶升点,两个主顶升点在左右机翼处,一个较小的顶升点在机头处或机尾附近。有些飞机还采用了第四个辅助顶升点,用来增加飞机的稳定。大多数飞机在顶升点处都有千斤顶垫座。在顶升飞过程中,千斤顶垫座有着重要的作用,首先垫座凸出的承压面与千斤顶杆端的凹面相吻合,保证顶升点位置的准确,防止千斤顶顶杆端部从顶升点滑脱;另一个重要的作用是,顶升点承受的载荷可以通过垫座分布到一定面积的机体结构上,而不是集中作用在机体结构的某一点,对机体结构起到保护作用。所以,在顶升飞机过程中,一定要让千斤顶杆对准垫座,使垫座凸头稳妥地顶入千斤顶杆端的凹面内,充分发挥垫座的保护作用。

2. 顶升过程中的安全措施

在顶升和放下飞机前,都应清理现场,无关人员和地面设备都应撤离现场。在正确的时机,按照正确的方向路线将顶升所用千斤顶放进或移出。在顶升和放下飞机过程中,千斤顶作动筒应垂直于地面,顶杆端部与垫座稳妥配合。在统一指挥下,将飞机缓慢、同步、水平地顶升或放下。顶升到需要高度后应尽快锁紧千斤顶顶杆并放置托架。注意千斤顶作动筒外伸量不能超出安全限制。每个千斤顶都应由专人看管,并不断检查,防止倾斜和滑脱。顶升时,应松开刹车取出轮挡;放下时,当飞机质量落到起落架上,要使用刹车,挡好轮挡。当飞机支撑在千斤顶上时,飞机周围应有安全警戒,在飞机上不应有人员走动,如果工作需要,动作也应当尽量放轻。飞机在顶起状态时,如果工作人员需要撤离或暂停维修工作,应由在场负责人决定,并且指定专人看守。

9.3.4　飞机的单轮顶升

当要更换某个机轮或进行机轮轴承及刹车维护工作时,需要进行单轮顶升。进行单轮顶升时应注意以下几点:进行单轮顶升的单基座千斤顶不能与三脚架千斤顶同时使用,而且不能用单基座千斤顶顶起两个起落架。除了要顶起的机轮外,其他机轮前后必须放置轮挡,防止飞机滑移。配置尾轮的飞机,单轮顶升时,尾轮必须锁住。单轮顶升的高度应尽量低,能够进行维修工作就可以了。

9.4　飞机地面系留

现代大型飞机的设计使之可以在任何角度上抵御较高的地面风速而无须进行系留/固定。然而,如果气象站预报机场地区会遭遇强风暴袭击时,地面维护人员要该格外小心,应尽可能地将飞机转移到安全的区域(如:拖入机库或实施转场)。如果飞机不能够转移,就应及时进行系留操作。

对在机坪上存放的飞机造成影响的地面风可分为侧面风和迎面风两种,强烈的侧面风会使飞机产生偏航、侧滑甚至倾斜,迎面风则容易使机头产生上翘趋势。另外,不同的机体质量、重心位置、舵面位置、道面情况,以及风力级别等因素都会对飞机的安全和稳定产生影响。例如水平安定面的位置和机体重心位置(CG)不会降低侧面风对飞机的影响,但却可以减小迎面风所造成的使机头上翘的趋势。

图 9-4 中的水平线(虚线),显示出侧风对一架 65 700lb 的飞机产生的影响。为了能够找出使一架更为重型的飞机产生偏航、侧滑或倾斜的地面风速,就要用已知的能使一架 65 700lb 重的飞机产生偏航、侧滑或倾斜的风速值(虚线所对应的),乘以这架飞机全重所对应的校正系数(见图 9-4)。例如:在存有冰雪的道面上,使一架 65 700lb 重的飞机产生偏航趋势的地面侧风风速为 55km/h。假设有一架 737 飞机的全重为 95 000lb,由图 9-4 可查到对应的校正系数是 1.2,则在同样的道面上使其产生偏航的侧风风速为 66.6km/h。

图 9-4 中的曲线,显示出一架重 65 700lb 飞机的重心处于 5%MAC～30%MAC 之间时,迎面风会使机头上翘的趋势。例如:当水平安定面配平在 9 个单位而重心处于 30%MAC 时,使机头产生上翘的迎面风风速为 80kn;而将飞机重心前移到 5%MAC 时,该值变为 115kn 左右。由此可见,为了在大风中减小飞机机头上翘的危险,应采取加注燃油的方法使飞机重心尽量前移(如:波音 737 型飞机要求将油箱加满,767 型飞机要求所有油箱的燃油不少于满值的 40%,747 型飞机要求全部主油箱的燃油不少于满值的 10%)、将襟翼设置在全收上位置以减少大翼升力、将水平安定面设置到 0 单位使机头向下。

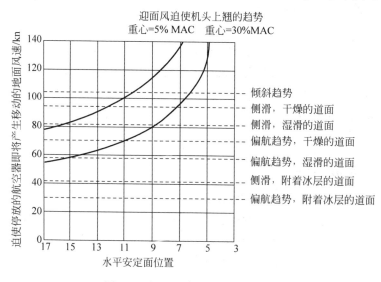

图 9-4 迎面风、侧风对飞机的影响

9.4.1 飞机系留前的准备工作

航空公司维修控制中心应将气象部门发来的大风预报信息及时通知相关生产单位的地面维护人员。一般情况下,机场气象站会同时使用两种形式对外发布风力预报信息,即风力等级和风速(m/s)。地面维护人员接到通知后应迅速查看风力转换表(表 9-1)将风速单位转换为 km/h 并尽快与工程部门取得联系,获得需要进行系留操作的飞机的最新称重数据,

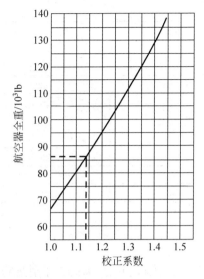

图 9-5 飞机全重对应的校正系数

根据飞机上的剩余燃油量计算出飞机全重,参考停机位的道面条件并判断是否需要对该飞机进行相应的系留。一旦确定系留就应参照该型飞机厂家维护手册或航空公司制订的系留工卡内容对飞机进行系留前的准备工作。例如:

① 在所有起落架机轮前后安置轮挡,并将前后轮挡用带子或连杆连接起来。

② 确保所有起落架上的地面安全销都已插好。

③ 确保所有的遮盖和堵盖都紧紧地保持在各自的位置上。

④ 接通电源,打开液力泵增压一段时间,将停留刹车刹好,然后关闭液力泵。停留刹车将会在近 8h 内有效。在 8h 结束之前,维护人员必须松开刹车并再次打泵实施刹车操作,这将确保刹车液压充足以保持住飞机。

⑤ 确保飞机重心处于该型飞机维修手册所规定的范围内。

⑥ 确保襟翼和扰流板设置在全收上位置。

⑦ 确保水平安定面配平、副翼配平和方向舵配平设置到 0 单位。

⑧ 如果电瓶电源不需要的话,将电瓶电门转到 OFF 位。

⑨ 关闭所有舱门和口盖。

⑩ 确保飞机周围可能移动的地面设备都已被放置在规定区域内并系留/固定牢靠。

表 9-1 风力转换表

风力等级	相当风速		
	m/s		kn
	范围	平均	
0	0.0～0.2	0.1	小于1
1	0.3～1.5	0.9	0.5～2.7
2	1.6～3.3	2.5	3.2～5.9
3	3.4～5.4	4.4	6.5～10.2
4	5.5～7.9	6.7	10.8～15.1
5	8.0～10.7	9.4	15.7～20.5

续表

风力等级	相当风速		
	m/s		kn
	范围	平均	
6	10.8～13.8	12.3	21.1～26.5
7	13.9～17.1	15.5	27.0～32.9
8	17.2～20.7	19.0	33.5～40.0
9	20.8～24.4	22.6	40.5～47.5
10	24.5～28.4	26.5	48.1～55.1
11	28.5～32.6	30.6	55.6～63.2
12	大于 32.6	大于 30.6	大于 63.2

9.4.2　系留方法

对飞机的具体系留方法应参照该机型的厂家维护手册进行。以波音 737-300 型飞机为例：将拖机用的大眼螺栓(图 9-6)连接到每个主起落架的底端(图 9-7)，将系留带或钢索的一端系在大眼螺栓上，另一端系在该主起落架后方机坪上的地锚上(图 9-8)，这样会减少飞机的向前移动和侧向移动。再按图 9-9、图 9-10 所示的方法将前起落架和机身后部的千斤顶垫座用系留装配件或者钢索与地面上的地锚相连接。最后检查并确保所有的系留带或钢索有着同等的张力且不要太紧，以防止大风期间可能会出现的应力过大。

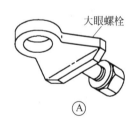

图 9-6　用于主起落架系留的大眼螺栓

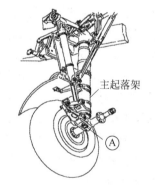

图 9-7　大眼螺栓在主起落架上的安装位置

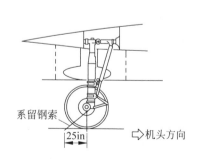

图 9-8　主起落架的系留点位置

图 9-9　机身后部千斤顶垫座的安装位置

系留钢索

图 9-10　机身后部千斤顶垫座与地锚间的系留角度

9.5　飞机的地面停放方法

9.5.1　对停机坪的要求

停机坪的停机位置、大小和停放的方位应根据机型尺寸、飞机进出方式(滑进、滑出,拖进、拖出)、停放时与建筑物的关系、发动机运转时气流、噪声等因素决定,并按有关资料计算求得。所选择的停机坪的强度应能承受相应型号飞机的质量。机坪上应绘制引导标线,标线应使用耐油的黄色涂料按进出的最大机型的前轮轨迹绘制成连续的实线,其宽度不应小于 10cm。

9.5.2　飞机停放的净距要求

停放的飞机与建筑物、移动或停止中的飞机,移动的障碍物,如机场专用车辆之间的净距应符合以下要求:A 类,翼展在 15m 以下,主起落架外轮间距 4.5m 以下,净距不应小于 3m;B 类,翼展在 15~24m,主起落架外轮间距 4.5~6m,净距不应小于 3m;C 类,翼展在 24~36m(波音 737-300 为例,如图 9-11),主起落架外轮间距 6~9m,净距不应小于 4.5m (图 9-12);D 类,翼展在 36m 以上,主起落架外轮间距 9~14m,净距不应小于 7.5m(如波音 757/767/777/747 系列)。直升机停放时,相互间最凸出之点(旋翼、尾桨在旋转状态时)之间的净距不应小于 8m。

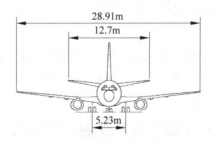

图 9-11　波音 737-300 型飞机的翼展、主起落架外轮间距

值得重视的是,在实际工作中,一些地面维护人员对"净距"一词的理解不够准确,认为仅指并排停放的飞机邻近大翼翼尖之间的水平距离或是停放的飞机大翼翼尖与附近障碍物之间的水平距离。这种对"净距"理解,在停机坪上绘有存放和拖行引导标线的情况下,只要严格按照规定线路推/拖飞机是不会出现问题的。但是,当飞机停放在没有引导标识的机坪上时,这种片面的理解就很可能会导致一起重大的地面损伤事故。因此,地面维护人员必须参照相关机型的厂家维护手册中对于飞机存放的技术要求,准确把握"最小净距"一词的含

义。(以波音 737 飞机为例,参见图 9-12、图 9-13、表 9-2)

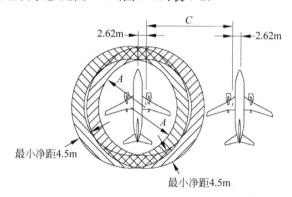

图 9-12　飞机并排停放

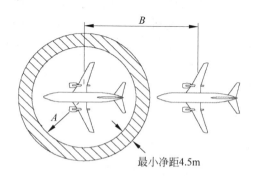

图 9-13　飞机前后排列停放

表 9-2　飞机停放净距表 　　　　　　　　　　　　　　　(m)

航空器型号	A	B	C
737-300	18.3	41.2	35.7
737-400	18.3	44.2	35.7
737-500	18.3	38.7	35.7

小飞机与大飞机应分开停放。必须混杂停放时,大飞机在试车、滑行时其气流或喷流不应对小飞机的安全构成威胁。飞机相对停放时的间距,按翼展乘 1.35～1.50 之间的一个系数计算,以保证转弯滑行的需要。

9.5.3　正常情况下,飞机停放操作的一般要求

将飞机拖至划定的,符合该型飞机停放要求的停机位置。操纵液力泵增压一段时间,将停留刹车刹好,然后关闭液力泵。正常情况下,有效刹车的保持时间应在 8h 以上。如果发现刹车过热,应在放好轮挡后松开停留刹车。因为在这种情况下保持刹车,刹车片很可能会粘连在一起而无法松开。航后停放期间,要求在主起落架机轮和前起落架机轮前后都放置轮挡并将飞机正确接地。航前和过站期间则不需要进行静电接地,放置轮挡的位置/数量应按照该型飞机维护手册上的规定执行。

在主起落架和前起落架上正确安装起落架地面安全销。航后需要安装带有红色警告条

带的空速管管套和静压孔堵盖,以防止昆虫或沙尘进入动静压管路。安装发动机进气口堵盖/布罩,排气口堵盖(发动机冷却以后),以及封堵其他需要专用堵盖的部位。

检查并确认襟翼和扰流板处于全收上位;水平安定面配平、副翼配平以及方向舵配平处于 0 单位。检查并确认各种舱门、活动窗、邻近面板/勤务盖板都已关好。如不需要,将电瓶电门转到 OFF 位。最后将地面设备移放到指定位置并固定牢靠,按要求对飞机进行铅封并移交给机坪警卫人员。

9.6　环境对飞机地面操作和工作的影响

9.6.1　飞机地面试车

飞机地面发动机的试车不应危及其他飞机和周围建筑物的安全,应当在指定区域进行。客机坪上由于航班运营环境拥挤、过往的勤务车辆和人员也十分频繁,因此不允许试大车。如果试车地点靠近路口或滑行道,必须在靠近路口或滑行道的地方放置中/英文两种文字的警告标志牌,夜间还必须用适当的灯光加以照明。试车场地应保证土质坚硬、无易燃物品及其他障碍物,机轮和轮挡接触的地面以及发动机/螺旋桨周围没有砂石、浮土、冰雪及其他松散杂物。试车时飞机必须迎风停放,如果风向禁止发动机在指定的区域内进行试车测试,应联系机场当局以获得发动机在机场的另一区域内进行试车的批准。如果未得到批准,则试车测试必须推迟,直到风向允许的情况下再进行试车测试。当风速超过试车风速限制时,不得启动发动机。如果试车时的地面风力较大,以波音 737-300 型飞机为例,当地面风速超过 46km/h 时,则必须将发动机进气口附近的危险区域扩大 20%,即 $R=4\times120\%=4.8(\text{m})$。

9.6.2　飞机的充氧

飞机的充氧工作必须安排在通风良好的户外进行,并采取相应的防火措施,在机库内不允许进行充氧操作。雷电天气禁止对飞机进行充氧。飞机充氧时禁止加/放燃油、通电以及从事其他引起电弧火花的维修工作。飞机和充氧设备必须接地良好,充氧设备离飞机的距离不应小于 2m,在充氧设备 15m 半径内严禁明火和吸烟。充氧位置周围若存在滑油、油脂、易燃溶剂、灰尘、棉絮、细小金属屑或其他易燃物质,当这些物质与高压氧气接触时可能引起着火或爆炸。

9.6.3　飞机接地

当飞机停放在机库里时必须进行静电接地,而在正常运营过程中的短暂停场或者勤务期间,则不需要给飞机接地。航后期间,当相应机位上具备静电防护装置时,应该进行静电接地。在连接地线前应首先挡好轮挡,如果飞机要移动,在撤除轮挡前应先将接地线去除。当机场周围大气电场活跃或处在强射电区域时,应停止飞机的接地操作,也不要接上耳机和触摸飞机上的接地桩,闪电和高射电电流可能会对地面人员造成严重的伤害。

9.6.4　地面供电

雷电期间在户外应停止对飞机的地面供电勤务操作。在炎热的夏季,当外界大气温度超过 100 ℉(37.8℃)时,飞机上的电气设备可能会变得很热,设备冷却系统可能会发出警告(如波音 737-300 型)。因此,当机上供电超过 20min 时,地面维护人员就应该接通机上空调冷气以保证电气设备的冷却。

9.6.5 水系统勤务

遇有结冰天气过夜时,应有专门人员负责给飞机放出饮用水和污水,防止冻坏水系统。

9.6.6 防风安全

不应在露天大风环境中进行登高作业,必须进行登高作业时,应使用具备抗风能力的工作梯架和锁定装置并采取可靠的安全保护措施,如佩戴安全帽、系安全带等。不应在露天大风环境中上下飞机和车辆,若必须上下时,应在开关舱门和上下时抓紧扶牢舱门或其他固定物。风灾过后,应尽快检查飞机,各种地面设施及工具设备,特别应详细检查飞机上开口、有孔的部位。如发动机进气口/排气口、动静压孔等。

9.6.7 维修环境/设施的清洁

机坪、机库地面、工作梯、工作台、试验设备和工具等都应保持清洁,以保证其正常工作。工作结束后,应将工作现场外溢的燃油、润滑油、清洁剂以及废料垃圾清理干净并清除影响现场整洁的其他物品。工作中产生的有害物质和液体应立即清除,以防止污染环境。为保证在修理、大修过程中不会玷污附件和组件,所有工作台面、存放架和存放柜都应保持清洁,不能把附件与其他物品混放。在整个工作过程中,敏感/精密的附件/零件应更加注意封存和防尘。

环境对飞机地面滑行、推/拖、停放、系留、除/防冰、加/放油、顶升、供气、供压等操作的影响,请参见相关程序的描述。

9.7 飞机地面加油和放油程序

9.7.1 加/放油场所的要求

飞机加/放油作业应在户外机坪上进行,停放区域应使救援和消防设备易于接近。加油之前,应确保毗邻飞机的 APU 所排出的气流,不会进入加油飞机的易燃油汽区域,例如:燃油通气口、加油站面板和加油车周围区域。

9.7.2 天气条件对加油操作的限制

机场突降大雨或视区范围 8km 上空有雷电时,禁止加油。雷电期间,维护人员应将飞机外部所有的耳机撤走,停止接地操作,不要触摸飞机上任何的接地连接点。大风情况下,由于沙砾和气流的摩擦会在停放的支援设备上产生大量的静电并可能导致放电。因而一旦出现大风情况,应停止加油操作。

9.7.3 对加油车的要求

加油车上应标有"严禁烟火"的标志或标志牌,并配有符合要求的灭火瓶。加油车上的电气设备应符合防爆要求。不允许在加油车上放置打火机或火柴。加油车所供燃油的牌号、供油压力和流量应符合该型飞机维修手册的要求。

9.7.4　明火限制

进行飞机加油作业的人员,不应随身携带打火机或火柴,禁止吸烟;不允许使用主管部门认为禁止使用的照明和明火装置;在距飞机15m范围内不允许进行任何热作业(焊接、切割、锡焊、爆炸铆接或涉及明火、加热或可产生火花的任何加工作业);必须摆放符合要求的灭火瓶。

9.7.5　加油的接地要求

加油之前,使用静电导线将加油车与飞机进行搭地连接,以平衡二者之间的电位差。加油完毕后,应先拆除加油管线,最后拆除搭地线。进行翼上加油时,还应对加油枪进行搭地连接。即将加油枪上带有夹子或插头的搭接导线连接到飞机燃油箱的加油口上,构成通路。在拆开加油口盖板之前,应先接好搭接线。如果没有插座或夹子无法夹上,应在拆开加油口盖之前,先用加油枪的喷口碰触加油口盖,以平衡加油枪与加油口之间的电位差。加油过程中,应一直保持加油枪的喷口接触加油口的颈部;如果使用漏斗,应使其保持与加油口颈部、加油枪的喷口或供油容器接触,并必须使用金属漏斗。

9.7.6　机载高频/雷达设备的使用限制

在距加油作业场所90m范围之内,不应接通飞机观测雷达设备的高压。不应接通该飞机上的气象雷达设备的气象/地图方式。不应操作该飞机上的HF高频无线电通信设备。

9.7.7　对飞机周围车辆和设备的使用限制

由于添加的燃油质量会使起落架减振柱压缩,因此在进行加油操作前,确保与飞机接触的所有车辆和设备都已移开。加油过程中,与飞机勤务保证工作无关的车辆和设备,不允许进入距加油设备或燃油通气口15m范围内的区域。对于执行该飞机勤务保证工作的车辆和设备,其发动机或排气口应与燃油通气口或加油车保持3m以上的距离。由于燃油系统的翼尖通气口周围油气比较集中,因而在距离通气口3m的范围内,不允许停放加油车(该距离是指燃油通气口在其正下方地面上的投影点,与加油车的发动机或尾喷口的直线距离,其他距离数据的计算与此相同)。

9.7.8　对电气设备操作的限制

进行飞机加油作业时,不应进行接通/断开飞机上的电瓶充电开关的操作;不应进行接通/断开地面电源发电机或其他地面电源设备的操作;不应使用可产生火花或电弧的电动工具;不应进行充氧和更换氧气瓶的操作。在距加油设备、加油面板或通气口3m范围之内,不应使用照相闪光灯、移动电话、步话机等通信设备和启动电瓶车。

9.7.9　飞机放油操作的要求

用外部油泵或加油车进行飞机油箱抽油时,应安排足够的人员来参加操作,防止容量过满、软管松脱和油液溢出等情况的发生。靠重力放出油箱内的燃油时,应避免燃油自由下落,应使燃油箱与接油桶之间,有可靠的导静电连接。

9.7.10 溢油的处理

1. 燃油溢出区域超过 2m² 时

立即停止加油工作。不允许拖动工作梯等设备,防止因摩擦而产生的火花。在距离溢油区 25m 的范围内,不允许开启电气设备;不得操作辅助动力装置、电源车、空调等设备(经批准的靠近飞机的防爆电气设备,可以保持接通状态,其他电气设备应处于关断状态)。在清除溢出燃油并符合安全要求之前,将机动加油车辆或其他机动设备保持现状。

在溢油区域布置带有灭火设备的人员,并处于警戒状态,防止未经批准的人或车辆闯入。其余无关人员应立即避向燃油的上风方向或转移到安全地带。如果溢出的燃油失火并有可能危及飞机的安全,只要条件允许,就应当将飞机撤离溢油区。

对于少量的溢油,可用沙子、泥土或其他矿物吸收剂进行掩盖,然后将其清除。不允许将燃油冲入或排放到排水沟或下水道内。一旦燃油进入了排水沟或下水道,就应尽可能地向排水沟或下水道注入大量的水,最大可能地冲淡所含易燃油液。

2. 溢油面积超过 5m² 或在任何方向溢出尺寸超过 3m 时

立即通知机场消防部门。消防人员未到达现场前,在场的维修负责人应组织人员在溢油的边缘喷洒泡沫或干粉灭火剂,并用沙土或其他矿物吸收剂从溢油边缘慢慢倒向溢油中心,直到完全覆盖为止。不要清除吸收剂,等待消防人员的到来。也可以在溢油区域喷洒化油剂覆盖燃油,喷洒量应为溢出燃油的 30%,喷洒后等 1～2min 后,用大量自来水冲洗。如果溢油区域还有油珠出现,则再进行一次。

如果任何人员被燃油喷中,或衣服被燃油浸湿,应撤离到安全地带,脱下衣服用水冲洗身体。如果个别人员的身体被引燃,应立即用毯子、大衣或其他被服包裹其全身或立即提醒或迫使其倒地打滚,将火苗扑灭。

发生溢油的飞机应进行彻底检查,是否发生损坏或易燃液体、蒸汽进入机翼或机身的隐蔽区域,如发现问题,要采取纠正措施。

9.8 飞机的地面除冰/防冰程序

飞机出港前,若当地机场正处在结冰的气象条件下,即外界大气温度在 3℃ 以下,已形成可见的潮气(例如:能见度低于 1.5km 的雾、雨、雪、雨夹雪、冰晶)或在跑道上出现水流、雪水、冰或雪的气象条件下,地面维护人员在发现机翼、发动机进气道、水平安定面和机身上出现结冰、积雪/霜和透明冰层时或机长要求时,就应对飞机进行地面除冰/防冰的操作。所谓的除冰操作是为了使飞机获得清洁的表面而使用除冰液将冰/雪/霜从飞机上清除的过程。而防冰操作是使用防冰液为处理过的飞机表面提供保护,以确保在有限的保持时间内,冰/雪或霜不会聚集并渐渐附着在飞机表面上。防冰的保持时间是指防冰液持续保护飞机表面,而不会使之结出冰/霜或者积雪的大概的预计时间。保持时间从最后一次使用防冰液开始计算,至应用于飞机上的除冰/防冰液失效时结束。由于天气条件以及防冰液的混合比例会影响保持时间,这就要求执行该项任务的维护人员能够利用以往的经验来做出预防时间的评估。如果机场正值降雪时,则应尽可能地在邻近飞机出港时进行除/防冰操作。

9.8.1　除冰/防冰操作的一般规则

除冰/防冰工作应使用经民航总局适航部门批准的或符合 ISO 11075/ISO 11078 除冰液和防冰液,并根据外界温度,气象条件和保持时间正确地选择。应使用除冰车、防冰车、拖把、鬃刷、鬃扫把、冷/热的液体和冷/热气源等除冰/防冰专用设备和工具,不能使用可能造成飞机表面损伤的工具设备。

除冰/防冰的人员应经培训后持上岗证上岗,进行飞机完工检查的人员应经过除冰/防冰的培训并持有该型飞机维修人员执照。飞机的放行人员应负责检查和完成飞机的除冰/防冰工作,应将使用防冰/除冰液的部位和数量、完成防冰的时间、防冰液的保持时间和防冰代码记录在飞机飞行技术记录本上,同时应向飞行机组报告。机组在保持时间内,应完成一次起飞前飞机机翼/尾翼和其他典型表面的检查,并根据当时气象条件做出评价。超过保持时间时,机组在起飞前 5min 之内应进行一次起飞前检查,确认机翼/尾翼和其他典型表面未附着冰/雪/霜,如发现有冰/雪/霜,应再次完成除冰/防冰的工作。机长有权对飞行做出最后决定。

9.8.2　透明冰层的检查和清除

如果飞机在地面期间,遇到降雨状态(如雨、小雨、雾),在机翼下表面油箱区域已经形成霜或冰,或者根据气象条件怀疑机翼上表面已经形成清洁的冰层时,应采用适当的方法接近机翼上表面检查是否有清洁的冰层。一般情况下,由于清洁透明的冰层位于雪或脏雪的下面而不容易被发现,因此维护人员需要通过用手进行触摸来确定。一旦发现有透明的冰层或一层厚冰,应使用加热的除冰液体破坏冰层。这种方法是利用金属蒙皮的高热传导来溶化冰层。其方法是在近距离直接将热的除冰液体喷射到冰层的一点上,直至暴露裸露的金属为止。裸露的金属将热量向表面周围横向传递并把温度升高到冰点以上,从而破坏了附着在飞机表面冻结的物质。通过多次重复这个程序,可以破坏附着的大面积的冰雪或光滑的冰层。然后根据冰雪的堆积量,使用低速或高速除冰液将附着的冰层清除干净(不准使用工具敲击、刮铲的方法除冰)。

9.8.3　防冰的方法

除冰工作完成后,应赶在除冰液结冰之前进行防冰工作(典型的时间是在 3min 之内),应根据防冰液的保持时间、外界大气温度和气象条件来选择正确的防冰液。如果防冰操作期间又发现飞机重要部位出现结冰,应当再次对其进行除冰操作。

9.8.4　除冰/防冰过程中的注意事项

应采取合理措施,以减少液体进入发动机、其他进气口和操纵面的空腔。不允许将除冰/防冰液直接喷到动静压探头、静压通气孔、迎角传感器和窗户上。两侧机翼和安定面应进行完全相同的和全部的防冰处理。在飞机离港前应将驾驶舱窗户上的除冰/防冰液的痕迹清洁干净,特别注意装有雨刷的窗户。

在除冰/防冰以后,应全面检查和清除空气动力区域和空腔有无聚集残存的除冰/防冰液,例如平衡舱、机翼后梁和安定面后梁等区域。在大雪的气象条件下,应及时清除飞机上的积雪。人工清除大翼表面积雪时,不得操纵和踩踏大翼活动面,以防伤人。

9.8.5 飞机除冰/防冰后的检查

为了保证安全,当飞机的机翼和操纵面有霜、冰、雪和积水时不允许起飞。在完成除冰/防冰后还应检查飞机的机翼、缝翼、襟翼、方向舵、升降舵、水平安定面、垂直安全面、平衡舱、排水孔、操作连杆、驱动组件等部位。在机翼上表面除冰/防冰完成以后,应采用适当的方法重新接近机翼进行检查,在一些情况下,只有通过用手触摸才能确定有无残留冰层。

还需要进行检查的区域和部位包括:驾驶舱窗户前面的机身区域、辅助动力装置和空调冲压进/出气口及其周围区域,以及起落架、锁机构和电门元件等。在启动发动机以前,必须检查发动机进气道区域和探头是否聚集有雪和(或)冰。在冰雾情况下,还应检查风扇叶片的后面有无结冰,若发现结冰情况,应使用热气源把冰溶化。

9.9 飞机地面供电

外场维护期间,为了延长 APU 的使用寿命和节省航空燃油,在条件允许的情况下,航后应及时使用外接地面电源以代替 APU 供电。另外,在航前/过站期间,若 APU 不能使用,也要求机务人员在飞机停稳,轮挡挡好后能够及时插上地面电源。而在飞机定检/维修期间所进行的地面供电操作,则更容易因考虑不周、各工种之间缺乏良好的沟通和协作而造成飞机设备或人员的伤害。因此,操作者应当熟练掌握地面外接电源的操作方法和有关注意事项。如:确保地面供电操作人员具备完成该项任务的资格。在供电勤务前,操作者应依据该机型的通用检查单,对飞机进行电路通电前检查,以确保飞机所处状态满足通电要求。应仔细检查外接电源电缆插头和飞机上的外接电源插座,如果发现严重的电弧侵蚀、腐蚀、热力损伤或者插钉/插座出现变色等现象,应停止使用并请求专门人员进行修理。将外部电源电缆接到飞机上之前,应将电源断掉,否则容易引起电弧放电而造成人员伤害或损坏设备。对飞机及地面电源装置或地面电源车要保持正确的接地,并检查电源装置的电压及频率是否满足飞机供电需要。

将外部电源插头从飞机上拔出时也应先关断外部电源,并确信电缆上不再有电。拔出电源插头时,应握住插头小心拔出,不应用拽电缆的方式将插头拔出。不应过度摇晃和扭曲插头,防止拉坏插头和飞机外接电源插座。供电勤务结束后应确认飞机的外接电源勤务盖板已盖好。如不需要,将机上主电瓶电门扳到 OFF 位。

附:波音 737 飞机"电路通电前检查"程序:
① 备用电源电门——自动位
② 旅客氧气电门——关闭
③ 飞行操作电门——关闭
④ 备用襟翼电门——关闭
⑤ 增压泵电门——OFF
⑥ 风挡雨刷电门——OFF

⑦ 紧急出口灯——OFF

⑧ 设备冷却——正常位

⑨ 厨房电源——OFF

⑩ 风挡/空速管加温电门——OFF

⑪ 电动马达驱动泵电门——OFF

⑫ 气象雷达——OFF

⑬ 客舱增压系统——自动/地面

⑭ 脱离跑道灯/着陆灯/滑行灯——OFF

⑮ 起落架手柄——放下位

⑯ 襟翼操纵手柄——与襟翼位置一致

⑰ 减速板手柄——收上位(向前向下)

9.10 飞机地面供气

航线地面运营期间,因辅助动力装置 APU 失效或者飞机正在进行定检维修而无法启动 APU 时,就需要使用地面气源装置为飞机提供压力、流量适合的清洁空气,以便执行发动机启动、客舱空调气供应、大翼和发动机整流罩热防冰试验、液力油箱和饮用水系统的增压等任务。因此,操作者应当熟练掌握地面气源供给的操作方法和相关注意事项。例如:确认执行地面供气操作的人员具备完成该项任务的资格,确认飞机接地良好,地面与驾驶舱之间已建立起有效的通信联系。遵守先供电源后供气源,先断气源后断电源的供电/供气顺序,以防止空调设备的损坏。在对气源系统进行增压前,应隔离空调系统、发动机启动系统、大翼和发动机整流罩防冰管路、液力储油箱、饮用水箱等系统,以防止压力损失以及因设备的意外作动而可能导致的人员伤害或设备损坏。

气源车应能够提供符合该型飞机要求的清洁气体。供气软管应符合要求,无渗漏,供气时供气管不应扭曲。供气时所有人员应站离供气管路,以免伤人。供气源应完全停止工作并确保气源系统卸压后才能拆卸地面供气管,并确信关好气源系统地面勤务盖板。

不应同时使用外部空调和机上空调设备。使用地面空调车时,应确认放气活门处于全开位,防止因飞机增压不当而导致人员伤害或损坏设备。

9.11 地面液压源的供给

飞机的起落架必须定期进行地面操作实验。要做到这一点,需要用千斤顶将飞机抬离机库地面并可以选择将一套地面液力装置连接到飞机的液力系统,这样起落架就可以被循环地收起和放下以检查其相应的运行情况。另外,定检过程中对于飞机液力系统的内部或外部渗漏检查、各种舵面操纵实验、反推操纵实验、停留刹车实验等,有时也会用到地面液压设备。因此,机务人员有必要熟练掌握地面液力供给的操作方法和有关注意事项。例如:在连接液力供给装置之前,操作者必须确保所使用的管线是清洁的,不会有灰尘或污染物进入飞机的液力系统。正常情况下,这些地面液力供给设备并不向飞机提供油液,相反,它们使用飞机内部的液力油。因此,总会有部分剩余油液存留在地面液压装置内部的泵和管路里面。而不同类型的液力油之间是不相容的(例如 MIL-H-5606 和 Skydrol™),所以,必须确保你所使用的地面装置的油液类型与飞机液力系统的液力油类型是一致的。如果飞机被注入了错误的液力油,则整个液力系统中的所有部件将不得不进行彻底的清洗,冲刷甚至做必要的分解以更换封严装置。经检验合格后还要重新添加正确的、新的、无污染的液力油,整个的修理过程将会是极其昂贵和费时的。

其他的操作要求和注意事项还包括:确认执行地面液力供给操作的人员具备完成该项任务的资格,确认飞机接地良好,确认地面与驾驶舱之间已建立起有效的通信联系。供压之前,确保前起落架、主起落架、飞行操纵舵面、大翼和尾翼、发动机反推等区域的人员和设备都已完全撤离。确保:

① 发动机整流罩/反推整流罩——已关闭;

② 起落架手柄——放下位;

③ 襟翼手柄——与实际位置一致;

④ 扰流板手柄——与实际位置一致;

⑤ 反推手柄——与反推位置一致;

⑥ 液力油量——已检查且满位;

⑦ 电源——已接通;

⑧ 地面液力源供给压力——稳定在 2 800～3 200psi。

参 考 文 献

[1] 王多智,龚尚武. 航空材料学[M]. 北京:中国民用航空学院出版社,1985.

[2] 王运炎. 金属材料与热处理[M]. 北京:机械工业出版社,1984.

[3] 崔占全,王昆林,吴润. 金属学与热处理[M]. 北京:北京大学出版社,2010.

[4] 李成功,等. 航空航天材料[M]. 北京:国防工业出版社,2002.

[5] 工程材料实用手册编委会. 工程材料实用手册[M]. 北京:中国标准出版社,2002.

[6] Ralph D Bent, James L Mckinley. Aircraft Maintenance and Repair [M]. McGraw-Hill Book Company,1980.

[7] Aircraft and Powerplant Mechanics, General Handbook U. S. Department of transportation[M]. Federal Aviation Administration,1976.

[8] 李家伟,陈积懋. 无损检测手册[M]. 北京:机械工业出版社,2002.

[9] 王伸生. 无损检测诊断现场实用技术[M]. 北京:机械工业出版社,2002.

[10] 黄昌龙. 波音飞机金属结构修理实用技术[M]. 北京:航空工业出版社,2001.

[11] 吴富民. 结构疲劳强度[M]. 西安:西北工业大学出版社,1985.

[12] Dale Crane. Aircraft Assembly and Rigging [M]. Aircraft Inspection, Aviation Maintenance Publishers, inc. ,1981.

[13] 孙秋霞. 材料腐蚀与防护[M]. 北京:冶金工业出版社,2001.

[14] 梁成浩. 金属腐蚀学导论[M]. 北京:机械工业出版社,1999.

[15] 张耀良,韩广才. 航空材料学[M]. 哈尔滨:哈尔滨工程大学出版社,2002.

[16] 中国民用航空总局 咨询通告 AC-121-65.

[17] A&P Technician GENERAL Textbook Jeppesen Sanderson Saderson Training Systems,2002.

[18] 中国民用航空条例 第 25 部.